第二十四届计算机工程与工艺年会暨第十届微处理器技术论坛论文集

韩　炜　张承义　编

天津大学出版社
TIANJIN UNIVERSITY PRESS

图书在版编目（CIP）数据

第二十四届计算机工程与工艺年会暨第十届微处理器
技术论坛论文集 / 韩炜，张承义编. --天津： 天津大
学出版社，2021.4
　ISBN 978-7-5618-6900-0

　Ⅰ.①第… Ⅱ.①韩… ②张… Ⅲ.①微处理器—文
集 Ⅳ.①TP332-53

中国版本图书馆CIP数据核字（2021）第065761号

出版发行	天津大学出版社
地　　址	天津市卫津路92号天津大学内（邮编：300072）
电　　话	发行部：022-27403647
网　　址	www.tjupress.com.cn
印　　刷	北京盛通商印快线网络科技有限公司
经　　销	全国各地新华书店
开　　本	210mm×285mm
印　　张	23.5
字　　数	820千
版　　次	2021年4月第1版
印　　次	2021年4月第1次
定　　价	85.00元

目　录

高速背板阻抗受控孔设计研究

贾福桢,刘杰

（江南计算技术研究所　无锡　214000）

摘　要：在 20 Gbps 或更高的高速背板的设计中,过孔是高速互连通道的重要组成部分,阻抗受控孔设计成为高速互连设计中的重要一环。随着电子系统频率的不断提升,传统设计中过孔的经验设计法已经无法对高速电路做出足够正确的指导。本文基于某种高速背板的叠层结构,采用三维电磁场建模工具,建立高速背板差分过孔的 S 参数模型,采用电路分析工具,结合频域和时域仿真分析方法,从奈奎斯特频率损耗、时域反射对比等方面分析过孔特征结构所包含的各个因素对差分过孔阻抗的影响,采用仿真方法验证结构优化结果,指导设计实现。

关键词：阻抗受控孔；高速背板；S 参数；信号完整性；阻抗

The Design Study of Impedance Controlled via for High-speed Backplane

Jia Fuzhen，Liu Jie

（Jiangnan Institute of Computing Technology，Wuxi，214000）

Abstract：In the design of 20 Gbps or higher high-speed backplane，via is an important part of high-speed interconnect channel，and impedance controlled via design becomes an important link. As the frequency of electronic systems increases，the empirical design of vias among traditional designs can not provide adequate guidance for high-speed circuits. In this paper，through a laminated structure of high-speed backplane，a three-dimensional electromagnetic field modeling tool is used to establish an S-parameter model for high-speed backplane differential vias. By using circuit analysis tools and combining with frequency domain and time domain simulation analysis methods，this paper analyzes the effects of various factors included in the characteristic structure of the via on the differential via impedance from such aspect as Nyquist frequency loss and time domain reflection contrast. The simulation methods are used to verify the structural optimization results and guide the design implementation.

Key words：impedance controlled via，high-speed backplane，S-parameter，signal integrity，impedance

1 引言

过孔是印制电路板（PCB）上具有导电特性的小孔,是 PCB 中重要的组成元素。过孔用于在 PCB 各个层之间或者元器件和走线之间实现电气连接。由于过孔的特殊结构,使得高速信号传输路径出现结构上的不连续,特别是对于 5 Gbps 以上的传输速率,过孔的影响已经无法忽略。当速率达到 20 Gbps 甚至更高时,这种不连续性可能会对信号造成致命的影响。因此在高速信号传输的设计中,需要对过孔进行专门的设计

收稿日期:2020-08-10;修回日期:2020-09-20

通信作者:贾福桢(jiafuzhen @ 163.com)

和优化[1]。

　　背板的高速信号密集,印制电路板厚度越大,过孔的短分支效应、谐振效应、寄生效应等就越明显,对高速信号互连的影响也越大。虽然目前背板设计技术已经全面采用背钻、无盘等工艺,但是各个因素的影响仍需要重点关注。因此,在背板设计中需要充分研究过孔结构和各个因素[2]的影响,降低高速过孔的不连续性,提高设计的成功率。

　　当信号的有效频率超过 10 GHz 时,RLGC 参数将不能有效表征过孔电气特性,需要通过电磁场仿真分析工具对过孔建模,才能满足高速信号电气特性建模需求。

　　本文采用三维电磁场建模工具,构建某种结构背板的差分过孔,分析在这种三维结构下,各个主要影响因素对过孔频域性能的影响[3],结合时域电路仿真工具,分析过孔阻抗特性,提出优化设计方案,并通过仿真方法验证,提出设计建议。

2　过孔模型

　　过孔的主要作用是实现印制电路板的各层之间或者元器件和走线之间的电气连接。过孔的主要结构有三部分:孔壁(barrel)、连接盘焊盘(pad)和反焊盘(anti-pad)。孔壁指的是钻孔后填充的材料;焊盘的作用是连接孔壁和元器件或者走线;反焊盘用于保证焊盘和周围金属有一定的间隔。除过孔结构外,背板 PCB使用的介质、背钻工艺精度等对过孔的电性能都有较大影响,需要分别考虑。

　　背板差分过孔模型[4],采用三维电磁场工具建立过孔叠层、孔径、成孔、连接盘和反盘结构,叠层采用某背板,该板共38层,其中有 18 个信号层,板厚约为 5.6 mm,基材采用 Nelco4000-13,介电常数为 3.5(TDR 实际测试值),损耗正切值为 0.007,背钻残留 0.5 mm(工艺反馈,实际可做到 0.2 mm 左右,后文有影响分析)。建模结构见图 1。

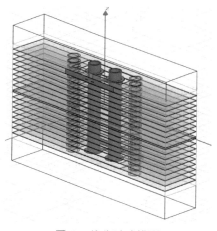

图 1　差分过孔模型

2.1　过孔性能主要电气指标

　　评价过孔性能的电气指标[5]主要有以下几个。

　　S 参数,又称散射矩阵参数,属于频域参数。S 参数采用入射电压波和反射电压波来表示这个关系,$S=V_-/V_+$,V_- 表示反射波,V_+ 表示入射波。对于高速电路设计来讲,S 参数的概念非常重要,这是因为信号在高频状态下,其波的现象表现得更加突出。S 参数能够反映出网络在各个频点下的特性,能体现过孔在特定频点下的损耗,从而进行评估。

　　特性阻抗:在电路里对交流电所起的阻碍作用,属于时域参数。采用时域电路分析方法(TDR 仿真),能够更加直观地评估过孔结构和电气参数变化对过孔特性的影响。对于高速传输通道,阻抗连续性是信号质量的关键因素,是时域角度分析重要的评价参数。

20 Gbps 信号基频最高为 10 GHz,为了保证完整地恢复信号,根据奈奎斯特定律,采样频率至少为基频的 2 倍,即 20 GHz。综合仿真时间、建模精度和实际需求等因素,模型提取最高频率设置到 20 GHz。

2.2 过孔结构主要影响因素

根据过孔结构构成和电气性能需求,影响过孔电气特性的主要因素包括以下几点。

（1）孔径:包括钻孔孔径和成孔孔径。

（2）连接盘尺寸。

（3）背钻工艺。

（4）地回流孔。

（5）介质材料:涉及介电常数和损耗正切值。

3 过孔特性的仿真分析

采用第 2 节中的三维过孔模型,仿真频率设置为 20 GHz,获得过孔差分 S 参数。其中差分 S 参数 SDD11（差模回路损耗）反映了过孔对高速信号的反射特性,SDD11 的值越小,则信号反射越小,过孔性能越好;SDD12（差模插入损耗）反映了过孔的传输特性,SDD12 的值越大,则信号损耗越小,过孔性能越好。对 S 参数在电路仿真器中进行时域 TDR 阻抗仿真,可以获得过孔的阻抗特性;按照当前常规设计,过孔阻抗越接近 100 Ω,性能越好。本质上,时域特性和频域特性是统一的,不过时域特性更加直观,便于理解。

3.1 孔径

孔径包括钻孔孔径和成孔孔径,钻孔孔径决定了过孔钻头大小,成孔孔径决定了过孔的镀铜厚度和最终生成的孔径,这两个因素对电气性能都有一定的影响。

钻孔孔径影响的仿真,为了避免过孔分支对评估结果的影响,过孔从第一层到倒数第二层,无背钻,成孔孔径为 0.47 mm,对比钻孔孔径为 0.55 mm、0.60 mm 和 0.65 mm 时差分过孔的 S 参数。

仿真结果如图 2、图 3 所示,钻孔孔径的改变对差模反射系数的改善比较明显,0.55 mm 的孔相比于 0.60 mm 的孔,在 5 GHz 处有 3 dB 左右的改善（图中箭头方向代表钻孔孔径变大）。

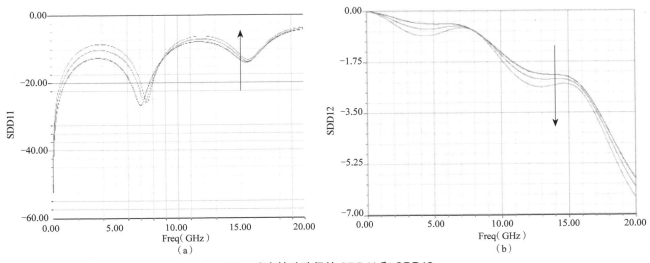

图 2 改变钻孔孔径的 SDD11 和 SDD12

（a）SDD11 （b）SDD12

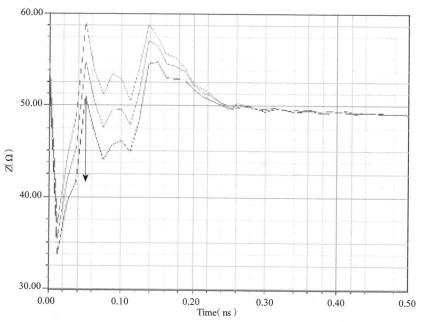

图3　改变钻孔孔径的过孔阻抗变化

　　成孔孔径影响的仿真,过孔从第一层到倒数第二层,无背钻,钻孔孔径为 0.60 mm,对比成孔孔径为 0.45 mm、0.47 mm、0.49 mm 时差分过孔的 S 参数。仿真结果如图4所示,从结果可以看出,成孔孔径的变化对过孔电气性能影响较小,可以忽略不计,这与高速信号的集肤效应有关。

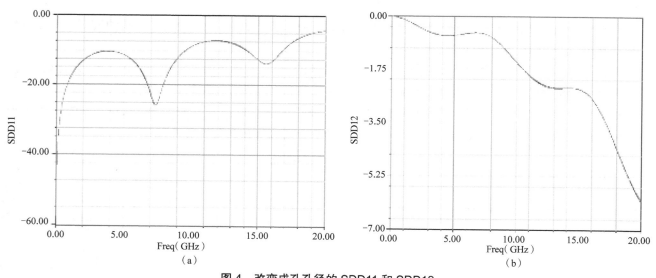

图4　改变成孔孔径的 SDD11 和 SDD12
（a）SDD11　（b）SDD12

3.2　信号连接盘尺寸

　　信号连接盘是过孔进行信号变换时的连接部位,盘的大小直接影响过孔寄生电容的值,连接盘越大,寄生电容越大,反之越小。

　　在研究中,改变过孔信号连接盘的直径,对比过孔的 S 参数和阻抗特性。仿真结果如图5、图6所示,由图可知,减小过孔信号连接盘的尺寸能够优化反射性能,有效改善过孔阻抗特性。连接盘尺寸的改变,对差模传输性能在较高频率下的影响更加明显（>15 GHz）。

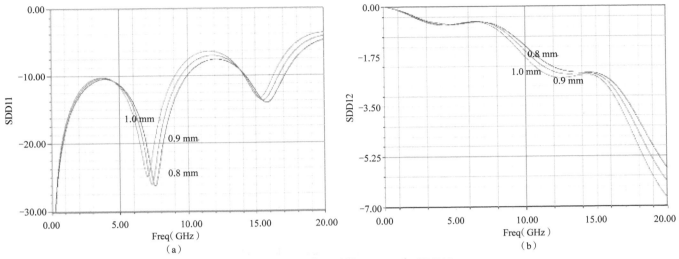

图5　改变连接盘尺寸的 SDD11 和 SDD12

（a）SDD11　（b）SDD12

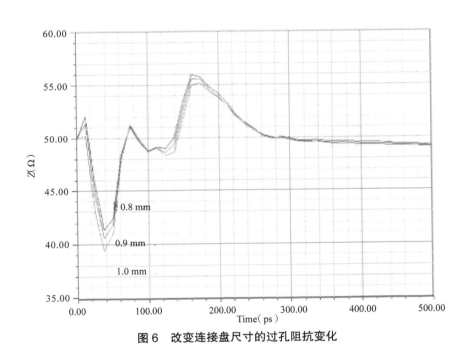

图6　改变连接盘尺寸的过孔阻抗变化

3.3　背钻工艺

随着高速信号速率的不断提升,背钻越来越多地应用到背板及各类高速插件板上。不同的印制电路板厂家,对于背钻的控制精度有所不同,背钻残留也就不同程度地影响着过孔的电气性能。

研究背钻残留,假设信号从第一层到第10层信号层,对比背钻残留为 0.2 mm、0.4 mm、0.6 mm、0.8 mm 的区别。仿真结果如图7、图8所示,从仿真结果中可以看出,0.4 mm 背钻残留比 0.8 mm 背钻残留,在 5 GHz 处约有 1 dB 的改善(图中箭头方向代表背钻残留变大)。随着信号速率的增大,背钻残留的影响越来越明显,对工艺精度的要求也更高,当速率超过 20 Gbps 时,背钻残留最好控制在 0.2 mm 左右。

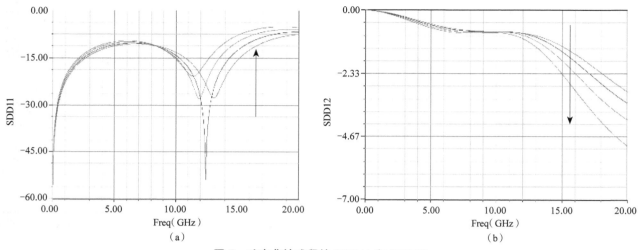

图7　改变背钻残留的 SDD11 和 SDD12

（a）SDD11　（b）SDD12

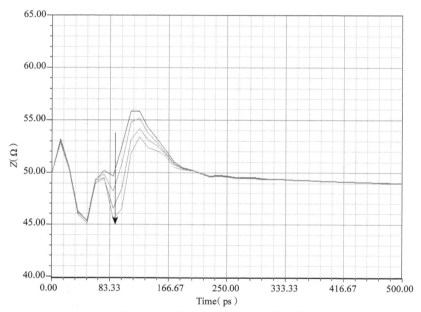

图8　改变背钻残留的过孔阻抗变化

3.4　地孔数量

　　高速 PCB 布局时,很多工程师习惯在高速过孔周围增加地回流孔,以减小过孔的寄生电感,从而减小过孔引起的阻抗不连续性。

　　增加差分过孔周围的地孔数量,对比地孔数量为 2 和 4 时对差分过孔 S 参数的影响。仿真结果如图 9 所示,从中可以看出,地孔数量的增加对低频段信号几乎没有影响,在实际设计中,没有必要过多增加地回流孔数量,只有当信号速率增大到 20 GHz 以上时,才逐渐有可见的影响。

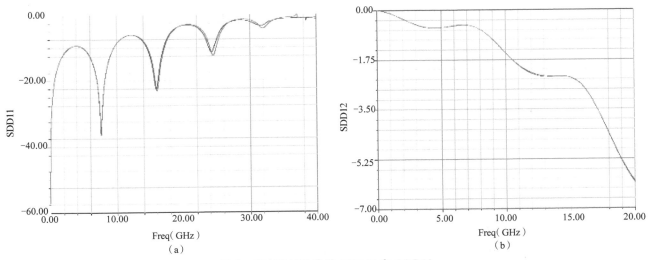

图9　改变地孔数量的 SDD11 和 SDD12
（a）SDD11　（b）SDD12

3.5　介电常数

介质是印制电路板生产使用的绝缘材料,是过孔结构电性能的重要影响因素。介电常数是介质的一个重要参数,在一定程度上决定了高速互连通道的基础损耗和阻抗特性。

仿真设置（图10）:过孔从第一层到倒数第二层,无背钻,钻孔孔径为 0.60 mm,成孔孔径为 0.47 mm,分别采用不同介电常数的基材（Nelco4000-13:3.2,MG4:3.7,MG6:3.4）。

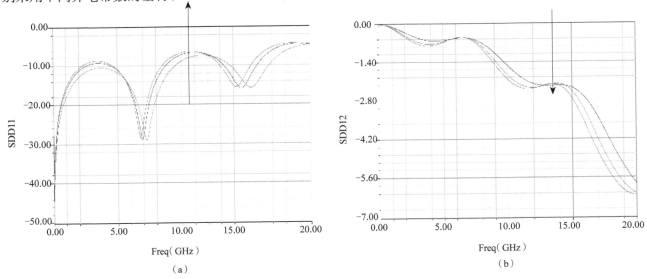

图10　改变介电常数的 SDD11 和 SDD12
（a）SDD11　（b）SDD12

仿真结果如图 11 所示,从图中可以看出,介电常数的改变对差模反射系数的影响比较明显,介电常数 3.2 和 3.7 相比,在 5 GHz 处有近 2 dB 大的改善。因此改变基材的介电常数能够有效影响过孔的阻抗大小（图中箭头方向代表介电常数变大）。

损耗正切值是表征介质（基材）损耗特性的关键参数,特别是对于传输高速信号的高速背板的应用来说,从某种程度上讲,介质的选择就是损耗正切值的选择,基材的损耗正切值越小,电气性能越好。

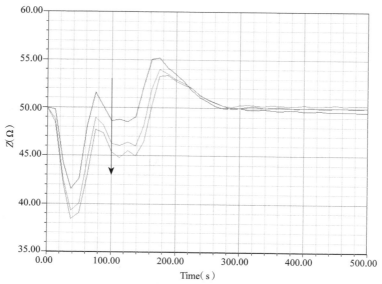

图 11　改变介电常数的过孔阻抗变化

保持其他的结构和参数不变,改变介质的损耗正切值,对比过孔的阻抗特性。仿真结果如图 12 所示,由图可见,介质的损耗正切值的改变对过孔的损耗有轻微的影响,对过孔的阻抗基本没影响。减小损耗正切值可以轻微改善损耗。

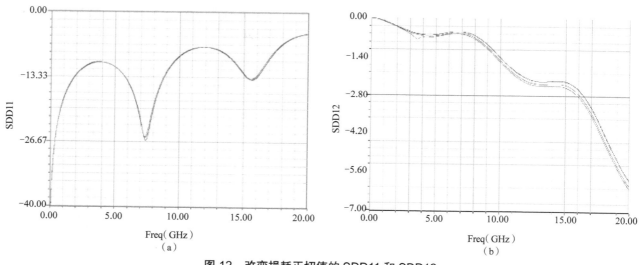

图 12　改变损耗正切值的 SDD11 和 SDD12

（a）SDD11　（b）SDD12

4　基本结论及优化建议

4.1　基本结论

过孔作为高速互连通道的一部分,在链路中主要影响高速信号的差模反射系数,其因为结构较小,在低频段对损耗的影响较小,当频率高于 10 GHz（ 20 Gbps ）时,其对损耗的影响逐步显现。

在阻抗受控孔设计中,对过孔阻抗特性影响比较大的因素包括钻孔孔径、连接盘尺寸、介电常数和背钻工艺。结合仿真研究,在不同速率的背板中,过孔的影响作用不同,速率越高越需要对过孔进行阻抗控制,特别是传输速率大于 10 Gbps 时,必须认真对系统中的过孔进行设计。

4.2　优化建议

从阻抗受控孔设计的角度,要获得最佳的通道阻抗连续性,建议采用如下优化设计:

（1）尽量减小钻孔孔径;

（2）采用介电常数较小的介质;

（3）控制背钻残留的长度;

（4）适当减小背板传输线的阻抗,采用 85 Ω 系统。

4.3　优化对比

根据上述结论设计优化模型,由电磁场仿真提取参数,通过电路仿真时域阻抗,并进行对比仿真,具体数据如表 1 所示。

表 1　优化过孔条件设置

优化前	优化后
（1）介电常数:3.5	（1）介电常数:3.5
（2）传输线特性阻抗:100 Ω,38 层	（2）传输线特性阻抗:85 Ω 左右,38 层
（3）钻孔孔径:0.60 mm	（3）钻孔孔径:0.57 mm
（4）成孔孔径:0.47 mm	（4）成孔孔径:0.47 mm
（5）信号连接盘:0.88 mm	（5）信号连接盘:0.80 mm

由图 13 可知,优化后性能提升,差分 TDR 得到改善（差模阻抗改善约 4 Ω）。

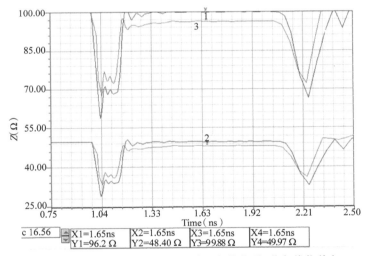

图 13　优化过孔阻抗特性对比（红色优化后,蓝色优化前）

5　结论

本文主要研究了影响差分阻抗特性的几个因素,分析了每个因素变化对阻抗特性的影响,提出了优化差分过孔结构的建议。从基本结果可以看出,过孔作为一种互连微结构,对高速互连中的损耗影响较小,对反射的影响较大,因此对于过孔结构,阻抗控制尤其重要。对于背板（板厚大于 4 mm）应用,过孔阻抗明显偏低（单端 35~40 Ω,差分 70~80 Ω）,因此在高速高密度互连系统中采用现在流行的 85 Ω 系统更加合理。

本文仅讨论了过孔结构和部分电气因素的影响,后续将进一步研究整个串行链路的互连特性,进一步分析地孔对过孔特性的影响,加强对常规工艺和常规介质的研究。

参考文献

[1] 应霞. 一种基于高速通信板卡的特殊过孔设计方案 [J]. 电子制作, 2017(12):28-29.

[2] 余凯, 胡新星, 刘丰, 等. 高速信号过孔对信号影响因素研究 [J]. 印制电路信息, 2014(6):20-22, 31.

[3] 胡佳栋, 李诚, 曹喆, 等. 高速电路设计中过孔对信号完整性影响的研究 [J]. 核电子学与探测技术, 2016, 36(6):596-601.

[4] 麻勤勤, 石和荣, 孟宏峰. 基于 SIwave 和 Designer 的差分过孔仿真分析 [J]. 电子测量技术, 2016, 39(1):40-44, 53.

[5] 耿卫晓. 多层 PCB 过孔转换结构的信号完整性分析 [D]. 厦门:集美大学, 2015.

先进纳米工艺下运用多位寄存器的物理设计优化方法

黄鹏程，马驰远

（国防科技大学计算机学院　长沙　410073）

摘　要：随着摩尔定律的演进，集成电流工作频率不断提升，给物理设计带来了新的挑战。性能、功耗、面积是物理设计永恒的话题，实现性能提升、功耗优化、面积缩小是物理设计师不懈的追求。本研究围绕如何运用多位寄存器进行物理设计优化尝试了 4 种物理设计流程，流程基于某商用物理设计工具实现。这些流程在某先进纳米工艺节点高性能设计中进行了对比，结果表明在综合阶段和布局优化前同时使用多位寄存器能取得最佳的优化效果，这种使用多位寄存器的优化方法使得总的单元数量减少了 19.7%，总的布线长度减小了 31%，总的时钟树面积减小了 20.8%，总的功耗减少了 18%，因而该方法可显著改善高性能芯片的性能、功耗与面积指标。

关键词：多位寄存器动态；布局；物理设计；布线；时钟树

Physical Design Optimization Method Using Multi-bit Register in Advanced Nanometer Processes

Huang Pengcheng, Ma Chiyuan

（College of Computer, National University of Defense Technology, Changsha, 410073）

Abstract：With the development of Moore's law, the working frequency of integrated current is constantly increasing, which brings new challenges to physical design. Performance, power consumption and area are the eternal topics for physical design. It is physical designers' unremitting pursuit to achieve performance improvement, power consumption optimization and area reduction. This study focuses on how to use multi-bit registers for physical design optimization, and tries four physical design flows, which are implemented based on some commercial physical design tools. These flows are compared in an advanced nanometer process high-performance design, and the results show that the best optimization effect can be achieved by using multi-bit registers both in the synthesis stage and before the placement optimization. This optimization method using multi-bit registers reduces the total instant count by 19.7%, the total etch length by 31%, the total clock tree area by 20.8%, and the total power consumption by 18%. So this method can significantly improve performance, power consumption and area penalty of high performance chip.

Key words：multi-bit register dynamic, placement, physical design, routing, clock tree

工艺尺寸的持续缩小，使得集成电路设计规模不断增大，设计频率不断上升，设计复杂度不断增加，集成电路物理设计变得越来越困难。近二十年来，集成电路设计复杂度的不断增加催生了层次化的物理设计

收稿日期：2020-08-02；修回日期：2020-09-14

基金项目：2017 年核高基项目"超级计算机处理器研制"（2017ZX01028-103-002）国家自然科学基金项目（61704192）

This work is supported by the Nuclear-high-base project "Development of supercomputer processor" (2017ZX01028-103-002), and the National Natural Science Foundation of China (61704192).

通信作者：黄鹏程（qintian2020@sina.com）

方法[1]。该方法是基于"自顶向下"的原则,将复杂的、规模大的设计依照功能分割成若干子模块,并且对子模块进一步细分,然后对各子模块基于标准单元库进行"自下而上"的展平式物理设计的一种方法。层次化物理设计方法既是现有计算资源无法满足规模设计需要的被动选择,也是提升设计并行度、缩短设计周期的主动变革。

1　物理设计简介

1.1　传统物理设计流程

集成电路物理设计最核心的过程是布局布线(Place & Route,PR)。传统的布局布线流程如图1所示,一般以插入扫描链后的门级网表作为起点,先进行导入设计(import design),即将网表、库文件以及设计约束文件等导入 PR 工具中,然后实施布图规划,即规划 Floorplan 的大小、宏模块的位置、I/O 的摆放等,紧接着实施电源规划,即哪些金属层用于电源以及设定电源线间距等;做好这些设计准备后,接着进行布局(placement),即用 PR 工具实现标准单元的摆放,再进行布局优化,即用 PR 工具优化标准单元的摆放;而后用 PR 工具实施时钟树综合(Clock Tree Synthesis,CTS);之后用 PR 工具实施绕线(route),再实施绕线优化;最后实施时序优化,修复未满足约束的时序,并进行物理验证,满足时序要求和物理要求后物理设计结束。

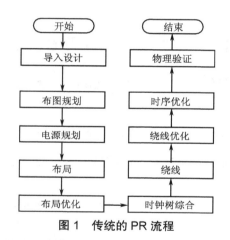

图1　传统的 PR 流程

传统物理设计流程以时序为主要设计指标,且在前续步骤中无法获取后续步骤的有用信息,因而特别依赖设计余量或设计不确定性(uncertainty)的设置。设计不确定性的具体值一般来自经验值。布局阶段的 uncertainty 值往往比时钟树综合阶段更大,因为布局阶段时钟是理想时钟,而时钟树综合后时钟树各叶节点之间存在时钟偏差。时钟树综合阶段的 uncertainty 值往往比布线阶段更大,因为时钟树综合阶段没有绕线信息,而绕线后往往存在串扰等因素造成的恶化时序。因此,在传统物理设计流程中,通常需要将不确定性设置得比较悲观,以使得各阶段的时序能逐渐收敛,但这往往会牺牲设计性能。

1.2　物理设计最新沿革

近年来,随着工艺尺寸由 40 nm、28 nm、16/14 nm 进一步缩小到 12/10 nm、7 nm、5 nm 等,孔的延迟与单元延迟、线延迟一样变得不可忽视,孔的大小、孔的多少逐渐成为设计关注的重要指标。延迟随工艺尺寸缩小而变大的这一趋势使得布线前后延迟差异加大,即布局阶段与时钟树综合阶段的延迟模型精度降低。依照传统的设计思路,布局阶段和布线阶段都要增加设计不确定性,即会牺牲设计性能。现行的物理设计方法强化了这方面的考虑,即在前续阶段多考虑后续阶段的不利因素,主要有两个方面:其一,布局阶段可以同步地生长一棵时钟树,从而缩小布局阶段与时钟树综合阶段的时序差异[2];其二,在布局阶段和时钟树综合阶段将孔延迟计入线延迟模型之中,从而避免布局阶段和时钟树综合阶段 uncertainty 的增加。

因为在前续阶段考虑后续阶段的不利因素能有效减小各阶段的时序差异,现行电子设计自动化(EDA)工具供应商正将目光瞄向综合阶段,即在综合阶段考虑布局的因素。综合考虑布局因素后被称为带物理信息的综合。早期的带物理信息的综合一般以设计师提供的模块定义文件(def)作为指引,然而目前 EDA 工具供应商正在推动综合与布局的融合,即综合完成后可同时生成完整的布局信息,该布局信息可直接进行布局优化再进行时钟树综合。这种方式能有效减小综合与布局阶段的时序差异,好处显而易见,因而本文的研究基于商用的综合与布局布线工具部分采用了这些最先进的特性。

2 多位寄存器的运用方法

伴随着三维工艺兴起,工艺库也发生了一些变革,其中一个重大的变化是多位寄存器的引入。在传统的设计流程中,多位寄存器依赖于后端设计师手工定制。然而,在先进工艺下,多位寄存器单元已经成为标准单元库的一部分,可直接用于综合以及布局布线的各阶段。

2.1 多位寄存器的优缺点

多位寄存器有很多优点。为了便于区分,我们把一位寄存器称为普通寄存器。假设某模块含有 30 万个普通寄存器,如果全部能以两位寄存器实现,那么仅需要 15 万个两位寄存器就能使时钟树的叶节点数量减半,时钟树综合的难度降低,而且时钟树的大小与深度都会相应缩小,因而时钟树功耗会下降,甚至时钟树偏差(skew)也会相应降低,这是时钟树综合阶段采用多位寄存器的理论收益。

多位寄存器的使用也将节约绕线资源,如图 2 所示。一个普通寄存器有 4 个引脚(pin),两个普通寄存器共有 8 个 pin,因而有 8 条绕线。两个普通寄存器合并成一个两位寄存器后,仅 6 个 pin,即只需要 6 条绕线,在与寄存器相关的绕线上理论上节约了 25% 的绕线资源。这是使用多位寄存器在绕线阶段的优势。

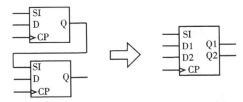

图 2 两个普通寄存器合并成一个两位寄存器示意图

多位寄存器的使用也存在一些劣势。如图 2 所示,普通寄存器合并成多位寄存器后,局部的 pin 密度增大了,因而更容易产生绕线冲突(congestion),这在某些情况下将增加 EDA 工具优化 congestion 的时间,甚至恶化整体的时序。多位寄存器单元的面积是普通寄存器单元的数倍,甚至可看成一个微型的静态随机存取存储器(SRAM),但在布局阶段又不能当成宏模块先摆放好,因而在布局阶段,多位寄存器的位置选择灵活性大大降低,更容易出现找不到合适位置的情况,甚至可能出现布局失败、时序恶化的情况。

因此,多位寄存器的运用与普通标准单元的运用不同,需要综合考虑其优势与劣势,合理地调整物理设计流程,发挥其长处。

2.2 考虑多位寄存器的布局布线流程

根据前述分析,需要在综合阶段、布局阶段考虑是否使用多位寄存器,因而在流程上有 4 种可能。第 1 种情况(记为 Case 1)是上述步骤都不使用多位寄存器,为对照组。第 2 种情况(记为 Case 2)是综合阶段不使用多位寄存器,而布局阶段使用多位寄存器,这时候 PR 流程如图 3 所示,即在初始的布局完成后,增加一个步骤进行多位寄存器合并,在该步骤中,多位寄存器基于同模块优先、物理距离近优先的原则进行合并,合并后再进行布局优化。第 3 种情况(记为 Case 3)为综合阶段采用多位寄存器,但布局阶段不再合并多位寄存器。第 4 种情况(记为 Case 4)为综合阶段采用多位寄存器,且布局阶段合并多位寄存器。在 Case 3 和 Case 4 中,综合阶段采用多位寄存器需要实施带物理信息的物理综合,否则可能导致物理上相距非常远的寄存器合并成了多位寄存器而影响时序。

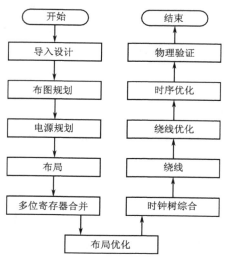

图 3   布局阶段考虑多位寄存器的 PR 流程

整个 PR 流程使用多模式多工艺角(Multi-Mode & Multi-Corner,MMMC)分析方式,且 Case 1~Case 4 均采用相同的 MMMC 设置。因为本研究基于先进纳米工艺节点实施,流程中的片上起伏(On-Chip Variation,OCV)模型为 SOCV 或 POCV。为避免在时钟树生长过程中出现无关因素干扰,在布局之前预先将主门控等重要门控单元放置在合理而固定的位置,以避免工具在优化门控放置上耗费过多的精力。由于先进纳米设计过程各阶段一致性差异大,本流程使用了商用 EDA 提供的 ECF(Early Clock Flow)布局方式,即在布局阶段生成时钟树,避免后续阶段因插入时钟单元对布局造成干扰。ECF 生成时钟树的过程发生在布局优化阶段,因为生成时钟树需要叶节点的位置信息,该过程调用时钟树协同优化(Clocktree Concurrent OPTimization,CCOPT)引擎生成一棵时钟树。ECF 的过程不受是否合并多位寄存器的影响,因为其具体过程主要关注叶节点的位置,而不关心节点是什么,因为叶节点也包含 SRAM 的时钟 pin。Case 1~Case 4 也同时考虑功耗的优化,功耗优化策略相同,可以保证工具在优化时序的同时不过分地影响功耗优化。

3   物理实现与分析

本研究的物理实现与成效检验基于先进纳米工艺节点下一款 2.6 GHz 的高性能芯片模块进行,该模块大约有 70 万个普通寄存器,设计规模较大,设计复杂度较高,设计频率为 2.6 GHz。本研究基于第 2 节所示的 4 种流程(Case 1~Case 4)都实现了时序收敛,下文将针对不同设计指标展开分析。

3.1   时序差异分析

Case 1~Case 4 4 个流程分别在商用布局布线工具中执行到布线优化阶段后,时序结果如表 1 所示。四者的时序都接近收敛,但也略有些差异。对于 Case 1,即综合与布局阶段都不采用多位寄存器的流程,setup 时序违例的 WNS(Worst Negative Slack)、setup 时序违例的 TNS(Total Negative Slack)以及总的违例条数都是最多的。对于 Case 2,即综合阶段不使用多位寄存器而布局阶段实施多位寄存器合并的流程,WNS、TNS 以及违例条数都较 Case 1 略好,说明在布局阶段合并多位寄存器对时序有好处。Case 3 在综合阶段采用了多位寄存器,但布局阶段不再合并多位寄存器,其布局阶段有大量的多位寄存器,其余的普通寄存器不再做合并动作。如表1所示,Case 2结果略好,Case 4相对于Case 3而言,在布局优化前再次做了合并多位寄存器的操作,时序结果最佳。

表1　分别执行4种流程后布线优化阶段时序差异对比

	Case 1	Case 2	Case 3	Case 4
WNS in PR(ps)	−25	−20	−19	−10
TNS in PR(ns)	−3.323	−2.875	−2.761	−2.155
violating paths in PR	1 001	874	807	649
WNS in PT(ps)	−34	−27	−24	−14
violating paths in PT	992	871	796	645

3.2　版图差异分析

上述时序差异来自布局、时钟树综合、布线等方面的差异。总的单元数量、多位寄存器比例、各阈值单元比例、1vt单元比例、时钟树面积、布线总长度等因素对时序都有显著的影响。表2就上述指标对4种流程进行了对比。

表2　分别执行4种流程后最终版图差异对比

	Case 1	Case 2	Case 3	Case 4
Total instant count	2 405 273	2 102 132	2 036 907	1 931 868
多位寄存器比例	0%	55.5%	88.3%	91.4%
ulvt instant ratio	26.14%	26.02%	25.61%	25.6%
lvt instant ratio	21.29%	20.13%	21.08%	21.1%
时钟树面积(μm²)	16 464.7	13 884.6	13 119.5	13 034.5
布线总长度(m)	71.2	64.5	49.7	49.2

首先,运用了多位寄存器后,总的单元数量得以大幅度下降,这是普通寄存器数量多且多位寄存器比例高的结果。Case 2与Case 1相比,在布局阶段实施了多位寄存器合并,但合并的比例不太高,仅55.5%。Case 3和Case 4与Case 2相比,总的单元数量有所下降,多位寄存器比例显著提升,达到了88.3%。这表明,在综合阶段采用多位寄存器比在布局阶段合并多位寄存器对提升多位寄存器比例更有优势。Case 4与Case 3都在综合阶段使用了多位寄存器,但Case 4还在布局优化前合并了多位寄存器,使得多位寄存器比例略有提高,达到了91.4%。

多位寄存器的运用也有效降低了总的单元数量(total instant count)。如表2所示,在综合阶段不使用多位寄存器的情况下,在布局优化前合并多位寄存器使得总的单元数量下降了12.6%;在综合阶段使用多位寄存器的情况下,在布局优化前合并多位寄存器使得总的单元数量下降了5.0%。在布局优化前不合并多位寄存器的情况下,综合阶段运用多位寄存器使得总的单元数量下降了15.3%;在布局优化前合并多位寄存器的情况下,综合阶段运用多位寄存器使得总的单元数量减小了8.1%。由此可知,仅在综合阶段运用多位寄存器在总的单元数量优化上比仅在布局优化前合并多位寄存器效果好。

表2同时显示了ulvt单元与lvt单元占总单元的比例,4种流程的数据相差不大;但随着多位寄存器比例的提升,ulvt单元比例呈现出微弱的下降趋势,这主要由ulvt的普通寄存器合并成ulvt的多位寄存器所致。

Case1~Case 4对多位寄存器采用不同的策略后,时钟树面积发生了显著的变化。表2中对应的数据证实了前文的分析。随着多位寄存器比例的提升,时钟树叶节点数量下降,因而时钟树深度、时钟树规模相应下降,整体表现为时钟树面积减小。如表2所示,在综合阶段不使用多位寄存器的情况下,在布局优化前合并多位寄存器使得时钟树面积减小了15.7%;在综合阶段使用多位寄存器的情况下,在布局优化前合并多位寄存器使得时钟树面积减小了0.6%。在布局优化前不合并多位寄存器的情况下,综合阶段运用多位寄存器能使时钟树面积减小了20.3%;在布局优化前合并多位寄存器的情况下,综合阶段运用多位寄存器使时钟树面积减小了6.1%。由此可知,仅在综合阶段运用多位寄存器在时钟树面积优化上比仅在布局优化前合并多位寄存器效果好。

最显著的版图变化莫过于布线总长度,如表2所示,Case 4的布线总长度相比Case 1下降了31.0%。在综合阶段不使用多位寄存器的情况下,在布局优化前合并多位寄存器使得布线总长度下降了9.4%;在综合阶段使用多位寄存器的情况下,在布局优化前合并多位寄存器使得布线总长度下降了1.0%。在布局优化前不合并多位寄存器的情况下,综合阶段运用多位寄存器使布线总长度下降了30.2%;在布局优化前合并多位寄存器的情况下,综合阶段运用多位寄存器使布线总长度下降了23.7%。由此可知,综合阶段使用多位寄存器是布线总长度得以优化的关键因素,这是因为综合阶段尚未插入可测试(design for test)逻辑,如果综合阶段使用了多位寄存器,在dft设计时将会少插入些许dft逻辑并减小与dft逻辑相关的线长。

3.3 功耗分析对比

Case 1~Case 4 4个流程分别执行绕线优化后的功耗指标如表3所示。可直观地看出,Case 1的功耗指标最差,而Case 4的功耗指标最好,这与3.1节时序差异分析以及3.2节版图差异分析结果是一致的。多位寄存器比例越低,时钟叶节点越多,因而时钟树规模越大,时钟树功耗越高,Case 1由于没有采用多位寄存器,时钟树功耗高达1 736.8 mW,Case 4由于综合和布局阶段都采用了多位寄存器,时钟树功耗最低,为1 375.1 mW,相比Case 1降低了20.8%。Case 4的总功耗为1 875.7 mW,与Case 1的总功耗2 288.3 mW相比,降低了18.0%。由此可见,执行Case 4流程运用多位寄存器的功耗优势非常显著。

表3 分别执行4种流程后功耗分析对比

	Case 1	Case 2	Case 3	Case 4
总功耗(mW)	2 288.3	1 969.5	1 885.1	1 875.7
组合逻辑功耗(mW)	255.1	252.6	252.1	252.1
存储器功耗(mW)	141.5	141.5	141.5	141.5
时钟树功耗(mW)	1 736.8	1 464.9	1 384.4	1 375.1
漏流功耗(mW)	172.3	158.7	157.6	157.4

Case 2和Case 3的功耗指标介于Case 1和Case 4之间。与Case 4相比,Case 3没有进一步合并多位寄存器,总功耗高了约10 mW,但是因为Case 3综合阶段已采用多位寄存器,多位寄存器比例已经非常高,因而其总功耗1 885.1 mW相比Case 1仍然降低了17.6%。Case 2的总功耗为1 969.5 mW,较Case 3总功耗高了约84 mW,即Case 3相比Case 2总功耗降低了约4.3%,这是因为Case 3相比Case 2显著提升了多位寄存器比例,因而有效降低了时钟树功耗。由此可见,综合阶段采用多位寄存器比不采用多位寄存器的功耗优化效果更好。与Case 1相比,Case 2的总功耗仍然降低了13.9%,这说明仅在布局阶段实施多位寄存器合并即能大幅度降低功耗。

4 结论

随着工艺尺寸的持续缩小,由延迟计算复杂化、设计规则复杂化等因素带来的挑战使得高性能物理设计难度持续增加。本研究基于先进纳米工艺下某高性能设计,探索了合理运用多位寄存器提升物理设计性能的方法。实验结果表明,最佳的优化方法使得总的单元数量减少了19.7%,布线总长度减小了31.0%,时钟树面积减小了 20.8%,总的功耗减小了 18.0%,效果非常显著。因此,综合阶段使用多位寄存器能显著改善各设计指标,综合阶段使用多位寄存器后再在布局优化前合并多位寄存器能取得最佳的优化效果。

参考文献

[1] 陈春章,艾霞,王国雄. 数字集成电路物理设计 [M]. 北京:科学出版社,2008.

[2] CADENCE. Innovus user guide [EB/OL]. [2015-05-01]. https://www.cadence.com.

RISC-V 指令集架构的乱序超标量处理器中指令融合的实现

孙彩霞,郑重,倪晓强,邓全,郭辉,隋兵才,王永文

（国防科技大学计算机学院　长沙　410073）

摘　要:指令融合技术通过在处理器执行指令时将两条指令融合成一条指令进行重命名、发射和执行来增大处理器的实际发射宽度,并且减少指令占用的乱序执行资源数目和降低调度开销。指令融合的实现因处理器微架构的不同而不同,本文在自研的 RISC-V 指令集架构的乱序超标量处理器上实现了指令融合,并通过运行随机生成的、可以融合的指令组占有一定比例的测试激励对 DMR 实现指令融合前后的性能进行了对比。结果显示,指令 cache 预热后,指令融合带来的平均性能提升为 3.78%。

关键词: RISC-V;乱序;超标量;指令融合

Implementing Instruction Fusion in an Out of Order Superscalar Processor Based on RISC-V Instruction Set Architecture

Sun Caixia, Zheng Zhong, Ni Xiaoqiang, Deng Quan, Guo Hui, Sui Bingcai, Wang Yongwen

(College of Computer, National University of Defense Technology, Changsha, 410073)

Abstract: Instruction fusion makes it possible for two relative instructions to be fused into a single instruction. The fused instruction travels down the pipeline stages as a single entity, such as register rename stage, issue stage and execution stage, which leads to more issue band width, less space taken in the Out of Order (OoO) buffers and less scheduling overhead. The implementation of instruction fusion varies with the processor microarchitecture. This paper details how to implement instruction fusion in a RISC-V OoO superscalar processor named DMR, and compares the performance by running random tests, which include some instruction groups that can be fused. Compared to the performance of DMR without instruction fusion, the performance improvement with instruction fusion is 3.78% on average.

Key words: RISC-V, out of order, superscalar, instruction fusion

收稿日期:2020-08-10;修回日期:2020-09-20

基金项目:核高基项目(2017ZX01028-103-002),国家自然科学基金资助项目(61902406)

This work is supported by the HGJ(2017ZX01028-103-002), and the National Natural Science Foundation of China (61902406).

通信作者:倪晓强(xiaoqiangni@nudt.edu.cn)

1　前言

性能一直是处理器设计追求的重要指标。为了获得高性能,允许前瞻执行的乱序超标量结构已经成为通用处理器的典型微架构,并且还在持续优化和增强,比如分支预测精度越来越高[1-3]、片上缓存越来越大[4-5]、乱序执行资源数目越来越多等[6-11]。

发射宽度也是处理器微架构中的一个重要参数,它决定了处理器每周期指令数(Instructions Per Cycle,IPC)的理论最大值。Intel 处理器微架构的发射宽度在很长一段时间内都保持在 4 不变,直到最近的 Sunny Cove 将发射宽度增大到 6。发射宽度增大,流水线前后端能力也要相应增强,才能提高处理器的实际 IPC。

指令融合作为 Intel Core 架构的一个重要特色技术被提出[12]。在 Intel Core 架构中,这个技术叫作 macro-op fusion,翻译为宏操作融合①。指令融合是指在处理器执行指令时,通常在指令译码阶段将两条指令融合成一条指令,然后进行重命名、发射和执行,从而增大处理器的实际发射宽度,并且减少指令占用的乱序执行资源数目和降低调度开销。

指令融合的实现因处理器微架构的不同而不同,公开资料并没有给出各商用处理器是如何实现指令融合的。

本文在自研的 RISC-V 指令集架构的乱序超标量处理器(简称 DMR)上实现了指令融合,并对实现指令融合前后的处理器性能进行了比较和分析。

2　DMR 处理器的核心微架构

DMR 是一款兼容 RISC-V 指令集架构的乱序超标量处理器,支持用户态(user-mode)、特权态(supervisor-mode)和机器态(machine-mode)三种特权级模式[13],兼容 RV64G 指令集规范[14]。

图 1 给出了 DMR 处理器的核心微架构。每个周期从取指单元(IFU)取出 256 位、8 条指令存入指令队列(instruction queue),采用 TAGE 算法[2]预测方向,使用 BTB、RSB 和 IPB 预测不同类型的分支目标地址。每个周期最多译码 4 条指令,译码后的指令进入译码队列。根据寄存器映射表,每个周期最多对 4 条指令进行重命名,重命名后的指令进入分派队列。DMR 中的重命名采用统一的物理寄存器文件方式,如果没有足够的空闲物理寄存器,重命名过程将会发生阻塞;每个周期最多分派 4 条指令,分派后的指令根据指令类型进入相应的发射队列,同时也会进入重定序缓冲(Reorder Buffer,ROB)。在分派指令时会读取寄存器文件(register file)的有效位阵列,以判断源操作数是否就绪。如果分派时操作数还未就绪,指令依然会被分派到发射队列,并在那里等待被唤醒。指令发射是乱序进行的,只要发射队列中指令的操作数准备就绪并且功能单元空闲,指令就可以发射到功能单元执行。发射时读取寄存器文件获取源操作数,源操作数也可能是来自旁路的数据。指令提交按指令在程序中的顺序进行。

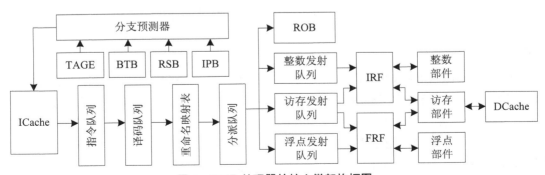

图 1　DMR 处理器的核心微架构框图

---

①　在 Intel Core 架构中,一个宏操作就指一条 X86 指令。

3 指令融合在 DMR 中的实现

这一部分描述 DMR 中指令融合的类型,即哪些指令可以融合成一条指令,以及指令融合引起的 DMR 中流水线各阶段的变化。

3.1 指令融合的类型

根据 RISC-V 架构手册的描述,结合 DMR 处理器核心微架构的特点,DMR 实现了以下指令的融合,如表 1 所示。

表 1 DMR 实现的指令融合类型

组合一	auipc rd, imm20; addi rd, rd, imm12
组合二	auipc rd, imm20; l{b|h|w|d} rd, imm12(rd)
组合三	auipc rd, imm20; jalr rd, imm12(rd)
组合四	lui rd, imm20; addi rd, rd, imm12
组合五	lui rd, imm20; l{b|h|w|d} rd, imm12(rd)
组合六	lui rd, imm20; jalr rd, imm12(rd)

lui 指令的功能是将指令操作码中的立即数字段的值左移 12 位,低 12 位填充 0 后写入目的寄存器;auipc 指令的功能是将指令操作码中的立即数字段的值左移 12 位,低 12 位填充 0 后作为偏移量,与 auipc 指令的 pc 参数相加,得到的结果写入目的寄存器。

auipc 指令和 load 指令融合,可以实现 pc 参数相对的 32 位偏移的寻址,auipc 指令和 jalr 指令融合,可以实现 pc 参数相对的 32 位偏移的程序流跳转。

3.2 流水线的变化

DMR 的流水线分为取指、译码、重命名、分派、发射、执行、写回和提交等阶段。下面分别描述指令融合引起的各阶段的变化。

1)取指阶段

DMR 在取指阶段仅将指令取出存入取指队列,并不进行指令类型的判断,无法确定是否包含可以融合的指令组。因此 DMR 在实现指令融合时,不在取指阶段判断能否进行指令融合,取指阶段的逻辑不做修改。

2)译码阶段

DMR 在译码阶段完成操作数的解析以供重命名阶段使用,同时还会解析指令类型和相应类型的指令执行时需要的信息。因此,译码阶段能够确定同时译码的指令是否包含可以融合的指令组,DMR 在译码阶段判断指令是否可以融合,并进行融合相关的处理。

表 1 给出的所有可以融合的指令组合在被融合成一条指令后完成的功能和第二条指令的功能相同,只是源操作数发生了变化。因此,在进行融合时都是将第一条指令融合到第二条指令中,为了便于描述,将被融合的指令,即指令组合中的第一条指令叫作子指令,第二条指令叫作父指令。

DMR 可以同时译码 4 条指令,按照顺序命名为 I0、I1、I2 和 I3。分别判断 I0、I1 和 I2 是否是子指令,即是否是 lui 指令或 auipc 指令,同时分别判断 I1、I2 和 I3 是否是父指令,即是否是 addi、l{b\|h\|w\|d} 或 jalr 指

令。如果 Ii 是子指令并且 Ii+1 是父指令（i=0，1 或 2），那么 {Ii, Ii+1} 是一对可以融合的指令，但能否融合还要判断两条指令的操作数是否满足融合条件。对于表 1 给出的所有类型的指令组合,融合条件都是相同的,即父指令的源操作数寄存器和目的寄存器相同,并且子指令和父指令的目的寄存器相同。

识别出可融合的指令组后,在译码阶段将进行如下处理。

（1）子指令被融合,不会进入译码队列。

（2）父指令的源操作数寄存器原本是 rd,发生融合后,如果子指令是 lui,那么源操作数寄存器变成常零寄存器①,在 RISC-V 中,为 x0;如果子指令是 auipc,那么源操作数寄存器将变成子指令的 pc;

（3）父指令进入译码队列时需要携带两个额外的信息,一个是移位信息,指示该指令是否是融合后的指令,该信息在 pc 维护时会被使用,之后会有更加详细的描述;另一个是子指令的立即数字段,该信息在父指令发射时用于和父指令的立即数一起生成最终的立即数。

3）重命名阶段

重命名阶段的寄存器重命名机制不受影响,该阶段只需要将指令融合引入的额外信息随流水线传递即可。

4）分派阶段

DMR 在分派阶段根据指令类型把指令分派到相应的发射队列,同时读取寄存器文件有效位阵列以判断源操作数是否就绪。分派阶段仍然是顺序的,指令一旦分派进入指令队列,就开始乱序执行。

DMR 在分派阶段计算分派指令的 pc,用于 pc 相对地址的计算。如果一直顺序取指,每分派一条指令,pc 加 4。但是如果发生了指令融合,在分派阶段只能看到指令组中的父指令。分派了父指令后（通过指令携带的是否是融合后指令的信息可以判断是否发生了指令融合）,pc 要加 8,这样父指令后面的指令的 pc 才是正确的。父指令自身看到的 pc 是融合指令组的子指令的 pc,这是我们所希望的,因为发生指令融合时如果子指令是 auipc,那么父指令需要使用子指令的 pc 进行计算。

总之,分派阶段的变化是 pc 的计算,如果分派了一条融合后的指令, pc 加 8;如果分派了一条非融合的指令,pc 加 4。

此外,指令融合引入的额外信息仍然要随流水线传递,供发射阶段生成立即数时使用。

5）发射阶段

DMR 在发射阶段读取寄存器文件获取源操作数,如果源操作数是立即数类型,那么需要对操作码中的原始立即数进行处理,比如进行符号位扩展,生成最终计算需要的立即数。指令融合对寄存器文件的读取没有影响,但是立即数的处理需要修改。

表 1 给出的所有可以融合的指令发生指令融合后,指令的立即数（用 imm[31：0] 表示）都是由子指令的立即数（用 imm20[31：12] 表示）和父指令的立即数（用 imm12[11：0] 表示）共同生成的,具体为

imm[31:0] = {imm20[31:12], {12{1'b0}}} + {{20{imm12[11]}}, imm12[11:0]};

以上表达式可以简化为

imm[31:0] = {(imm20[31:12] + {20{imm12[11]}}), imm12[11:0]};

生成融合后指令的立即数需要一个 20 位加法器,这是指令融合引入的额外开销。生成 32 位的立即数后,符号位扩展成 64 位,参与最终的计算。

6）执行和写回阶段

指令融合导致的变化是父指令的源操作数来源有变化,而源操作数在分派阶段和发射阶段已经生成,执行阶段和写回阶段不需要做任何修改。

---

① lui 指令执行时利用加法流水线,一个操作数是立即数,另一个操作数为 0,所以译码时将另一个操作数解析成常零寄存器 x0。

7）提交阶段

DMR 在提交阶段报告指令引起的异常，指令融合对异常的处理有影响。

父指令是 load 时，融合后的指令可能引起 load 地址不对齐异常、load 访问故障或 load 页故障；父指令是 jalr 时，融合后的指令可能引起取指地址不对齐异常。

父指令引起异常后，在其提交时报告异常，该指令不能提交。由于子指令被融合，所以子指令对体系结构状态的影响因为父指令没有提交而没有发生。因此，父指令引起异常后，异常返回地址应该是子指令的地址。

DMR 在提交阶段计算即将提交指令的 pc，在没有分支指令时，每提交一条指令，pc 加 4。实现了指令融合后，如果提交的指令是融合后的指令，那么 pc 加 8；如果提交的指令是非融合的指令，那么 pc 加 4。这样当一条融合后的指令提交时，如果发生异常，即将提交指令的 pc 指向的是子指令的 pc，该地址会被保存起来作为异常返回地址。

4　结果与分析

DMR 还没有完成 FPGA 仿真环境的搭建，目前只能在软件模拟环境中进行裸机测试。我们随机生成了 10 个测试激励（r1~r10），让可以融合的指令组占有一定的比例。图 2 给出了每个程序运行结束后被融合的指令数占总指令数的比例，平均为 13.18%。图 3 给出了 DMR 处理器在实现了指令融合机制后，相比于没有实现指令融合机制时，性能平均仅提升了 0.36%。

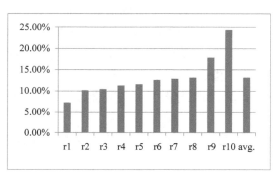

图 2　被融合的指令数占总指令数的比例

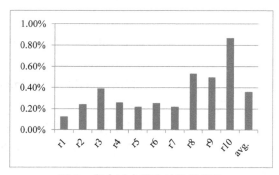

图 3　指令融合带来的性能提升

我们对其中的原因进行了分析，发现随机生成的测试激励会导致大量的指令 cache 失效，需要从核外的缓存取指，虽然指令融合能够增大实际发射宽度，并且指令融合后执行一条指令的延时要比单独执行两条具有数据相关性的指令的延时小，但是由于指令供应不上，所以无法发挥出指令融合的优势。

将测试激励运行两遍，统计第二遍运行时程序的性能，结果如图 4 所示，性能平均提升了 3.78%，但是与被融合指令的占比相比,性能提升的幅度仍然不大。

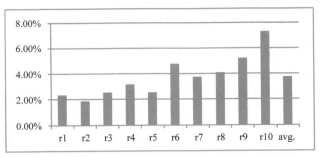

图4　指令 cache 预热后指令融合带来的性能提升

由于每个激励的规模都不大,没有超出指令 cache 的范围,所以指令 cache 失效的影响消除了。但是仍然有其他因素的影响,比如分支误预测,使得指令融合带来的好处无法直接导致执行周期数降低,因为程序执行的关键路径不在指令融合带来的改善因素上。

指令融合对性能的优化程度与程序自身的行为有很大关系,后续我们将在 FPGA 原型系统上针对 DMR 面向的应用进行测试。

5　结论

指令融合将两条指令融合成一条指令进行重命名、发射和执行,能增大处理器的实际发射宽度,并且减少指令占用的乱序执行资源数目和降低调度开销。指令融合的实现因处理器微架构的不同而不同,本文详细描述了指令融合机制在自研的 RISC-V 指令集架构的乱序超标量处理器 DMR 上的实现,并在软件模拟环境中对 10 个随机生成的、可以融合的指令组占一定比例的测试激励的运行结果进行了对比。结果显示,相比于没有实现融合机制时,指令融合机制带来的性能提升与程序自身的行为有很大关系,当程序执行的关键路径不在指令融合带来的改善因素上时,性能提升有限,但总的来说,性能都会有一定程度的改善。在指令 cache 预热后,性能平均提升了 3.78%。

参考文献

[1] SEZNEC A. A new case for the tage branch predictor[C]// The 44th Annual IEEE/ACM International Symposium on Microarchitecture. Porto Allegre, Brazil, 2011.

[2] SEZNEC A. TAGE-SC-L branch predictors[C]// Proceedings of the 4th Championship Branch Prediction. Minneapolis, United States, 2014.

[3] ADIGA N, et al. The IBM z15 high frequency mainframe branch predictor[C]// ACM/IEEE 47th Annual International Symposium on Computer Architecture. Valencia, Spain, 2020.

[4] GRAYSON B, et al. Evolution of the Samsung Exynos CPU microarchitecture[C]// ACM/IEEE 47th Annual International Symposium on Computer Architecture. Valencia, Spain, 2020.

[5] FRUMUSANU A. Arm's new Cortex-A78 and Cortex-X1 microarchitecture: an efficiency and performance divergence[EB/OL]. http://www.anandtech.com.

[6] JAIN T, AGRAWAL T. The Haswell microarchitecture - 4th generation processor[J]. International journal of computer science and information technologies, 2013, 4(3): 477-480.

[7] INTEL. Intel skylake microarchitecture detailed[EB/OL]. [2015-08-15]. https://www.techpowerup.com/forums/threads/intel-skylake-microarchitecture-detailed.215357/.

[8] INTEL. The intel skylake mobile and desktop launch with architecture analysis[EB/OL]. [2015-09-01]. https://www.anandtech.com/show/9582/intel-skylake-mobile-desktop-launch-architecture-analysis/.

[9] INTEL. Intel sandy bridge microarchitecture[EB/OL]. [2010-09-25]. https://www.realworldtech.com/sandy-bridge/.

[10] INTEL. Sandy bridge：intel's next-generation microarchitecture revealed[EB/OL]. [2010-10-01]. https：//www.extremetech.com/.

[11] INTEL. Intel sunny cove microarchitecture details[EB/OL]. [2018-12-31]. https：//www.servethehom.com/.

[12] INTEL. Intel core versus AMD's K8 architecture[EB/OL]. [2006-05-01]. https：//www.anandtech.com/show/1998/.

[13] RISC-V INTERNATIONAL. The RISC-V instruction set manual volume Ⅱ：privileged architecture[EB/OL]. [2019-06-08]. https：//riscv.org/technical/specifications/.

[14] RISC-V INTERNATIONAL. The RISC-V instruction set manual volume Ⅰ：unprivileged ISA[EB/OL]. [2019-12-13]. https：//riscv.org/technical/specifications/.

乱序超标量处理器中指令定序单元的形式化验证

孙彩霞，王俊辉，郭维，雷国庆，黄立波，王永文

（国防科技大学计算机学院　长沙　410073）

摘　要：为了获得高性能,处理器的微架构越来越复杂,复杂的微架构给处理器的功能验证带来了挑战。本文对一款自研的 RISC-V 指令集架构的乱序超标量处理器 DMR 中指令定序单元的寄存器重命名逻辑、乱序回收资源的管理逻辑和 ROB(Reorder Buffer)的管理逻辑进行了形式化验证,从输入的约束、断言的定义和功能点的提取三个方面详细阐述了形式化验证环境的搭建。在验证过程中共发现 3 个设计缺陷,经过形式化验证的指令定序单元在 DMR 的核级软模拟验证中未再发现经形式化验证的逻辑的设计缺陷。

关键词：RISC-V;乱序;超标量;指令定序单元;形式化验证

Formal Verification of Instruction Sequencing Unit in an Out of Order Superscalar Processor

Sun Caixia , Wang Junhui , Guo Wei , Lei Guoqing , Huang Libo , Wang Yongwen

（ College of Computer , National University of Defense Technology , Changsha , 410073 ）

Abstract：To achieve high performance , the processor microarchitecture is becoming more and more complicated , which brings challenges to verify the function of processors. DMR is a RISC-V based OoO superscalar processor. The register renaming logic , resources out-of-order deallocated managing logic and ROB managing logic of the instruction sequencing unit in DMR is verified by the formal method. This paper details how to setup the formal verification environment , from the aspects of assuming input , defining assertions and extracting function points. Three bugs are found during the formal verification. Bugs are not found any more for these verified logics in the simulation verification of DMR.

Key words：RISC-V , out-of-order , superscalar , instruction sequencing unit , formal verification

1　前言

　　为了获得高性能,允许前瞻执行的多发射乱序超标量结构已经成为通用处理器的典型微架构,并且还在持续优化和增强,比如分支预测精度越来越高 [1-3]、片上缓存越来越大 [4-5]、乱序执行资源数目越来越多等 [6-11]。复杂的微架构给处理器功能验证带来了挑战,特别是通用处理器面向的应用场景复杂,必须对处理器进行非常全面的验证。

　　功能验证主要有两种方法:模拟验证和形式化验证 [12-13]。两种方法各有优劣,在功能复杂的乱序超标量

收稿日期:2020-08-10;修回日期:2020-09-20

基金项目:核高基项目(2017ZX01028-103-002),国家自然科学基金资助项目(61902406)

This work is supported by the HGJ(2017ZX01028-103-002), and the National Natural Science Foundation of China (61902406).

通信作者:孙彩霞(cxsun@nudt.edu.cn)

通用处理器验证中,二者可以互相补充,以加速功能验证的收敛。

本文对自研的兼容 RISC-V 指令集架构的乱序超标量处理器(简称 DMR)的指令定序单元的部分功能采用形式化方法进行了验证,发现了 3 个设计缺陷。经过形式化验证的指令定序单元在 DMR 的核级软模拟验证中并未发现经形式化验证的逻辑的设计缺陷。

2 指令定序单元功能的介绍

DMR 是一款兼容 RISC-V 指令集架构的乱序超标量处理器,支持用户态(user-mode)、特权态(supervisor-mode)和机器态(machine-mode)三种特权级模式[14],兼容 RV64G 指令集规范[15]。

2.1 DMR 处理器的核心微架构

图 1 给出了 DMR 处理器的核心微架构。将处理器核心按功能分为流水线前端、指令定序单元(Instruction Sequencing Unit, ISU)和执行单元三个部分。流水线前端完成取指和译码,每个周期取出 256 位、8 条指令存入指令队列,指令队列每拍最多流出 4 条指令去译码,译码后的指令被送到指令定序单元;指令定序单元完成指令的重命名、分派以及顺序提交;执行单元中的分布式发射队列用于接收 ISU 分派过来的整数指令、分支指令、浮点指令以及访存指令。指令发射乱序进行,只要发射队列中指令的操作数准备就绪并且功能单元空闲,指令就可以被发射到功能单元执行。发射时读取寄存器文件获取源操作数,源操作数也可能是来自旁路的数据。

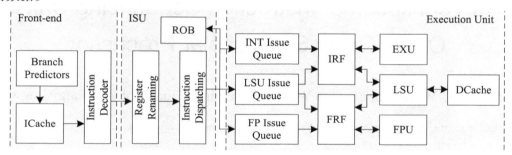

图 1 DMR 处理器的核心微架构框图

2.2 指令定序单元

指令定序单元的主要功能是完成指令的寄存器重命名,并将指令按顺序分派到相应的发射队列,同时按照 ROB(Reorder Buffer)维护指令的顺序,实现指令的顺序提交。图 2 从形式化验证 ISU 时要验证的功能的角度给出了 ISU 功能简图。

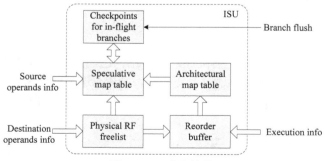

图 2 ISU 功能简图

指令定序单元在接收了来自流水线前端译码后的指令后,首先进行寄存器重命名。DMR 采用统一寄存器文件的方式进行寄存器重命名,即指令前瞻执行的结果和最终提交的结果都保存在一个寄存器文件中,叫作物理寄存器文件。DMR 为整数寄存器文件（Integer Register File，IRF）和浮点寄存器文件（Floating-Point Register File，FRF）各维护了一个空闲物理寄存器列表，当重命名的指令有目的寄存器操作数时，需要从空闲物理寄存器列表中找到一个空闲物理寄存器，建立指令的目的寄存器到该物理寄存器的映射关系，并把新建立的映射关系写入前瞻映射表（speculative map table）。如果指令有源寄存器操作数，那么需要查找前瞻映射表获取源寄存器映射到的物理寄存器号。如果同时重命名的指令之间具有寄存器的写后读相关，那么还需要进行物理寄存器号的旁路，使源寄存器能够获得最新的映射关系中的物理寄存器号；如果同时重命名的指令之间具有写后写相关，那么应使用较新的映射关系更新前瞻映射表。当重命名阶段有分支指令时，会为该分支指令分配一个检查点（checkpoint），保存当前的前瞻映射表，当该分支发生预测错误需要清除流水线时，使用检查点备份的信息恢复前瞻映射表。

在分派阶段，指令除了被送往发射队列，也会在 ROB 中分配一项，ROB 会记录指令的目的寄存器到物理寄存器的映射关系，当指令提交时，这个映射关系才会最终被写入体系结构映射表（architectural map table）。当发生异常时，使用体系结构映射表恢复前瞻映射表。

3 形式化验证环境的搭建

使用商用的形式化验证工具验证 ISU 的关键功能。这一部分描述如何搭建形式化验证环境，包括输入的约束（assumption）、断言（assertion）的定义和功能点（cover）的提取，图 3 是 ISU 的形式化验证环境示意图。

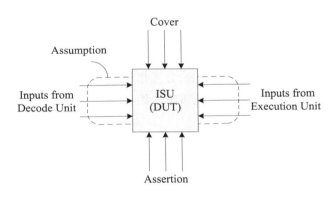

图 3 ISU 的形式化验证环境示意图

3.1 输入的约束

需要对输入的信息进行适当的约束，过滤不合理的输入组合，以避免误报。误报指报告的违反不是由 DUT（Design Under Test）本身的设计缺陷造成的，而是由于输入的信息不合理导致的，在整个处理器工作时不会有不合理的输入给 ISU。

ISU 的输入主要有两部分：一部分来自流水线前端，这部分是译码后的指令信息；另一部分来自执行单元，这部分是指令执行后的反馈信息。

3.1.1 来自流水线前端的输入信号的约束

来自流水线前端的输入包含 4 条指令的有效信号以及每条指令译码后的相关信息。这 4 条指令可以是任意的指令组合，不需要进行约束，但是某些相关联的信息必须是一致的，并且某些信号的取值必须在有效范围内。具体来说，这部分输入需要考虑的合理性约束有以下两点。

第一，相关联信号的合理性约束。ISU 接收流水线前端输出的 4 条指令的逻辑，在设计时，假设 4 条指令按照编号由低到高的顺序从 4 个槽输出，如果较低编号输出槽的指令无效，较高编号输出槽的指令肯定无效,所以必须对 4 条指令的有效信号进行约束。一条指令的同一个特征被译码出不止一个信号时,这几个信号必须是一致的。比如,指令类型这个特征被译码出两个信号,分别是供分派阶段使用的执行单元标识信息 eu_id 和供重命名阶段使用的是否需要将前瞻映射表保存到检查点中的 chk_pnt 信号,必须对这两个信号的关系进行约束,当 chk_pnt 为 1 时,eu_id 必须为分支单元。如果将 chk_pnt 为 1 的指令的执行单元指定为非分支单元,那么重命名时根据 chk_pnt 判断是否需要为该指令分配一个检查点,可是根据 eu_id 分派指令时不会将该指令分派到分支单元,由于只有分支单元才有释放检查点的逻辑,那么这个检查点就会丢失,而这个丢失并不是 RTL 本身的缺陷造成的。

第二,信号取值范围的合理性约束。指令译码出的某些信号具有合理的取值范围,如果超出该范围,ISU 的行为会不可预期,从而产生误报。比如,指令译码时会译码出源操作数和目的操作数的逻辑寄存器号。在 DMR 中,将整数和浮点之间的转换指令拆成了两个内部操作,如果是整数转换成浮点,那么首先在访存单元将整数操作数读取保存在一个临时的浮点寄存器中,这个寄存器编号为 32,之后浮点单元读取临时寄存器的值进行数据转换;如果是浮点转换成整数,那么首先在浮点单元完成转换,结果写入一个临时的浮点寄存器中,然后由访存单元读取临时寄存器的值写入整数目的寄存器。所以如果操作数是浮点寄存器类型,那么逻辑寄存器号的有效取值范围为 0~32。

3.1.2　来自执行单元的输入信号的约束

执行单元接收 ISU 分派的指令,乱序执行后将执行指令的有关信息反馈给 ISU,主要包括指令在 ROB 中的标识 RID,在指令执行过程中是否发生异常以及异常类型等。ISU 根据 RID 以及是否发生异常的信息确定 RID 这项中保存的指令是否可以提交。指令执行时是否发生异常以及异常类型信息可以根据指令类型随机给出,但是 RID 不能随机输入给 ISU,必须与 ISU 分派指令时携带的 RID 保持一致,否则 ROB 的控制逻辑就会出现不可预期的异常,从而产生误报。

分支指令被分派时会携带检查点的标识 CPID,分支指令执行完毕后将相应的检查点标识反馈给 ISU,以释放相应的检查点。检查点标识信息也不能随机输入给 ISU,同样要和分支指令被分派时携带的信息保持一致。

为此,我们搭建了执行单元模型,如图 4 所示。执行单元模型接收 ISU 输出的指令在 ROB 中的标识 rid_out,并模拟乱序发射执行过程,将发射执行的指令在 ROB 中的标识 rid_in 反馈给 ISU。对于访存指令和浮点指令,可能会产生异常,异常有效信号 exc_vld 和异常类型 exc_type 随机给出。对于分支指令,ISU 分派指令时会将其检查点标识 cpid_out 输出给 EXU,分支指令发射执行时会把对应的检查点标识 cpid_in 反馈给 ISU。

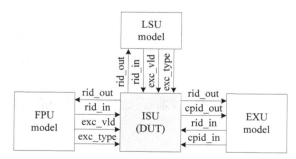

图 4　执行单元功能模型与 ISU 交互示意图

3.2　断言的定义

ISU 的形式化验证的基本思想是待验证的 ISU 接收有约束的随机输入,工具的形式化引擎证明 ISU 的行为满足预期,通过断言(assertion)指定 ISU 的预期行为。根据 ISU 的功能和特有实现,从以下几个方面定义 ISU 形式化验证过程中使用的断言。

1. 寄存器重命名机制的正确性检查断言

寄存器重命名将逻辑寄存器映射到一个物理寄存器,这个映射关系会由写逻辑寄存器的指令改写。检查寄存器重命名机制正确与否的重点是检查指令每次读取逻辑寄存器获取源操作数时,总是能正确索引到程序中最近一次建立的映射关系中的物理寄存器,图 5 给出了实现该检查的示意图。

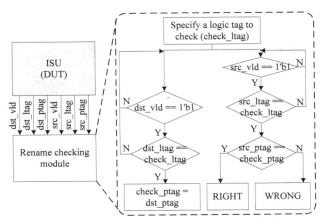

图 5　寄存器重命名机制正确性检查的示意图

检查模块获取 ISU 中的相关信号,包括目的操作数有效信号 dst_vld、目的操作数的逻辑寄存器号 dst_ltag、目的操作数的物理寄存器号 dst_ptag、源操作数有效信号 src_vld、源操作数的逻辑寄存器号 src_ltag 和源操作数的物理寄存器号 src_ptag。

在逻辑寄存器号的有效取值范围内任选一个编号进行检查,假设为 check_ltag,形式化工具会对有效取值范围内的所有值进行遍历。每个周期都会判断源操作数是否有效,如果有效且源操作数的逻辑寄存器号和 check_ltag 相等,那么需要检查 ISU 重命名过程获取的源操作数的物理寄存器号 src_ptag 是否和预期的物理寄存器号相等,相等表示重命名过程正确,不相等则表示有错,形式化工具会给出反例供调试。预期的物理寄存器号由检查模块维护,每当目的操作数有效且目的操作数的逻辑寄存器号等于 check_ltag 时,就使用 ISU 重命名逻辑建立的映射关系中的物理寄存器号 dst_ptag 更新预期的物理寄存器号,用 check_ptag 表示。这个过程假设目的操作数建立映射关系的逻辑是正确的,逻辑的正确性由其他断言来检查。

2. 乱序回收资源管理机制的正确性检查断言

ISU 中的乱序回收资源包括检查点、整数物理寄存器文件和浮点物理寄存器文件。乱序回收资源管理机制的正确性检查从两个方面着手:一是资源总数守恒;二是资源不能重复。资源总数守恒这个断言非常重要,特别是当资源丢失不影响功能时,这样的设计缺陷在模拟环境中很难发现。

乱序回收资源有的被分配出去,有的未被分配出去,被分配出去的资源对应的指令可能处于流水线的不同阶段,将未被分配的资源和已经被分配出去、处于流水线不同阶段的资源相加,得到的总和与 ISU 设计时实现的该资源总数要相等,从而定义出资源总数守恒的断言。

资源不能重复,可以检查被分配出去的资源是否重复,也可以检查未被分配出去的资源是否重复。由于被分配出去的资源分散在流水线的多个阶段,而未被分配出去的资源由空闲列表统一管理,所以检查后者相对简单。如图 6 所示,对于 N 项的乱序回收资源,使用一个 N 项的空闲列表管理,每项保存的内容是空闲资源的标识,比如如果是整数物理寄存器的空闲列表,表中每项保存的就是整数物理寄存器的编号。空闲列表有一个分配指针 alloc_ptr 和一个回收指针 dealloc_ptr,每次分配资源时将 alloc_ptr 指向的项保存的标识分配出去,每次释放资源时将回收的资源的标识写入 dealloc_ptr 指向的项。初始时, alloc_ptr 和 dealloc_ptr 都指向第 0 项,列表第 N 项保存的内容就是标识 N。由于资源的释放是乱序的,所以乱序回收资源被分配、回收一段时间后,列表中保存的标识可能不再连续。分配指针(包括分配指针指向的项)和回收指针(不包括回收指针指向的项)之间的项保存的标识都是空闲的,这些标识不能重复。分配指针和回收指针的关系如图6(左)所示时,图中环形箭头覆盖的项是需要检查的项,如图6(右)所示时,图中从上至下的箭头覆盖的项是需要检查的项。定义的断言为需要检查的项中的任意两项时,保存的标识编号不能相同。

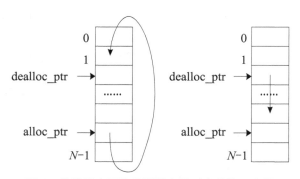

图6　维护乱序回收资源的空闲列表结构示意图

3. ROB 管理机制的正确性检查断言

ROB 用于实现指令的顺序提交,ROB 项是顺序分配顺序释放的,结构如图7(左)所示。ROB 设置了分派指针 dispatch_ptr、提交指针 commit_ptr 和退休指针 retire_ptr 三个指针。分派指令时,将分派指针指向的项分配给指令;指令进入 ROB,被判定不会产生异常后,该指令就是可以提交的,提交指针指向的项如果是可提交的,提交指针就前进到下一项;指令可以提交只是表示指令肯定会被执行,不会被清除,但是指令直到真正被执行后才可以退休,如果退休指针指向的项可以退休,退休指针就前进到下一项。可见, ROB 的三个指针具有如下关系:提交指针不能超越分派指针,退休指针不能超越提交指针。ROB 是一个循环队列,当指针达到最大项后会回卷到第0项,为了判断指针的关系,需要添加一位回卷位。定义的断言如图7(右)所示。

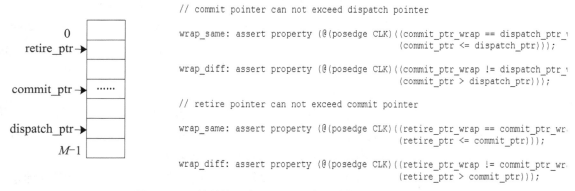

图7　ROB 的结构示意图(左)和定义的指针关系断言(右)

3.3　功能点的提取

形式化验证的质量取决于定义的断言能覆盖到 DUT 功能的多少, ISU 是一个功能复杂、逻辑多的单元,形式化验证其所有功能几乎无法完成。在定义断言时主要从寄存器重命名、乱序回收资源的管理和 ROB 的管理等控制通路比较复杂的逻辑入手,为了衡量形式化验证对这些逻辑功能的覆盖情况,可以从以下方面提取功能点。

(1)源操作数的逻辑寄存器号和目的操作数的逻辑寄存器号覆盖到所有的有效取值。

（2）源操作数的物理寄存器号和目的操作数的物理寄存器号覆盖到所有的有效取值。

（3）覆盖到同时重命名的四条指令之间可能出现的所有写后读相关和写后写相关。

（4）空闲乱序回收资源的数目覆盖从 0 到最大值的所有值。

（5）空闲列表的分配指针和回收指针覆盖到所有项，并且两个指针的关系覆盖到图 6 所示的两种情况。

（6）ROB 的分派指针、提交指针和退休指针覆盖到所有项，并且分派指针和提交指针覆盖到回卷位相同和不同两种情况，提交指针和退休指针覆盖到回卷位相同和不同两种情况。

4　发现的缺陷以及分析

ISU 的代码经过静态语法检查，简单功能进行了子模块级验证后，又进行了 ISU 模块级的形式化验证，共发现了 3 个缺陷，其中 2 个缺陷与寄存器重命名逻辑有关，1 个缺陷与指令提交和退休指针有关。

与寄存器重命名逻辑有关的 2 个缺陷都是由资源总数守恒的断言发现的。DMR 中对部分指令组合进行了融合，比如 auipc 指令和 load 指令融合，实现 pc 相对的 32 位偏移的寻址，融合时将 auipc 指令融入 load 指令，auipc 指令不再需要进行重命名，不需要分配物理寄存器，但是我们没有正确地将被融合掉的 auipc 指令的目的寄存器有效信号清 0，使得该指令分配了一个整数物理寄存器，而该指令被融合后并没有在 ROB 中被记录，从而无法在指令提交时相应地回收一个整数物理寄存器，导致物理寄存器总数变少。另一个缺陷也与指令融合的逻辑有关，在此不再赘述。

与指令提交和退休逻辑有关的缺陷是根据 ROB 的退休指针不能超越提交指针的断言发现的。DMR 中，NOP 操作不会分派到任何执行部件执行，但是为了便于维护 pc，仍然在 ROB 中分配了一项。NOP 指令进入 ROB 时，就应该是可以提交并且可以退休的，可是在设计中 NOP 进入 ROB 时并未被标记为可以提交，但是标记为可以退休，NOP 在 ROB 中等待执行部件反馈其是否有异常以判定是否可提交，由于 NOP 没有分派到任何执行部件，所以没有反馈信息，结果退休指针超越了提交指针。

修正了这 3 个缺陷后，定义的断言有的被完全证明、没有发现反例，有的由于状态空间太大，无法完全证明，但是在提取的功能点被完全覆盖的情况下并未出现反例。经过形式化验证的 ISU 代码在 DMR 的核级软模拟验证中，并未发现寄存器重命名逻辑、乱序回收资源管理逻辑和 ROB 管理逻辑的缺陷。同时，我们将 ISU 形式化验证中定义的断言转换成核级软模拟的断言，在模拟验证中出现了断言违反，从而在出错的第一现场很快定位到了译码逻辑的一个缺陷。

5　结论

为了获得高性能，通用处理器的微架构越来越复杂，复杂的微架构也对处理器功能验证提出了挑战。本文使用商用的形式化验证工具，对乱序超标量处理器 DMR 中指令定序单元的寄存器重命名逻辑、乱序回收资源管理逻辑和 ROB 管理逻辑进行了功能验证，从输入的约束、断言的定义和功能点的提取 3 个方面重点介绍了如何搭建形式化验证环境，验证过程中发现了 3 个设计缺陷。我们将形式化验证方法和模拟验证方法相结合，加速了 DMR 功能验证的收敛。

参考文献

[1] SEZNEC A. A new case for the TAGE branch predictor[C]// The 44th Annual IEEE/ACM International Symposium on Microarchitecture. Porto Allegre, Brazil, 2011.

[2] SEZNEC A. TAGE-SC-L branch predictors[C]// Proceedings of the 4th Championship Branch Prediction. Minneapolis, United States, 2014.

[3] ADIGA N, et al. The IBM z15 high frequency mainframe branch predictor[C]// ACM/IEEE 47th Annual International Symposium on Computer Architecture. Valencia, Spain, 2020.

[4] GRAYSON B, et al. Evolution of the Samsung Exynos CPU microarchitecture[C]// ACM/IEEE 47th Annual International Symposium on Computer Architecture. Valencia, Spain, 2020.

[5] FRUMUSANU A. Arm's new Cortex-A78 and Cortex-X1 microarchitecture: an efficiency and performance divergence[EB/OL]. http://www.anandtech.com.

[6] JAIN T, AGRAWAL T. The Haswell microarchitecture - 4th generation processor[J]. International journal of computer science and information technologies, 2013, 4(3): 477-480.

[7] INTEL. Intel skylake microarchitecture detailed[EB/OL]. [2015-08-15]. https://www.techpowerup.com/forums/threads/intel-skylake-microarchitecture-detailed.215357/.

[8] INTEL. The intel skylake mobile and desktop launch with architecture analysis [EB/OL]. [2015-09-01]. https://www.anandtech.com/show/9582/intel-skylake-mobile-desktop-launch-architecture-analysis/.

[9] INTEL. Intel's sandy bridge microarchitecture [EB/OL]. [2010-09-25]. https://www.realworldtech.com/sandy-bridge/.

[10] INTEL. Sandy bridge: intel's Next-Generation microarchitecture revealed [EB/OL]. [2010-10-01]. https://www.extremetech.com/.

[11] INTEL. Intel sunny cove microarchitecture details [EB/OL]. [2018-12-31]. https://www.servethehom.com/.

[12] SCHUBERT K D, et al. Functional verification of the IBM POWER7 microprocessor and POWER7 multiprocessor systems[J]. IBM journal of research and development, 2011, 55(3): 10:1-10:17.

[13] 张珩, 沈海华. 龙芯 2 号微处理器的功能验证 [J]. 计算机研究与发展, 43(6): 974~979, 2006.

[14] RISC-V INTERNATIONAL. The RISC-V instruction set manual volume II: privileged architecture[EB/OL]. [2019-06-08]. https://riscv.org/technical/specifications/.

[15] RISC-V INTERNATIONAL. The RISC-V instruction set manual volume I: unprivileged ISA[EB/OL]. [2019-12-13]. https://riscv.org/technical/specifications/.

天河三号原型机分布式并行深度神经网络性能评测及调优

魏嘉，张兴军，纪泽宇，李靖波，岳莹莹

（西安交通大学计算机科学与技术学院　西安　710127）

摘　要：深度神经网络（Deep Neural Network，DNN）模型是人工神经网络（Artificial Neural Network，ANN）模型的重要分支，是深度学习的基础。近年来，由于计算机计算能力的提升和高性能计算技术的发展，使得通过增加DNN网络深度和模型复杂度来提高其特征提取和数据拟合的能力成为可能，从而使DNN在自然语言处理、自动驾驶、人脸识别等领域显现了优势。然而海量的数据和复杂的模型大大提高了深度神经网络的训练开销，因此加速其训练过程成为一项关键任务，其技术范围涵盖从底层电路设计到分布式算法设计等多个方面。国产天河三号峰值速度的设计目标为百亿亿级，巨大的计算能力为DNN训练提供了潜在的契机。本文根据天河三号原型机ARM架构特点，采用PyTorch框架与MPI技术，针对单个MT-2000+计算节点、单个FT-2000+计算节点以及通过拓展的多节点集群设计卷积神经网络（CNN）训练策略，并对上述处理器在神经网络分布式训练中的性能做出了评测和优化，为进一步提升和改进天河三号原型机在神经网络大规模分布式训练方面的表现提供了实验数据和理论依据。

关键词：天河三号原型机；深度学习；分布式训练；性能评测；数据并行

Performance Evaluation and Optimization of Distributed and Parallel Deep Neural Network Training on Tianhe-3 Prototype System

Wei Jia，Zhang Xingjun，Ji Zeyu，Li Jingbo，Yue Yingying

（College of Computer Science and Technology，Xi'an Jiaotong University，Xi'an，710127）

Abstract：The Deep Neural Network（DNN）model is an important branch of the Artificial Neural Network（ANN）model and the foundation for deep learning. In recent years，due to the improvement of computer computing power and the development of high-performance computing technology，it has become possible to improve its feature extraction and data fitting capabilities by increasing the depth of DNN network and model complexity. As a result，DNN has shown advantages in natural language processing，autonomous driving，face recognition and other fields. However，massive data and complex model have greatly increased the training cost of DNN. Therefore，accelerating the training process has become a key task，and its technical scope covers many aspects from the design of underlying circuit to the design of distributed algorithm.The peak speed of the domestic Tianhe-3 aims at one quintillion of times，and the huge computing power provides a potential opportunity for DNN training. Based on the ARM architecture characteristics of the Tianhe-3 prototype，using

收稿日期：2020-08-10；修回日期：2020-09-20

基金项目：国家重点研发计划项目（2016YFB0200902）

This work was supported by the National Key Research and Development Program of China under Grant（2016YFB0200902）.

通信作者：张兴军（xjzhang@xjtu.edu.cn）

the PyTorch framework and MPI technology, this paper conducts a uniquely designed CNN training for a single FT-2000+ computing node, a single MT-2000+ computing node and the multi-node cluster expanded through them. The performance of the above-mentioned processors in neural network distributed training has been optimized and evaluated, which provides experimental data and theoretical basis for further improving the performance of the Tianhe-3 prototype system in neural network distributed training.

Key words：Tianhe-3 prototype, deep learning, distributed training, performance evaluation, data parallelism

深度神经网络（Deep Neural Network，DNN）是现代人工智能（Artificial Intelligence，AI）应用的基础[1]。近年来，由于 DNN 在自然语言处理[2]和图像识别中里程碑式的表现，其在无人驾驶、癌症检测[3]和复杂决策[4]等领域中得到了广泛应用，尤其是在图像领域，相比于支持向量积为代表的传统算法，基于深度学习的 AlexNet 模型将分类准确性提高了两倍，从而引起了图像识别社区以及学术界的兴趣。DNN 的卓越性能来源于其对大量数据进行统计学习以获取输入空间的有效表示，从而能够从原始数据中提取出高级特征[5-7]。这与早期使用专家设计的特定功能或规则的机器学习方法完全不同。

但是，DNN 卓越的表现是以高计算复杂度为代价的。随着数据集规模的增大和模型复杂程度的升高，DNN 在训练过程中对计算强度和存储空间的要求也成比例增长[8-9]。尽管通用计算引擎（尤其是 GPU）已成为许多加速 DNN 训练的主要手段[11-13]，但人们对专业的 DNN 训练加速技术有着更浓的兴趣。为了使训练得到的 DNN 更具竞争力，本质上需要高性能计算集群[19-20]。而对上述系统，需要对 DNN 训练和推理（评估）等不同方面进行优化[21-24]，以适应相应平台特点从而提高整体并发性。

近年来，以 GPU、MIC 和 FPGA 为代表的高能效异构计算平台[8-13, 19-24]在不同研究领域得到了广泛应用。异构计算的理念也被用来制造超级计算机[10]，如我国研制的异构计算集群天河一号（采用 GPU 作为加速器）其计算能力在 2010 年 11 月 TOP 500 榜单位列第一；天河二号（采用 MIC 作为协处理器）其计算能力在 2013 年 6 月 TOP 500 榜单位列第一；采用国产异构多核 CPU 制造的神威太湖之光超级计算机在 2016 年 6 月 TOP500 榜单位列第一。2020 年 6 月，日本理化研究所和富士通公司基于 ARM 架构，搭载富士通开发的 CPU"A64FX"的"富岳"超级计算机在最新的 2020 年 TOP 500 榜单中夺魁，运算速度为 415.5 petaflops。迄今为止，超算向 E 级发展仍是整个高性能计算（High Performance Computing，HPC）社区面临的巨大挑战，其能否对深度神经网络表现出良好的适用性亦是众多科研机构和工业界重点关注的问题。

在中国的百亿亿级计划中，天河三号采用了基于 ARM 的多核架构，处理器采用国产 Phytium-2000 +（FTP）和 Matrix-2000 +（MTP），并向公众开放以供性能评估。

高性能计算机的快速发展为深度神经网络的并行化提供了平台基础，丰富的并行编程框架为其并行化架起了桥梁，因此如何结合深度神经网络的算法特点以及高性能计算集群的架构特性，利用并行编程框架来设计能充分发挥高性能平台计算能力的神经网络分布式计算方法显得十分迫切。为了实现优化设计以充分发挥超算平台的高性能，首先需要对具体的高性能计算集群进行对应的评测和调优。本文在天河三号原型机平台上，对神经网络分布式训练性能进行了评测和调优。

本文的贡献主要有以下 4 点。

（1）针对天河三号原型机独特的架构特点，通过综合考量神经网络模型、神经网络执行框架和测试模式 3 个维度制订了一套具有针对性的实验设计策略。

（2）将 PyTorch 的分布式框架移植到了天河三号原型机并实现了与天河 MPI 的适配。

（3）分别针对单 MTP 节点、单 FTP 节点、多 MTP 节点和多 FTP 节点等多种情况设计实现了不同的测试策略。

（4）对测试所得到的结果进行了综合的分析，并对其出现的原因进行了解释。

1 相关工作

随着任务规模不断增大、网络层数不断加深,深度神经网络分布式训练经历了由单节点到多节点的发展变迁。在单节点上,利用多核和众核技术(GPU,MIC)进行并行加速;而对于单节点无法完成的大规模深度神经网络训练任务,通常采用 MPI 或 Spark[5],通过分布式系统完成对整个模型的训练。在并行加速训练方面,人们把研究重点集中在使用 ASIC、FPGA 或集群上面 [14-18]。

在 GPU 加速方面,Raina R 等 [11] 最早提出利用 GPU 对深度玻尔兹曼机(Deep Boltzmann Machine,DBN)进行加速;Yadan Omry 等在单个服务器上使用 4 个 NVIDIA GeForce GTX Titan GPU 实现了数据并行和模型并行两种方法的结合;Li T 等 [12] 使用单块 Tesla K40c GPU 加速 DBN,相比于 Intel Core i7-4790K 在预训练过程中获得了 14-22x 加速比;Bottleson J 等 [13] 针对 CNN 网络提出了 OpenCL 加速 Caffe 框架,相比于 Intel CPU,经过不同优化方法后获得了 2.5-4.6x 加速比。

在 MIC 加速方面,一般使用 OpenMP 并行编程模型。Olas T 等 [14] 在 Intel Xeon Phi 7120P 上以原生模式运行 DBN,在 240 线程下相比于 Intel Xeon E5-2695v2 CPU 的串行版本获得了 13.6x 的加速比;Zlateski A 等 [15] 提出 3 维卷积算法,在 Intel CPU 上取得了近乎线性的加速比,在众核处理器 5110P 上取得了 90x 加速比。

在 FPGA 加速方面,Suda N 等 [16] 在 FPGA 上实现了 VGG 和 AlexNet 两种网络,其中 VGG 相比于 Intel i5-4590 3.3 GHz CPU 加速比为 5.5x;Zhang J L 等 [17] 在 FPGA 上实现了 VGG 网络,在 Altera Arria 10 上运行 VGG 网络计算性能达到了 1.79 TOPS,相比于 Intel Xeon E5-1630V3 CPU 得到了 4.4x 加速比;Aydonat U 等 [18] 在 FPGA 上实现了 AlexNet 网络,同时优化了片外内存带宽,并引入 Winograd 转换方法,最终在 Arria 10 上运行时达到了 1 382 GFLOS 的峰值性能。

在多节点并行化加速方面,深度神经网络多节点并行化主要在 CPU 集群上,经典的工作包括 Google 的 Dean 等在 CPU 集群上开发了 Google 深度学习软件框架 DistBelief;Song K D 等在国产超级计算机太湖之光上利用数据并行策略训练 DBN 网络,在四个计算节点上训练 MNIST 数据集,取得的性能是 Intel 至强 E5-2420 v2 2.2 GHz CPU 的 23 倍 [19]。Awan AA 等 [20] 利用协同设计的方法使用 12 个节点和 80 个 Tesla K80 GPU 设计了分布式深度学习框架 S-Caffe;Fang J R 等提出了 swCaffe,将 Caffe 框架改造并移植到了太湖之光上,在某些神经网络的结构上得到了超越 NVK40m GPU 的处理速度;Moritz 等实现了 Spark 与 Caffe 的结合,并通过引入控制参数减少同步次数,从而改进了传统的同步 SGD 并行化机制。

对超级计算机进行测试和调优在 HPC 领域一直是一个重要且有挑战性的课题。Peng S L 等 [21] 使用分子动力学模型在天河二号计算机上实现了 AMBER 并行加速策略,实现了原程序 25~33 倍的加速;Xu Y F 等 [22] 在天河二号平台上,对 ZnO-MOCVD 腔体数值模型进行测试,最大加速比可达 45。Zhu C J 等 [23] 针对"神威太湖之光"超算平台对深度学习框架 Caffe 进行分布式扩展研究,他们对比了同步方式下参数服务器分布式扩展方法和去中心化的分布式扩展方法,他们的实验表明,同步方式下,去中心化分布式扩展方法相比参数服务器分布式扩展方法在通信效率方面具有明显的优势,对特定的模型通信性能提升高达 98 倍。Xin You 等针对天河三号原型机,对线性代数核计算表现进行了测试和分析,并针对天河三号原型机上的 MTP 和 FTP 以及用于比较的 KNL 处理器进行了性能比较。Li Y S 等 [24] 提出了一种启发式的拓扑感知映射算法 OHTMA,对天河三号原型机通信性能进行了评估和改进,他们通过实验证明了使用这种方法可以大大降低通信成本。

2 DNN 分布式训练的关键问题

在本节中,主要介绍了本文分布式训练的四个关键点:小批量梯度下降、分布式环境下的并行模型、一致性计算模型以及天河三号原型机。

2.1 小批量梯度下降

在深度神经网络训练过程中,一个非常重要的任务就是求解代价函数,目前最常用的优化算法是梯度下降算法,该算法的核心是以迭代收敛的方式最小化目标函数。梯度下降算法有三种不同的变体:批量梯度下降算法(Batch Gradient Descent, BGD)、随机梯度下降算法(Stochastic Gradient Descent, SGD)和小批量梯度下降算法(Mini-Batch Gradient Descent, MBGD)。BGD 能够保证收敛到凸函数的全局最优值或非凸函数的局部最优值,但每次更新需在整个数据集上求解,因此速度较慢,甚至对于较大的、内存无法容纳的数据集,无法使用该方法,同时不能以在线形式更新模型;SGD 每次更新只对数据集中的一个样本求解梯度,运行速度大大加快,同时能够在线学习,但是相比于 BGD, SGD 易陷入局部极小值,收敛过程较为波动;MBGD 集合了上面两种方法的优势,在每次更新时,对 n 个样本构成的一批数据求解,使得收敛过程更为稳定,通常是训练神经网络的首选算法。因此在本文的实验中,选取了 MBGD 作为求解代价函数的方法。

算法:MBGD 随机梯度下降算法。

输入:需要进行训练的样本数据。

输出:本轮训练完成后的权值。

① for t = 0 to $\frac{|S|}{B}$ × epochs do

② $\bar{z}$ ← Sample B elements from S;/* 从数据集中获取训练样本 */

③ ω_{mb} ← $\omega(t)$;/* 获取权值参数 */

④ f ← $l(\omega_{mb}m, \bar{z}, h(\bar{z}))$;/* 计算前向评估值 */

⑤ g_{mb} ← $\nabla l(\omega_{mb}, f)$;/* 使用反向传播值计算梯度 */

⑥ $\Delta\omega$ ← $u(g_{mb}, \omega(0, \cdots, t), t)$; /* 权值更新算法 */

⑦ $\omega^{(t+1)} = \omega_{mb} + \Delta\omega$;/* 保存新权值 */

2.2 分布式环境下的并行模型

实现深度神经网络的并行化目前主要有两种方法:模型并行和数据并行[25]。模型并行是指将网络模型分解到各个计算设备上,依靠设备间的共同协作完成训练。数据并行是指对训练数据做切分,同时采用多个模型实例,对多个分片的数据进行并行训练,由参数服务器或使用 all-reduce 等去中心化的通信机制来完成参数交换。

在 MSGD 中,数据以 N 个样本为批次进行处理。由于大多数运算符相对于 N 个样本是独立的,因此并行化的直接方法是在多个计算资源(处理器核或设备)之间分配小批量样本执行工作。

可以认为,神经网络在梯度下降中使用微型批次最初是由数据并行性驱动的。 Farber 和 Asanovic 使用多个矢量加速器微处理器(Spert-Ⅱ)并行执行误差反向传播,以加速神经网络训练。为了支持数据并行性,他们提出了一种称为"捆绑模式"的延迟梯度更新版本,其中梯度在更新权重之前被更新了数次,本质上等效于 MSGD。

Raina 等最早将 DNN 计算映射到数据并行架构(例如 GPU)。他们在受限 Boltzmann 机上的训练结果,使 CPU 的速度提高了 72.6 倍。如今,绝大多数深度学习框架支持数据深度并行化,它们可以使用单个 GPU(CPU)或者多个 GPU(CPU)或多个 GPU(CPU)节点的集群。

使用 MapReduce,可以将并行任务调度到多个处理器以及分布式环境中。在进行这些工作之前,科研人员已经对包括神经网络在内的各种机器学习问题研究了 MapReduce 的潜在规模,从而促进了从单处理器学习向分布式存储系统转变的需求。

2.3 一致性计算模型

随着数据量的不断增加,单个机器无法存储全部数据,分布式优化算法又成为热点,研究者们提出了基于整体同步(Bulk Synchronous Parallel, BSP)、延迟同步(Staleness Synchronous Parallel, SSP)[26] 和异步(ASychronous Parallel, ASP)[26] 等并行计算模型的并行优化算法。

整体同步并行计算模型 BSP 是由一组具有局部内存的分布式处理器和支持所有处理单元间全局同步的路障组成。同步更新流程为:多个处理器单元以相同迭代轮次对模型进行更新,多处理器单元完成一轮迭代后根据路障机制在主节点进行同步等待,主节点对模型统一更新,并将更新后的参数发送给各处理器单元,进行新一轮迭代。常见的 BSP 模型系统包括:Mahout、Spark 等 [27]。

异步并行计算模型 ASP 是由具有局部内存的分布式处理器和管理全局参数的总节点组成。异步更新流程为:各节点以不同步调在主节点上对模型进行更新。结合数据划分可解释为:各节点利用本地数据对全部模型参数进行计算,节点计算完一轮后即可在主节点处对模型进行参数更新,然后从主节点处获取最新全局参数进行下一轮更新,各节点不需要互相等待。但是对各节点的迭代轮数差不加限制会造成结果最终不收敛,为解决 ASP 模型计算结果的不稳定性,提出下面的延迟同步并行计算模型。

延迟同步并行计算模型 SSP 是由具有局部内存的分布式处理器、总节点和延迟参数(stale)组成。半异步更新流程为:各节点以不同轮次在主节点上对模型进行更新,但是稍加限制,最快、最慢节点参数的迭代轮次不得大于 stale,从而既减轻慢节点拖慢整个系统运行速度,又能保证模型参数的最终收敛。常见的 SSP 模型系统包括:Petuum[28]、深度学习系统 [29-31] 等。

2.4 天河三号原型机

天河三号原型机采用的处理器包括 FT-2000+(FTP)和 MT-2000+(MTP),在天津超算中心官方网站和飞腾公司官方网站以及公开发表的论文资料当中,可以知道 FTP 包含 64 个 armv8 架构的 FTC662 处理器核,工作主频在 2.2~2.4 GHz,片上集成了 32 MB 的二级 cache,可提供 204.8 GB/s 访存带宽,典型工作能耗约为 100 W;而 MTP 处理器,它共包含 128 个定制的处理器核心,被组织为 4 个超级节点,主频最高可达 2.0 GHz,整个处理器的消耗为 240 W。FT-2000+ 和 MT-2000+ 处理器架构如图 1 所示。

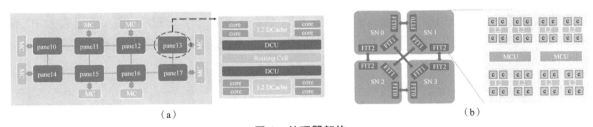

图 1 处理器架构

(a)FT-2000+ (b)MT-2000+

如表 1 所示,在天河三号原型机中,FT-2000+ 和 MT-2000+ 都被划分成以 32 个核作为一个计算节点,这么做的目的可能是为了提供更多的计算节点以满足复杂的计算任务。计算节点由批处理调度系统管理和分配。在 FT-2000+ 中,32 个核共享 64 GB 内存,而在 MT-2000+ 中,32 个核共享 16 GB 内存。它们都有带 kernel v4.4.0 的 Kylin 4.0-1a 操作系统。

表 1　天河三号原型机基本情况

Specifications		FT-2000+	MT-2000+
Hardware	Nodes	128	512
	Cores in a node	32	32
	Frequency	2.4 GHz	2.0 GHz
	Memory	64 GB	16 GB
	Interconnect bandwidth	200 Gbps	
Software	OS	Kylin 4.0-1a OS with kernel v4.4.0	
	File system	Lustre	
	MPI	MPICH v3.2.1	
	Compiler	GCC v4.9.1/v4.9.3	
	Supported libraries	Boost, BLAS, OpenBLAS, Scalapack, etc.	

除此之外,由国防科技大学设计实现的原型集群互联技术提供了 200 Gbps 双向互联带宽。原型机使用了 Lustre 进行分布式文件系统管理。与此同时,原型机提供了多个版本的 mpi 编译实现软件,包括 mpich3.2.1 和尚在调试阶段的 openmpi 4.0.0。除此之外,还预置了 LAMMPS、GROMACS 等科学计算应用软件。但遗憾的是,原型机没有提供例如 Caffe、PyTorch、TensorFlow 等针对深度神经网络的开发框架,所以,本文的工作首先要从移植 PyTorch 框架开始。

3　实验设计

本文通过综合考量神经网络模型、神经网络执行框架和测试模式三个维度提出了一套具有针对性的实验设计方案,从而充分测试天河三号原型机在神经网络分布式训练中的性能表现。

3.1　神经网络模型

为了更好地测试天河三号原型机在神经网络分布式训练中的表现,本文选取了改进版的 LeNet 模型来实现图像分类。它包含两个卷积层、两个池化层、三个激活层以及两个全连接层。第一个卷积层,输入通道数为 1,输出通道数为 10,卷积核大小为 5×5,步长为 1,零填充。第二个卷积层,输入通道数为 10,输出通道数为 20,其余与第一个卷积层相同。两个池化层均使用最大池化方法,三个激活函数均使用 relu 函数,并对模型使用了 drop_out 优化方法。

3.2　神经网络执行框架

本文将 PyTorch 分布式深度神经网络训练框架移植到了天河三号原型机平台,与 Caffe 相比,PyTorch 有较好的内部优化和更优质的模型支持,TensorFlow 需要使用 bazel 联网编译而天河三号原型机无法连接互联网。除此之外,PyTorch 还具有相当简洁、高效、快速的框架,该框架的设计追求最少的封装,符合人类思维,让用户尽可能地专注于实现自己的想法。本文选择了最适合天河三号原型机的 MPI 作为分布式底层通信架构,这也就决定了我们只能使用源码安装的方式在天河三号原型机上部署 PyTorch。

本文用于训练的数据集是 Mnist 数据集,Mnist 数据集是机器学习领域中非常经典的一个数据集,由 60 000 个训练样本和 10 000 个测试样本组成,每个样本都是一张 28×28 像素的灰度手写数字图片。

3.3　测试模式

天河三号原型机具有 MT-2000+ 和 FT-2000+ 两种不同的处理器节点,本文分别设计了 MT-2000+ 和 FT-2000+ 单节点多进程并行训练任务,MT-2000+ 多节点多进程分布式训练任务和 FT-2000+ 多节点多进程分布式训练任务以全面评估天河三号原型机上单节点的并行训练性能以及其在多节点分布式训练上的扩展性。为保证数据的鲁棒性,本文中所有的实验结果均为五次测试后的算术平均值。

4 实验评估

在本节中,根据上一节设计的实验方案,分别针对 MTP、FTP 单节点和多节点展开了实验,对实验结果进行了总结分析,并对实验结果出现的原因进行了解释。

4.1 单节点表现

为了充分探究单节点在 MT-2000+ 和 FT-2000+ 不同众核处理器节点上的性能,本文在两种不同处理器构成的一个节点上使用了最少 1 个进程最多 32 个进程(根据天河三号原型机的架构特点,一个节点最多使用 32 个处理器核,在本文实验中 MTP 最多只能使用 20 个进程,否则会导致内存资源不足)分别对同一个分类任务进行训练。本文采取数据并行的分布式训练策略,以 all-reduce 机制作为通信策略,并使用严格的一致性同步协议(BSP),同时将训练集上的数据均匀分配到各进程中。

在单个 MT-2000+ 节点中,分别使用 1~20 个进程进行 10 个迭代轮次,训练后的损失值如图 2(a)所示,在进程数为 2 时损失值最小为 0.221 9,在进程数为 17 时,损失值最大为 0.245 7。在进程为 2 时总训练时间最短为 4.602 5 min,随后整体训练时间基本呈现随进程数的增加而增加的趋势(在进程数为 8 时有所下降),在进程数为 20 时达到最大值 37.064 1 min;与此同时,本文发现当进程数是 2 的幂次方时,训练结果优于相邻的进程数。

在单个 FT-2000+ 节点中,分别使用 1~32 个进程进行 10 个迭代轮次,训练后的损失值如图 2(a)所示,在进程数为 2 时损失值最小为 0.221 0,在进程数为 26 时,损失值最大为 0.262 0。在进程为 2 时总训练时间最短为 3.995 8 min,在随后整体训练时间也基本呈现随进程数的增加而增加的趋势(在进程数为 8 时有所下降),在进程数为 32 时达到最大值 52.082 1 min。与在 MTP 中的结果类似,当本文使用的进程数为 2 的幂次方时训练结果会明显优于邻近的进程数。

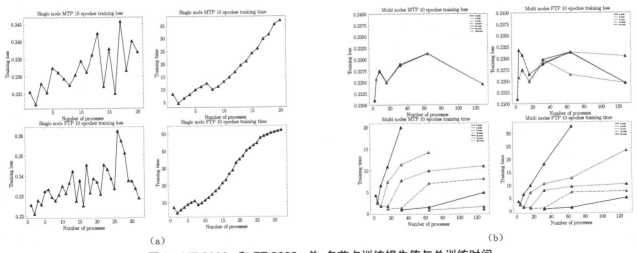

(a)   (b)

图 2 MT-2000+ 和 FT-2000+ 单、多节点训练损失值与总训练时间

(a)单节点 (b)多节点

4.2 多节点表现

如图 2(b)所示,在 MT-2000+ 多节点训练过程中,当使用的节点总数小于 8 且进程数为节点数两倍时,可以在损失值基本保持不变的情况下,达到最短训练时间;当节点数大于等于 8 时,选择和节点数一致的进程数,可以在最小化损失值的同时达到最短训练时间。在 MTP 选择两节点时,由于天河架构共享内存设计的原因,在进程数达到 64 时就会出现内存溢出问题。

在 FT-2000+ 多节点训练过程中,当使用的节点总数小于等于 8 时,与 MTP 类似,进程数为节点数的两倍,可以在损失值基本保持不变的情况下,达到最短训练时间,但是这个时间随着节点数的增加将逐渐逼近进程数量等于节点数量情况下的训练时间。

4.3 结果分析

由以上测试结果可以发现,在单节点的表现中,无论是 FTP 还是 MTP,使用进程数量为 2 的幂次方时结果会优于邻近进程数的结果(训练时间相差不多甚至更少的同时得到更低的训练损失函数值),在十轮的迭代后,两种处理器均在进程数为 2 时达到了最优的训练结果,此时 FTP 的损失值比 MTP 下降了约 4%,同时训练时间缩短了约 13%。在后续的实验中,本文将这两种情况下的迭代轮次提升到了 50,此时 MTP 的损失值为 0.114 9,所花费的时间为 22.889 0 min,FTP 的损失值为 0.112 2,所花费的时间为 19.180 9 min。综上所述,FTP 单节点在损失函数值和训练时间上都略优于 MTP 单节点。

在多节点的表现中,当 MTP 使用的节点数小于 8、FTP 使用的节点数小于 16 时,与单节点的结果一致,使用两倍于节点数的进程数可以在损失值与最优结果相差不超过 0.002 的情况下实现最短的训练时间,然而,随着节点数的增加,使用与节点数相同的进程数进行训练的时间逐渐逼近使用两倍节点数进程数的训练时间,并在节点数达到 16 时,使用等同于节点数的进程数可以在损失函数值与最优结果相差不超过 0.000 5 时达到最短的训练时间;在 MTP 多节点训练中,节点数大于等于 8 之后,使用等于节点数的进程数进行训练可以同时达到最小的损失函数值和最短的训练时间。除此之外,本文还发现,在使用的进程数相同时,因为可以使用更多的处理器核,所以使用更多的节点,一定能够在损失值相差不超过 0.001 的基础上达到最短的训练时间。

对在单节点和多节点不同进程数下训练性能差异的一个解释是,在使用单节点训练时,使用两个进程比使用单个进程更能充分发挥节点的计算性能,但当进程数继续增大时,进程间通信的开销所带来的损失超过了进程数增加带来的计算性能的增益,导致总体的训练时间增加和训练效果下降;在 MTP 节点数小于 8、FTP 节点数小于等于 16 时,结果与单节点中一致;当节点数继续增加时,即使是两倍的进程数也会造成通信开销的损失大于计算性能的提升,所以每个节点使用一个进程在这种情况下是最好的选择。

5 结论

本文在作者自己移植的 PyTorch 分布式框架下使用改进的 LeNet 模型评估天河三号原型机的深度神经网络分布式训练性能。评估结果可用于评估迈向百亿亿级时的软件和硬件设计。为了全面地评估和说明评估结果,本文分别为 FTP 和 MTP 的单节点和集群设计了相应的实验,在未来,为软件开发人员和硬件架构师提供了多角度的性能优化方向。

此外,本文对 FTP 和 MTP 处理器的性能进行了比较,这表现出了不同处理器体系结构设计之间的优缺点。本文希望能够为 HPC 社区与天河三号原型机的开发人员提供参考,裨益中国百亿亿级超级计算机计划,从而为百亿亿级超级计算机的发展开辟道路。在今后的工作中,本文希望结合天河三号原型机计算节点的特点和网络拓扑的特点,在 PyTorch 等平台上对现有神经网络分布式训练框架结构进行进一步调优,以更好地发挥天河三号原型机潜在的计算能力。

参考文献

[1] YANN L, BENGIO Y, HINTON G. Deep learning[J]. Nature, 2015, 521(7553):436.

[2] DENG L, LI J Y, HUANG J T, et al. Recent advances in deep learning for speech research at Microsoft[C]// IEEE International

Conference on Acoustics. IEEE, 2013:8604-8608.

[3] ESTEVA A, KUPREL B, NOVOA R A, et al. Dermatologist-level classification of skin cancer with deep neural networks[J]. Nature, 2017, 542(7639):115-118.

[4] SILVER D, HUANG A, MADDISON C J. Mastering the game of go with deep neural networks and tree search[J]. Nature, 2016, 529(7587):484-489.

[5] SZE V, CHEN Y H, YANG T J, et al. Efficient processing of deep neural networks: a tutorial and survey[J]. Proceedings of the IEEE, 2017, 105(12):2295-2329.

[6] YANN L, BOSER B, DENKER J S, et al. Backpropagation applied to handwritten zip code recognition[J]. Neural comput, 1989,4 , 541-551.

[7] LEE H, PHAM P, LARGMAN Y, et al. Unsupervised feature learning for audio classification using convolutional deep belief networks[J]. Advances in neural information processing systems,2009,22:1096-1104.

[8] LI F F, KARPATHY A, JOHNSON J. Stanford CS Class CS231n: convolutional neural networks for visual recognition[Online]. Available: http://cs231n.stanford.edu.

[9] ESSER S K, MEROLLA P A, ARTHUR J V, et al. Convolutional networks for fast, energy-efficient neuromorphic computing[J]. Proc Natl Acad Sci USA, 2016, 113(41):11441-11446.

[10] SALEHIMA, SMITH J, MACIEJEWSKI A. Stochastic-based robust dynamic resource allocation for independent tasks in a heterogeneous computing system[J]. Journal of parallel and distributed computing, 2016, 97:96-111.

[11] RAINA R, MADHAVAN A, NG A Y. Large-scale deep unsupervised learning using graphics processors[C]//Proceedings of the International Conference on Machine Learning. Montreal, Canada, 2009: 873-888.

[12] LI T, DOU Y, JIANG J F, et al. Optimized deep belief networks on CUDA GPUs[C]//Proceedings of the International Joint Conference on Neural Networks. Killarney, Ireland, 2015: 1-8.

[13] BOTTLESON J, KIM S Y, ANDREWS J, et al. ClCaffe: OpenCL accelerated Caffe for convolutional neural networks[C]// Proceedings of the 2016 IEEE 30th International Parallel and Distributed Processing Symposium Workshops. Chicago, USA, 2016: 50-57.

[14] OLAS T, MLECZKO W K, NOWICKI R K, et al. Adaptation of deep Belief Networks to modern multicore architectures[C]// Proceedings of the 11th International Conference on Parallel Processing and Applied Mathematics. Krakow, Poland, 2016: 459-472.

[15] ZLATESKI A, LEE K, SEUNG H S. Scalable training of 3D convolutional networks on multi- and many-cores[J]. Journal of parallel and distributed computing, 2017, 106: 195-204.

[16] SUDA N, CHANDRA V, DAKIKA G, et al. Throughput-optimized OpenCL-based FPGA accelerator for large-scale convolutional neural networks[C]//Proceedings of the 2016 ACM/SIGDA International Symposium on Field-Programmable Gate Arrays. California, USA, 2016: 16-25.

[17] ZHANG J L, LI J. Improving the performance of OpenCL-based FPGA accelerator for convolutional neural network[C]//Proceedings of the 2017 ACM/SIGDA International Symposium on Field-Programmable Gate Arrays. California, USA, 2017: 25-34.

[18] AYDONAT U, O' CONNELL S, CAPALIJA D, et al. An OpenCL TM deep learning accelerator on Arria 10[C]//Proceedings of the 2017 ACM/SIGDA International Symposium on Field-Programmable Gate Arrays. California,USA, 2017: 55-64.

[19] SONG K D, LIU Y, WANG R, et al. Restricted boltzmann machines and deep belief networks on Sunway cluster[C]//Proceedings of the 18th IEEE International Conference on High Performance Computing and Communications. Sydney, Australia, 2016: 245-252.

[20] AWAN A A, HAMIDOUCHE K, HASHMI J M, et al. S-Caffe: Co-designing MPI runtimes and Caffe for scalable deep learning on modern GPU clusters[C]//Proceedings of the 22nd ACM SIGPLAN Symposium on Principles and Practice of Parallel Programming. Austin, USA, 2017:193-205.

[21] PENG S L, ZHANG X Y, SU W H, et al. High-scalable collaborated parallel framework for large-scale molecular dynamic simulation on tianhe-2 supercomputer[J]. IEEE/ACM transactions on computational biology and bioinformatics,2020,17(3).

[22] XU Y F, LI J, WANG J, et al. Grid independence and parallel research based on tianhe-2 supercomputing [J]. Computer engineering and design, 2018,39(7): 2036-2041.

[23] ZHU C J, LIU X, FANG J R. Research on distributed extension of Caffe based on "light of taihu lake" in shenwei [J]. Computer applications and software, 2020,37(1): 15-20.

[24] LI Y S, CHEN X H, LIU J, et al. OHTMA: an optimized heuristic topology-aware mapping algorithm on the tianhe-3 exascale supercomputer prototype[J]. Frontiers of information technology & electronic engineering, 2020, 21(6):939-949.

[25] DEAN J, CORRADO G S, MONGA R, et al. Large scale distributed deep networks[C]//Proceedings of the Neural Information and Processing System.Lake Tahoe, USA, 2012: 1223-1231.

[26] XING E P, HO Q R, XIE P T, et al. Strategies and principles of distributed machine learning on big data[J]. Engineering, 2016, 2(2): 179-195.

[27] LI M, ANDERSEN D G, PARK J W, et al. Scaling distributed machine learning with the parameter server[J]. OSDI, 2014, 1(10.4): 3.

[28] HO Q R, CIPAR J, KIM J K, et al. More effective distributed ML via a stale synchronous parallel parameter server[J]. Advances in neural information processing systems, 2013: 1223-1231.

[29] CHEN T Q, LI M, LI Y T, et al. MXNet: a flexible and efficient machine learning library for heterogeneous distributed systems[J]. Statistics, 2015.

[30] DEAN J, CORRADO G, MONGA R, et al. Large scale distributed deep networks[J]. Advances in neural information processing systems, 2012: 1223-1231.

[31] ABADI M, AGRWAL A, BARHAM P, et al. TensorFlow: a system for large-scale machine learning[J]. USENIX symposium on operating systems design and implementation, 2016, 16: 265-283.

高性能微处理器存储流水线增强的实现与评估

郑重,雷国庆,孙彩霞,王永文

（国防科技大学计算机学院　长沙　410073）

摘　要: "存储墙"问题在过去的几十年中一直是阻碍处理器性能进一步提升的关键问题。提升存储的并行性可以有效地提升处理器性能。取数据指令的执行依赖于存储流水线、cache 层次和存储系统。在处理器核心中增加一条取数据流水线,可以提高取数据指令的吞吐率,从而提高处理器性能。在本文中,我们在一个多发射乱序流水线的处理器中增加了一条取数据指令的流水线,并在 FPGA 平台上进行性能评估。SPEC2006 的测试结果表明,在当前基础处理器中增加一条取数据流水线可以提高程序运行性能高达 10.90%,平均为 2.75%。

关键词: 微处理器;存储墙;存储并行性;取数据流水线;SPEC2006

Implementation and Evaluation of Load Pipeline Enhancement in a High-Performance Microprocessor

Zheng Zhong, Lei Guoqing, Sun Caixia, Wang Yongwen

（College of Computer, National University of Defense Technology, Changsha, 410073）

Abstract: 'Memory wall' has hindered the performance improvement of microprocessors for decades. Increasing the memory parallelism is an effective way to boost the processor performance. Execution of load instructions relies on load pipeline, cache hierarchy and memory system. Adding a second load pipeline into processor core can increase the throughput of load instructions, and thus improve the overall performance. In this paper, we implement and evaluate a second load pipeline in an out-of-order processor. Our implementation is based on a real processor, and evaluation is done on FPGA. The test result of SPEC2006 shows that adding a second pipeline can improve performance by up to 10.90%, with 2.75% on average.

Key words: microprocessor, memory wall, memory parallelism, load pipeline, SPEC2006

1 前言

在高性能微处理器中,存储系统一直是处理器性能提升的关键。"存储墙"问题是指处理器核心频率日益增长,但是存储系统和处理器核心的差距却越来越大[1]。因此,缓解"存储墙"问题已经成为几十年来处理器核心研究的焦点。在处理器核心和主存之间加入层次化的 cache[2] 可以减少大部分访存指令的执行延迟。即使有 cache 也不能避免数据块的第一次访问需要从主存中获取。数据预取[3] 将未来需要访问的数据

收稿日期:2020-08-10;修回日期:2020-09-20

基金项目:核高基项目（2017ZX01028-103-002）,国家自然科学基金资助项目（61902406）

This work is supported by the HGJ(2017ZX01028-103-002), and National Natural Science Foundation of China (61902406).

通信作者:郑重（zheng_zhong@nudt.edu.cn）

提前放到 cache 中,在真正访问数据时,就直接从 cache 中获取,避免从延迟较长的主存中获取数据。

存储相关的指令都在处理器的存储单元中执行(Load/Store Unit,LSU)。LSU 单元的实现直接影响整个处理器的性能。通常来讲,存数据指令(store 指令)一般不在处理器性能的关键路径上,而取数据指令(load 指令)直接影响了处理器核心的执行性能。load 指令在处理器核心中的 load 流水线执行。load 指令的执行包含:地址计算、虚拟地址到物理地址的转换、一级数据 cache 访问、数据规整和数据写回等阶段。如果数据在一级数据 cache 中命中,那么 load 指令的执行只需要 3 到 4 个时钟周期,否则可能需要几百个时钟周期从片外的主存中获取数据。

为了提高存储系统的性能,一种有效的方式是提高存储的并行性。多个存储操作并行执行可以隐藏一定的存储访问延迟。目前有多种技术可以提高存储访问的并行性。首先,在高性能微处理器中实现的乱序执行机制,可以允许指令在具备执行条件时,提前执行,不用依赖与其无关的“较老”指令。其次,前瞻执行机制允许分支指令尚未执行完毕时,其后面的存储指令可以提前执行。最后,当一级 cache 失效时,多个数据访问请求可以同时发送到下一级存储器中去取数据。

当前多个公司的多款商用高性能微处理器都实现了多条 load 指令并发执行的流水线结构,例如 IMB Power9[4]、AMD Zen2[5-6]、ARM A76[7] 和 A77[8],以及 Intel 的 Sunny Cove[9] 和 Skylake[10]。在本文中,我们在只有一条 load 执行流水线的基础处理器核心上,实现了第二条 load 流水线,通过增加执行资源的方式,增强系统中存储指令执行的并行性。增加一条 load 流水线可以提高 load 指令执行的效率,但是整个系统最终的性能依赖于程序的访存特性以及程序对第二条流水线的利用效率。通过在 FPGA 上运行测试程序,我们评估了增加第二条流水线对程序性能的影响。对某些程序性能提升高达 10.90%,但是某些程序性能对增加的流水线不敏感,几乎没有性能变化,所有测试程序平均性能提升约 2.75%。

论文剩余部分的组织如下:第二部分介绍本文工作的基础微处理器核心微架构,第三部分介绍如何实现第二条流水线,第四部分给出评测结果并进行分析,最后是对全文的总结。

2   基础处理器核心微架构

2.1   处理器微体系结构概述

本文所指的基础处理器是我们内部研发的一款高性能微处理器,本文在该处理器基础上进行存储流水线的增强和评测。该处理器是一款 4 发射乱序执行超标量处理器,具有 12~15 级流水线。流水线基本阶段包含:取指令、指令译码、指令分派、指令发射、指令执行、结果写回等。

取指令阶段根据当前的程序指针,一次从指令 cache 中取出 4 条指令,并使用分支预测器对取指中存在的分支进行方向和目标地址预测。指令译码对取指部件传送的指令进行译码,并将一些复杂的操作拆分为多个微操作。译码后的微操作将在重定序缓存(ROB)中分配相应的项,然后根据执行部件队列的繁忙情况,将不同类型的微操作分派到对应执行部件的发射队列中。微操作在执行部件的发射队列中等待对应的源操作数准备好,然后根据部件的发射策略被选择送到执行部件上执行。微操作执行的结果送到结果总线上,并最终写入寄存器文件中。

2.2   存储流水线结构

存储流水线负责 load 和 store 指令的执行,其结构如图 1 所示。发射队列用于存储等待执行的指令,该队列共有 32 项。每个时钟周期,将有一个 load 指令和一个 store 指令分别从发射队列中发射到对应的 load 和 store 流水线中。load 指令可以乱序发射,其发射策略为:从操作数准备好的所有指令中,选择“最老”的进行发射。“最老”是指在程序上最早的指令,即最早进入发射队列的指令。load 发射的乱序策略完全乱序设

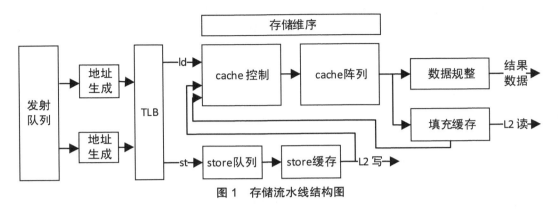

计,即 load 指令完全乱序,store 指令在完成时检查写后读相关,如果发生写后读相关,则从当前 store 指令开始重新执行所有指令。store 指令采用的是顺序发射策略,即总是选择"最老"的 store 指令进行发射。

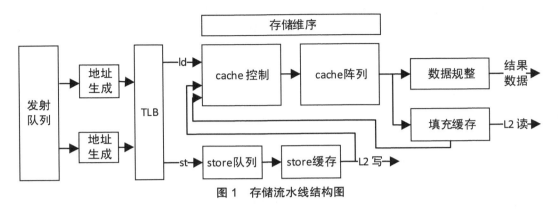

图 1　存储流水线结构图

load 指令发射后首先进行访存地址的计算,此时计算得出的是虚拟地址。通过查找 TLB,将虚拟地址翻译为物理地址。接着,使用物理地址访问 cache 获取数据,由于有多个源头需要访问 cache,而 cache 访问端口只有一个,所以需要进行 cache 访问端口的仲裁。经过访问仲裁后,进行 cache 的访问,如果在 cache 中命中,则将数据进行规整后,送到结果总线上。如果在 cache 中失效,则将对应的访问地址在填充缓存中分配相应的项,然后将访存请求发送到 L2,从 L2 cache 或者片外主存中获取数据。

store 指令顺序发射后,进行地址计算,虚拟地址翻译,然后存放到 store 队列中,等待对应的指令完成后,将数据放到 store 缓存中,等待时机写到 cache 中或者写出到 L2。存储相关的维序由存储维序部件进行管理。

3　第二条 load 流水线的实现

为了增强 load 指令执行的并发性,在存储单元 LSU 中增加了一条 load 流水线,以支持并发更多的存储访问。增加一条 load 流水线后的存储流水线结构如图 2 所示。首先在指令发射时就要选择两个 load 指令发射到流水线中。指令发射的策略为:选择操作数准备好的"最老"的指令发射到 load 流水线 0,将操作数准备好的"第二老"的指令发射到 load 流水线 1。因为增加了一个 load 指令的执行,所以需要对应增加一个地址生成单元。TLB 需要增加一个读端口,支持新增 load 流水线的地址翻译。

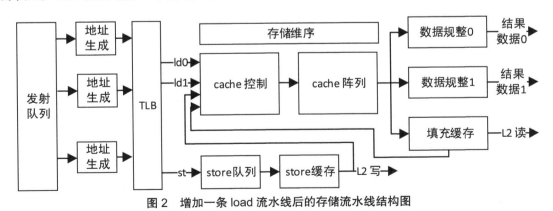

图 2　增加一条 load 流水线后的存储流水线结构图

由于增加了一条 load 流水线,同一个周期有两个 load 需要访问 cache,如果 cache 读端口只有一个,那么两个 load 容易发生读端口冲突,造成一条 load 流水线因为访问不到 cache 而执行失败。为了缓解端口冲突的问题,我们将 cache 的 tag 阵列替换为双端口,支持两个读同时进行,因为 tag 阵列较小,双端口带来的开销较小。cache 的数据阵列仍然是单端口,通过分体的方式减少冲突。

数据规整模块和存储流水线结果总线都相应增加了一条。另外,填充缓存每个周期仍然只能支持一条 load 流水线 cache 失效后的填充缓存项分配,因为一级 cache 的失效率较低,两条 load 流水线同时失效的概率较低,所以单个分配端口不会成为性能瓶颈。

此外,存储维序部件需要同时管理两条 load 流水线,在实现第二条 load 流水线时也进行了相应的增强。

4 测试结果与分析

4.1 测试平台

测试平台的基本情况如表 1 所示,为了测试新增一条 load 流水线后的性能,我们在基础处理器的基础上,使用 Verilog 语言实现了第二条 load 流水线。该 load 流水线中,cache 配置为 64 KB,4 路组相连。测试程序采用广泛使用的 SPEC2006 测试集,由于处理器核设计复杂,在 FPGA 上只能运行到约 10 MHz,所以测试集的输入只能使用 test 规模,否则无法在短时间内获得测试结果。由于 Verilog 设计代码和测试平台的原因,部分 SPECfp 程序没有获得测试结果。

表 1   测试平台参数

参数	值
测试平台	FPGA
数据 cache	64 KB,4 路组相连
操作系统	Linux 3.2
测试程序	SPEC2006,test 输入集

4.2 性能

增加一条 load 流水线后,SPEC2006 程序的性能提升如图 3 所示,24 个程序的平均性能提升了 2.75%。本文中的程序性能评估指标使用程序运行时间,程序运行时间缩短即意味着处理器性能提升。对于 456. hmmer 程序,性能提升了 11%。对于其他程序,通过增加流水线的方法,性能提升没有这么明显。462. libquantum、483.xalancbmk、454.calculix 三个程序的性能提升了 5%。400.perlbench、401.bzip2 等 13 个程序的性能提升都在 2%~3%,另有 429.mcf、458.sjeng、464.h264ref、471.omnetpp、459.GemsFDTD 等程序对于增加的流水线并不敏感,基本没有性能变化。

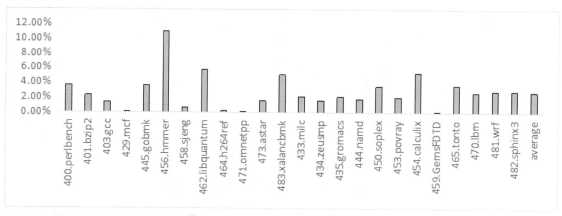

图 3   增加一条流水线后的性能提升

4.3 流水线利用率分析

增加一条流水线后,部分 load 指令会在新增的流水线 load 1 中完成。load 0 流水线和 load 1 流水线完成的 load 指令比例如图 4 所示。对于 SPEC2006 中的 24 个测试程序,平均只有 27% 的指令会在 load 1 流水线完成。总体来看,所有程序 load 1 流水线完成的指令数都在 20% 左右。456.hmmer、464.h264ref 两个程序在 load 1 流水线完成的指令百分比分别为 31.65% 和 34.14%,而两个程序的性能提升分别为 10.90% 和 0.10%。也就是说, load 指令并发执行并不一定直接和性能提升成正比。总体上,新增的 load 流水线发挥了提高 load 指令执行并行度的作用,但是并不一定意味着整个程序性能的提升。

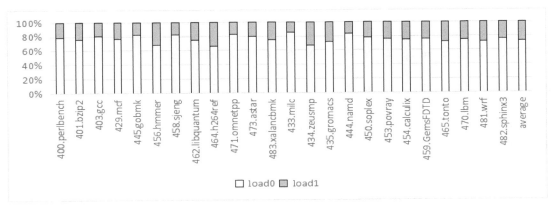

图 4　两条流水线完成的 load 指令比例

load 流水线的利用率和程序的特征密切相关,程序访存并发度高,那么两条流水线能够并行执行指令的概率就更高。另外,在实现中,两条流水线不是完全对等的,例如如果只有一条指令可以发射,那么肯定是发往 load 0 流水线。在两条流水线有资源冲突时,例如 cache 访问端口冲突、填充缓存分配冲突时,总是优先满足 load 0 流水线的需求,所以 load 0 流水线自然会完成更多指令的执行。

由于测试平台运行时间限制,采用的是 test 测试集,该测试集的输入较小,可能无法展现测试集真正的性能特征。例如,一级 cache 失效和二级 cache 失效等行为和较大的 ref 测试集可能会有巨大差别,这样会造成访存操作平均访存延迟的不同,最终影响对新增流水线性能的准确评估。

4.4 面积开销

通过对代码进行综合实现,增加一条 load 流水线带来的面积开销约为整个 LSU 单元的 11%,其中将 cache 的 tag 阵列从单端口扩展到双端口新增了约 5% 的面积。总体而言,整个 LSU 单元面积最大的部分是 cache 的数据阵列,新增一条 load 流水线带来的开销较小。

5 结论

通过在存储部件中增加指令执行资源,可以提高存储指令执行的并行性,从而提高程序运行性能。本文通过在一个多发射乱序执行处理器核中增加一条 load 执行流水线,提高 load 指令执行并行性。实验结果表明,平均有 27% 的 load 指令可以在新增的 load 流水线中完成,达到了提升 load 指令执行效率的目的,同时程序性能提升最高达到 10.90%。但是新增 load 流水线执行的指令数与最终的性能提升并没有线性关系。程序最终性能提升取决于程序的访存特性和当前基础处理器核的性能瓶颈是否在存储单元。未来,我们将对当前设计进行深入分析和优化,增加性能事件统计更多处理器微体系结构数据,用于分析当前设计的性能瓶颈,进一步提升处理器性能。

参考文献

[1] WILKES M V. The memory wall and the CMOS end-point[J]. ACM SIGARCH computer architecture news, 1995, 4:4-6.

[2] SMITH A J. Cache memories[J]. ACM computing surveys, 1982, 14(3):473-530.

[3] VANDERWIEL S P, LIJIA D J. Data prefetch mechanisms[J]. ACM computing surveys, 2000, 32(2):174-199.

[4] HUNG Q L, VAN N J A, THOMPTO B W, et al. IBM POWER9 processor core[J]. IBM journal of research and development, 2018, 62(4/5): 1-2.

[5] SINGH T, RANGARAJAN S, JOHN D, et al. 2.1 Zen 2: The AMD 7nm energy-efficient high-performance x86-64 microprocessor core[C]// 2020 IEEE International Solid- State Circuits Conference -(ISSCC). San Francisco, CA, USA, 2020: 42-44.

[6] SUGGS D, SUBRAMONY M, BOUVIER D. The AMD "ZEN 2" processor[C]// 2019 IEEE Hot Chips 31 Symposium (HCS). Cupertino, CA, USA, 2019: 1-24.

[7] WIKICHIP. ARM A76 microarchitecture [EB/OL]. [2018-05-31]. https://en.wikichip.org/wiki/arm_holdings/microarchitectures/cortex-a76.

[8] WIKICHIP. ARM A77 microarchitecture [EB/OL]. [2019-05-27]. https://en.wikichip.org/wiki/arm_holdings/microarchitectures/cortex-a77.

[9] WIKICHIP. Intel sunny cove [EB/OL]. [2018-11-12]. https://en.wikichip.org/wiki/intel/microarchitectures/sunny_cove.

[10] WIKICHIP. Intel skylake(client)[EB/OL]. [2016-5-31]. https://en.wikichip.org/wiki/intel/microarchitectures/skylake_(client).

一种基于 SerDes 的低延迟片间传输协议

班冬松，吴磊，杨剑新，王锦涵，计永兴，颜世云，陶涛

（国家高性能集成电路（上海）设计中心　上海　201204）

摘　要： 片间直连接口技术已成为高性能多路处理器关键技术之一。目前国际上虽然存在 QPI、HT、CCIX 等多种面向片间直连应用的接口协议，但使用这些技术会极大增加国产处理器设计的自主可控风险。已有基于 SerDes 的通用接口协议（PCI-E 等）应用广泛，但传输延迟过高，无法满足处理器直连应用需求。本文提出一种基于 SerDes 的高带宽、低延迟的处理器直连接口协议 DLP（Direct Link Protocol），介绍了 DLP 协议降低传输延迟的关键技术、DLP 协议层次架构，详细描述了 DLP 协议数据链路层和物理层的定义，最后对 DLP 进行了性能对比分析。与 QPI、HT 相比，DLP 协议具有高带宽优势，同时协议本身单向传输延迟仅为 25 ns，远低于同样基于 SerDes 实现的 PCI-E 协议。

关键词： 片间直连；DLP；SerDes；低延迟；高带宽

A Low Latency Chip-to-Chip Transfer Protocol Based On SerDes

Ban Dongsong，Wu Lei，Yang Jianxin，Wang Jinhan，Ji Yongxing，Yan Shiyun，Tao Tao

（National High Performance Integrated Circuit（Shanghai）Design Center，Shanghai，201204）

Abstract： Chip-to-chip direct interconnection is a key technology for high performance micro processor. There are several protocols oriented for chip-to-chip direct interconnection of micro processors，such as QPI、HT、CCIX，but if we use them，it may significantly increase the risk of the autonomous and controllable design of domestic processor. General interface protocols based on SerDes are applied in a wide range of area，such as PCI-E，but they all have high transfer latency，and can not meet the low latency requirement of chip-to-chip direct interconnection of processors. This paper proposes a high bandwidth and low latency protocol（DLP）for micro processor interconnection based on SerDes. Firstly，we introduce the key technologies of decreasing the transfer latency and the general architecture of DLP. Secondly，we describe the DataLink layer and Physical layer of DLP. At last，we analyze the performance of DLP，including bandwidth and latency. Compared with QPI，HT，DLP has a big advantage in bandwidth. The transfer latency of DLP is only about 25 ns，much shorter than PCI-E which is also based on SerDes.

Key words： chip-to-chip direct interconnection，DLP，SerDes，low latency，high bandwidth

　　目前主流高性能处理器普遍采用多路直连技术，构建共享的"大内存"系统，以满足系统应用对内存容量、I/O 带宽日益增长的需求。目前国际上存在 QPI[1]、HT[2]、CCIX[3] 等多种面向片间直连应用的接口协议。

收稿日期：2020-08-10；修回日期：2020-09-20
通信作者：班冬松（bandongsong@icdc.org.cn）

但这些协议均存在技术壁垒:或为公司自有,只对少数客户开放(QPI);或必须符合一定限制条件才能使用或购买(HT、CCIX),即使能够获得使用授权也可能面临禁用或断供风险。上述因素极大增加了国产处理器设计的自主可控风险,因此研制自主可控的片间直连接口协议显得尤为迫切。

处理器直连接口涉及多路处理器之间共享内存的访问,直连接口传输延迟是影响远程跨路访存延迟的关键指标。SerDes 具有速率高、抗干扰性强的特点,基于 SerDes 实现的 PCI-E、高速以太网等高速 I/O 协议应用广泛。但基于 SerDes 实现的接口协议普遍具有传输延迟过高的缺点[4],难以满足处理器直连接口应用需求。

针对基于 SerDes 的互连接口协议传输延迟过高的问题,本文提出了一种高带宽、低延迟的处理器直连接口协议 DLP(Direct Link Protocol)。通过融合协议层次、控制与数据并行传输等关键技术,大幅降低传输延迟,协议本身单向延迟仅为 25 ns 左右。该协议可基于通用 SerDes 实现,具有带宽高、适应性好、工程化实现难度低等优点。

当前,Intel 采用 QPI(Quick Path Interconnect)协议[5],AMD 和国产"龙芯"处理器均采用 HT(Hyper Transport)[6-7]协议,IBM Power8 采用自研接口实现片间直连[8]。国产"飞腾"处理器也支持多路直连。处理器直连接口技术已成为研制高性能多路处理器的关键技术之一。

文献[9]基于 PCI-E 提出了一种面向多核微处理器的互连接口设计方案。文献[4]介绍了不同直连接口协议的技术特点和对比分析。文献[10]面向处理器直连应用,针对 SerDes 的物理编码子层提出了一种低延迟优化技术。与上述文献不同,本文完整介绍了一种直连接口协议的特点和层次架构。

1　DLP 协议特点

DLP 协议的主要特征如下:
(1)支持处理器间 cache 一致性协议传输;
(2)支持 I/O 操作、中断传输等非一致性操作传输;
(3)实现直连节点间点对点可靠传输;
(4)精简的协议层次,传输延迟低;
(5)基于通用串行传输技术(SerDes),实现高传输带宽。

DLP 采用了融合协议层次、控制与数据并行传输、最小化传输单元、多层次协同优化等关键技术,大幅降低了传输延迟。

1.1　融合协议层次

基于 SerDes 的互连接口协议通常采用分层方式实现。以 PCI-E 为例,包括物理层、数据链路层、事务层。事务层由于考虑了适用性,定义复杂,处理延迟高,而且在进行芯片集成时,仍然需要将事务层协议与芯片内部协议进行转换(比如转换为 AXI 协议)等,进一步增加了处理延迟。DLP 设计之初便与内部协议紧密结合,融合协议层次,内部协议报文可以直抵数据链路层传输,大幅降低传输延迟。

1.2　控制与数据并行传输

直连接口传输的信息通常分为控制信息和数据信息两个部分。在普通的基于 SerDes 的互连接口协议中,某些情况下会出现控制信息和数据信息先后串行传输的情况。在接收端接收到控制信息后,需要等待数据到达后才能将报文向上层传输,从而增加了传输延迟。DLP 协议实现了控制与数据的跨层并行传输,通过每个协议层次时控制与数据之间都无须互相等待,进一步减少了传输延迟。

1.3 最小化传输单元

基于 SerDes 的互连接口协议的底层传输报文长度在一定范围内可变,一个报文传输可跨多个传输周期。接收端收到部分报文信息后,可能还需要再等待多个周期,才能完整转发一个报文。这种等待增加了传输延迟。DLP 最小化切分传输报文,避免了报文跨多个周期传输,使得接收端可以当拍及时处理,有效降低传输延迟。

1.4 面向直连的多层级协同优化

针对处理器直连应用场景中片间距离短、可同电路板实现等特点,DLP 基于限定的应用场景,对硬件系统实现层、物理层、数据链路层等多层次简化处理逻辑,更进一步地优化了传输延迟。DLP 基于 SerDes 实现,由于结合了 SerDes 速率高的特点,天然具备了高带宽的优势。通过上述降低延迟的关键技术,DLP 具备了低延迟的优势。同时 DLP 并未限定底层 SerDes 具体运行协议,可使用 25G 以太网、PCI-E 等多种 SerDes 实现,适用性好。基于 SerDes 抗干扰性强的特点,直连接口工程实现难度相对较低。DLP 不只用于处理器之间的直连,也可以应用于处理器与其他加速芯片的互连或其他需要低延迟互连的场景。

2 DLP 协议架构

DLP 包含应用协议层、数据链路层、物理层三个层次,各层的功能如下。

(1)应用协议层(Application Protocol Layer, APL):该层主要实现的是高层应用协议,如 cache 一致性协议、I/O 操作、中断传递等。该层协议总体可分为一致性协议、非一致性协议。

(2)数据链路层(Data Link Layer,DLL):该层实现了直连的两个节点之间的可靠数据传输和流量控制。

(3)物理层(Physical Layer, PL):物理层实现的是数据链路层两个传输节点之间点对点的物理传输通路,采用串行传输技术。

应用协议层与具体芯片实现相关,不在本文的描述范围之内。但要注意的是,数据链路层的报文格式、虚通道数量设置等均需要基于 APL 层协议进行设计。

直连接口协议的协议分层如图 1 所示。其中 DPI(Direct Link Physical Interface)是数据链路层与物理层之间的并行传输接口。

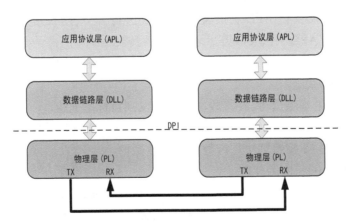

图 1 DLP 层次结构图

最高层的应用协议层报文通常具有 16 B 或 128 B 等长度,在数据链路层传输时,需要按照 DPS(Data Payload Size)大小拆分,每次传输 1 个 DPS 的有效数据。传输正常有效数据的报文,称为数据链路层的普通数据报文(normal dllp)。物理层逻辑上以 NDP 为一个整体单位进行传输。数据报文通过各层示意图如图 2 所示。

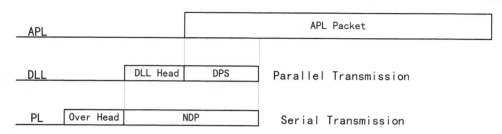

图 2 数据报文通过各层示意图

3 DLP 数据链路层

数据链路层(Data Link Layer，DLL)是应用协议层与物理层之间的中间协议层，为链路两端节点之间的可靠数据传输提供支持。该层具有以下功能。

数据传输功能：

（1）从 APL 层接收报文，并发送到物理层；

（2）从物理层接收报文，并发送到 APL 层。

错误检测与重传功能：

（1）基于 Sequence Num 和 CRC 的数据完整性检查；

（2）链路超时重传功能；

（3）错误检测与报告机制。

流量控制功能：通过交换流量控制信息，管理控制链路上不同虚通道报文的发送与接收。

链路状态管理功能：链路连接有效、失效等状态的管理，是数据传输等其他功能的基础。

3.1 报文定义

数据链路层主要包括以下三种类型的报文。

1）普通数据传输报文（NDP）：将 APL 层报文按照 DLL 层负载大小（Data Payload Size，DPS）进行拆分，每个 DPS 附加一个 DLL 层报文头（Data Link Head，DLH），组成一个 NDP。

（1）为了减少传输延迟，需要将 APL 层报文按照 DPS 进行拆分，对长度较短的 DPS 数据进行可靠传输，否则接收端需要等待整个 APL 层报文收齐后才能向上层转发。

（2）DPS 的划分需要考虑与物理层的接口宽度，原则是每个 DLL 工作时钟可以发送和接收 1 个 NDP。DPS 支持 16 B、32 B 等多种粒度。

（3）每个 NDP 都需要携带虚通道号，在接收端可以分发到目标虚通道。

（4）在 NDP 增加 APL 报文头标志（PktH），便于接收端区分一个 APL 层报文的报文头和数据部分。

（5）每个 NDP 使用 CRC-16 校验算法进行数据完整性保护。

（6）DLL 层报文头 DLH 的长度为 4 B。

2）AckNak 报文（AckNak DLLP，AckNakP）：可靠传输确认报文，带有确认序列号。

3）流量控制报文（Flow Control DLLP，FCP）：对不同虚通道进行流量初始化、流量更新的报文。

数据链路层报文类型详细划分如表 1 所示。

表 1 DLP 数据链路层报文分类

类别	说明
NDP	普通数据报文
Ack DLLP	接收端返回发送端的表示正确接收的确认报文

类别	说明
Nak DLLP	接收端返回发送端的表示未被正确接收的确认报文
InitFC1/2	流量控制初始化报文
UpdateFC	流量控制更新阶段报文

普通数据传输报文（NDP）的格式如下。

（1）NDP_Valid：该位为 1 表明该报文为 NDP 数据报文，否则为控制报文。

（2）PktH：为 1 时，指示该 NDP 为某个 APL 报文的报文头。

（3）VC_ID：虚通道编号。当 Head 标志为 0 时，VC_ID 域有效。用来将数据部分分配至正确的虚通道。VC_ID 编码：NC1（100）、NC2（101）、DATA（011）、SNOOP（001）、NoDataResponse（010）、HOME（000）。

（4）MFlag：合并标志。在 Head 标志为 1 时，MFlag 有效。指示当前数据通道上合并传输了两个 APL 层报文头。对合并的报文头，需要对高段 16 B 和低段 16 B 的 APL 信息分别解析。只在 DPS 为 32 B 时进行合并。

（5）Sequence Num：NDP 发送序列码。指示 NDP 的发送序号，用于可靠数据传输。

（6）CRC：采用 CRC-16 校验码对整个 NDP 报文进行校验保护。

（7）APL PayLoad：应用协议层报文负载，按照 DPS 的大小进行拆分。

当 NDP_Valid 为 0 时，报文为 AckNak 报文或 FC 报文。

3.2　虚通道支持

DLP 的 APL 层有六类消息（HOME、SNOOP、NoDataResponse、DATA、NC1、NC2）要传输。DLP 数据链路层分别使用 6 个虚通道传输上述消息，虚通道说明如表 2 所示。各通道之间没有序的关系。同一个虚通道内部的报文之间需要保序。

表 2　DLP 支持的虚通道

虚通道名称	说明
Home 通道	cache 代理发送给 Home 代理的访存请求、回答信息
监听通道	请求源 cache 代理发送给其他 cache 代理的探测请求
无数据回答通道	Home 代理返回给请求源代理的一致性完成回答
数据通道	数据消息
非一致性事务通道 1	I/O 操作、中断请求
非一致性事务通道 2	I/O 响应、中断响应

3.3　流量控制

流量控制的基本单位为 1 Unit。其中 DATA、NC1、NC2 虚通道 1 Unit 为 32 B，SNOOP、NoDataResponse、HOME 通道 1 Unit 为 16 B。

对不同的虚通道设置不同大小的缓冲，每个虚通道自身的报文头和数据合用一个缓冲。

每个虚通道具有独立的流控机制。HOME 通道首先进行流量初始化，该虚通道正确完成初始化后，其他虚通道可以并行或按序初始化。虚通道初始化顺序可配置作为可选项进行支持。

如果收到的 FC 报文携带的 VCID 不在支持的虚通道序号范围内或对应的虚通道未打开，则丢弃并报错。各虚通道最大信用值为 255。最小信用值必须能够满足接收一个报文，具体数值如表 3 所示。

表 3　各虚通道所需信用

虚通道名称	最小信用
Home 通道	1 Unit（16 B）
监听通道	1 Unit（16 B）
无数据回答通道	1 Unit（16 B）
数据通道	5 Unit（160 B）
非一致性事务通道 1	5 Unit（160 B）NC1 消息占用 1 个 32 B 或 5 个 32 B
非一致性事务通道 2	5 Unit（160 B）NC2 消息占用 1 个 32 B 或 5 个 32 B

4　DLP 物理层

　　如图 3 所示，物理层划分为物理训练层（PTL）和物理实现层（PIL）两个部分。PTL 层实现数据的编解码（包括纠错码的编解码），通道之间的 deskew 实现与 PIL 层转换对接等功能。其中链路训练功能（link training）也可以在 PTL 层实现，包括接收通道的发现、训练序列的发送与接收、链路训练状态机、链路翻转 / 交叉、速率的调整等功能。数据链路层只通过 DPI 接口给出一些简单的控制信号，由 PTL 层进行链路训练；在训练完成后通过 DPI 接口的状态信号向数据链路层报告。物理实现层实现基本的串行与解串行功能（Ser/Des），通常使用模拟电路实现。

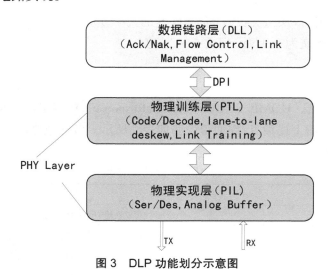

图 3　DLP 功能划分示意图

　　数据链路层通过 DPI 接口与物理层进行交互。DPI 接口两侧的接口逻辑必须同步工作在 DPI 接口时钟域（DPClk）。数据链路层或物理层内部其他逻辑可以与 DPI 接口逻辑互为异步关系。

　　如图 4 所示，DPI 接口信号分为时钟信号、公共接口信号、发送通道信号、接收通道信号几大部分。

　　（1）时钟信号 DPClk 为 PHY 层工作时钟。DPI 接口两侧逻辑均同步工作于 DPClk 时钟域。DLL 层内部逻辑与 DPI 接口之间可以异步工作。

　　（2）发送通道信号 TX_*，包括数据有效信号（data valid）、数据传输信号（data）、阻塞信号（halt）。通道对齐功能在物理层实现，DLL 发送并行数据时不区分通道。图中的 N 为通道数量（包括 Head 通道）。单通道并行数据宽度为 4 B。

　　（3）接收通道信号 RX_*，包括数据有效信号（data valid）、数据传输信号（data）、阻塞信号（halt）。图中的 N 为通道数量（包括 Head 通道）。

　　（4）公共信号：包括对链路的控制信号（link_control）和当前物理层指示的链路状态信号（link_status）。

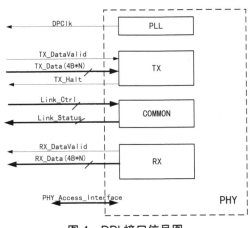

图 4   DPI 接口信号图

图 4 中的 PHY 的访问接口属于对 PHY 的内部配置的读写、调试接口，DLL 层逻辑可通过该接口读取 PHY 的状态、控制 PHY 的行为。该接口不属于 DPI 接口，由 PHY 自定义实现。

表 4 给出了 DLP 的物理引脚的定义说明。DLP 支持 x1、x5、x9 等多种链路宽度。x1 链路宽度时控制信息和数据信息都通过 Head 通道传输，一般用于调试模式。x5/x9 链路宽度时控制信息通过 Head 通道传输，数据信息通过 x4/x8 的数据通道传输。

表 4   DLP 物理引脚说明

名称	方向	说明
DATA_TX_N_X	O	有效数据发送通道 X 的引脚 N，X 为引脚编号，从 0 开始
DATA_TX_P_X	O	有效数据发送通道 X 的引脚 P，X 为引脚编号，从 0 开始
HEAD_TX_N	O	报文控制信息发送通道的引脚 N
HEAD_TX_P	O	报文控制信息发送通道的引脚 P
DATA_RX_N_X	I	有效数据接收通道 X 的引脚 N，X 为引脚编号，从 0 开始
DATA_RX_P_X	I	有效数据接收通道 X 的引脚 P，X 为引脚编号，从 0 开始
HEAD_RX_N	I	报文控制信息接收通道的引脚 N
HEAD_RX_P	I	报文控制信息接收通道的引脚 P
REF_CLK	I	参考时钟输入

5   性能分析

本节对 DLP 的带宽和延迟进行分析。

DLP 延迟评估结果均基于以下条件：DLL 层等控制逻辑运行在 1.5 GHz、SerDes 运行速率为 28 Gbps（对应 SerDes 内部数字部分逻辑工作时钟为 875 MHz）。

表 5 将 DLP 与主流商用处理器的直连接口带宽进行了对比。Power 8 的片间互连接口采用单端传输的方式，QPI 和 HT 采用带有伴随时钟的差分方式传输，DLP 采用基于 SerDes 的底层传输方式。虽然前三种传输方式使得传输延迟会很低，但 SerDes 的高速率特性，使得 DLP 无论总峰值带宽，还是去除控制信息后的有效传输带宽均高于 Intel 的 QPI 总线和 AMD 的 HT 总线，略小于 Power 8 的直连接口；平均每引脚带宽方面，则远高于 QPI、HT 和 Power 8。DLP 在传输带宽上有较大优势。

PCI-E 是主流处理器常用的高速 I/O 接口协议，其传输带宽高、应用广泛，与 DLP 底层物理传输机制相同，因此本文将 DLP 与 PCI-E 进行对比分析。表 6 给出了 DLP 与 PCI-E4.0 的单向穿透延迟数据。PCI-E4.0 延迟数据来自某商用 IP 的模拟评估，该 PCI-E 4.0 IP 链路速率为 16 Gbps，内部数字部分逻辑工作在 1 GHz。从表 6 可以看出,由于进行了协议层级的压缩,从而简化了处理逻辑,因此极大压缩了链路层和事务层的传输延迟。DLP 整体单向传输延迟相对 PCI-E4.0 减少了 54%。

表 5   主流处理器直连接口协议带宽对比

参数	DLP	QPI 3.1	HT 3.1	Power 8
Max Lane Num	9 (SerDes)	20 (Differential)	32 (Differential)	64 (single-end)
Max Speed/lane	28 Gbps	9.6 Gbps	6.4 Gbps	4.8 Gbps
Max Bandwidth	31.5 GB/s	24 GB/s	25.6 GB/s	38.4 GB/s
Effective Bandwidth	27.15 GB/s	21.6 GB/s	20.48 GB/s	—
Pin Number /direction(Data+Clk)	20	42	68	65
Bandwidth/pin	1.575 GB/s	0.571 GB/s	0.376 GB/s	0.591 GB/s

表 6   与 PCI-E4.0 延迟对比(不包含 Die/Package/PCB 延迟)

层次	DLP 延迟 (@875 MHz/1.5 GHz)	PCI-E4.0 延时(@1GHz)
事务层 + 数据链路层(发送)	2.67 ns	13 ns
PHY(发送)	约 20 ns	约 23 ns
PHY(接收)		
事务层 + 数据链路层(接收)	2.67 ns	19 ns
单向穿透延迟总计	25.34 ns	55 ns

6   结论

针对已有基于 SerDes 的互连接口协议普遍存在延迟过高、无法满足处理器直连应用需求的问题,本文提出了一种高带宽、低延迟的处理器直连接口协议 DLP。介绍了 DLP 降低传输延迟的关键技术、协议层次架构,详细描述了 DLP 的数据链路层和物理层的定义,对比分析了 DLP 的带宽与延迟。与同样基于 SerDes 的 PCI-E 协议相比,DLP 协议的传输延迟大幅降低,仅为 25 ns。

参考文献

[1] INTEL.An introduction to the intel quickpath interconnect [EB/OL]. [2009-1-3]. https://www.intel.com/content/www/us/en/io/quickpath-technology/quick-path-interconnect-introduction-paper.html.

[2] HYPER TRANSPORT.Hyper transport I/O link specification revision3.10c [EB/OL]. [2008-11-1]. https://www.hypertransport.org/ht-3-1-spec.

[3] SYNOPSYS.An introduction to CCIX white paper [EB/OL]. [2020-07-20].https://www.ccixconsortium.com/wp-content/uploads/2019/11/CCIX-White-Paper-Rev111219.pdf.

[4] 班冬松,颜世云,刘国栋,等.处理器片间直连接口技术比对分析 [C]// 上海高性能集成电路设计中心.第十八届计算机工程与工艺年会暨第四届微处理器技术论坛论文集.贵阳,中国计算机学会,2014:521-526.

[5] INTEL.Intel xeon processor scalable family technical overview [EB/OL]. [2020-07-20]. https://software.intel.com/content/.

[6] PASKARKAR B V. A review on hyper transport technology[J].Journal of computer based parallel programming,2016,1(3).

[7] 王焕东,高翔,陈云霁,等.龙芯 3 号互联系统的设计与实现 [J]. 计算机研究与发展,2008(12),2001-2010.

[8] STARKE W J. Power8 the cache and memory subsystems of the IBM POWER8 processor[J].IBM journal of research and development,2015,59(1):1-13.

[9] 周宏伟,邓让钰,窦强,等.一种多核微处理器互连接口的设计与性能分析 [J]. 国防科技大学学报,2010,32(4):94-99.

[10] 吴剑萧,王鹏,吴涛,等.基于 SPCB 的处理器直连低延时 PCS 的设计实现 [J]. 电子技术应用,2019,45(9):65-70,76.

支持两种编码格式的 PCS 链路训练模块的设计与实现

王勇，杨茂望，周宏伟，邓让钰

（国防科技大学计算机学院　长沙　410073）

摘　要：随着以太网技术的快速发展，信号的高质量传输已成为衡量各种网络类型优劣的重要标准。为提高网络信号传输质量，基于 IEEE802.3 标准提出一种能够支持多种编码格式 PCS 的链路训练模块。文中详细描述了链路训练的基本原理，并通过深入对比两种 PCS 编码的结构特点，提出一种可支持两种编码格式的链路训练模块的设计方案。然后使用 verilog 语言进行了实现，搭建验证环境，并使用仿真工具模拟验证了链路训练模块功能的正确性。

关键词：以太网；物理编码子层；编码；链路训练

Design and Implementation of PCS Link Training Module Supporting Two Coding Formats

Wang Yong, Yang Maowang, Zhou Hongwei, Deng Rangyu

（College of Computer, National University of Defense Technology, Changsha, 410073）

Abstract: With the rapid development of Ethernet technology, high-quality signal transmission has become an important criterion for measuring the quality of various network types. Based on the IEEE802.3 standard, a link training module that can support multiple encoding formats PCS is proposed. This paper describes the basic principles of link training, and through comparing the structural characteristics of the two PCSs, proposes a design scheme of link training module that can support the two encoding formats. The project uses verilog language for design and implementation, builds a verification environment, and uses simulation tools to simulate and verify the correctness of link training module.

Key words: Ethernet, PCS, encoding, link training

1 引言

以太网[1] 是应用十分广泛的局域网技术。它的发展带动着互联网各大核心骨干节点 [2] 的带宽和吞吐率等指标的提高。IEEE802.3 标准 [2] 是一簇以太网协议集合，详细描述了物理层和数据链路层的媒体访问控制子层的实现方法。本文基于 IEEE802.3-2015 clause 72/92/93 背板传输 [3] 链路训练的基本原理，通过深入分析物理层中 PCS 层与 PMA 层之间的接口联系，面向两种编码类型的 PCS 实现技术：64 B/66 B 编码和 32 B/34 B 编码，提出了一种支持两种编码格式的链路训练模块的设计与实现方案。其中，64 B/66 B 编码技术和 32 B/34 B 编码技术，均被广泛使用在物理编码子层中。编码格式对链路训练模块发挥了至关重要的作用。

收稿日期：2020-08-05；修回日期：2020-09-20

基金项目：核高基项目 (2017ZX01028-103-002)

通信作者：王勇 (wangyong@nudt.edu.cn)

2 物理编码子层

本文主要研究物理层中物理编码子层(PCS)[4] 和物理媒介适配层(PMA)[4]。其中 PCS 为数字电路,位于 PMA 与媒体访问控制子层(MAC)之间,如图 1 所示。

在以太网物理层中, PCS 是物理层的第一层,采用编码 [2-4] 以及加解扰技术 [2-4] 来维持数据流中 0、1 转换密度和 DC 平衡;PMA 子层包含了多种发送和接收测试模式以及本地回环操作;PMD 子层将 PMA 中的电信号转换成光信号;FEC 子层支持纠错功能,提高链路预算以及误码率性能;AN 子层(auto-negotiation,自动协商)帮助链路双方交互信息以发挥双方的最大性能。

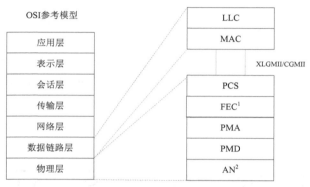

图 1　物理编码子层与 OSI 参考模型的关系 [2]

PCS 内部由接收数据通路和发送数据通路两部分组成。发送数据通路包括编码、加扰、块分发以及对齐插入等模块;接收数据通路包括通道对齐、对齐符锁定以及偏斜修正、通道维序、去对齐符、误码率监控、解扰以及解码等模块。

图 2 描述了 PCS 各功能模块之间的逻辑结构顺序。从图中可知,发送进程和接收进程是两个互逆操作。

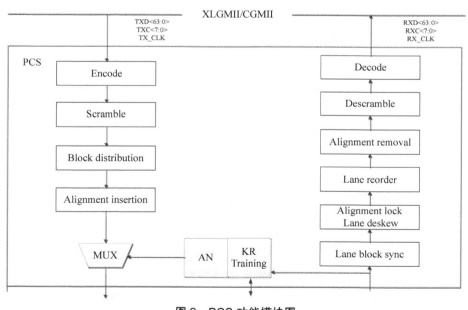

图 2　PCS 功能模块图

在发送进程中,TXD<63∶0> 和 TXC<7∶0> 中的数据从 MAC 子层发送过来后,进行编码、加扰;接着,被分发到各自的虚拟通道;同时,相应的同步符被周期性插入到每一个 PCS 通道中。最后,传输数据被发送到

FEC 子层或者 PMA 子层。

PCS 编码通过在 64 B 数据前增加两位同步头来实现接收进程数据流的同步以及检错功能。一般情况下，2 比特同步头的值为 10 或者 01。01 表示携带的是数据位；10 表示携带的是数据位和控制信息位的混合；出现 00 或者 11 等值则表示信息错误。常用的编码方式有 8 B/10 B 编码、32 B/34 B 编码和 64 B/66 B 编码。8 B/10 B 编码被应用在低速以太网中。32 B/34 B 编码和 64 B/66 B 编码更高效，被广泛应用在高速以太网中。

但是，仅仅依靠 2 bit 同步头的插入是无法避免长 0、长 1 的出现。它需要借助扰码来实现 DC 平衡以及 0、1 密度均衡。

传输数据通过物理媒介到达接收进程。对于单个 PCS 通道而言，首先根据同步头进行块同步。等到所有 PCS 通道都检测到同步头后，就需要对所有的通道进行去偏斜和维序操作，最后将传输数据进行解扰和解码，并通过 RXD<63：0> 和 RXC<7：0> 端口发送给下一层。其中，去偏斜操作主要是针对数据位移偏斜。通道因传输速率不同，它所能容忍的偏斜程度不一样；多条通道间的偏斜和 PMA 的多路复用导致传输数据在不同的通道被接收，需要进行维序操作，根据 PCS 通道编号给所接收的数据排序。

除了主要的数据通路外，PCS 还有一些可配置的功能模块：高能效以太网（Energy Efficient Ethernet，EEE）、自动协商（Auto-Negotiation，AN）以及链路训练（link training）等。

高能效以太网，定义在 IEEE802.3-2015 clause 78 中。当 PHY 中没有数据传输或者长时间内没有数据接收时，它会让 PCS 进入能耗节省模式或者休眠模式来节省能源和降低功耗。

自动协商，定义在 IEEE802.3-2015 clause 28 中。当链路双方支持多种速度模式时，自动协商以一种主动的方式交换链路信息，让链路双方尽可能获取都能接受的最佳工作方式。

链路训练，定义在 IEEE802.3-2015 clause 72/92/93 中。当 AN 解析出链路双方属于 KR or KR4 类型或者 CR or CR4 类型后，链路训练才能开始。也就是说，本文链路训练模块所适应的传输介质是背板或者铜缆。链路训练模块在训练过程中，起着数据帧的拼接、拆分、接收和发送作用。链路训练模块把数据帧中的核心参数提取出来传递给 PHY。等待 PHY 作出回应后，链路训练模块又把 PHY 回应的核心参数，拼接成数据帧发送给远程设备。一直到链路双方对信号质量满意，训练才结束。

本文主要研究 64 B/66 B PCS 与 32 B/34 B PCS 的链路训练模块。编码格式的不同导致这两种 PCS 内部实现有很大的差异。为了提高灵活性，文中提出了支持两种 PCS 的链路训练模块的设计方案。

3 背板传输链路训练的基本原理

链路训练（link KR training，其中 K 指背板，R 指 64 B/66 B 编码方案）。链路训练模块是在背板传输物理媒介和 64 B/66 B 编码方案的前提下进行的。链路双方训练帧交换示意图如图 3 所示。

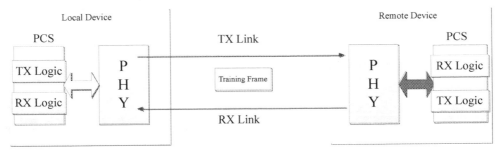

图 3 链路双方训练帧交换示意图

链路训练的目的是优化背板传输的信号质量。链路双方通过交换训练帧来调节双方的滤波器系数，并借助均衡算法 [5] 达到链路所需信号质量的要求。

训练过程结束的条件是远程接收方对接收数据的质量满意或者超过预定的时间阈值。

3.1 训练帧的构成

根据 IEEE802.3-2015 标准,一个训练帧由分界符(frame marker)、控制字段(control channel)和训练字段(training pattern)构成。其中控制字段包括系数更新字段和系数状态字段。

分界符用来发挥各帧间分界的作用。它的值固定为 32' hFFFF0000,并且不会出现在控制字段和训练字段中,保证了分界符在数据传输中的唯一性。

控制字段是通过低速差分曼彻斯特方式编码而成的。在不需要链路训练的条件下,这种编码方式能够保证接收方准确接收控制字段的信息。控制字段由更新请求和状态回复两种字段组成。本地设备或者远程设备各自同步地进行发送请求(或者接收响应)。所谓同步就是,在同一个训练帧中既负载发送方的发送请求也负载着发送方对接收方请求的回复。具体过程描述如下:

(1)当地设备发送请求去调节远程设备的发送端的滤波器系数;

(2)远程设备发送请求去调节当地设备的发送端的滤波器系数;

(3)当地设备接收回应的状态,这个状态是对上一次发送给远程设备请求的回复;

(4)远程设备接收回应的状态,这个状态是对上一次发送给当地设备请求的回复。

训练帧结构如图 4 所示。

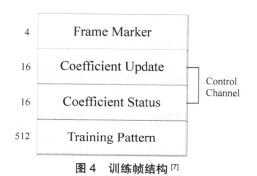

图 4　训练帧结构 [7]

在发送链路训练过程中,发送方发送更新请求,等待接收方的回复来调节自身滤波器的系数;调整完后,发送方将自身状态反馈给接收方,并进入等待状态,以此循环往复,一直等到接收方对信号质量满意为止。

在接收链路训练过程中,接收方发送更新请求,等待发送方的回复来调节自身滤波器的系数;调整完后,接收方将自身状态反馈给发送方,并进入等待状态,以此循环往复,一直等到发送方对信号质量满意为止。

训练字段主要模拟现实信号传播的随机性来测试信号的质量。

训练字段是由 PRBS11 序列发生器产生的 512B 的伪随机序列,利用该序列的随机性,近似模拟现实信号传输的场景。

PRBS11 生成多项式:$G(x)=1+x^9+x^{11}$,它的 01 序列周期是 $2^{11}-1$。伪随机序列有以下良好的性质 [6]:

(1)0、1 在序列中出现的概率基本相同;

(2)具有良好的随机特性;

(3)输出序列呈周期性变化,$T \leqslant 2^n-1$。

默认情况 [6] 下,每条通道 $i(i = 0,1,2,3)$ 都有默认的生成多项式和初始值作为伪随机序列生成器的初始参数。

3.2 发送端滤波器的结构

串行输出的发送端滤波器结构 [7] 有三个滤波器系数:c(-1),c(0)和 c(1)。每一个滤波器系数都需要执行来自远程设备五种类型的更新请求:预设置,初始化,增加,减少以及保持。同时,相应的滤波器系数会给出三种类型状态回复:已达最大值,已达最小值,已更新。远程设备通过均衡算法调节本地设备滤波器系数来实现链路信号质量优化。这些用于调节的信息与响应状态记录在训练帧的控制字段中。需要指出的是,滤波器被隐藏在 PHY 中,而本文研究 PCS 中链路训练模块,只对滤波器提供给 PCS 链路训练的接口做分析。

3.3　启动协议流程 Start-Up Protocol Flow

Start-Up Protocol Flow 是由 IEEE802.3-2015 标准 clause 72/92/93 定义的。它通过训练帧的控制字段来实现当地设备和远程设备的时序恢复和均衡调节。在 Start-Up Protocol 期间,远程设备首先初始化当地设备发送端滤波器系数;接着,发送增加、减少的请求去调节当地设备发送端滤波器系数。详细的滤波器系数调节流程如图 5 所示。

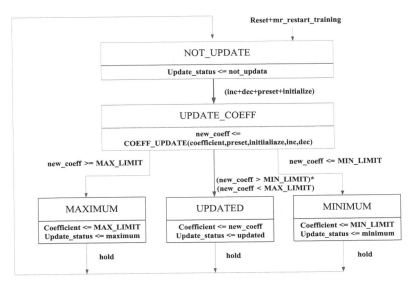

图 5　系数更新状态图 [7]

在均衡发送链路的过程中,本地设备发送 not_updated 状态表明等待下一个帧的增加、减少、重置或者初始化请求的意愿;在本地设备接收到来自远程设备的请求后,本地设备执行请求的更新操作;在系数更新完成后,本地设备以 max、min 或者 updated 状态回应远程设备。其中,max 表明系数已到达最大值;Min 表明系数已到达最小值;updated 表明系数已更新。这些回应行为都可以作为对远程设备的答复;远程设备接收到答复后,开始发送保持(hold)请求;在接收到保持请求后,本地设备发送 not_updated 答复来表明它等待处理下一个请求。发送链路的均衡流程以此循环往复。当远程设备对接收数据满意后,它会持续发送 hold 请求。或者在指定的定时器超时后,循环结束。同时,远程设备也对接收链路的信号质量做分析,并进行与发送链路均衡流程相似的操作。

4　支持两种编码格式的链路训练模块的设计与实现

4.1　链路训练模块的设计方案

链路训练的基本原理是基于 IEEE802.3 以太网标准 [7] 提出的。在默认情况下,它是支持 64 B/66 B PCS 的。为了拓展可重用性,支持 32 B/34 B PCS,本文通过构建 64 B/66 B PCS 和 32 B/34 B PCS 模型,对 64 B/66 B PSC 的链路训练模块做出必要调整以支持 32 B/34 B PCS,并验证了链路训练模块的正确性,提出了实践可行的设计方案。

在 64 B/66 B PCS 的实现过程中,与链路训练直接相连的模块有六个:发送变速箱[4]、接收变速箱[4]、同步模块、复位模块、命令和状态寄存器模块以及自动协商模块。其中,变速箱的功能是改变位宽,将 PCS 内部 66 bit 位宽的数据改成 32 bit 位宽,与 PHY 中位宽相适应;同步模块用于不同时钟域之间信号的同步;命令和状态寄存器模块为外界提供了访问链路训练模块的寄存器。

在链路训练模块内部(图 6),主要由以下几个功能模块构成:①实现训练帧的接收、发送以及分解、组装的功能模块 A;②与 PHY 中信号质量均衡模块进行通信的状态机 B;③与 PHY 中滤波器进行通信的状态机 C。

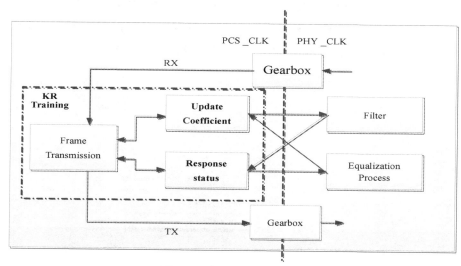

图 6　链路训练内部组成图

训练流程如下:在接收进程中,接收变速箱的模块 A 接收来自远程设备的训练帧,并将其中的控制通道字段进行分解,将更新字段发送给模块 C,状态字段发送给模块 B。模块 C 和模块 B 实时记录链路状态,并将接收的系数译码成 PHY 可识别的信号并将信号发送给 PHY;在发送进程中,从模块 B 和模块 C 中获取来自 PHY 反馈的信号,并将信号发送给模块 A。模块 A 将信号打包组装成训练帧,并将训练帧通过发送变速箱发送给远程设备。

而对于 32 B/34 B PCS,单条 PCS 通道的数据位宽为 34 bit。在发送进程中,从 MAC 子层发送过来的数据经过编码、加扰处理后,通过发送位宽转换器将 34 bit 转换成 32 bit,并使用发送异步 FIFO 将时钟转换成与 PHY 同步的时钟。在接收进程中,接收的 32 bit 位宽数据经过接收异步 FIFO 将时钟转换成与 PCS 同步的时钟,并使用接收位宽转换器将 32 bit 转换成 34 bit,最后经过解扰、解码,发送给 MAC 子层。

为了支持 32 B/34 B PCS,需要对链路训练模块做几处改动。首先,添加 66 bit 转 32 bit 的位宽转换器以及时钟分频器,为位宽转换提供前提条件;其次,添加多路选择器,保证训练帧在发送通道和接收通道的优先级;最后,添加旁路机制,当被使用在 64 B/66 B PCS 时,通过旁路机制绕过改动的模块,恢复到原来的配置。

其中,位宽转换器确保了链路训练内部主要通路的数据位宽不用改变,基本功能模块没有变动,大大简化了设计难度;时钟分频器将 32 B/34 B PCS 的发送数据通路,接收数据通路以及寄存器通路上的时钟二分频,并把分频后的时钟接入链路训练模块以及位宽转换器中。时钟二分频是由两种 PCS 主要通路的数据位宽决定的。多路选择器主要发挥两个作用。第一,确保自动协商功能模块发生在链路训练之前。第二,确保在启动时,链路训练产生的训练帧能够导入到数据传输通路中。同时,在链路训练结束后,PCS 才能进行正常的数据接收和发送。旁路机制是切换两种 PCS 的关键所在。当旁路时,支持 64 B/66 B PCS;否则,支持 32 B/34 B PCS。同时,为了减短验证时间以及简化验证逻辑,提出三种有效措施:①在 32 B/34 B PCS 中,创建一个 testbench 模拟 PHY 与链路训练模块之间的通信行为,实现链路训练模块与 PHY 之间的通信;②由于寄存器模块还没有在 PCS 中添加,需要在链路训练顶层模块端口处用常量手动对链路训练模块进行配置,简单模拟寄存器通信过程;③打开 PCS 本地回环模式,让发送数据通路的数据直接转向接收数据通路,减少逻辑验证长度,简化逻辑验证。

以上三种条件创造了理想的模块连线环境。当连线出错时,能够在较小范围内迅速找到出错点并加以修正。当连线成功且功能正确后,需要一步步扩大验证范围。例如,关闭本地回环模式并找到 PHY 提供给链路训练的通信接口,做好线路连接,并进行 PHY 内部的回环测试等。

4.2 测试环境搭建与功能验证

上文通过对 64 B/66 B 与 32 B/34 B PCS 的总体框架分析,提出了可配置的链路训练设计方案。我们使用 verilog 语言对提出的方案进行了实现,在 verilog 模拟工具中搭建测试环境,编写 testbench,分析波形图,来验证设计方案的正确性。

具体实验流程如下。首先,通过 apb 接口配置寄存器,启动自动协商模块以及 32 B/34 B PCS 的链路训练模块。在训练成功后,在 PCS 顶层模拟 MAC 子层行为给 PCS 子层发报文。当 o_scc_training_on[0:0] 信号置高时,表示链路训练正在进行;当 o_scc_rx_trained[0:0] 信号置高时,表示链路训练已完成,当地适配器与远程滤波器已完成信号质量优化,使链路状态能够与链路速度匹配。

功能仿真结果如图 7、图 8 所示,图 7 显示的是链路训练模块内部帧的形成过程。其中, ctrl_channel_dme[63:0] 是控制字段的曼彻斯特编码信号;frame_data_subseq[65:0] 是生成的伪随机数;在 o_scc_training_on 置高的过程中,表明链路训练正在进行,训练帧正在连续不断地生成。图 8 显示的是 PHY 中训练数据的传输。其中,o_scc_training_on[0:0] 信号从高变低说明链路训练结束;与此同时,o_scc_rx_trained 置高,说明已完成链路训练目标。综上所述,在 32 B/34 B PCS 中的链路训练模块功能正确。从而验证了设计方案的正确性与可行性。

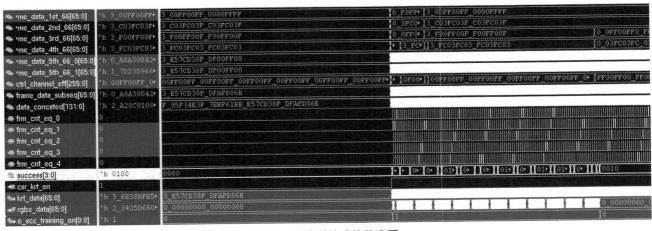

图 7　链路训练功能仿真图

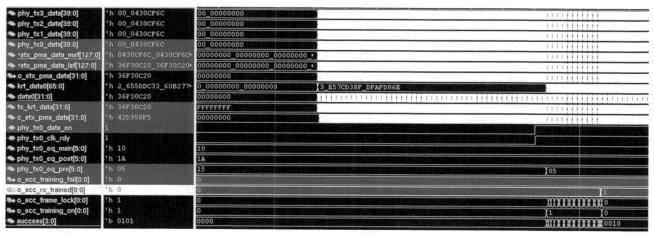

图 8 链路训练数据通路仿真图

5 结论

本文针对物理编码子层链路训练模块的可重用问题,通过深入了解 64 B/66 B PCS 与 32 B/34 B PCS 结构特点,从链路训练的基本原理出发,提出了实践可行的设计方案。验证结果证明,链路训练模块成功支持两种编码格式的 PCS。

参考文献

[1] LI C H. Design and implementation of 100G Ethernet signal source [D]. Changsha:National University of Defense Technology,2016.

[2] ZHANG C C. 100 Gbps Ethernet PCS sublayer module design and verification [D]. Nanjing:Southeast University,2016.

[3] ZHANG Q. Design and verification of 10G backplane Ethernet Physical Coding Sublayer [D]. Hefei:University of Science and Technology of China,2016.

[4] YANG C X, KONG X W, LUAN W H, et al. Design of PCS layer based on Ethernet 10G Base-R protocol [J].Microelectronics and computer,2019,36(2):16-20.

[5] KONG M J. Design and implementation of high-speed ser-ial 10Gbps signal conditioning circuit and the equalization [D]. Xi'an:Xidian University,2018.

[6] SUN Q L, LYU H, Chen W L, et al. Research on cryptographic properties of m subsequences[J].Application research of computers,2018,35(1):245-247,256.

[7] LAW D,HEALEY A, ANSLOW P. IEEE Std802.3™-2015 [S]. New York:IEEE Computer Society, 2015.

基于 DSP 的动车组牵引控制单元程序设计与实现

王丽,孙华,陈敬,张东

（西安翔迅科技有限责任公司　西安　710068）

摘　要：由于 DSP 微处理器具有特殊的硬件结构,故其主要应用是实时、快速地进行数字信号处理。本文基于自研牵引控制单元（Traction Control Unit, TCU）上的 TMS320F28377S 型号 DSP 微处理器,针对某型动车组,设计和开发了一套牵引传动控制系统。文中详细介绍了 TCU 主电路中四象限整流器和 PWM 逆变器的控制程序的设计与开发过程,实现了瞬态直接电流控制、间接磁场定向控制、SPWM 调制、全速域多模式空间矢量调制算法。在此基础上,同时设计和开发了 TCU 在线服务监控上位机软件,实现了列车运行时,对 TCU 运行状态的实时监控、数据记录、在线调试和程序升级。最后,使用硬件回路技术,在 dSPACE 半实物仿真平台上成功驱动列车稳步提速到 320 km/h,并能够通过上位机实时查看运行时状态的关键参数及在线调试,验证了牵引传动控制系统的可行性、准确性和实时性,为后续控制算法、调制算法、在线监控软件的优化、研究和验证提供软件平台支持。

关键词：DSP；动车组；TCU；牵引传动控制；在线监控软件

Program Design and Implementation of EMU Traction Control Unit Based on DSP

Wang li, Sun Hua, Chen Jing, Zhang Dong

(Xi'An Xiangxun Technology Co.,Ltd.,Xi'an,710068)

Abstract: Due to the special hardware structure, the DSP microprocessor's main application is real-time and fast digital signal processing. Based on the TMS320F28377S DSP microprocessor on the self-developed traction control unit（TCU）, this paper designs and develops a traction drive control system for a certain type of EMU. The paper details the design and development process of the control program for the four-quadrant rectifier and PWM inverter of the main circuit in the TCU, which realizes transient direct current control, indirect field oriented control, SPWM modulation, and full-speed domain multi-mode space vector modulation algorithm. On this basis, the TCU on-line service monitoring host computer software is designed and developed at the same time, which realizes the real-time monitoring, data recording, online debugging and program upgrade of the TCU operating status during train operation. Finally, using hardware-in-the-loop technology, the dSPACE hardware-in-the-loop simulation platform successfully drives the train to steadily increase its speed to 320 km/h, and can view the key parameters of the running state and online debugging through the host computer in real time, verifying the feasibility, accuracy and real-time performance of the traction drive control system. It provides software platform support for the optimization, research and verification of subsequent control algorithms, modulation algorithms and on-line monitoring software.

Key words: DSP, EMU, TCU, traction drive control, on-line monitoring software

收稿日期:2020-08-10;修回日期:2020-09-20

通信作者:孙华(283097887@qq.com)

1 引言

近年来,随着国内动车组的不断发展与全面建设,我国对动车组的自主化要求逐渐提升,牵引传动系统作为动车组的关键组成部分,其功能的可靠性和高效性至关重要。牵引传动系统对机车运行的控制、监测、保护、通信等功能还需进行进一步的深入研究与优化。因此,为提高动车组的性能还需对动车组牵引传动系统的运行机制、监测功能、保护功能做更进一步的研究与升级。

为了实现对动车组有效性和安全性的控制以及进一步实现对动车组的自主化,我国学者展开了众多研究与实践。文献 [1] 为提高对高速动车组牵引传动系统控制的高效性和故障记录的正确性,开发了具有连续功能图的上位机控制软件,并验证了所开发软件功能代码执行的快速性,但并未对牵引传动系统所用控制算法进行具体验证。文献 [2] 针对高速动车组牵引传动系统受硬件实验条件的限制,采用了在 RT-LAB 中搭建动车组模型的方法,文章详细介绍了对牵引传动系统整流和逆变系统设计的控制方法,并在 RT-LAB 中验证所提策略的正确性和有效性,但未针对牵引传动系统监测需求设计具体的上位监测软件。文献 [3] 具体介绍了 CHR3 型动车牵引传动系统各个子模块的功能,对动车的输出性能和应用情况进行了详细的分析,为动车组的软件设计和开发提供了思路。文献 [4] 针对大功率电机应用场合中逆变器开关频率低的问题,提出了适用于低开关频率的 SHEPWM 和 SVPWM 控制策略,文章具体分析了各个调制策略的优缺点并对其进行了验证,但未对牵引电机的整体控制进行具体分析与实验。

结合我国学者已有的研究成果和现存的问题,本文针对大功率牵引传动系统设计了相对应的各个模块的控制策略以及上位机监控软件,并在 dSPACE 中搭建动车组牵引传动平台验证所提策略的正确性、实时性、准确性。

2 牵引控制系统总体设计

高速列车的牵引传动系统采用交流电机驱动轮。高速列车的受电弓把从接触网获得的单相交流高压电输送给牵引变压器降压,再通过四象限整流器变换成直流电,然后通过 PWM 逆变器变换成电压、频率可调的三相交流电,控制逆变器输出三相交流电供给牵引电机,最终电机输出的转矩通过减速齿轮传递给轮对,从而获得牵引列车前进的轮周牵引力。

交流传动系统是 TCU 的被控对象。TCU 的主要功能板卡为整流卡和逆变卡,整流卡发出 PWM 信号,控制四象限整流器输出直流电压,逆变卡发出 PWM 信号,控制 PWM 逆变器发出三相交流电(同时反馈回控制系统)以驱动电机运转。两者的控制关系如图 1 所示。

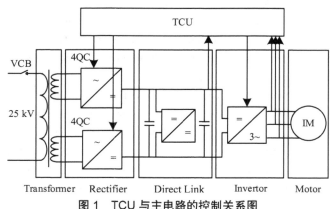

图 1　TCU 与主电路的控制关系图

牵引传动控制系统分为下位机和上位机两部分。下位机程序运行于整流卡和逆变卡的 DSP 芯片中,分别负责四象限整流器和 PWM 逆变器的控制,并为上位机提供底层支持;上位机程序运行于 PC 机中,实现用户交互界面,为用户提供关键指标波形绘制和下位机程序升级等功能。牵引传动控制系统架构如图 2 所示。

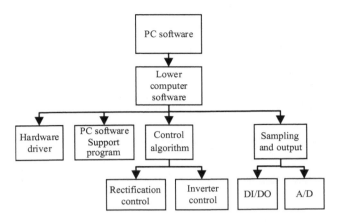

图 2　牵引传动控制系统架构图

下位机程序微处理器采用 TI TMS320F28377S DSP 芯片。软件开发环境采用 TI 公司配套芯片的集成开发环境 Code Composer Studio(CCS)。上位机软件使用 QT、Python 3.8.0、Sqlite3 技术,通过 RS232 串口连接整流卡和逆变卡进行状态监控和程序在线升级。

上位机软件由两层组成:业务层和服务层。业务层为用户提供交互界面,服务层为业务层提供基础的操作支撑。位机软件类如图 3 所示。

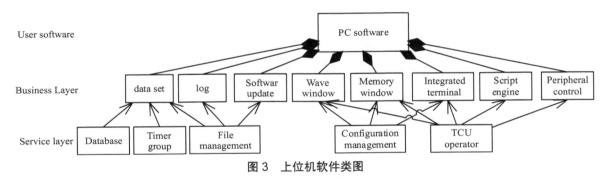

图 3　上位机软件类图

3　牵引控制系统详细设计与实现

3.1　整流控制系统

3.1.1　整流控制算法

本文采用瞬态直接电流控制算法,其采用电压电流双闭环与前馈相结合的复合控制方式。考虑到实际动车组四象限整流器网侧电感 L_N 两端的电压 u_{L_N},网侧电阻 R_N 两端的电压 u_{R_N},将 $(u_n - u_{L_N} - u_{R_N})$ 作为扰动信号,并将扰动信号作为前馈信号,再与电压电流双闭环组成复合控制方式(其中 $u_{L_N} = \omega L_N i_n^* \cos \omega t$, $u_{R_N} = R_N i_n^*$)。电压外环采用 PI 控制,使直流侧电压 u_{dc} 跟踪直流侧电压给定值 U_{dc}^*,从而保持直流侧电压稳定;电流内环控制输入电流 i_n,锁相环(PLL)检测网侧电网电压,所得到的网侧电网电压的相位和频率作为电流给定值 i_n^* 的相位和频率。与电网电压同频同相的 i_n^* 作为电流内环的输入信号,使网侧电流 i_n 跟踪网侧电流给定值 i_n^*,从而实现网侧输入端的单位功率因数为 1。动车组瞬态直接电流控制原理如图 4 所示。

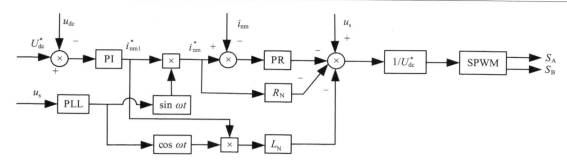

图4　瞬态直接电流控制原理框图

调制算法采用双极性 SPWM 调制方式。当调制波 u_{am} 大于三角波 u_{cm} 时,输出 1,反之为 0,PWM 逆变器两组整流桥臂调制方式相同。

3.1.2　整流控制程序设计

整流控制程序分为主控部分和算法部分,主控部分包括系统时钟配置、定时器中断配置、LED 灯配置、I/O 引脚配置、中断等待和中断处理,图5 为主控程序流程图。

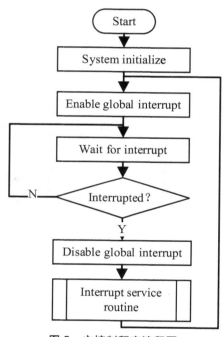

图5　主控制程序流程图

定时器中断服务程序是控制程序的关键,控制算法被中断服务程序调用。定时器中断每 100 ns 触发一次,中断触发后读取采样值,执行瞬态直接电流控制算法,即完成电网角度的锁相环控制、给定电网电流的 PI 控制、调制波计算中间量 U_i 的 PR 控制以及调制波生成等。

调制波生成流程和 SPWM 信号生成流程分别如图6 所示。将 DSP 算法生成的调制波与三角波比较,生成整流器四个开关的 PWM 信号。调制算法计算出每一中断周期的 4 个 PWM 信号,分别向 4 个复用为 PWM 功能的 GPIO 写 0 或 1 即可。

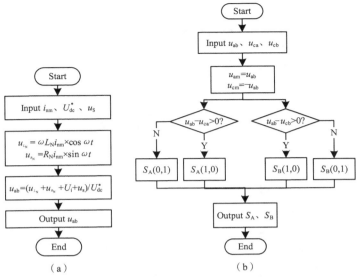

图 6   瞬态直接电流控制算法流程图

（a）调制波生成流程图 （b）SPWM 信号生成流程图

3.2   逆变控制系统

3.2.1   逆变控制算法

本文采用间接磁场定向控制 [5-6]，将交流电机的转矩和磁链的控制完全解耦，把交流电机模拟成磁链和转矩可以独立控制的直流电机进行控制。图 7 为间接磁场定向矢量控制原理框图，其主要思想是通过对转子磁场同步角频率的积分来获得磁场定向角 φ。

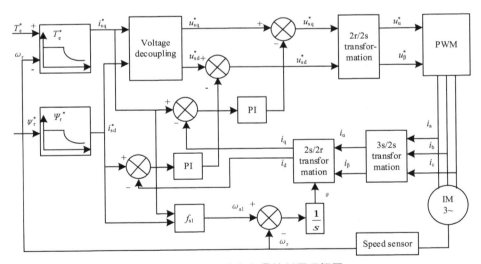

图 7   间接磁场定向矢量控制原理框图

根据列车的牵引／再生制动特性曲线可知，列车工作分为恒牵引力启动和恒功率运行两个阶段。由于启动阶段电机工作在低频率区，为了充分利用开关频率以及减小负载电流谐波，逆变器通常采用固定开关频率的 PWM 技术。在列车恒牵引力输出的中高速区，逆变器通常采用固定载波比的 PWM 技术。在恒功率阶段电机工作频率较高、逆变器开关管通态电流较大，为降低开关管损耗和满足逆变器额定电压限制要求，逆变器通常采用方波控制技术 [7-8]。

3.2.2　逆变控制程序设计

逆变控制系统的主控制程序流程和整流控制系统一致,此处不再赘述。

根据间接磁场定向矢量控制算法绘制程序流程图,如图 8 所示。

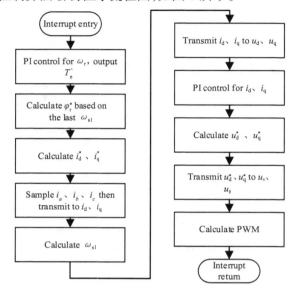

图 8　间接磁场定向矢量控制算法流程图

动车组在低速区,采用七段式 SVPWM 异步调制策略,如图 9(a)所示。在恒牵引力输出的中高速区时,逆变器采用固定载波比的同步 PWM 技术,求解过程类似 SVPWM 信号。在恒功率阶段,逆变器采用方波控制技术 [9]。全速域 PWM 逆变器的调制过程如图 9(b)所示。

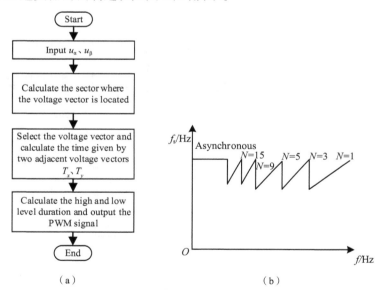

（a）　　　　　　　　　　　（b）

图 9　全速域牵引逆变器的调制策略

（a）七段式 SVPWM 异步调制策略　（b）全速域 PWM 逆变器的调制过程

3.3　服务监控上位机软件

服务监控上位机软件用于实时查看整流卡、逆变卡的牵引传动系统运行状态。上位机软件包含用户交互界面、下位机支持程序和上、下位机通信程序。用户通过上位机针对 TCU 整流、逆变控制系统进行数据监控与实时操作。

3.3.1 用户交互

用户界面由多个窗口组成,完成多个关键信息界面的组合嵌套显示。主界面由串口、工具栏、状态栏和菜单栏组成,完成 TCU 的连接、变量波形展示、集成终端、内存值窗口等功能。

服务监控上位机软件的启动经历线缆连接、启动软件、载入配置文件、初始化界面元素四个过程,如图 10 所示。

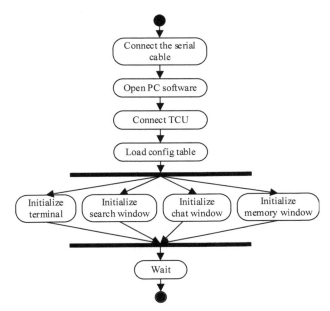

图 10　上位机软件启动 UML 活动图

在上位机软件上观测的每一个物理量(如中间环节直流电压)都对应一个 TCU DSP 程序中的变量。数据库为上位机软件提供可随时更新的离线变量名信息集,上位机的变量查询以及变量设置均需依赖于数据库信息。变量信息表设计如表 1 所示。

表 1　变量信息表

No.	Type	Attributes	Function
id	INTEGER	PRIMARY KEY, NOT NULL	Uniquely identify a piece of data
name	TEXT	NOT NULL	Variable name information
gid	INTEGER	FOREIGN KEY, NOT NULL	Group id of variable

变量信息与分组信息通过数据库主 / 外键进行关联,在进行远程变量数据操作时"分组名 + 变量名"构成一个合法的变量标识,分组信息表设计如表 2 所示。

表 2　分组信息表

No.	Type	Attributes	Function
id	INTEGER	PRIMARY KEY, NOT NULL	Uniquely identify a piece of data
name	TEXT	NOT NULL	Group information

TCU 程序升级包分为系统程序和应用程序两种类型。升级包文件头部的 8 个字节包含文件类型、文件版本、烧写地址。剩余部分均为待写入 Flash 的目标程序。

3.3.2 下位机支持程序

下位机支持程序分为驱动程序和应用程序。驱动程序包含 SCI、EMIF、Timer、LED、FLASH、I2C、EEPROM 配置功能。应用程序包含获取算法程序版本号、上位机版本号、变量信息、板卡类别、内存值等信息,设置变量值、内存值、升级程序,以及控制外设等功能。

3.3.3　上、下位机通信协议设计

为保证数据的有效传输,本文在 RS232 链路层协议之上另设计一层传输层协议,保证命令帧和文件帧能够可靠传输,如图 11 所示。

Type	Data		
	FIN(1 B)	TYPE(2 B)	ERRNO(5 B)
HEADER（7 Frames）	DATA_LEN(8 B)		
	FRAME_IDX[0](8 B)		
	FRAME_IDX[1](8 B)		
	FRAME_NUM[0](8 B)		
	FRAME_NUM[1](8 B)		
	DATA_CHKSUM(8 B)		
DATA（241 Frames）	DATA[0](8 B)		
	······		
	DATA[240](8 B)		

图 11　传输层协议

图 11 中 FIN 为数据传输结束标志位,TYPE 为数据类型,ERRNO 为错误号,DATA_LEN 为数据长度。

传输层支持两种格式的协议帧,分别是命令帧和文件帧。对于命令帧,DATA 部分包含了命令字和参数信息;对于文件帧,DATA 部分第一个字节为文件传输请求的命令字,剩余字节为文件流数据。

命令帧遵循一次性"请求－响应"模式,数据帧遵循交互式的"请求－响应"模式,分别如图 12 所示。

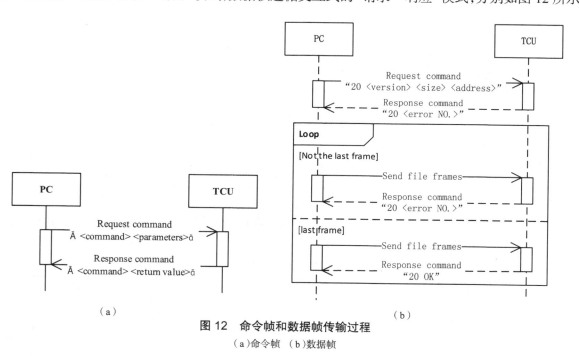

图 12　命令帧和数据帧传输过程

（a）命令帧　（b）数据帧

4　半实物仿真平台验证

4.1　牵引控制系统

牵引传动系统实时仿真平台包含自主化开发的牵引控制单元实物、dSPACE 仿真器、接口箱、上位机 PC（安装有 TCU 整流卡和逆变卡的上位机软件）、工控机等设备[10]。

从 dSPACE 仿真软件中可以看到,经过整流控制后,网侧电流与网侧电压同频率同相位,SPWM 信号占空比规律变化,如图 13(a)和(b)所示,中间直流环节输出的直流电压跟随给定电压在 2 700 V 上下波动,如图 13(c)所示。当牵引工况车速达到 320 km/h 时,逆变器输出的电流为互差 120° 的三相交流电,电机输出的三相电压为 0、$\pm U_d$、$\pm U_d/3$、$\pm 2U_d/3$,牵引特性曲线和设计一致,如图 13(d)至(f)所示。

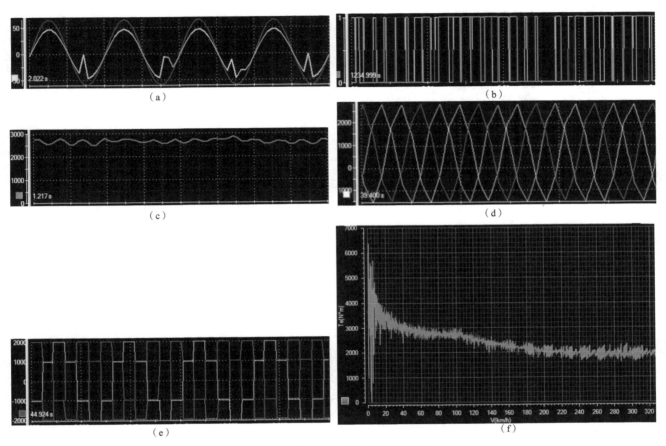

图 13　牵引工况下的关键指标波形图

(a)电流和电压　(b)SPWM 信号　(c)中间直流电压　(d)逆变器输出的三相电流　(e)电机输出的三相电压　(f)牵引特性曲线

4.2　服务监控上位机软件

上位机主界面如图 14(a)所示。变量列表窗口列出了所有可以查询的变量名称和分组名称,变量波形窗口绘制了变量实时值的波形图,命令窗口显示了本软件支持的命令,如查询变量实时数据等,内存值窗口显示了 DSP CPU 内存地址中的实时数据。

使用串口线连接 PC 与 TCU 整流和逆变卡后,可以使用服务监控软件完成 DSP 控制程序的在线升级,界面如图 14(b)所示。

5　结论

本文基于 DSP 微处理器,设计和实现了一套包含整流、逆变的控制、调制程序和在线监控上位机软件的牵引传动控制系统,能够驱动列车从 0 km/h 平稳提速至 320 km/h。在 dSPACE 半实物仿真平台上的实验证明,该软件平台具有很高的实时性、准确性、可移植性和可扩展性,为后续整流、逆变控制算法以及监控软件的优化提供了平台支撑。

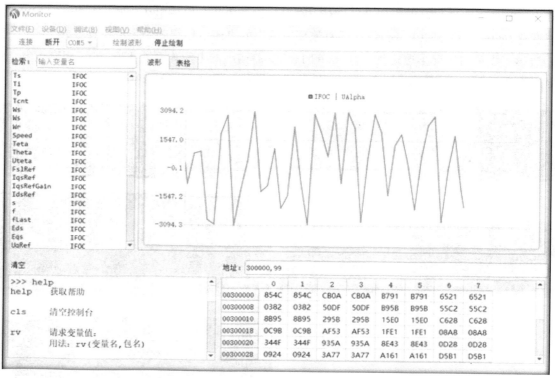

（a）

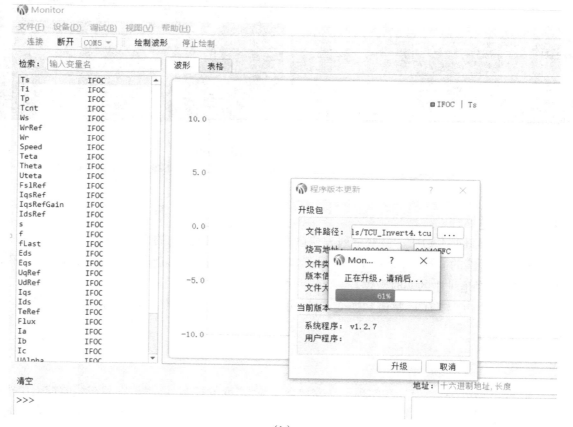

（b）

图 14　上位机软件界面

（a）上位机软件主界面　（b）升级窗口

参考文献

[1] 高吉磊, 郑雪洋, 马驰, 等. 高速动车组牵引传动系统软件开发平台的设计与优化 [J]. 铁道机车车辆, 2017, 37:37-41.

[2] 顾春杰, 韦巍, 何衍. 基于 RT-LAB 的高速动车组牵引传动系统实时仿真 [J]. 机电工程, 2013(2):218-222.

[3] 姜东杰. CRH3 型动车组牵引传动系统 [J]. 铁道机车车辆, 2008, 28(z1):95-99.

[4] 王琛琛, 王堃, 游小杰, 等. 低开关频率下双三相感应电机矢量控制策略 [J]. 电工技术学报, 2018, 33:1732-1741.

[5] RASHED M, MACCONNELL P F A, STRONACH A F, et al. Sensorless indirect-rotor-field-orientation speed control of a permanent-magnet synchronous motor with stator-resistance estimation[J]. IEEE transactions on industrial electronics, 2007, 54 (3):1664-1675.

[6] YOO A, HONG C, HA J I. On-line rotor time constant estimation for indirect field oriented induction machine[C]//2013 IEEE Energy Conversion Congress & Exposition. Denver, USA, 2013:3860-3865.

[7] BOSE B K. 现代电力电子学与交流传动 [M]. 北京:机械工业出版社, 2005.

[8] 沈本荫. 现代交流传动及其控制系统 [M]. 北京:中国铁道出版社, 1997.

[9] 宋文胜, 冯晓云. 电力牵引交流传动控制与调制技术 [M]. 北京:科学出版社, 2014.

[10] 崔恒斌, 马志文, 韩坤. 电动车组牵引传动系统的实时仿真研究 [J]. 中国铁道科学, 2011(6):94-101.

基于机器学习的短路违反预测方法

张西拓,刘必慰

（国防科技大学计算机学院　长沙　410073）

摘　要：在先进工艺下,芯片规模迅速扩大,设计规则愈发复杂,物理设计的周期变得非常漫长,设计出错将耗费大量时间并带来巨大损失。因此若能提前预估物理设计的质量,便可以在一定程度上避免不必要的资源消耗,缩短设计周期。本文基于先进工艺下一款DSP芯片的物理设计,用机器学习的方法建立了一个短路违反的预测模型,用于寻找物理设计中布线前的信息（单元分布等）与布线后的信息（短路违反）之间的相关性,借此来在布线进展之前提前预估布线后短路违反的数量与分布,实验证明流程预测的准确率可以达到89.9%,马修斯相关系数为65.03%。

关键词：物理设计；机器学习；布局；布线；短路违反；非平衡数据集

Method for Predicting Short Violations Based on Machine Learning

Zhang Xituo, Liu Biwei

（College of Computer, National University of Defense Technology, Changsha, 410073）

Abstract：In advanced process, the design scale expands quickly, the design rule is more and more complex, and the run time of physical design becomes extremely long, so failures during design will cost much time and cause losses. If the quality of physical design can be predicted, we will be able to avoid the unnecessary resource consuming, and shorten the design time. In this paper, we build a prediction model using machine learning based on physical design of a DSP chip in advanced process, to find out the correlation between the information（eg. cell distribution）before routing and the property（short violation）after routing, in order to predict the number and distribution of short violations before routing. The experimental result shows that accuracy of the model can reach 89.9%, with the Matthews correlation coefficient of 65.03%.

Key words：physical design；machine learning；placement；routing；short violation；unbalanced datasheet

1　引言

由于先进工艺下物理设计运算量巨大,设计周期极长,而设计所存在的问题往往又需要在布线之后才能体现。为了获得最佳的设计结果,物理设计需要反复试错的过程,因而付出巨大的时间成本。在这个过程中,以详细布线（detailed routing）过程的耗时最为突出,因此如果能在布线前预估布线后的设计质量,就能筛

收稿日期:2020-08-10;修回日期:2020-09-20

基金项目:国防科技大学科研计划项目（ZK20-11）

This work is supported by the National University of Defense Technology Scientific Research Project (ZK20-11).

通信作者:刘必慰（ liu.biwei@163.com ）

选出不符合要求的设计,从而及时进行修改与调整,避免对其进行不必要的布线尝试。短路违反又是布线过程中最易发生的问题,因此本文选择以短路违反的数量作为衡量设计质量的标准。

短路违反指物理设计中由于绕线资源不足,约束设置不合理等问题导致的错误连接关系。短路违反会使逻辑出错,严重时甚至会损伤电路[1]。布局规划的合理性直接决定了布线后短路违反的情况,很多短路违反情况在布局后便已暴露出了问题,因此通过处理布线前的参数,便可以预估布线后的短路违反情况。

主流商用 EDA 工具设计流程中,在布局后可以进行快速预布线,并对拥塞进行预估,预估结果会显示在 UI 界面中。这种方法预布线速度很快,但拥塞预估准确度相对有限,而且仅能体现拥塞程度,无法对实际违反的数量与分布做出具体的判断。

因此有研究提出了一些其他的解决方案,例如在全局布线(global routing)之后提取设计参数,预估详细布线的拥塞情况;提取布局后的特征引导详细布线,从而减少详细布线时发生的设计规则违反;从布局网表信息预测布线短路情况等[4]。

基于一款 DSP 芯片的物理设计,本文主要有如下成果。

(1)找到了一组适用于本设计的模型参数,并建立了一个机器学习模型,用于在布局阶段预测物理设计中布线后短路违反的分布。

(2)相比于已有的研究[4],本文改进了数据集的处理方式与模型的结构,并建立了一套参数提取与数据集创建的自动化流程,可以直接加入实际物理设计的流程中运行。

(3)相比主流商用 EDA 工具,本模型具有更高的效率,比传统预布线与拥塞分析的速度更快,且具有更高的精度。

2 实现方式

2.1 预处理

本文的目标是根据物理设计布局完成后提取的参数,预测布线后的短路的分布。为了简化问题的复杂度,因此对设计进行如下的简化分区处理,如图 1 所示。

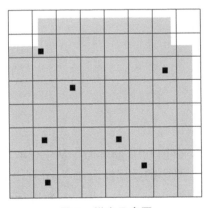

图 1 样本示意图

(1)确认一个值 a,使得以 a 为边长的矩形可以在版图中单元较密的区域容纳数个标准单元。

(2)以坐标(0,0)为起点,将不规则版图的长宽补全至 a 的整数倍,版图以外的区域不会影响预测的结果。

(3)将扩展后的版图分割成以 a 为边长的矩形区域作为样本。

这样便将预测短路违反分布的问题转化为判断每个样本中短路违反的存在性。这是一个典型的二分类问题,因此适合利用机器学习的方式来解决。

2.2 训练流程介绍

本文将数据集创建的步骤加入物理设计流程中,实现了数据集的自动化建立,整体流程如图 2 所示,主要分为以下几个步骤。

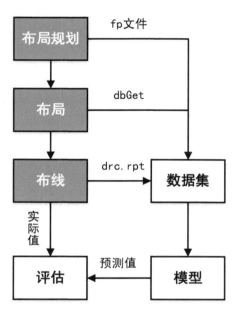

图 2   流程图

（1）完成布局规划,输出文件后提取数据,处理后生成特征参数列表文件。
（2）完成布局,在 EDA 工具中提取数据,处理后生成特征参数列表文件。
（3）完成布线,并进行短路检查,提取短路数据,处理后生成判决参数列表文件。
（4）拼接所有列表文件,生成汇总列表。
（5）将数据集输入模型中进行训练。

3   数据集构建

3.1   参数提取方式

参数提取方式列举如下。
（1）布局规划结束后输出 floorplan 文件,利用 grep 命令从中提取版图范围、硬宏模块坐标等信息。
（2）编写 tcl 脚本,利用商用 EDA 工具中的数据抓取命令,分别提取指定范围内指定类型的信息。
（3）对于无法直接提取的参数,编写 Python 脚本对相关参数进行函数处理后得到。

3.2   参数组成

根据已有研究结果 [4],选取了区分类型的判决参数以及体现特征的特征参数。其中判决参数为违反情况:根据布线后样本中违反情况的存在性,将样本分为两类（0,1）。

考虑到数据均来自同一款芯片,相比文献 [4],本文数据在很大程度上具有相似性,为了提高数据提取与处理的效率,对参数类型进行了一定的调整与精简。

特征参数包括以下类型(以下参数均针对单个样本,提取自 place 完成后)。

(1)相对位置:为增加模型的泛用性,减少具体坐标的影响,样本采用相对坐标。

(2)可布线性:样本是否被硬宏模块 block、布局阻挡层 pblkg、布线阻挡层 rblkg 覆盖,直接影响单元 cell 数量与网络(net)数量。

(3)单元数量:标准单元的数量直接影响样本区域内的拥塞程度。

(4)局部网络:有两个及以上引脚(pin)在方格中的 net 数量,反映较多部分在样本内部的 net 数量。

(5)周边网络:既有 pin 在样本中,也有 pin 在样本外的 net 数量,反映跨越样本的 net 数量。

(6)平均网络:样本所在行/列中各样本中单元数量的平均值,反映单元周围其他单元的 net 数量。

(7)引脚分布:分别计算样本中所有 pin 横纵坐标的标准差,反映单元内 pin 的密集程度。

3.3　数据集组成

本文的测试数据均来自一款先进工艺下的 DSP 芯片,该芯片采用层次化物理设计,DSP 内核的结构如图 3 所示,由以下几个模块组成:SC、AM、VPE、VPE_V。

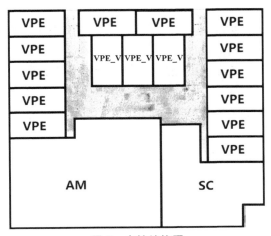

图 3　内核结构图

各模块的数据如表 1 所示,短路列表示存在短路违反情况的样本数量。每个模块都有不同布局规划或不同流程参数设置下完成的物理设计的数据,考虑到本设计的工艺尺寸,将样本边长设置为 10 μm。

表 1　模块数据统计

模块	短路样本	硬宏	pin	单元/k	数量
SC1	183	5 853	74	77	699 000
SC2	532	5 853	74	77	687 000
AM1	1 119	8 749	128	12	428 000
AM2	2 270	8 749	128	12	428 000
VPE1	140	799	0	13	273 000
VPE_V	12	876	0	13	265 000
总和	4 256	30 879	404	204	2 780 000

(1)为了体现各个模块的特征,根据不同模块样本的数量,随机选取了 AM 模块 10% 的样本、SC 模块 20% 的样本以及 VPE 模块 50% 的样本组成原始训练集。

(2)各个模块其余的样本分别作为测试集。

以本设计中面积最大的模块 AM 为例,该模块的面积为 802 910 μm²,数据提取与数据集构建的总耗时约 58 s,实现了较高的效率。

3.4　非平衡数据的处理

由表 1 可知,设计中存在短路违反情况的样本的平均占比仅 10%,因此本数据集为非平衡数据集,这会引起两方面的问题:①少数类数量过少,容易在计算中被模型忽略;②常用的准确度(ACC)等评价指标无法准确衡量模型的性能。因此引入以下解决方法。

1. 调整数据集

通过以下两种方式调整数据集类别比例:①随机欠采样算法(RUS)[3],随机删除一部分多数类样本;②合成少数类过采样算法(SMOTE),将少数类样本与其邻近样本连线,并在连线上生成新的少数类样本,从而增加少数类。

2. 加入类别权重

在模型 fit 中加入类别权重(class weight),可以调整在迭代过程中不同类别判断错误时的惩罚力度。本文根据数据集中两个类别的数量比例,将权重设置为数量比例的反比,从而平衡了两个类别的权重。

3. 增加评判指标

模型测试后会得到四种结果,分别是真阳性 TP、真阴性 TN、假阳性 FP、假阴性 FN。通常评判指标为准确度。

由于在非平衡数据集中少数类占比过小,因此即便将所有样本都判断为多数类,仍旧会得到非常高的 ACC,因此增加以下参数作为评判标准。

(1)灵敏度即阳性正确率,该参数直接体现了对于 1 类样本的检测能力,是主要参考指标。

(2)特异度即阴性正确率。

(3)马修斯相关系数(MCC),范围为(-1,1),越接近于 1 说明性能越好,该参数考虑到了二分类问题中的四种情况,能够体现模型的综合性能。

$$MCC = \frac{(TP \times TN) - (FP \times FN)}{\sqrt{(TP + FP)(TP + FN)(TN + FP)(TN + FN)}}$$

4　预测模型

根据已有研究的结果,本文基于 TensorFlow 与 Keras 建立了两种模型进行实验[2],[5],其中包括深度神经网络(DNN)模型[4]与卷积神经网络(CNN)模型;对两个模型分别使用了两种训练集,分别是 RUS 与 SMOTE 算法调整后的训练集。

实验证明利用 CNN 模型结合 SMOTE 算法对于本设计具有最好的效果。

4.1　模型介绍

本设计采用 CNN 模型,用序惯结构(sequential)实现,数据集列表按行依次输入,输入为(12×1)的行向量,模型的结构如图 4 所示。

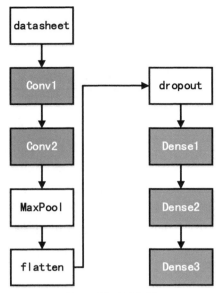

图 4　模型结构图

（1）卷积层。由于输入为行向量,因此采用一维卷积层。

卷积层不同参数的学习效果如表 2 所示,迭代时间指单次迭代所需的时间。实验证明,A 组指标上升快,但迭代 287 次后发生梯度爆炸,指标峰值为 0.88;C 组迭代速度很快,但指标提升慢,达 0.91 后便难以进一步提高。

表 2　卷积参数对比

编号	conv 设置	指标峰值	迭代时间 /s
A	（256,6）（128,3）	0.88	7.8
B	（128,6）（64,3）	0.95	3.2
C	（64,6）（32,3）	0.91	1.1

因此采用如下参数:

①卷积核 128,步长 6,激活函数 elu;

②卷积核 64,步长 3,激活函数 selu。

（2）池化层。由于卷积层输出为 5 维,因此设置池化窗口大小为 3。

（3）展平层。

（4）dropout 层。该层次用于避免过拟合,实验结果如表 3 所示。

表 3　dropout 概率对比

概率	ACC/%	TPR/%	SPC/%	MCC/%
0.1	90.54	71.96	94.10	60.61
0.3	89.90	85.24	92.17	65.03
0.5	86.00	79.69	86.70	50.22

当 dropout 概率为 0.3 时,虽然 ACC 不是最佳的,但 TPR 远优于其他设置,且 MCC 具有较好的效果,因此设置成 0.3 为宜。

（5）全连接层。不同全连接层设置的学习效果如表 4 所示。A 组输出维度过大,迭代非常慢;B 组指标达 0.91 后趋于稳定;D 组 ACC 上升很慢,迭代 20 次后会发生梯度爆炸。实验证明加入如下三个全连接层效果最佳。由于本设计为二分类问题,因此应将最后一层的激活函数设置为 sigmoid。

①节点数为 64,激活函数为 selu;

②节点数为 32,激活函数为 relu;

③节点数为 2,激活函数为 sigmoid。

表 4　全连接层参数对比

编号	Dense 设置	指标峰值	迭代时间 /s
A	64,2	0.87	9.1
B	32,2	0.91	2.2
C	64,32,2	0.95	3.2
D	64,32,16,2	0.52	4.5

（6）编译设置。如表 5 所示,不同优化器在迭代 800 次后得到的 ACC 峰值,实验证明适应性矩估计 Adam 结合了 Rmsprop 与 AdaGrad 的优点,在本设计中精度提高快,精度平稳,具有较好的效果。

表 5　优化器对比

优化器	指标峰值
AdaGrad	0.70
Rmsprop	0.88
Adam	0.95

由于 dense 层的输出为 sigmoid 函数输出,因此采用交叉熵函数(cross entropy)作为损失函数,这样可以避免在梯度下降过程中学习速率降低;由于本设计为二分类问题,因此指标选择二元准确度(binary accurancy)。

（7）fit 设置。经测试,当迭代次数达到约 800 次时,指标始终在 94%~95% 波动,无法进一步提高,因此将迭代次数设置为 800 次。

由于本设计为非平衡数据,因此还需加入类别权重(class_weight)参数。

4.2　结果分析

1）性能分析

由两种模型与两种算法组成了四组实验,用于对比本文流程与已有研究方法的效果,各组均训练至指标极限,各组测试结果如表 6 所示。由表可知,SMOTE 算法比 RUS 算法得到的数据集具有更好的效果;CNN 模型对少数类的辨别能力 TPR 明显优于 DNN 模型[4]。

表 6　测试结果统计

	SMOTE								RUS							
	CNN 模型				DNN 模型				CNN 模型				DNN 模型			
编号	A				B				C				D			
模块	ACC/%	TPR/%	SPC/%	MCC/%	ACC/%	TPR/%	SPC/%	MCC/%	ACC/%	TPR/%	SPC/%	MCC/%	ACC/%	TPR/%	SPC/%	MCC/%
SC1	97.4	89.6	97.8	70.0	95.1	9.4	93.0	1.9	93.1	90.2	94.6	54.3	92.0	8.2	89.6	-1.2
SC2	97.1	85.0	98.8	84.9	97.5	8.7	89.7	-1.5	93.8	59.4	98.3	65.3	86.2	11.7	88.3	-0.0
AM1	75.6	78.6	79.5	43.2	46.5	67.0	36.1	2.2	58.4	82.6	63.1	30.8	58.4	49.7	48.9	-0.9
AM2	74.2	61.9	80.8	40.8	65.0	63.6	36.6	-0.0	64.4	75.2	65.9	36.2	64.7	50.6	49.0	-0.4
VPE1	98.8	96.4	99.1	95.3	78.2	37.9	62.2	0.0	82.8	21.4	96.7	27.9	84.7	16.4	83.7	0.2
VPE_V	96.3	100	97.1	56.1	79.2	16.7	77.8	-1.5	85.3	91.7	92.8	35.5	90.1	8.3	89.1	-1.0
均值	89.9	85.2	92.2	65.0	76.9	33.9	65.9	0.2	79.6	70.1	85.2	41.7	79.4	24.2	74.8	-0.6

综上所述,A 组 SMOTE 算法结合 CNN 模型具有最好的效果,ACC 均值为 89.9%,TPR 均值为 85.2%,

SPC 均值为 92%,MCC 均值为 65.0%,因而具有较好的短路预测能力。

相比于使用主流商用 EDA 工具,本文的模型具有更加细致的预测结果,可以直接预测出短路所在的区域,预测的精度即为预处理时的分区边长(本文为 10 μm)。

2)效率分析

训练时间对比如表 7 所示,由于用 SMOTE 算法得到的数据集更大,因此迭代速度较慢,每次迭代的准确度提升较大。其中预测性能最好的 A 组训练总时间约 2 560 s,模型一经训练便可以保存为预训练文件,此后测试可以直接调用。

表 7   训练时间对比

编号	SMOTE		RUS	
	CNN 模型	DNN 模型	CNN 模型	DNN 模型
	A	B	C	D
指标峰值	0.95	0.91	0.92	0.98
迭代时间 /s	3.2	1.1	0.4	0.5
迭代次数	800	650	8 000	3 000
训练时间 /s	2 560	715	3 200	1 500

本文模型的测试时间与主流商用 EDA 工具的预测耗时对比如表 8 所示,相较于传统方式,以 70 万门级的 AM 模块为例,本文流程数据提取可以在 58 s 内完成,而短路违反预测只需要 1.06 s,具有优于该商用模型的效果。相比于传统的检测方式,本流程的检测速度得到了很大的提高。

表 8   测试时间对比

	本模型测试 /s	商用 EDA 方法 /s
SC1	0.058	67
SC2	0.062	66
AM1	1.065	95
AM2	1.064	101
VPE1	0.960	19
VPE_V	0.410	22
均值	0.603	61.2

5   结论

本文提出了一套以机器学习为基础的短路违反预测方法,其中包括自动化数据集建立与预测模型两部分。对于文中平均 50 万门级的设计,预测时间约为 0.6 s,仅为商用 EDA 工具预测耗时的 1%;模型的预测平均 ACC 达到了 89.9%,平均 TPR 为 85.2%,平均 SPC 为 92.2%,平均 MCC 为 65.0%,能够有效预测布线后设计中的短路分布。

参考文献

[1] 陈春章. 数字集成电路物理设计 [M]. 北京:科学出版社, 2008.

[2] TENSORFLOW. TensorFlow manual [EB/OL]. [2021-02-05]. https://tensorflow.google.cn/tutorials?hl=zh_cn.

[3] SEIFFERT C,KHOSHGOFTAAR T M, et al. RUSBoost:improving classification performance when training data is skewed[C]// 19th International Conference on Pattern Recognition(ICPR). Jampa, FL, USA, 2008, 1-4.

[4] TABRIZI A F, RAKAI L, et al. A machine learning framework to identify detailed routing short violations from a placed netlist[J]. IEEE transactions on computer-aided design of integrated circuits and systems, 2019, 38(6):10-15.

[5] BONNIN R. TensorFlow 机器学习项目实战 [M]. 北京:人民邮电出版社, 2017.

高性能 CPU 物理设计中调整流程一致性的方法

乐大珩

（国防科技大学计算机学院　长沙　410073）

摘　要：由于 CPU 对性能的不断追求，其物理设计通常都会选择当前最先进的集成电路制造工艺来实现。而随着集成电路晶体管特征尺寸不断缩小，其工艺复杂度和各种物理效应的影响也越来越大。这使得布局布线工具越来越难在设计流程的早期阶段分析出电路真实的关键路径并进行优化，从而影响了 CPU 最终实现的性能。而且这种由于设计流程各阶段不一致而限制 CPU 性能提升的问题会随着集成电路工艺技术的发展而越来越突出。本文基于一款高性能 CPU 物理设计流程，提出一系列调整布局布线流程中各阶段一致性的方法。通过提高流程各阶段一致性，使流程早期阶段的时序优化技术能够充分应用于真实的关键路径，从而提升 CPU 的频率性能，并使设计最终的时序违反情况减少 68%。

关键词：布局；时钟树生成；布线；物理设计；频率

Methods of Adjusting Flow Consistency in High Performance CPU Physical Design

Yue Daheng

（College of Computer，National University of Defense Technology，Changsha，410073）

Abstract：Due to the continuous pursuit of performance，CPU physical design usually chooses the most advanced IC manufacturing process. As the characteristic size of IC transistors decreases，the process complexity and various physical effects are increasing. As a result，it is difficult for place and Route tools to analyze and optimize the real critical path in the early stage of the design flow，which affects the performance of the CPU. And the problem that CPU performance is limited to improve due to the inconsistency of each stage of the design flow will become more and more prominent with the development of IC manufacturing technology. Based on a high performance CPU physical design flow，this paper proposes a series of methods to adjust the consistency of each stage in the Place and Route flow(PR flow). By improving the consistency of each stage，the timing optimization technology in the early stage of the PR flow can be fully applied to the real critical path，so as to improve the frequency of CPU and reduce the final timing violation by 68%.

Key words：place，CTS，route，physical design，frequency

1　引言

高性能 CPU 物理实现一直是微处理器设计的难点，其对频率要求的不断提升给集成电路物理设计带来

收稿日期：2020-08-10；修回日期：2020-09-20
基金项目：2017 年核高基项目（2017ZX01028-103-002 ）
This research is supported by the National Major Project HGJ No. 2017ZX01028-103-002.
通信作者：乐大珩（ yuedaheng@nudt.edu.cn ）

了很大挑战[1-2]。近年来,为了提升高性能 CPU 核的频率,涌现出不少新的实现技术,例如定制部分数据通道[2]、网格(mesh)时钟树或者混合时钟树等[3]。此外,布局布线工具也在不断发展自身的优化算法并引进新的物理设计技术来实现芯片功耗、面积和性能等方面的提升。从优化效果来看,通常越是在设计流程早期阶段使用的技术越能够起到更好的优化效果。比如当前的主流布局布线工具在时钟树综合(CTS)阶段都支持数据路径和时钟路径的同时优化技术,这一技术的应用让布局布线工具在生成时钟树的同时根据时序违反情况灵活调整各级寄存器的时钟延时,实现有效时钟偏斜(useful skew),从而降低关键路径的时序违反,提升电路整体性能。而在后布线(post route)阶段,由于时钟树结构已经定型,工具再想对寄存器进行 useful skew 调整就会受到限制。由此可见,在高性能 CPU 的物理设计流程中,保持布局布线工具在各阶段的一致性对提升 CPU 性能有非常关键的作用。因为只有当设计流程早期阶段看到的关键路径与最终布局布线后的关键路径保持一致,在早期阶段使用的时序优化技术才能真正地发挥效果。

然而,随着集成电路制造工艺技术的不断发展,电路特征尺寸不断缩小,且芯片使用的金属层数和组合类型越来越多,不同金属层在电阻、电容特性上又表现出很大差异,这使得布局布线工具很难在流程早期阶段看到电路真正的关键路径[4-5]。对此,本文基于一款高性能 CPU 的物理设计流程提出一系列提升流程各阶段一致性的方法,使布局布线工具能够在设计早期阶段就对真实的关键路径进行时序优化,从而提升设计的最终性能。

2 时钟不确定性(clock uncertainty)调整

在布局布线流程中,设计师通常会在不同的阶段设置不同的 clock uncertainty。传统的设置方法是布局(place)阶段的 uncertainty 大于 CTS 阶段,而 CTS 阶段的 uncertainty 大于布线(route)阶段。这是因为在 place 阶段时钟信号还没有生成时钟树,工具将时钟信号视为理想信号。这样,相对于 CTS 后的设计,place 阶段看不到寄存器之间时钟相位偏斜(clock skew)的情况,因此需要在 place 阶段的 clock uncertainty 中增加一部分约束来补充 clock skew 对时序的影响。而 CTS 和 route 的 clock uncertainty 差异在于 CTS 和 route 使用的是不同的绕线引擎,会导致信号线的绕线结构存在一定差异,而且 CTS 阶段无法分析互连线之间信号串扰引起的时序恶化,因此需要在 CTS 阶段的 clock uncertainty 中增加相应的约束弥补这些差异。然而,随着布局布线技术的不断改进,尤其是 useful skew 技术的不断成熟,布局布线工具已经可以在 place 阶段就对寄存器的时钟引脚进行 useful skew 调整,同时再加上 place 阶段引入早期时钟流(early clock flow)技术,使得 place 和 CTS 阶段产生的时序差异已经比较小。因此,传统的 clock uncertainty 调整策略会使 CTS 阶段在整个布局布线流程中约束过于乐观,导致 CTS 优化不充分。如图 1 所示,由于 clock uncertainty 的放松,导致 CTS 阶段的时序违反明显减少,优化不够充分,因而在 route 以后时序出现明显的反弹。

针对这一现象,我们对 clock uncertainty 设置策略进行了调整,将 place 和 CTS 阶段的 clock uncertainty 设置为相同的值,由此得到各个阶段更均衡的时序分布,使布局布线能够在 CTS 阶段更充分地进行时序优化,如图 2 所示。

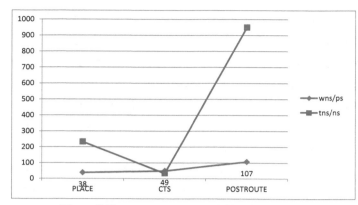

图 1　传统 clock uncertainty 设置下各阶段时序

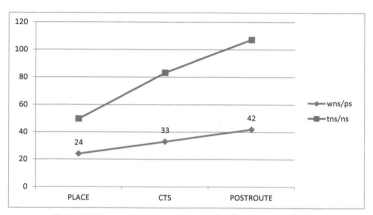

图 2　调整 clock uncertainty 设置后各阶段时序情况

3　Partial Route Blockage 设置

随着集成电路工艺技术的不断发展,芯片中使用的金属层数越来越多,而且不同的金属层在电容、电阻、DRC 规则等方面也各有不同,这给绕线工具带来了巨大的挑战。在 place 和 CTS 阶段,为了降低绕线对流程运行时间的影响,布局布线工具都是使用快速的绕线算法对芯片进行虚拟绕线。这些绕线算法为了加快绕线速度,并没有严格遵守 DRC 规则,这就导致虚拟绕线的结构和 route 之后真实的绕线存在较大差异,从而导致 route 后芯片时序变差。图 3 是芯片中同一条信号线在 CTS 阶段(左)和 route 阶段(右)的绕线结构。因为 CTS 阶段的快速绕线算法对 DRC 规则考虑不足,没有看到竖向绕线资源不足的情况,导致在 route 阶段真实绕线后的绕线结构与 CTS 阶段的虚拟绕线结构有很大差别。这一差别最终体现在 CTS 阶段看到的时序比 route 后看到的要乐观,导致相关路径在 CTS 阶段优化不充分。

图 4 是 CTS 阶段(左)和 route 阶段(右)局部的具体绕线情况,可以明显看出在 CTS 阶段 power stripe 之间绕线的信号线数量比 route 后真实允许的绕线数量要多。而多余的信号在 route 阶段就会被迫移到更远的地方绕线,从而使得相应的路径时序恶化。这一现象在 power stripe 比较宽的高层金属层中更明显,而由于高层金属通常具有更小的电阻,布局布线工具倾向于将关键路径的信号线用高层金属绕线,这就会导致 CTS 和 route 阶段的时序差异更明显。

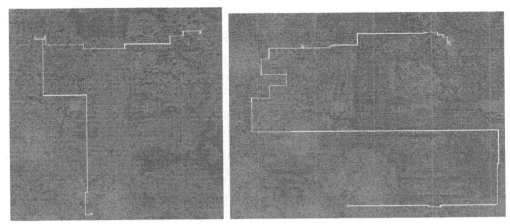

图3 CTS 和 route 阶段绕线结果差异

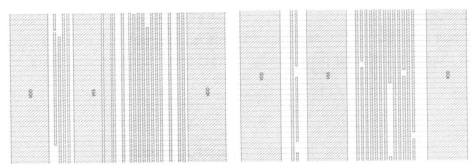

图4 CTS 和 route 阶段具体绕线

为了解决这一问题,我们在 place 和 CTS 阶段通过设置 Partial Route Blockage 的方式对高层金属,尤其是 power stripe 比较密的金属层进行了绕线资源的控制。经过限制绕线资源,place 和 CTS 阶段看到的关键路径和 route 阶段更加接近,优化效果也更好,如图 5 和图 6 所示。

path group	# of violations	worst slack	total slack
reg2reg	809	-0.026	-4.574
*	809	-0.026	-4.574

图5 不设置 partial route Blockage 的时序结果

path group	# of violations	worst slack	total slack
reg2reg	751	-0.025	-3.593
*	751	-0.025	-3.593

图6 设置 partial route Blockage 的时序结果

4 路径调整(path adjust)设置

在 clock uncertainty 调整一节中有提到, CTS 相对于 route 阶段会设置大一些的 clock uncertainty 来弥补 route 前后时序的差异。但对于起始点是 SRAM 的时序路径,尤其是对频率较高、时钟周期较短、SRAM 本身 CLK to Q 延时较大的路径,这样的 clock uncertainty 设置并不合理。如图 7 和图 8 所示,在这样的路径中, SRAM 本身 CLK to Q 的延时占据了整个路径延时的绝大部分(至少 80%),而 CLK to Q 的延时信息是由 lib 中查表得到的,并不会受到绕线或者串扰的影响。因此, CTS 阶段增加的 clock uncertainty 会对以

SRAM 为起点的时序路径造成过约束。在使用了 useful skew 技术的布局布线流程中,这些过约束的时序路径会影响其前、后级路径的 clock skew 调整,使整个时序路径链的优化不充分。

图 7　CTS 阶段 SRAM 为起点的时序路径延时分布

图 8　route 阶段 SRAM 为起点的时序路径延时分布

为降低这一影响,我们在 place 和 CTS 阶段对在关键路径链上,且以 SRAM 为起点的时序路径设置了 path adjust group,对这些时序路径的约束进行适当放松。这样,布局布线工具在 CTS 阶段可以更充分地进行前、后级时序路径之间的 clock skew 调整,从而对整体时序进行优化。图 9 和图 10 分别是不设置 path adjust 流程和设置 path adjust 流程跑完布局布线后的时序结果,经过 path adjust 调整后,CTS 阶段的 useful skew 优化更接近 route 后的结果,因此在 wns、tns 和违反路径条数上都有比较明显的改进。

path group	# of violations	worst slack	total slack
reg2reg	751	-0.025	-3.593
*	751	-0.025	-3.593

图 9　不设置 path adjust 流程的时序结果

path group	# of violations	worst slack	total slack
reg2reg	497	-0.019	-2.062
*	497	-0.019	-2.062

图 10　设置 path adjust 流程的时序结果

5　使用机器学习模型(machine learning model)

如前文提到,为了把流程运行时间控制在可以接受的范围,布局布线工具在 place 和 CTS 阶段都是使用快速绕线引擎对信号线进行虚拟绕线,只有在 route 阶段才会使用精确绕线引擎进行真实绕线。两种绕线引擎的应用导致 route 前后的信号线必然会存在不同的绕线结构,使同样的时序路径会在 route 前后表现出延迟的差异。虽然通过调整 clock uncertainty、设置 RC factor、设置 partial route Blockage、设置 path adjust 等方式可以在一定程度上降低这些延迟差异,但并不能完全将其消除。尤其是随着芯片制造工艺技术的进步,芯片所使用的金属层数和组合方式也不断增多,这就使 route 前后信号线延时的差异越来越成为布局布线工具的挑战。为了应对这一难题,最新的布局布线工具结合人工智能算法,提出一种基于 machine learning model 的布局布线方法,利用机器学习的算法分析同一个设计中上百万条信号线在 route 前后延时变化的情况,从而生成延时模型,让工具在 CTS 阶段能够看到更接近 route 后的延时值。

machine learning model 的布局布线流程如图 11 所示。图中 BASE PR flow 是传统的布局布线流程,分成 place、cts、route、route opt 四个基本步骤。使用 machine learning model 的流程可以分为模型生成和带 machine learning model 的布局布线流程两个步骤。在模型生成流程中,首先基于 BASE flow 的 place 结果运行一版快速的 CTS 和 route,然后利用机器学习算法分析延时在 route 前后的变化情况,并生成延时模型。在带 machine learning model 的布局布线流程中,在 CTS 阶段读入生成的延时模型,并且其他设置和 BASE PR flow 保持相同。由于 machine learning model 提高了 CTS 阶段和 route 阶段时序的一致性,使 CTS 阶段的时序优化更为准确,从而得到更好的时序优化效果,如图 12 和图 13 所示。

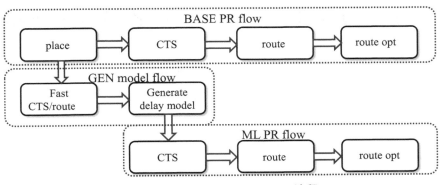

图 11　machine learning model 流程

path group	# of violations	worst slack	total slack
reg2reg	537	-0.020	-2.623
*	537	-0.020	-2.623

图 12　不使用 machine learning model 的流程时序结果

path group	# of violations	worst slack	total slack
reg2reg	393	-0.017	-1.460
*	393	-0.017	-1.460

图 13　使用 machine learning model 的流程时序结果

6　结论

　　本文针对高性能 CPU 核的物理设计提出了一系列调整流程一致性的方法。通过调整流程一致性,使布局布线工具在流程早期就能够对真正的关键路径进行优化,从而提高了设计最终的频率性能。

参考文献

[1] 卡恩. 超大规模集成电路物理设计 [M]. 北京:机械工业出版社,2014.
[2] 周俊. 超大规模集成电路的物理设计研究 [D]. 上海:同济大学,2007.
[3] 高华,李辉.14 nm 工艺下基于 H-tree 和 clockmesh 混合时钟树的研究与实现 [J]. 电子技术应用,2017,11:34-37.
[4] 高明.28 nm 工艺下双核 Cortex-A9 处理器芯片的物理设计 [D]. 南京:东南大学,2016.
[5] 曾宏. 深亚微米下芯片后端物理设计方法学研究 [J]. 中国集成电路,2010,2:30-35.

一种面向微处理器功能验证的敏捷方法与实践

王永文,孙彩霞,隋兵才

（国防科技大学计算机学院　长沙　410073）

摘　要：随着微处理器的设计变得越来越复杂,功能验证正成为一个越来越富有挑战性的问题。由于通用可编程的特性,微处理器的功能需要通过执行指令序列来实现,这个特征也决定了处理器的功能是否正确需要通过执行指令序列来验证。然而,由于早期设计的不成熟,处理器实际上很难有效地执行指令序列,这就限制了处理器功能验证的尽早开展,从而导致功能验收收敛困难。为了打破这一限制,提出了一种敏捷验证方法——多层级多迭代（Multi-Layer, Multi-Iteration, MLMI）方法。MLMI方法依照设计的层级将验证工作分为多个层级,即单元级、核级、系统级,并在每个层级以迭代方式执行验证任务。MLMI方法是敏捷方法面向处理器验证领域的实践,结果表明这种方法对微处理器验证是有效的。

关键词：微处理器;功能验证;项目管理;验证过程;敏捷方法

Agile Method and Practice for Microprocessor Functional Verification

Wang Yongwen, Sun Caixia, Sui Bingcai

（College of Computer, National University of Defense Technology, Changsha,410073）

Abstract：Functional verification has always been a challenging issue with the growing complexity of microprocessor design. Due to the general programmable characteristic, the function of the microprocessor needs to be realized by executing the sequence of instructions, which also determines function of the processor needs to be verified by executing the sequence of instructions. However, due to the immaturity of the early design, it is actually difficult for the processor to effectively execute the instruction sequence, which limits the early implementation of the processor function verification, resulting in difficulty in function acceptance and convergence. In order to break this limitation, an agile verification method-Multi-Layer, Multi-iteration（MLMI）is proposed. This method divides the verification work into multiple levels according to the level of the design, unit level, core level and system level. Verification tasks are performed in an iterative manner at each level. MLMI is a practice of agile methods in the field of processor verification. The results show that MLMI is effective for microprocessor verification.

Key words：microprocessor, functional verification, project management, verification process, agile method

　　在过去几十年里,随着工艺技术和体系结构技术的不断进步,微处理器的设计变得越来越复杂。从指令

收稿日期:2020-08-10;修回日期:2020-09-20
基金项目:核高基项目（2017ZX01028-103-002）。

集体系结构的角度,现代微处理器不断扩展指集,支持越来越多的数据类型和运算操作,而且不断增强安全性、可靠性、系统管理等功能。从微体系结构的角度,现代微处理器通常采用超标量、向量、乱序执行、分支预测、数据预取、前端执行等先进实现技术。在这些技术的共同推动下,微处理器的性能越来越高,功能越来越强,实现结构也变得越来越复杂。这给处理器的功能验证带来了极大的挑战[1-2]。

微处理器功能验证是检验微处理器的功能是否符合预期的工作。成功的验证依赖诸多因素的共同作用,这些因素主要包括:验证方法学、验证工具和验证过程。为了改善验证方法学,学术界和产业界已经进行了大量的工作,比如 OVM 验证方法学、UVM 验证方法学、形式化验证方法学、覆盖率驱动的验证方法学等,也有学者利用机器学习方法来提高验证的效率,相应的验证工具也不断推出。这些工作为提高验证质量做出了重要的贡献。

处理器验证是一项复杂的工程。没有一种单纯的验证方法或是工具能够完全满足处理器验证的全部需求。因此,诸多验证方法和工具应该按照什么样的过程进行组织和实施,也成为影响验证效率和验证结果的一个重要因素。

验证过程是为了确定微处理器是否满足既定要求而采取的一系列操作或步骤。一些团队或组织以某种正式的形式执行验证过程,也有团队或组织以非正式的方式执行验证过程。但是,不论团队或组织是否有意识引入正式的验证过程,验证过程在事实上都会发生,然而关于验证过程的相关研究并不多见。

一般的验证过程与处理器开发的生命周期相结合而采用瀑布模型。该模型通常包括体系结构设计阶段、规划阶段、RTL 和验证阶段以及验收阶段[3]。然而,这种瀑布模型不能最好地满足复杂微处理器的验证要求,主要表现在以下两个方面。

(1)由于设计的不确定性,验证过程难以划分成边界清晰的几个阶段。

(2)由于设计的渐进成熟性,项目早期难以有效运行复杂的测试用例,所以限制了验证的早期开展。

本文提出了 MLMI 这种多层级多迭代的敏捷验证方法来解决上述限制。首先,MLMI 摒弃了阶段划分,而依照设计的层级将验证工作分为多个层级,即单元级、核级、系统级,在每个层级采用最佳的验证方法和验证工具。其次,MLMI 以迭代方式执行验证任务,在设计早期就开展验证工作,加速验证的收敛。

本文的其余部分是这样组织安排的:在第 1 节介绍了待验证的 CPU 设计以及验证方法;在第 2 节详细介绍所提出的 MLMI 过程;在第 3 节讨论了过程加速的方法;在第 4 节中显示实验结果;最后在第 5 节中得出结论。

1　待验证设计(DUT)和验证方法学

1.1　待验证设计

待验证设计是一个 64 位超标量微处理器,开发代号 DMS。如图 1 所示,DMS 采用了超标量乱序执行流水线,流水线的前端包括指令高速缓存和分支预测、取指和译码,流水线后端乱序执行操作,并负责按序指令提交。DMS 每拍取出 8 条指令存入指令缓冲中,每拍译码 4 条指令并生成最多微操作存入译码队列;每拍重命名 4 个微操作,之后根据功能存入相应的发射队列。DMS 采用分布式发射队列,其中 2 个整数发射队列、1 个多周期整数发射队列、1 个分支发射队列、2 个浮点发射队列和 1 个访存发射队列;操作进入发射队列的同时也会在 ROB 分配一项,如果是访存操作,还会在 MOB 中分配一项,如果是分支操作,还会在 BRB 中分配一项。进入发射队列后,指令可以乱序执行。操作数就绪后就可以发射到相应的功能部件。发射时读取寄存器堆获取源操作数,也可以直接从功能部件旁路获得数据;执行结果写入映射的物理寄存器,指令提交时释放占用的 ROB 和有关物理寄存器,并修改有关寄存器映射表。

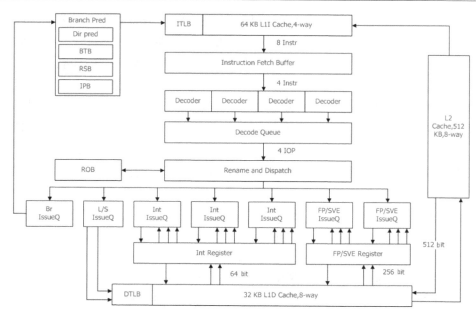

图 1　DMS CPU 微体系结构示意图

从逻辑实现的角度，DMS 分为三个层级：单元层级，核心层级和系统层级。单元级包括取指单元 IFU、指令译码单元 IDU、指令分派单元 ISU、整数执行单元 EXU、浮点和向量单元 VFU、访存单元 LSU、总线接口单元 BIU 等。功能单元是处理器功能的组成部分，但它们只能执行指令的部分功能，不能独立执行程序。核心级是可以自动执行指令的最小组件。系统级包括目标处理器和相关外围设备，以形成一个完整的系统。

1.2　验证方法学

针对这种层次式设计，我们在验证中采用了模拟验证、形式化验证和 FPGA 原型验证方法相结合的方法学。

模拟是最常见的验证方法，它可以在所有的设计层级实施。由于微处理器在单元级不能执行程序而在核级执行程序，因此构建核级的模拟环境相对简单，而构建单元级的模拟环境则比较困难。而且，为了保证能够执行设计的所有可能行为，需要进行详尽的模拟，这在时间和空间上的开销都是非常大的。因此，我们在验证中对 LSU、VFU、EXU 和 IFU 构建单元级模拟环境，而将其他单元的模拟工作留到核级。

形式化方法被广泛用来弥补模拟的不足。属性证明方法可用于控制器、仲裁器、解码器、顺序器，逻辑等效检查方法则用于算术运算单元。我们发现除了分支预测，形式化方法可以用于几乎所有的微处理器单元。

FPGA 原型用于系统级，以运行实际的操作系统、基准测试程序和应用程序。

在简要介绍了设计和方法学之后，我们将讨论如何逐步执行验证操作。

2　验证过程

传统的验证工作流程遵循瀑布式方法。整个验证周期是结构化的，每个阶段都有带有特定输入和输出的特定任务。但是，由于微处理器设计自身的复杂性和模糊性，瀑布模型并非最适合微处理器。本文提出了基于敏捷方法的多层级多迭代过程——MLMI 来解决该问题。

2.1　多层级过程

MLMI 的一个突出的特点是在多个设计层级并行开展验证工作，以提高验证效率。如图 2 所示，MLMI 流程从整体验证规划开始，在整体验收收敛时结束，中间包含用于不同设计层级的并行子过程。每个子过程都包含计划、开发和测试等阶段。

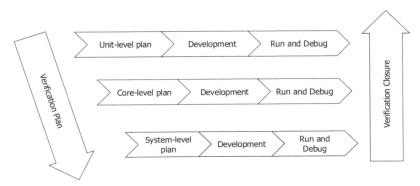

图 2　多层级验证过程

按照传统的瀑布模型,多个层级的验证是顺序开展的,因为如果单元级验证不充分会导致设计缺陷逃逸到更高层级从而增加了调试的难度。在 MLMI 过程中将其并行实施,这样做的可行性基础是微处理器特有的一个性质——通过执行程序来实现其功能。在核级以上可以执行程序,而在单元级以下的设计不能够执行程序,因此对微处理器构建核级模拟环境的工作相对容易,而构建单元级模拟环境的工作则相对困难。因此只要设计刚好成熟到能够执行一个简单指令序列,就可以开始核级模拟。

2.2　多迭代过程

MLMI 过程以迭代或循环的形式组织,如图 3 所示,以下是涉及的所有关键活动。

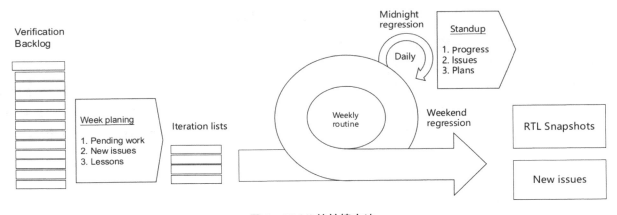

图 3　MLMI 的敏捷方法

验证清单:验证负责人维护此清单,根据软件团队、设计团队和验证团队的反馈来调整,以确定优先级并随时准备处理该列表。

每周计划:本周要执行的工作是由验证团队在会议期间讨论确定的,包括待处理的工作和新问题,并生成本周列表。会议中还总结经验和教训,以改进验证过程。

迭代:迭代是团队一起进行验证的实际时间段。选择一个星期作为一次大迭代的典型周期时间,不过某些问题可能会持续几个星期。在工作日,团队将开发新功能并修复错误。在周末,机器进行回归。

每天都有一次迭代。每天组织一次简短的站立会议,以同步团队中的每个人,并为接下来的 24 h 制定计划。团队在白天进行交互式工作,而机器在晚上进行批处理工作。每次迭代后,都会生成设计快照。随着更多错误的修复,设计变得更加稳定。

3 过程加速

只有让验证的速度足够快,才能使多个层级的并行验证和多个迭代的快速实施成为可能。为了加速这一过程,我们采用了两项技术,一是通过自动化减少人为干预提升效率,二是利用天河二号超级计算机加速运行。

3.1 自动化

处理器通过执行指令实现其功能,因而处理器功能的验证也需要通过执行指令序列来完成。我们采用了自动化随机指令序列测试的方法,如图4所示。随机指令序列生成器是一个程序,它接收测试模板并根据处理器模型生成测试用例源码,测试用例源码经编译和链接后生成测试程序映像,测试程序映像加载到待验证的处理器上执行,并与参考模型的结果进行比对。如果比对结果不一致,则说明待验证处理器存在功能缺陷。

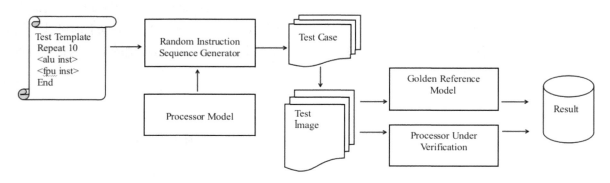

图 4   自动化随机指令序列测试原理示意图

随机指令序列的生成是不确定的,为达到较高的指令覆盖率,一般需要生成足够多的指令序列。在一个典型的测试项目中,指令数量通常以万亿条计算。但是随机指令生成器每秒往往只能生成数十条甚至数条指令,而处理器模拟运行指令的速度更慢。其次是测试激励多,中间过程和结果数据量大,一次典型的测试会生成数十T规模的数据。在传统的服务器上进行如此大规模的指令模拟在时间和存储容量方面都是难以接受的,我们利用天河二号强大的硬件资源进行海量自动化测试,并设计了测试周期机制来管理随机指令测试的执行状态。

3.2 基于天河二号的运行加速

天河二号包含16 000个计算节点,每个节点配置有2颗Xeon多核处理器和64 GB存储器,全系统配置有全局存储器[4]。天河二号强大的计算与存储资源为随机指令测试提供了基础。

指令序列验证采用图5所示的周期管理。这个周期从验证计划开始,经过模板配置、指令生成、测试、结果收集、缺陷修复、确认、覆盖率分析等阶段。

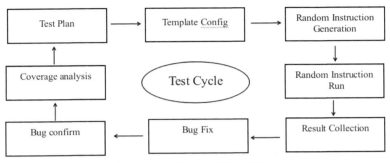

图 5　随机指令序列测试周期

我们基于天河二号运行了 72 轮随机指令序列周期。每轮测试最多 400 亿条指令,最少 60 亿条指令,测试生成和运行时间控制在 2d 以内,最多同时使用 400 个计算结点,近 10 000 核。测试累计生成和运行随机指令数量达 T 量级,使用资源约 700 万核。

4　实验结果

在 DMS 验证过程中,发现并跟踪了 1 000 多个错误。图 6 显示了在验证过程中每周发现缺陷数量随时间变化的曲线。

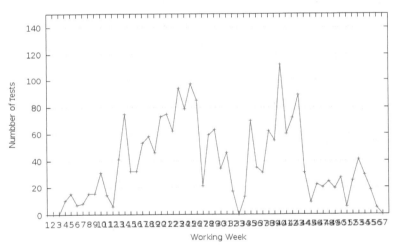

图 6　缺陷曲线

错误率曲线与传统瀑布模式的理想曲线略有不同,最高的缺陷率不是在验证中间达成的,相反,验证中期是缺陷率的一个低谷。这是基于 MLMI 方法的一个体现,因为其中一个较大的功能特性已经开发验证收敛,而另一个大的功能特性的验证刚启动,尚不足以大量发现缺陷。

图 7 所示的指令兼容性测试曲线可以更好地解释这种现象。指令测试针对不同的指令类型分为几组,逐组进行测试。我们可以根据验证时间清楚地看到进行的测试数量。

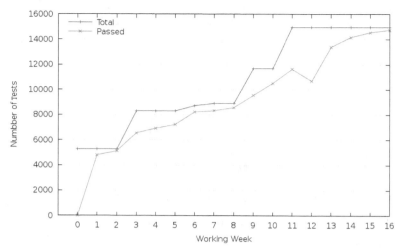

图7　指令兼容性测试曲线

5　结论

　　为了有效地验证 CPU,提出了一种基于敏捷方法的 MLMI 过程。 在此验证过程中,验证工作分为多个层级迭代式开展。MLMI 方法类似于 scrum 框架,规则、事件和角色很容易理解。该方法实际上有助于修复错误并满足验证要求。为了保证 MLMI 的实施效率,我们开发了自动化随机测试方法并利用天河二号超算资源加速。实验结果表明该过程是有效的。在以后的工作中,我们将持续改进这一过程。

参考文献

[1] SCHUBERT K D. Addressing verification challenges of heterogeneous systems based on IBM POWER9[J]. IBM journal of research and development, 2018, 62(4/5):1-12.

[2] CHEN W, RAY S, BHADRA J, et al. Challenges and trends in modern SoC design verification[J]. IEEE design & test, 2017, 34 (5):7-22.

[3] VASUDEVAN S. Effective functional verification:principles and processes.[J]. Springer science & business media, 2006.

[4] LIAO X K, XIAO L Q, YANG C Q, et al. Milkyway-2 supercomputer:system and application[J]. Frontiers of computer science, 2014, 8(3):345-356.

片上网络容错路由算法研究综述

王崇越,沈剑良,汤先拓,刘冬培

（中国人民解放军战略支援部队信息工程大学　郑州　450003）

摘　要:随着片上网络(Network On Chips,NOC)系统规模的不断扩大与复杂性的增加,NOC 中的链路和路由器更容易出现阻塞和故障,故障对片上网络的通信效率和通信可靠性有极大的影响,如何降低故障率并使网络尽可能地容忍故障是一个重要的问题,近年来对于 NOC 容错技术的研究已成为片上网络研究领域的一个重要课题,世界各国的学者也提出了许多不同的解决方案。文章介绍了 2 维网格结构下容错路由算法,分析了各种容错粒度下算法的特点以及优缺点,包括绕道路由导致的死锁问题、算法的复杂度以及可行性问题,从故障域、单故障和功能故障三种层次对 2 维网格网络下故障的判断以及路由算法进行了深入分析,最后对片上网络容错路由算法的研究现状和所面临的挑战进行了总结和展望。

关键词:片上网络;容错路由;2 维网格;故障模型;冗余

A Review of NoC Fault-tolerant Routing Algorithm

Wang Chongyue, Shen Jianliang, Tang Xiantuo, Liu Dongpei

（PLA Strategic Support Force Information Engineering University, Zhengzhou Henan, 450003）

Abstract: With the scale and complexity of network on chips (NOC) system increasing, links and routers in NOC are more prone to blocking and failure. The failure has great influence on the communication efficiency and reliability of NOC. How to reduce the failure rate and make the network as fault tolerant as possible is an important problem. In recent years, the study of NOC fault-tolerant technology has become an important topic in the field of NOC research, and many different solutions have been proposed by scholars around the world. This paper introduces the fault-tolerant routing algorithm under the 2D-mesh structure, and analyzes the characteristics, advantages and disadvantages of the algorithm under various fault-tolerant granularities, including deadlock problems caused by bypass routing, algorithm complexity and feasibility. The fault judgment and routing algorithm under 2D-Mesh network are analyzed from three levels of fault domain, single fault and functional fault. Finally, the current research status and challenges faced by fault-tolerant routing algorithms for NOC are summarized and prospected.

Key words: network on chips, fault-tolerant routing, 2D-mesh, fault model, redundant

1　引言

随着半导体技术与信息科技的进步与发展,单个芯片内所包含的 IP 核的数目越来越多,而芯片的面积

收稿日期:2020-08-10;修回日期:2020-09-20

基金项目:核高基项目(No:2016ZX01012101)

National Science and Technology Major Special Nuclear High Base Project (No:2016ZX01012101)

通信作者:王崇越(wcymailbox@qq.com)

越来越小,传统的基于总线式结构的 SOC 已无法满足当前处理信息对性能、功耗、延时和可靠性的需求,为了克服原有技术的缺陷,以计算机网络为蓝图的分组交换的片上网络应运而生,片上网络技术参考了计算机网络,每个 IP 核和其路由器构成了一个个网络节点,不同的网络节点间可以通过分组交换的技术进行相互通信。而网格(Mesh)结构又由于其优秀的扩展性、简单高效的处理能力,得到了广泛的应用,目前大多数研究也都是基于 Mesh 结构的,图 1 是一个典型的 2 维网络结构。

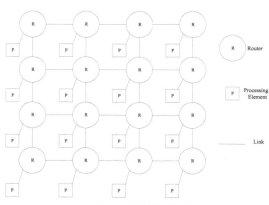

图 1　2 维网格结构

由于芯片规模的不断扩大、结构愈发精细,运行时会受到各种各样的电磁干扰等,NOC 发生故障的概率越来越大,在实际中完全避免或消除这些故障是复杂且不可能的,所以在设计 NOC 的时候需要考虑一定的容错机制以应对由于部分链路或节点故障而出现的死锁、活锁、饿死等情况。

当前对于 NOC 的容错技术,一般都是采用资源冗余的方式,利用冗余资源可以保证即使 NOC 的某一部分出现故障, NOC 依然可以正常工作,冗余资源可以分为空间冗余如设置冗余路由器[1] 或冗余链路[2] 来保证容错效果,信息冗余如利用 ECC 差错校验码[3] 的方式,以及时间冗余如利用已有的连线资源进行绕道路由等方式保证数据包仍可到达目的地。文献 [4] 主要介绍了自适应容错路由算法,涉及范围较小。文献 [5] 在三种冗余资源的情况下介绍了 NOC 的故障检测和故障恢复技术,但并没有更进一步的划分。本文在时间冗余的基础上,根据故障粒度的不同,对最近几年容错路由算法进行了介绍,第 2 节主要介绍了不同粒度的故障模型以及相应的容错路由方法,第 3 节对不同粒度的容错方法进行了比较,最后对全文进行了总结并展望未来。

2　片上网络故障模型与容错路由算法

容错路由算法一般是利用 NOC 中固有的冗余路径对故障节点进行绕道路由,是基于当前故障链路和节点的位置,对数据包的路径进行本地和全局决策,从而在路由过程中提前进行绕道路由。本节主要对不同粒度的故障模型以及对应的容错路由算法进行介绍。

2.1　片上网络故障模型

在 NOC 中,故障一般发生在节点或链路上,根据故障产生的原因以及故障持续的时间,可以首先将故障分为永久性故障和瞬时性故障。永久性故障会导致片上网络被隔离为多个不相连的区域,对网络影响更大是我们在实际工作中需要着重解决的问题,本文根据近年来提出的不同容错路由算法,从三个故障粒度层次进行介绍。

(1)故障域模型:在 NOC 中,通过牺牲故障节点周围的部分正常节点,使形成规则的块状故障域,在进行容错路由时,可以利用块状故障域的规则性,设计出简单有效的容错路由算法。

(2)单故障模型:将故障局限于不能工作的节点和链路,不牺牲正常节点建立故障域,绕道路由时仅绕过那些故障节点和链路,较故障域模型细化了故障层次,提高了通信效率。

（3）功能故障模型:进一步细化故障,不再是简单地从节点层次判定故障,而是从节点内部,针对消息传输过程中可能仅在路由器的某个阶段发生故障而导致传输失败的情况,从不同端口之间的通信着手,将节点内部的故障划分为12种连接故障,提高了节点的利用率。

2.2　容错路由算法

在 NOC 的容错技术发展过程中,出现了许多不同种类的技术,但都是基于冗余的思想,例如空间冗余和时间冗余等,空间冗余是指设置备用链路、备用路由器等方式来达到容错目的,但对于片上资源需求较高,在大规模 NOC 中采用较少,而时间冗余就是利用本就丰富的连线资源,进行绕道路由,利用时间换取容错,早期的容错路由技术如概率洪泛路由算法[6] 和改进的直接洪泛算法[7] 都是发送了大量数据包,将数据包发送到整个网络来达到容错目的的,占用了大量的网络资源,容错粒度较为粗糙。后续的发展在更多细粒度级别提出了解决方案。

2.2.1　基于故障域模型的容错路由算法

早期的容错路由算法一般是从较粗粒度的故障域级别进行容错,由于故障出现位置的随机性,所以在大部分情况下故障域都是不规则的,这对设计容错路由提出了挑战。为了减小路由难度、提高路由计算效率,一般情况下会对故障域进行限制使之成为规则的块状区域,但采用这种方法通常会牺牲部分无故障节点的功能,增加传输时延,降低传输效率。所以故障域模型的构建方法十分重要,要尽量避免浪费无故障节点。目前针对故障域的构建已有许多不同的算法。

最常见的故障域构建模型是构建矩形故障域如图 2 所示,在构建矩形故障块的过程中,节点分为安全节点、不安全节点和故障节点,起初所有的节点都是安全节点,后来部分节点变为故障节点,安全节点在周围有两个或以上非安全节点时转变为不安全节点,非安全节点构成故障域。在文献 [8] 中提出没有故障发生时,按照维序路由传输信息,当遇到故障时,绕过故障域继续前进,为了避免形成死锁,需要在垂直方向上增加一条额外的虚通道。在文献 [9] 中,提出了 XY 算法,无故障时正常路由,当路由到故障域边界时,则转化为异常模式,会沿着故障域边界进行绕道路由。在文献 [10] 中提出的可重构路由算法则需要根据节点和故障域的位置来确定路由。在文献 [11] 中提出了利用故障环和故障链来进行绕道路由的方式,当消息在路由过程中被故障节点阻塞时将会沿着故障环绕过故障节点达到容错的目的。

为了解决绕道路由通过故障域时流量负载不平衡的情况,文献 [12] 提出了一种基于奇偶转弯模型的负载平衡容错路由算法(LBFT)。该论文将节点类型分为故障节点、不安全节点和安全节点,起初所有的非故障节点都是安全节点,安全节点会在以下两种情况下转变为不安全节点。

（1）有两个及以上故障或不安全节点邻居时会转变为不安全节点。

（2）在 $X(Y)$ 维有一个故障或不安全节点邻居,在 $Y(X)$ 维 2 跳内有一个故障或不安全节点邻居。

针对 LBFT 提出容错奇偶转弯模型(FTOE),根据列的奇偶性来保持公平性,FTOE 通过设置奇偶列的禁止转弯方向来避免死锁,提前感知故障域的位置并进行路由决策。可以有效地平衡故障域周围的流量负载,提高了网络的吞吐量并减少了网络延迟。

由于矩形故障块可能包含很多禁用的非故障节点,这些非故障节点不参与路由功能导致资源浪费,而矩形故障块是凸形故障块的改进,针对如何最小化凸形故障块,文献 [13] 提出了构建正交凸故障块(OFB)来进行容错。该故障模型是对矩形故障块的优化,当建立好矩形故障域后,检查所有的不安全节点,如果不安全节点至少有两个邻居是安全节点,则该节点转化为安全节点。转化过程如图 3 所示,数据包在路由过程中会绕开故障域进行路由。该算法在故障率较低的情况下表现较好,当故障率较高时,形成的凸形域近乎等同于矩形域。

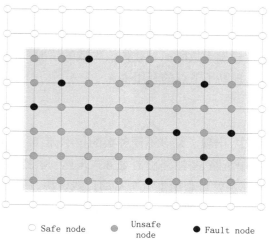

图 2　矩形故障域

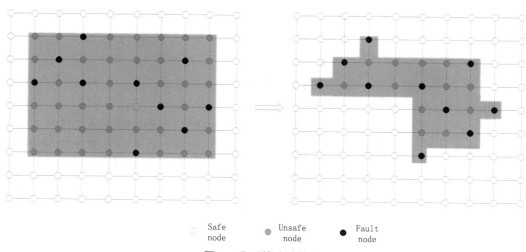

图 3　凸形故障域转化

针对高故障率情况下正交凸故障块性能较差的情况,文献 [14] 提出了最小连接组件(MMC)模型,如图 4 所示,节点分为故障节点、不可用节点、不可达节点、无故障节点四种。当目的节点在源节点的东北或西南方向时,对于无故障节点,如果它的北侧、东侧邻居是非安全节点,那么该节点转化为不可用节点,如果南侧、西侧邻居是故障节点或不可达节点,则转化为不可达节点。每一列的节点信息都会向南发送并存储到最南侧非故障节点,路由时将沿着这些非故障节点以实现最小路径传输。

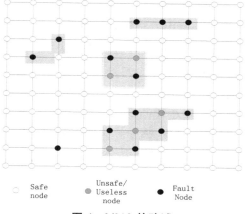

图 4　MMC 故障域

由于现有的故障域模型都会使部分正常节点失效,导致节点利用率低。同时绕道路由又会导致通信延迟较高。针对这个问题 Yota 等提出了一种具有通过故障节点能力的基于 XY 的容错路由方法。他们提出了一种新的架构,在路由节点的周围增加四个开关和链路,每个开关有三个状态如图 5 所示,可以为数据包提供通过故障节点的能力,降低通信延迟。文章提出了一种新的故障域构建方法,首先寻找网络南侧边界的故障节点,定义为 south fault(SF)节点,如果一个故障节点周围的八个节点中任意一个是 SF 节点,那么它也被定义为 SF 节点。SF 区域包含所有与最北侧 SF 节点具有相同 y 坐标的节点,在 SF 区域的所有故障节点都是 SF 节点。数据包进行路由的时候基于 XY 路由算法,数据包在 X 方向遇到 SF 节点时会从 SF 节点的北侧绕过,在 Y 方向遇到 SF 节点时可以通过它,利用这种特殊的机制,不会使正常节点失效,达到了完美的利用率。并且限制在非 SF 区域发生东北(north-east)转向,在 SF 区域发生西南(south-west)转向,避免了循环相关,达到了无死锁的目的。

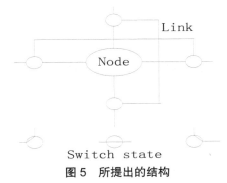

图 5　所提出的结构

2.2.2　基于单故障模型的容错路由算法

虽然故障块模型情况下,路由算法较为简单,但不管是矩形故障块还是在其基础上优化过的凸形故障块,均使得部分正常节点失效(即使是文献 [14] 中提到的不影响正常节点的方法,也是通过设置额外的硬件设施来达到的),使网络通信效率下降,近些年研究较少。相对于故障块模型,单故障模型具有更细的容错粒度,将故障锁定在单个节点或链路,针对这些故障节点和链路进行容错路由,避免其他正常节点失效,提高了通信效率,近年来提出了许多新的路由算法。

由于 XY 路由算法的便捷性以及可靠性,许多自适应容错路由算法都是在 XY 路由算法的基础上进行改进的,Tatas 等提出了低成本的容错维序路由 FT-DOR,这种低成本的容错路由算法是基于 XY 维序路由改进得到的,常规的 XY 路由算法在遇到故障链路和节点的时候可能会存在失效的问题,如果切换到与拓扑结构无关的自适应路由算法可能会消耗更多的资源,代价比较昂贵,而容错维序路由算法则是在遇到故障时切换到 YX 路由,减少了能源消耗并且依然保持良好的可靠性。

该算法在 XY 路由的基础上进行了改进,当无故障时,数据包就按照正常的 XY 路由算法进行传输,当在 X 维遇到故障时,数据包将切换为 Y 方向,遇到故障后切换维度顺序,该算法需要两条虚通道来避免死锁。该算法以极低的开销提供了良好的可靠的容错能力,并且实施较为简单。

Asma 等在图搜索算法的基础上提出了 HRA 算法,是一种启发式算法,该算法不需要使用虚通道,采用类似于决策树的方法,根据当前节点的位置,生成到达目的节点的决策树,在决策树中首先排除已经通过的节点避免循环死锁,然后根据设置的权重函数 $h( )$ 计算得到到达目的节点的最短路径进行传输,HRA 保证了较低的延迟,并且可以在不同的网络规模和不同的流量模式下达到高吞吐量。后续还可以通过更改权重函数适应不同情况,未来应用广泛。

为了提高路由的灵活性,Jyoti 和 Sudhanshu 提出了故障感知自适应路由算法,该算法分为故障检测方法、故障感知路由方案和容错映射方法。第一步使用握手电路在路由器或链路中识别故障,然后标记并隔离网络上的故障部分。第二步使用故障感知路由技术,以 XY 路由为基础,首先沿 X 方向路由,遇到故障后转

移到 Y 方向以绕过故障节点,如果路由到最后一行 X 方向出现故障,那么允许该数据包向北方向绕过故障节点后重新向南移动。在路由过程中,将正常节点和链路标记为 1,故障节点链路标记为 0,形成 0, 1 矩阵。第三步在形成的 0, 1 矩阵的基础上通过绕过故障节点或故障链路来完成数据包的传输。该算法可以减少故障周围的流量拥塞,降低丢包率,提高可靠性。

印度理工大学的 Sharma Priya 等提出了一种建立数据包旁路路径的容错路由方法,用来解决常规转弯模型的容错方法所造成的网络延迟较大的问题。主要思想是在给定故障节点的直接邻居之间建立一条替代路径,从而绕过故障节点实现容错。该算法将每个节点周围八个节点中直接相连的四个节点定义为直接邻居,另外四个定义为间接邻居。当一个节点的直接邻居检测到节点发生故障时,一个绕道数据包 P 从该节点产生并沿着顺时针或逆时针方向由一个直接邻居传递到另一个直接邻居,该节点直接生成的数据包经过 XY 路由通过网络,到达目的节点。在路由期间,数据包将节点的端口号存储在其堆栈中,一旦数据包到达目的地,就会沿着原路径进行回溯,回溯过程中会更新每个节点的重新配置表,完成回溯后,删除数据包。该旁路路由算法支持网络拓扑中的多种故障,在该节点附近,数据包遵循无故障路径。

密西根大学的 David Fick 等提出了一种重新配置网络的容错路由算法,通过基本路由算法的多次迭代并且根据算法所提出的限定规则来避免形成死锁,利用了 NOC 拓扑固有的冗余来解决网络故障,不需要额外的虚通道,通过对基本路由算法的迭代,降低了技术和资源需求,增加了通用性,该方案以较小的代价维持了较高的稳定性。

2.2.3 基于功能故障模型的容错路由算法

虽然基于单个故障的路由算法较故障块模型在容错粒度上已有了较大提高,但近年来随着故障检测技术以及路由算法的提高,单个节点的容错已经不能满足需要,而研究表明,节点的故障大部分仅发生在内部的部分端口,剩余正常部分依然可以利用,所以可以在单个故障节点模型的基础上,进行更细粒度的容错,即功能故障模型。

针对节点中更细粒度的故障,文献 [19] 提出了新的功能故障模型与算法 FFBR,该故障模型从节点的端口着手,无法正常发送数据包的端口为故障端口,不考虑与 RNI 相连接的端口,可以将端口故障分为直通故障(如 N-S, W-E)和转弯故障(如 E-N, S-W 等),将故障进一步精确定位,提高了通信效率,如图 6 所示。而 FFBR 算法主要思想是不需要历史信息,仅考虑目的节点、当前节点位置、附近节点状态信息等进行绕道路由,利用了优先级的思想,首先在源节点计算与目的节点的偏移量,然后进行 XY 维序路由,如果在路由过程中遇到故障,则换维继续路由,若维偏移量不为 0,则仍旧是最小路径路由,如果依然有故障,则反方向进行路由,在反方向路由过程中如果仍有故障,则只能原路返回。这样可以提高吞吐率并降低网络延迟。

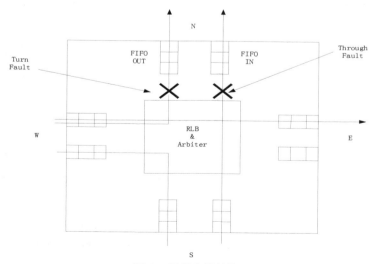

图 6 所提出的结构

由于 FFBR 路由算法并没有考虑到附近节点的状态信息,导致绕道路由可能是非最优化的,为了解决这个问题,文献 [21] 提出拓展的功能故障模型以及 FNA-FR 路由算法,在该模型中,不仅存储本地节点的故障信息,也存储相邻四个节点的故障信息,转发数据包前会提前查询通道是否可用,克服了数据包盲目转发的问题。而 FNA-FR 算法首先会计算当前节点与目的节点的偏移量,计算端口优先级顺序,然后根据当前节点第一优先级端口获取对应节点端口的优先级顺序,然后根据故障矩阵进行路径选择,如果对应端口出现故障,则降低优先级重新选择本地端口直到达到最低级别。该算法较 FFBR 减少了路由条数,更接近于最小路径路由,提高了网络吞吐率并降低了延迟。

3 不同粒度容错方案性能比较

故障域模型的容错路由算法,主要优点是设计简单、便于实现、成本低廉。存在的主要问题是牺牲正常节点并且由于采用绕道路由的方式导致故障域周围流量分布不均匀,相关的技术也都将聚焦于这两方面,研究如何创造更小的故障域,如何使得网络无阻塞。

单故障模型的容错路由算法针对网络中出现的分布零散的故障有着较好的处理性能,将故障定位在单一节点,不会牺牲正常节点。存在的问题主要是为了避免死锁需要更多的虚通道,在高故障率情况下表现较差。

功能故障模型则可以将故障定位到节点内部,有限度地利用了故障节点,大大提升了节点利用率,是更细粒度的容错。但也会占用更多的计算资源,设计的路由算法更为复杂,只能针对部分故障类型,不能广泛应用。

虽然容错粒度逐渐精细化,但这也意味着需要更为烦琐复杂的路由算法,不同粒度的容错路由算法依然有着存在的价值,表 1 从多方面展示了三种不同粒度故障模型的特点。

表 1 比较的结果

	是否需要虚通道	牺牲安全节点	是否最短路径	可扩展	路由方式
故障域模型	√	√	√	√	分布式
单故障模型	√	×	/	√	分布式
功能故障模型	×	×	×	√	分布式

4 总结与展望

随着 NOC 朝着精细化、规模化的方向发展,容错技术所带来的性能提升已经吸引了多方面的研究,针对 NOC 的容错设计已经有了多方面的成果,技术也已经比较成熟,本质上都是利用冗余,包括硬件的冗余和软件的冗余,依然有可以探索的空间。本文从 NOC 容错的不同粒度着手,介绍了最近几年有关 NOC 容错的方法,并指出了它们的特点,从故障域级别进行容错的路由算法虽然设计较为简单,但是会导致节点资源浪费,而单故障模型较故障域模型提高了节点的利用率,不同算法种类很多,有效地提高了通信效率。而功能故障模型则是更细粒度的容错,可以利用故障节点的一部分通道资源,对故障节点进行再利用,降低了时延提高了吞吐率,但对于路由算法的要求更高。同时为了避免死锁,一般需要额外的虚通道。而这些路由算法也都需要增加冗余资源,使得路由算法更加复杂并增加了网络功耗,因此针对如何降低路由算法复杂度以及减少因为冗余资源而导致的能量消耗,将会是片上网络容错路由算法的研究重点。

参考文献

[1] CHANG Y C, GONG C S A, CHIU C T. Fault-tolerant mesh-based NoC with router-level redundancy[J]. Journal of signal processing systems, 2019,92(4):345-355.

[2] TSAI W C, ZHENG D Y, CHEN S J, et al. A fault-tolerant NoC scheme using bidirectional channel[C]// 2011 48th ACM/EDAC/

IEEE Design Automation Conference（DAC）. New York，NY，IEEE，2011:918-923.

[3] DITOMASO D，BORATEN T，KODI A，et al. Dynamic error mitigation in NoCs using intelligent prediction techniques[C]// Proc. of the 49th Annual IEEE/ACM Intl. Symposium on Microarchitecture, Taipei, 2016: 1-12.

[4] VINDHYA N S, VIDYAVATHI B M. Network on chip: a review of fault tolerant adaptive routing algorithm[C]// 2018 International Conference on Electrical, Electronics, Communication, Computer, and Optimization Techniques（ICEECCOT）. Msyuru, India, 2018:1107-1110.

[5] WANG J S , HUANG L T . Review on fault-tolerant NoC designs[J]. Journal of electronic science and technology, 2018,16（3）: 191-221.

[6] DUMITRAS T, KERNER S, MARCULESCU R . Towards on-chip fault-tolerant communication[C]// Proceedings of the ASP-DAC Asia and South Pacific Design Automation Conference. Kitakyushu, Japan, IEEE, 2003: 225-232.

[7] PIRRETTI M, LINK G M, BROOKS R R, et al. Fault tolerant algorithms for network-on-chip interconnect[C]//IEEE Computer Society Annual Symposium on VLSI. LA, IEEE,2004:46-51.

[8] GLASS C J , NI L M . The turn model for adaptive routing[C]// 25 Years of the International Symposia on Computer Architecture. ACM, Gold Coast, Australia,1998: 278-287.

[9] KHICHAR J, CHOUDHARY S. Fault aware adaptive routing algorithm for mesh based NoCs[C]// 2017 International Conference on Inventive Computing and Informatics（ICICI）. Coimbatore, IEEE,2017:584-589.

[10] FU B, HAN Y, LI W, et al. A reconfigurable routing algorithm for highly reliable on-chip network communications[J]. Journal of computer-aided design and computer graphics,2011,23（3）:448-455.

[11] 付斌章，韩银和，李华伟，等. 面向高可靠片上网络通信的可重构路由算法 [J]. 计算机辅助设计与图形学学报，2011，23（3）:448-455.

[12] BOPPANA R V, CHALASANI S . Fault-tolerant wormhole routing algorithms for mesh networks[J]. Computers IEEE transactions, 1995, 44（7）:848-864.

[13] XIE R, CAI J P, XIN X, et al. LBFT: a fault-tolerant routing algorithm for load-balancing network-on-chip based on odd–even turn model[J]. Supercomput, 2018,74（8）:3726-3747.

[14] WU J. A distributed formation of orthogonal convex polygons in mesh-connected multicomputers[C]// International Parallel & Distributed Processing Symposium. San Francisco, CA, USA, IEEE, 2001:6.

[15] WANG D J. A rectilinear-monotone polygonal fault block model for fault-tolerant minimal routing in mesh[J]. IEEE transactions on computers, 2003, 52（3）:310-320.

[16] KUROKAWA Y, FUKUSHI M . XY based fault-tolerant routing with the passage of faulty nodes[C]//2018 Sixth International Symposium on Computing and Networking Workshops. Takayama,IEEE, 2018: 99-104.

[17] TATAS K , SAVVA S , KYRIACOU C. Low-cost fault-tolerant routing for regular topology NoCs[C]//2014 21st IEEE International Conference on Electronics, Circuits and Systems（ICECS）, Marseille, 2014: 566-569.

[18] GABIS A B, BOMEL P, SEVAUX M . Bi-objective cost function for adaptive routing in network-on-chip[J]. IEEE transactions on multi-scale computing systems, 2018:1.

[19] PRIYA S, AGARWAL S, KAPOOR H K. Fault tolerance in network on chip using bypass path establishing packets[C] //International Conference on Vlsi Design & International Conference on Embedded Systems. Pune, IEEE Computer Society, 2018: 457-458.

[20] FICK D, DEORIO A, CHEN G, et al. A highly resilient routing algorithm for fault-tolerant NoCs[C]// 2009 Design, Automation & Test in Europe Conference & Exhibition, Nice, IEEE:2009: 21-26.

[21] ZHENG Y, WANG H, YANG S Y. Fault-tolerant NoC routing algorithm of NOC based on functional fault model[J]. Journal of computer research and development,2010,47（S1）:217-221.

[22] 陈庆强. 面向不同故障粒度的 NoC 容错路由算法研究 [D]. 郑州:解放军信息工程大学, 2012:1-69.

一种 CDC 信号滑动窗口时序分析方法

马驰远

（国防科技大学计算机学院　长沙　410073）

摘　要： 异步时钟域设计中 CDC 信号的时序分析及收敛是超大规模高频数字电路设计功能正确的重要保证。本文提出了一种 CDC 信号滑动窗口时序分析方法，这种方法在每个工作条件（corner）的每条 CDC 通路上单独设置适当的时序约束窗口进行时序计算与分析，有效避免了常用的固定约束分析方法由于约束条件过严导致的虚假时序违反及不必要的时序修复而使设计面积增大的问题，减轻了 CDC 电路的后端设计工作量。在 16 nm 工艺下的实验结果表明，本文的方法在时钟树偏差较大时与固定约束分析方法相比显著节省了设计面积。

关键词： 时钟域；CDC；滑动窗口；时序分析；固定约束

A Sliding Window Timing Analysis Method of CDC Signals

Ma Chiyuan

（College of Computer, National University of Defense Technology, Changsha, 410073）

Abstract： Timing analysis and closure of CDC signals in asynchronous clock domains guarantee the function correctness of high frequency large scale digital circuits. This paper proposes a sliding window timing analysis method of CDC signals, which can execute timing analysis and closure by setting appropriate timing constraint window for each CDC path under each corner. This method can avoid cell area increasing caused by fake timing violations and unnecessary timing fix under over-constraint which often happened in fixed constraint method, an also reduce backend workload of CDC circuits. The experiment is under condition of 16 nm process, the results show compared with fixed constraint method the proposed method can significantly save the design area when the clock tree skew is large.

Key words： clock domain, CDC, sliding window, timing analysis, fixed constraint

同步数字电路设计经常需要使用不同来源的多个异步时钟，这些异步时钟间信号的传递称为跨时钟域信号传递（Clock Domain Crossing，CDC）。跨时钟域传递的信号称为 CDC 信号，该信号对于目的时钟域来说是异步信号，即不能确保被稳定地采样。这种不稳定性会造成意想不到的错误[1]，使电路无法正常工作。针对这种情况，设计中通常会插入 CDC 逻辑将 CDC 信号稳定地传到目的时钟域[2]。

对于一个多位总线 CDC 信号的 CDC 逻辑，多位信号之间还需满足一定的时序要求才能确保信号正确地传到目的时钟域。CDC 信号的时序分析是分析源时钟域寄存器发出的多位 CDC 信号是否能被目的时钟域寄存器正确地采样。CDC 信号的一般时序要求是目的时钟域采样时刻范围内同时变化的 CDC 信号不超

收稿日期：2020-08-10；修回日期：2020-09-20

基金项目：2017 年核高基项目 (2017ZX01028-103-002)

This work is supported by the National Major Project HGJ No. 2017ZX01028-103-002.

通信作者：马驰远（cyma@nudt.edu.cn）

过 1 个 [3]，因此 CDC 信号被目的时钟域采样的时刻偏差只要不超过一个源时钟周期就可以满足时序要求。

　　CDC 信号产生时序违反主要是因为时钟频率过高导致约束较严或 CDC 逻辑过于分散。近年来随着设计频率的逐渐提升、设计规模的逐渐增大，CDC 信号时序检查开始成为芯片投片前的必备检查项。通常 CDC 逻辑采用固定约束分析方法进行时序检查，但这种方法由于约束条件过严会导致虚假时序违反及不必要的时序修复而增大了设计面积。

　　本文提出了一种 CDC 信号滑动窗口时序分析方法，这种方法在每种工作条件的每个 CDC 通路上单独设置适合的检查窗口进行时序分析，有效避免了固定约束分析方法的问题。

1　相关工作

　　随着设计频率的逐渐提升、设计规模的逐渐增大，CDC 逻辑电路的失效率也逐渐增大。为了避免 CDC 问题导致的电路错误，近年来国内外学者对 CDC 电路和时序展开了大量研究。Clifford E. Cummings 对 CDC 电路原理进行了阐述 [3]，给出了一种通用 CDC 逻辑结构并对这种结构的应用提出了具体实施方案。Shubhyant Chaturvedi 提出了一种 CDC 结构检查和时序分析的流程并在芯片投片时成功使用 [4]。Akitoshi Matsuda 在 FPGA 里对 CDC 结构进行了验证方法学和时序分析的研究 [5]。Kesava R. Talupuru 也提出了一种通过形式验证和时序分析来避免 CDC 电路毛刺的方法 [6]。也有些学者针对 CDC 逻辑结构展开研究 [7-8]。

　　目前存在多种多位 CDC 信号的 CDC 逻辑，最常见的是图 1 所示的 CDC 逻辑结构 [3]，它包括两个方向的 CDC 信号：从写时钟 wclk 到读时钟 rclk 的 CDC 信号有写指针信号和数据信号，从读时钟 rclk 到写时钟 wclk 的 CDC 信号有读指针信号。这些 CDC 信号都应该满足一定的时序要求。

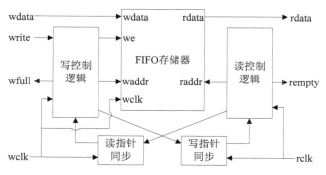

图 1　CDC 逻辑结构示意图

　　不同设计对 CDC 信号的时序要求是不一样的。如果一个设计的时钟频率只有几百兆赫兹并且 CDC 逻辑所在设计模块面积不大，这时 CDC 信号几乎不会违反时序要求，因此这种设计不用检查 CDC 信号的时序。如果设计频率很高并且经过后端设计后的 CDC 逻辑比较分散，CDC 信号就有可能违反时序约束。为了保证设计的功能正确，CDC 信号就必须进行时序分析和收敛。

　　目前主要的分析方法是固定约束分析方法 [3-5]，它对所有 CDC 信号统一设置固定的约束参数来分析是否满足时序要求。因为 CDC 逻辑一般在两个方向都有信号传递，所以以源时钟域到目的时钟域的 CDC 信号要分析，目的时钟域到源时钟域的 CDC 信号也需要分析。以源时钟域到目的时钟域的分析来说，约束参数要设置两个：最大延迟和最小延迟，最大延迟是指源时钟域的 CDC 信号到目的时钟域采样时的最大延时约束，最小延迟是指源时钟域的 CDC 信号到目的时钟域采样时的最小延时约束。约束参数是对源时钟域到目的时钟域的所有信号统一设置且参数是固定的，电路满足最大延迟约束和最小延时约束后就能确保正常工作。芯片投片前会在多个工作条件下进行时序分析，这些工作条件一般称为 corner。深亚微米工艺的 corner 数可能会有二三十个且不同 corner 的时序情况差别很大，同一条时序路径在针对 setup 分析的 corner 下和针对 hold 分析的 corner 下的延迟会相差一倍甚至更多。固定约束分析方法只能选择最严格的约束参数进行分析来保证功能正确并为了通过检查不得不加入一些不必要的逻辑。此外,两个时钟域间可能存在多个 CDC 通路而不同通路的时钟树延时不一定相同。为了保证电路的时序正确性,固定约束分析方法可能在本来能满足时序要求的电路上加入更多的逻辑。这些额外逻辑都是不必要的面积开销,会导致成本升高、功耗变大。

2　CDC 信号滑动窗口时序分析方法

为了克服固定约束分析方法带来的逻辑和面积增加的问题,本文提出了一种 CDC 信号滑动窗口时序分析方法。这种方法在每种 corner 的每个 CDC 通路上单独设置适合的检查窗口进行时序分析,分析流程如图 2 所示。

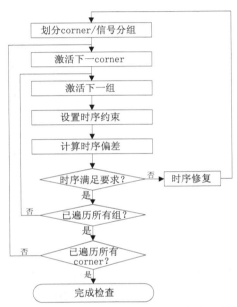

图 2　CDC 信号滑动窗口时序分析方法流程图

首先要对设计进行 corner 划分和 CDC 信号分组。设计在不同 corner 下的时序情况差别很大,所以要在所有 corner 下对设计进行时序分析并修复。两个异步时钟域之间可能存在多组 CDC 通路,如果对多组 CDC 通路统一设置时序约束显然会使约束过于严格而导致虚假的时序违反并造成额外的时序修复工作,因此将 CDC 信号根据通路进行分组会使时序检查更加精确。当然,能够对 CDC 信号进行分组的前提是对 CDC 逻辑完全理解,这通常不是问题,但某些继承的设计或外购的 IP 可能使用了特殊的 CDC 逻辑而造成分组困难。

其次,本文的方法对于某一 corner 下的某一组 CDC 通路会单独设置时序约束。设计在 worst corner 下和 best corner 下的设计频率一般是不一样的,这种差别也同样要反映在 CDC 信号的时序约束上。CDC 信号中的指针信号和数据信号的时序要求也是不一样的,因此也需要分类约束。如图 1 所示,每一组 CDC 信号包括三类:写指针信号、读指针信号和数据信号。同一 CDC 通路指针信号的时序偏差不能超过一个源时钟周期,同一 CDC 通路数据信号的时序偏差不能超过两个目的时钟周期,按此原则可设置相应的约束。每一类信号可用最大延时命令和最小延时命令进行约束,最大延时和最小延时具体设置的值并不重要,但对指针信号设置的最大延时和最小延时之差不能大于一个源时钟周期且对数据信号设置的最大延时和最小延时之差不能大于两个目的时钟周期。为了方便后续分析,同一个 CDC 通路写指针信号和数据信号最小延时的设置最好一样。

接着要计算每组 CDC 信号的时序偏差是否满足时序要求。CDC 信号时序满足要求的关键在于每个总线的多位信号是否能在一个要求的时间段内被目的时钟捕获,也就是指针信号要在一个源时钟周期内被捕获而数据信号要在两个目的时钟周期内被捕获,因此单个信号即使违反了时序约束也并不意味着有真正的时序违反。图 3 是一个多位总线的 CDC 信号,clock_0 是源时钟,clock_1 是目的时钟,launch regs 是 n 位源时钟寄存器,capture regs 是 n 位目的时钟寄存器,这些寄存器一一对应。本文的方法是先算出每个信号的时序偏差,以图 3 中 reg_0 为例,它的时序偏差是 clock_0 从产生点出发经过 launch regs 中的 reg_0 并经过 D_0 的延时减去 clock_1 从产生点出发到 capture regs 中的 reg_0,这个偏差与 clock_0 和 clock_1 的时钟树偏差有关,结果可能是正值也可能是负值。对所有信号的时序偏差分别进行计算后,可以找出最大偏差值和最小偏差值,最大最小偏差的差值如果小于时序约束值就可认为此 CDC 信号的时序满足要求。

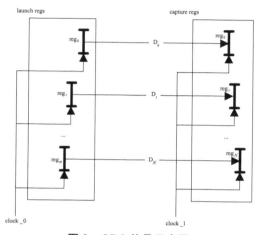

图 3　CDC 信号示意图

本文的方法实际上是划定了一个时序约束窗口,这个窗口的宽度对于同一 corner 下同一组内的信号是固定的,但对不同 corner 或不同组的信号窗口是不同的。如图 4 所示,wsignals 是写时钟 wclk 相关寄存器发出的一组多位 CDC 信号,rsignals_1 和 rsignals_2 分别是在不同 corner 下这些 CDC 信号到达读时钟 rclk 相关寄存器的输入信号范围。由于不同 corner 下的电路延时不一样,因此 rsignals_1 和 rsignals_2 的到达时间范围是有区别的。但只要所有 CDC 信号的捕获时刻落在约束要求的窗口内,就可认为满足了时序要求。所以本文的方法对于 CDC 信号的路径延时没有要求,信号捕获窗口在不同情况下是可以左右移动的,因此本文将这种方法称为滑动窗口时序分析方法。逻辑在后端设计时会生成时钟树,不同时钟的时钟树延时是不一样的,固定约束分析方法无法排除时钟树延时的影响,本文的方法可以排除时钟树延时的影响,降低了时序要求,获得了最精确的分析结果,避免了由于约束过严导致加入额外逻辑的情况。

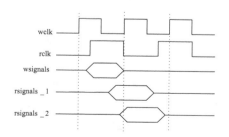

图 4　CDC 信号滑动窗口示意图

计算完每一类信号的时序偏差后,根据时序报告可判断当前 CDC 信号是否满足时序要求。如果不满足要求就需要进行时序修复,常用的修复手段是在时钟路径或数据路径中加入缓冲器来缩小时钟树偏差或弥补数据路径的偏差,这都加入了额外的逻辑,增加了芯片面积。

上述的时序约束设置及时序计算和修复需要在每个 corner 下对每个 CDC 通路分别实施来确保在所有工作条件下功能正确。

3　实验与结果

CDC 逻辑通路在布局布线后通常放置较为集中,因此较少出现真正的数据捕获错误。本文的方法针对大规模高频下的多个真实 CDC 设计进行了时序检查,只有不到 10% 的 CDC 电路出现时序违反情况。而采用固定约束分析方法在不对设计进行物理改动的情况下经常出现时序违反情况,大部分的时序违反情况是由于分析方法不当产生的而在实际工作中电路时序没有问题。

对于 CDC 信号时序功能正确的情况,本文的方法能精确确认时序而无须改动逻辑。而固定约束分析方法要求每一位信号都满足时序约束,这无疑使检查过于严格,因此常常会发现时序违反情况并需要时序修复,时序修复规模和源时钟树 / 目的时钟树的偏差以及 CDC 逻辑特性相关。

假设写时钟和读时钟的频率都是 2 GHz 且同一时钟到相关寄存器时钟引脚的延时相等,图 5 和图 6 是在 16 nm 工艺下使用 typical 库在 CDC 逻辑 FIFO 深度为 4 时分别评估了读写时钟树延时不等时采用本文的方法和固定约束分析方法进行时序修复后的面积情况。图里的时钟偏差是读时钟树延时减写时钟树延时的差。固定约束分析方法的最小延时和最大延时分别设为 0 和一个时钟周期。固定约束分析方法是时钟树延时偏差敏感的,它会将 CDC 信号的时钟树延时取平。对于违反延时约束的信号,写时钟树延时比读时钟树延时短的时候,写时钟树会被加大延迟;写时钟树延时比读时钟树延时长的时候,读时钟树会被加大延迟。图 5 给出了自动布局布线情况下在时钟偏差为 –900~ 600 ps 时使用固定约束分析方法及本文方法进行时序修复后的面积对比。由于时钟偏差大小对本文方法的分析结果无影响,时序修复后的面积没有变化。而对于固定约束分析方法,由于每位信号都要满足时序要求,时钟偏差的不同造成结果差别很大。

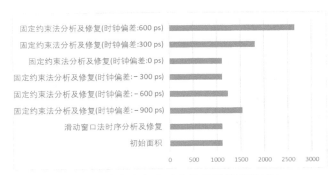

图 5　两种方法自动时序修复后的面积对比

由图 5 可知,时钟偏差为 0 时读写时钟树的延时相等,此时所有信号满足时序要求,因此不需进行时序修复,面积结果和本文方法是一样的;时钟偏差为负时表示写时钟树延时大于读时钟树延时,在一定范围内所有信号还是可以满足时序要求的,如图中时序偏差为 -300 ps 时,因此面积不会因为时序修复而增加,但偏差一旦超过某个阈值,就需要减小读写时钟树偏差进行时序修复,由图 1 可知读时钟 CDC 信号为写指针和读数据,修复的方法是加大这些信号相关寄存器的读时钟树延时,如图中时序偏差为 -600 ps 和 -900 ps 的情况,时钟偏差越大插入单元越多,因此造成面积增大;时钟偏差为正时表示写时钟树延时小于读时钟树延时,在一定范围内所有信号也是可以满足时序要求的,因此面积不会因为时序修复而增加,但偏差一旦超过某个阈值也需要减小读写时钟树偏差进行时序修复,由图 1 可知写时钟 CDC 信号为读指针和 FIFO 寄存器,修复的方法是加大这些信号相关寄存器的写时钟树延时,如图 5 中时序偏差为 300 ps 和 600 ps 时,时钟偏差越大插入单元越多,因为 FIFO 寄存器数量较大且 FIFO 数据的每一位会通过 mux 直接连到读时钟域,在自动修复过程中所有 FIFO 数据寄存器的时钟端都会被插入延时单元,因此最终插入的单元数量取决于 FIFO 的容量。

布局布线阶段有两种单元插入方式。一种是工具自动插入,图 5 就是自动插入的结果,这种方式会在每个跨时钟域寄存器前插入缓冲单元。另一种是手工插入延时单元,这种方式的好处是可以找到时钟树的公共点插入缓冲单元,在达到相同效果的同时插入较少的单元。假设平均 5 个寄存器的时钟端能找到一个公共点,插入单元数量就可以减少到自动插入方式的五分之一。图 6 给出了这种方式下的面积评估结果,可以看到这种方式下的面积比自动插入方式下的小,但手工方式使得物理设计工作量加大而且设计工作不可重复。

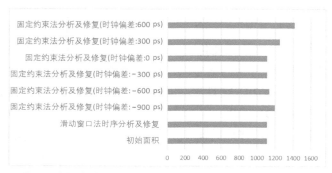

图 6　公共点插入单元时两种方法时序修复后的面积对比

无论何种单元插入方式,固定约束分析方法都可能会导致单元面积的增长,而本文的方法只在真正违反时序的路径上进行时序修复,因此采用本文的方法避免了由于检查条件过严而增加不必要的逻辑,加速了时序收敛且最终能得到最优的实现结果。

4　结论

多异步时钟域设计中 CDC 信号的时序分析及修复是保证设计功能正确的必备手段。本文提出了一种 CDC 信号滑动窗口时序分析方法。这种方法在每种 corner 的每个 CDC 通路上单独设置适合的检查窗口进行时序分析,有效避免了常用的固定约束分析方法由于约束条件过严导致的虚假时序违反及不必要的时序修复而使设计面积增大的问题,同时减轻了后端设计工作量。实验结果表明本文方法显著节省了单元面积。

本文方法针对的是图 1 中的 CDC 结构,这种结构也是目前使用最广泛的 CDC 结构。本文方法对其他类型的 CDC 结构同样适用,但具体实施方式需要相应地进行调整优化。

参考文献

[1] HATTURE S, DHAGE S. Multi-clock domain synchronizers [C]// International Conference on Computation of Power, Energy, Information and Communication(ICCPEIC). 2015:1-6.

[2] BARTIK M. Clock domain crossing – an advanced course for future digital design engineers[C]// 7th Mediterranean Conference on Embedded Computing. 2018:6-15.

[3] CLIFFORD E. Cummings, clock domain crossing(CDC)design & verification techniques using system verilog [EB/OL]. [2018-05-13]. http://www.sunburst-design.com/papers/CummingsSNUG2008Boston_CDC.

[4] CHATURVEDI S.Static analysis of asynchronous clock domain crossings[C]// Design, Automation & Test in Europe Conference & Exhibition(DATE). 2012:1122-1125.

[5] MATSUDA A, ZHANG J. Debugging methodology and timing analysis in CDC solution[C]// 9th IEEE International Conference on ASIC. 2011:365-368.

[6] TALUPURU K P, ATHI S. Achieving glitch-free clock domain crossing signals using formal verification, static timing analysis, and sequential equivalence checking[C]// 12th International Workshop on Microprocessor Test and Verification. 2011:5-9.

[7] ASHAR P，VISWANATH V. Closing the verification gap with static sign-off[C]// 20th Int'l Symposium on Quality Electronic Design. 2019：343-347.

[8] ZAYCHENKO S，LESHTAEV P，GUREEV B，et al. Structural CDC analysis methods[C]// IEEE East-West Design & Test Symposium. 2016：1-6.

PCIe 节点间 PIPE 直连接口的设计与实现

刘威，石伟，龚锐，张剑锋

（国防科技大学计算机学院　长沙　410073）

摘　要： PCIe 以其高带宽、高可扩展性等优势，在计算机、移动终端、服务器系统的微处理器中得到广泛应用。近年来，PCIe 已经成为高性能微处理器中不可或缺的高速外设接口。PCIe 拓扑节点间必须要在完成链路训练之后才能进行正常的数据传输。链路训练的仿真通常涉及链路两端的 PHY 和 PCIe 控制器，随着协议的发展，PHY 和 PCIe 控制器模块的硬件规模激增，单次链路训练的仿真时间开销越来越大，导致模块级验证迭代时间开销将不可接受。为了加快 PCIe 接口模块的验证迭代进度，本文设计并实现了 PCIe 节点间 PIPE 直连接口模块。该模块可将链路两端的 PHY 旁路掉而直接连接 PCIe 控制器，实现只涉及控制器到控制器的链路训练，从而减小链路训练的仿真时间开销。另外，该 PIPE 直连模块是可综合的，除可应用于模块级仿真外，还可应用于硬件仿真器验证平台或真实的 SoC 设计。

关键词： PCIe 总线；PIPE 接口；直连；PCIe 验证；仿真加速

Design and Implementation of the PIPE Direct Interconnection Interface Between PCIe Nodes

Liu Wei, Shi Wei, Gong Rui, Zhang Jianfeng

（College of Computer, National University of Defense Technology, Changsha, 410073）

Abstract: With the advantages of high bandwidth, high scalability etc., PCIe is widely used in microprocessor of computer, mobile terminal and server system. In recent years, PCIe is an indispensable high-speed peripheral interface in modern high performance microprocessors. The normal data transmission between PCIe topology nodes can only be conducted after the link training. The simulation of link training usually involves PHY and PCIe controllers at both ends of the link. With the development of the protocol, the scale of PHY and PCIe controller module is increasing rapidly, and the simulation time of the link training becomes longer, which leads to an unacceptable time overhead of the block level verification. In order to speed up the verification iteration progress involving PCIe, this paper designs and implements the PIPE direct connection interface module between PCIe node. The PIPE module can bypass PHY at both ends of the link and directly connect to the PCIe controllers to realize the link training only involving controller to controller, thus reducing the simulation

收稿日期：2020-08-10；修回日期：2020-09-20

基金项目：核高基项目（2017ZX01028-103-002）；科技部重大专项（2019AAA0104602，2018YFB2202603）；国家自然科学基金项目（61832018）

This work is supported by the HGJ National Science and Technology Major Project (2017ZX01028-103-002), the Ministry of Science and Technology Major Project (2019AAA0104602, 2018YFB2202603), and the National Natural Science Foundation of China (61832018).

通信作者：刘威（wliu@nudt.edu.cn）

time overhead of the link training. In addition, the PIPE direct connection module can be synthesized, which can be applied not only to block level simulation, but also to hardware simulator verification platform or real SoC design.

Key words: PCIe bus, PIPE interface, direct interconnection, PCIe verification, simulation acceleration

1 引言

高速外围组件互联 PCI-Express(Peripheral Component Interconnect express，PCIe)是一种高速串行计算机扩展总线标准[1]，被英特尔于 2001 年提出后，以其带宽高、可扩展性强等优势，迅速成为高性能微处理器中不可或缺的高速外设接口标准。2010 年 PCIe 3.0 协议发布、2017 年 PCIe 4.0 协议发布、2019 年 PCIe 5.0 协议发布以及目前的 PCIe 6.0 预先版本已经发布。随着协议速率的提高，PCIe 功能越来越复杂，对应的逻辑规模也越来越大。

现代高性能微处理器都会实现 PCIe 高速外设接口，高速接口在正常收发报文之前必须进行链路训练，训练的目的是链路双方交换各自的配置以及协商链路上信号质量等。PCIe 接口模块会集成控制器和 PHY，模块级验证方案通常如图 1（a）所示，主从链路两端的 PHY 通过差分信号连接，PCIe 控制器和 PHY 通过 PIPE[4]（ Physical Interface for Pci Express ）协议连接，更上层就是芯片内部总线模型，可发送测试激励或接收响应。另外，主从两端还可以是用于 PCIe 验证的 VIP。在图 1（a）中，每个测试激励在执行之前都必须进行链路训练，它涉及主从两端的控制器和 PHY，这个时间开销对于不是专门针对 PHY 的验证，是毫无用处的开销。并且，这个开销随着控制器和 PHY 的逻辑规模变大而激增。因此，对于上层应用逻辑的验证，将链路两端的 PHY 都旁路的验证思路可以节省大量的链路训练时间，这个开销的节省对于验证前期不停的迭代流程更是必要的。

另外，PCIe 接口模块在系统级验证时通常会使用硬件仿真器平台[3]，如图 1（b）所示。标准 PCIe 设备通过背板接入 PXP 硬件仿真平台时，需要硬件仿真器的总线适配器，如 SpeedBridge[3]，它将硬件仿真器的 PIPE 接口信号频率匹配到真实 PCIe 设备的正常工作频率，从而对背板上连接的 PCIe 设备进行真实速率的仿真。PXP 硬件平台内部编译综合 PXP 专用的 PHY、PCIe 控制器以及上层应用逻辑。在图 1（b）所示的系统级验证方案中，链路训练时间开销可忽略，因为它发生在真实的 PCIe 链路之间，而不是软件仿真。但是，硬件仿真平台仍有两个因素不可忽视，一是前期验证环境搭建所花费的时间，这部分涉及可综合逻辑以及 PXP 外部逻辑之间的配合，例如复位序列等，都需要额外的调试过程来确定。另一方面，由于硬件仿真平台涉及 SpeedBridge 以及背板等板卡，外部板卡的稳定性对功能验证的正确性和测试进度都是一个不可预测的干扰因素。

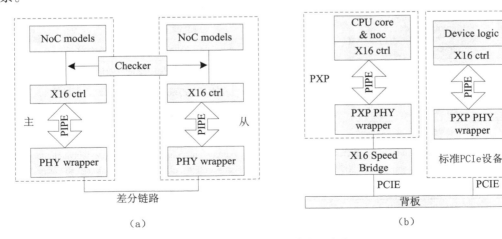

（a）　　　　　　　　　　　　　　　　（b）

图 1　PCIe　接口模块验证方案

（a）模块级验证　（b）硬件仿真器系统级验证

综上所述,为了克服 PCIe 接口模块级和系统级验证的迭代进度和稳定性问题,本文设计并实现了 PCIe 节点间 PIPE 直连接口,通过实验对比,该 PIPE 直连可极大地减小链路训练的仿真时间开销,并可避免 SpeedBridge 和背板的使用。

2　PIPE 接口

PCIe 是一个分层协议,分为事物层、数据链路层和物理层,其中物理层又分为逻辑子层和电气层。PCIe 物理层接口协议 PIPE 是逻辑子层中的媒介层(MAC)和物理编码子层(PCS)之间的统一接口协议。其他层之间的接口是实现相关,没有相应的规范定义。PIPE 协议是 Intel 提出的规范 [2],它规范了 PCIe 控制器和 PHY 之间的接口标准化,不同控制器厂商和 PHY 厂商都遵循这个规范,有助于不同厂家的设计有更好的兼容性。

MAC 层的功能包含链路训练状态机、数据加解扰等。PCS 层的 PIPE 接口是 PHY 端的信号,它还包括 8/10 b、128/130 b 编码逻辑、弹性缓冲等,并输出 PIPE 接口的同步时钟。PIPE 协议是并行信号传输接口,数据位宽可以是 16/32/64 位。PIPE 接口信号可分为六类,如表 1 所示。

表 1　PIPE 接口信号分类描述

类别	信号名	说明
Common 信号	pclk	PIPE 接口信号使用的同步时钟
	prate	指示当前的速率,即 Gen1/2/3/4 等
发送端数据和控制信号	txdata	发送数据
	txdatak	数据有效位,bit0 指示 [7:0],bit1 指示 [15:8] 等
	txstartblock	只在大于等于 Gen3 时使用
	txsyncheader	只在大于等于 Gen3 时使用
	txdatavalid	只在大于等于 Gen3 时使用
接收端数据和控制信号	rxdata	接收数据
	rxdatak	数据有效位,bit0 指示 [7:0],bit1 指示 [15:8] 等
	rxstartblock	只在大于等于 Gen3 时使用
	rxsyncheader	只在大于等于 Gen3 时使用
	rxdatavalid	只在大于等于 Gen3 时使用
命令和状态信号	txdetectrx	提示 PHY 开始 receiver detection 操作或开始 loopback 操作
	txelecidle	强制发送端进入电气空闲状态
	rxpolarity	接收端信号的极性
	powerdown	控制器输出给 PHY 的信号,表示功耗状态 P0/P0s/P1/P2
	rxvalid	指示 rxdata 和 rxdatak 的有效信号
	phystatus	检测到 PHY 上的电源状态跳变,还用于表明是否检测到接收器
	rxelecidle	指示接收端的电气空闲状态
	rxstatus	接收器状态和错误条件,用于表明是否检测到接收器
链路均衡	发送端包含 txdeemph、txmargin、txswing、blkalignctrl、fs、lf、rxpresethint、rxeqeval、rxeqinprogress、invalidrequest、getlocalcoeff、localpresetindex。接收端包含 localtxcoeffvalid、localtxcoeff、localfs、locallf、linkevalmerit 和 linkevaldirchg	
Msgbus	msgbus_in 和 msgbus_out	

3 设计实现

如图 1(a)所示,在两个 PCIe 节点之间,将主从端的 PHY 旁路后,根据表 1 的描述,主从端的 PIPE 接口发送信号和接收信号不是一一对应的,所以主从两个节点间不能直接对接。本文设计的 PIPE 直连模块如图 2 所示,为方便描述,将这两个节点的控制器定义为主控制器和从控制器,相应地,直连模块中对称的两个桥,记为主 PIPE 桥和从 PIPE 桥,它们分别处理两端 FPIPE 信号和 SPIPE 信号的控制和转发。

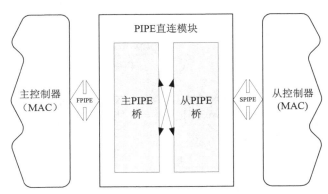

图 2　PIPE 直连模块结构图

桥对 PIPE 信号的处理分为四种,第一种是时钟信号,它需要根据 PIPE 的位宽和速率来生成。第二种是直接转发,即可以直接在主 PIPE 桥和从 PIPE 桥之间转发。发送端、接收端的数据和控制信号可以使用直接转发的方式,即表 1 中这两类信号可以一一对应地连接起来。第三种是握手协议信号的处理,例如命令和状态信号以及链路均衡中的部分信号。第四种是 Msgbus 信号。

3.1　PIPE 时钟设计

同步时钟 pclk 是 PIPE 直连模块的时钟,该时钟还是主控制器和从控制器中 MAC 层使用的时钟。在不使用直连模块时, pclk 是 PHY 的输出;使用直连模块时,就必须自己产生该时钟。产生该时钟有两种方法,第一种是根据 PHY 的行为产生,固定 PIPE 位宽进行频率切换以实现 PCIe 速率的切换, pclk 频率的切换规则如表 2 所示。当 PIPE 位宽为 64 bit 时,表 2 中给出的是一种设置,还需要综合考虑控制器和 PHY 是否支持对应的频率设置。

表 2　PIPE pclk 时钟频率配置　　单位:MHz

PIPE 位宽	Gen1	Gen2	Gen3	Gen4
16 bit	125	250	500	1 000
32 bit	62.5	125	250	500
64 bit	62.5	125	125	250

第二种是直接采用单一频率,即不管位宽和速率,都采用一个时钟。这种方式是可行的,因为直连模块屏蔽了 PHY 的数据流特性。如表 2 所示,PHY 在不同的速率下时钟频率是不同的,所以 MAC 层需要根据它来适应数据的发送。但是直连模块可以摒弃这种数据流特性,而是直接将两端的发送接收数据对连,所以可以直接采用单个时钟域的设计方式。

3.2　命令和状态信号产生

命令信号都是控制器发送给 PHY,触发 PHY 进行相应操作,然后 PHY 反馈状态信号给控制器,即主 PIPE 桥和从 PIPE 桥都需要接收命令信号,然后输出状态信号。状态信号包括 rxelecidle、rxvalid、phystatus

和 rxstatus,其中 rxelecidle 可以直接利用 txelecidle;phystatus 和 rxstatus 信号的产生状态机如图 3 所示,状态机定义了三个状态, IDLE 状态下,所有信号输出为 0;RX_DET 状态里输出 rxstatus 为 3'b011,即检测到对端节点已经连接;PHYSTATUS_GEN 状态产生 phystatus 脉冲。

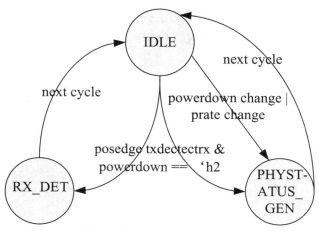

图 3　产生状态信号的状态机

　　当控制器发出 txdectectrx 命令后,如果此时 powerdown 为 2(2 表示初始状态),状态机就会同时进入 RX_DET 和 PHYSTATUS_GEN 状态。当 powerdown 或 prate 信号跳变时,状态机也会从 IDLE 跳转到 PHYSTATUS_GEN 状态。RX_DET 和 PHYSTATUS_GEN 状态都只维持一个时钟周期,然后跳回 IDLE 状态。在 PHYSTATUS_GEN 状态输出一个高脉冲的 phystatus 信号。

　　rxvalid 的产生:在主 PIPE 桥和从 PIPE 桥的逻辑之外,由 FPIPE 和 SPIPE 端各自的 prate 信号和 txelecidle 信号产生。当两端的 prate 不相等时,意味着 PCIe 两个节点间正在进行速率跳变,且两端控制器的跳变还未同步,此时, rxvalid 信号就为 0;如果达到了同步,那么主 PIPE 桥的 rxvalid 信号为从 PIPE 桥端的 txelecidle 信号取反,表示不处于电空闲状态,即接收有效。从 PIPE 桥的 rxvalid 信号的原理一样。

3.3　均衡信号

　　链路均衡主要是 PCIe 节点间进行信号质量交互式调节的过程。使用 PIPE 直连模块的场景是将 PHY 旁路,这意味着就没有信号质量的问题。因此大部分均衡信号对直连模块可以不做处理,即输出悬空,输入赋值为 0。但是还有部分握手信号需要处理,例如 FPIPE 端的 linkevalmerit 信号是 SPIPE 端的 txdeemph 中的 C0(PCIe 中前向反馈均衡器的抽头系数 [1])直通赋值,反向也是一样的。FPIPE 端的输出信号 localtxcoeffvalid 是 SPIPE 端的输入的 getlocalcoeff 信号的上升沿一拍,如图 4 所示。

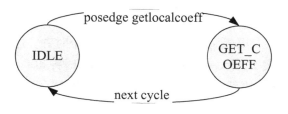

图 4　产生 localtxcoeffvalid 信号的状态机

3.4　msgbus 信号

　　根据 PIPE 协议 [2] 定义,链路均衡信号是 PIPE4.x 版本定义的, msgbus 信号是 PIPE5.x 版引入的。这两类信号是互斥的,即需要根据 PIPE 版本进行选择,不用的信号需要固定接 0。本文第 4 节的模拟验证都是基于 PIPE4.x 的,所以 msgbus 相关信号都是输入接 0,输出悬空。如果是 5.x 版本,那么 msgbus 信号是可以对接的。

4　模拟验证

4.1　模块级验证

在模块级搭建了 RC 和 EP 连接的两个仿真环境,一个包含 PHY,一个旁路,分别如图 1(a)和图 2 所示。PCIe 控制器和 PHY 均为 Cadence IP,链路宽度 X16,最大速率 Gen4。在包含 PHY 的仿真环境中,将控制器和 PHY 的仿真加速宏定义均打开,即链路训练各个状态的计时器时间、发送训练报文个数都相对于协议定义做了大幅减少。运行仿真的服务器配置为: CPU 至强 E7-4830 v3 @2.1GHz,内存 500 GB。时间开销对比如表 3 所示。

表 3　时间开销对比

	PHY 连接	PIPE 直连	比例
仿真时间 /us	274.22	67.04	24.44%
运行时间 /min	43.50	3.90	8.97%

从表 3 可以看出,使用 PIPE 直连接口仿真时间大幅降低。另外,对模块验证迭代更为有利的是运行时间降低约为原来的 8.97%。运行时间的大幅降低,主要得益于直连模块中链路均衡的处理。当不旁路 PHY 时,链路均衡的 phase 0/1/2/3 里都要循环计算多次,运行时间开销巨大,而这部分的计算对不涉及信号质量的功能验证仿真又是没有意义的,所以根据 3.3 节的均衡信号的处理方式,PIPE 直连模块旁路 PHY 后,可避免链路均衡计算的时间开销。

4.2　硬件仿真器系统级验证

本文设计的 PIPE 直连模块是可综合的,所以它可应用于真实的 SoC 硬件设计中或硬件仿真平台上。本节首先介绍 PIPE 直连接口应用于帕拉丁硬件仿真器 PXP 上 [3],如图 5(a)所示,如果要同时验证主从两端的逻辑设计,需要将 CPU 核、APP logic、PCIe 控制器和 PXP 使用的 PHY wrapper 都综合到 PXP 中,外部还要有两个 SpeedBridge 和一个连接背板。图 5(b)所示的是 PXP 硬件仿真器上使用 PIPE 直连后,不再需要 PHY wrapper、SpeedBridge 以及背板,可避免验证环境由于稳定性引入不可预期的问题,快速进行功能验证和回归测试。

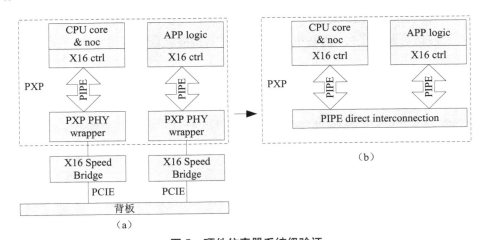

图 5　硬件仿真器系统级验证

(a)传统硬件仿真器验证方式　(b)使用 PIPE 直连模块的方案

图 6 示意的是带 PIPE 直连模块的验证环境的 PXP 仿真界面示意，cpu_top 是主机端，octopus_top 是设备端，通过 PIPE 直连接口互连，链路宽度 X16，最大速率 Gen3。图 6 中还示意了 PIPE 直连模块 pipe2_pipe_isnt 的实例化层次。

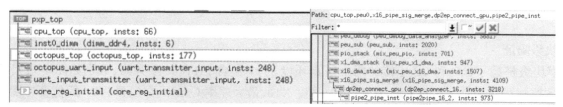

图 6   硬件仿真器环境中 PIPE 直连模块的实例化层次

图 7 是 PXP 上 PIPE 直连的链路训练结果。在时间 28.077 μs 链路训练到了正常工作状态（pl_ltssm 为 h10），虽然该时间的长短在硬件仿真器上对验证进度的影响不大，但是从量级上也是比使用 PHY 的时间小。图 7 中还能看出协商的链路宽度 c0_negotiated_link_width 为 4，表示 16 lane，协商的链路速率 c0_negotiated_speed 为 3，表示 Gen3。pipe2_pipe_inst 模块的 u_rate 和 d_rate 信号分别对应的 FPIPES 端和 SPIPE 端的速率，从图 7 中看都是 2，说明它和 c0_negotiated_speed 的含义是一致的。c0_negotiated_speed 是本文特意设计的逻辑，为了方便和 Gen3 对应，所以逻辑上将 rate 做了加 1 处理。

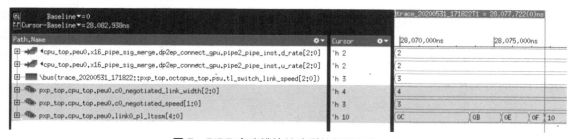

图 7   PIPE 直连模块链路训练相关状态信号

5   总结

PCIe 控制器和 PHY 之间的接口是标准的 PIPE 协议，在 PCIe 接口设计验证时，可将 PHY 旁路而采取 PIPE 直连的方式进行节点间通信。本文设计并实现了 PCIe 节点间 PIPE 接口直连模块，该模块可大幅节省 PCIe 接口设计的验证迭代时间开销。根据仿真实验，对于 X16 Gen4 的 PCIe 接口，直连的仿真时间可降低为原来的 24.44%，运行时间降低为原来的 8.97%。另外，该直连模块是可综合实现的，它可应用于真实的 SoC 硬件设计中或硬件仿真验证平台，避免外部板卡的使用，提高验证环境稳定性。

参考文献

[1] WANG Q. Introduction to PCI express architecture[M]. Beijing：China Machine Press，2010.

[2] INTEL. PHY Interface for the PCI express architecture[DB/OL]. [2017-09-01] http://www.intel.com.

[3] CADENCE. Cadence palladium XP verification computing platform[DB/OL]. [2018-07-08] http://www.cadence.com.

基于开源工具的 RISC-V 处理器核验证

倪晓强，徐雁冰，曹鲜慧

（国防科技大学计算机学院　长沙　410073）

摘　要： 本文基于 64 位 RISC-V 指令集架构通用处理器核（DMR）的研制，重点介绍软模拟环境下，采用开源工具进行核级功能验证的工作。本文首先介绍了 DMR 处理器核的特点，以及通用处理器核级功能验证的主要流程，结合验证流程介绍了当前 RISC-V 架构相关开源工具的功能及特点，结合实际验证工作给出了当前多款 RISC-V 开源工具在实际验证工作中存在的局限性，总结了本文已完结的验证工作，并为后续验证工作选定了适配性更高的开源工具。本文为 RISC-V 指令集架构通用处理器在软模拟环境中的核级功能验证工作提供了完备的验证方法及验证流程指导。

关键词： 处理器核；RISC-V；验证方法学；功能验证；核级验证；开源工具；功能覆盖率

RISC-V Processor Core Verification Based on Open Source Tools

Ni Xiaoqiang, Xu Yanbing, Cao Xianhui

（College of Computer, National University of Defense Technology, Changsha, 410073）

Abstract: This paper introduces the core-level functional verication using the open source tools related to RISC-V during the development of a general purpose RISC-V processor core（DMR）. This paper firstly gives the features of the DMR core and DMR Core-level functional verication flow, then introduces the related open source tools used in DMR verication and points out the limitations of these open source tools based on the practical verification works. The more adaptable tools are selected for subsequent verification works. This paper provides a complete guidance for the core-level verification in the soft-simulation environment of general-purpose processors.

Key words: core, RISC-V, verification methodology, function verification, core-level verification, open source tool, function coverage

1　前言

　　随着信息技术的迅猛发展，作为信息系统核心的处理器（CPU）的设计规模和复杂程度也在高速增长。由此带来 CPU 功能验证的复杂度越来越高，验证的工作量也越来越大。针对当前 CPU 设计规模，很难用单一验证方法实现对一款高性能 CPU 的有效验证。结合 CPU 设计制定高效、完备的验证方法至关重要。

收稿日期：2020-08-10；修回日期：2020-09-20
基金项目：核高基项目（2017ZX01028-103-002），国家自然科学基金资助项目（61902406）
This work is supported by the HGJ(2017ZX01028-103-002), and National Natural Science Foundation of China (61902406).
通信作者：徐雁冰（2250626553@qq.com）

Janick Bergeron 从验证技术的角度,以 system verilog 编写实例的方式介绍了一套完整的验证流程。WILE B 等以产业周期为线索,全面地介绍了功能验证的内容及意义。ROBLES R M 等示例了一款兼容 RISC-V 架构 RV32I 指令集的处理器核的功能验证流程。在优秀验证方法的指导下,高效的验证工具也是提高验证效率的关键所在。近年来,开放的精简指令集 RISC-V 广受芯片行业青睐,针对 RISC-V 架构的验证工具日益丰富。用于 RISC-V 的指令集模拟器有 Spike[1]、RiscvOVPsim[2]、Whisper[3] 等;指令功能测试集有 Riscv-tests[4]、Riscv-compliance[5]、Riscv-torture[6] 等;随机指令测试工具有 Riscv-dv[7]、microTESK[8] 等;其中 Riscv-dv 还具备覆盖率统计功能。

DMR 是一款兼容 RISC-V 架构的 64 位通用处理器核心,其采用乱序超标量结构(4 发射、整数 12 级流水),支持 RISC-V M/S/U 态,支持 Sv39/Sv48,物理地址 44 位。DMR 预期 SPEC2006 分数不低于 15 分。

DMR 处理器核拥有一套多层次多迭代的验证方法。本文主要介绍 DMR 处理器核在软模拟环境中的核级功能验证工作,并分析 RISC-V 相关开源工具在验证工作中的有效性。本文主要贡献如下:

(1)介绍了 RISC-V 指令集架构通用微处理器核在软模拟环境中的验证方法及验证流程;

(2)分析了当前 RISC-V 相关开源验证工具在实际应用中的有效性;

(3)修补、增强了当前主要 RISC-V 开源工具的功能。

2　验证方法与开源工具

DMR 结合先进的验证技术,为高性能处理器构建了一套高效、完备的多层次多迭代的功能验证思想。其中,多层次是指根据处理器的研制周期,按照模块级、核级、系统级、原型系统级层次递进关系,分别为每个层次选择不同的验证方法和评估标准;多迭代指每个层次的验证工作都要建立完整的工作周期,每个周期包含一轮完整的"设计—测试—分析"工作迭代。多层次多迭代的验证思想保证了处理器核研制期间内有多轮完整工作周期迭代。基于不同层次的迭代工作不仅不会造成工作冗余,反而能起到验证优化、查漏补缺的作用,能够提高验证效率和质量。

如图 1 所示,在软模拟环境中,DMR 的核级功能验证工作主要分为指令基本通路测试、合规性测试、mini 测试、回归测试、随机测试五个阶段。目前在各个测试阶段都能够借助相关的 RISC-V 开源工具来辅助完成。

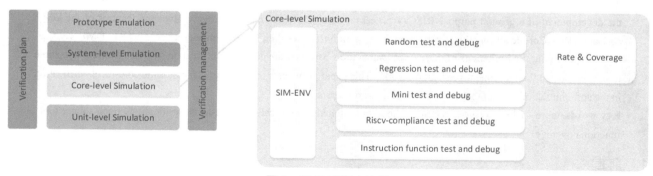

图 1　DMR 验证方法学

Riscv-tests 是一个开源的 RISC-V 测试集,支持 RV32U/S/M、RV64U/S/M 指令集合,支持 M/S/U 态的测试,它提供了 218 个基本指令测试集、12 个 benchmarks 测试集和 9 个 debug 模式相关测试集。

Spike 和 RiscvOVPsim 均是 RISC-V 架构模拟器。Spike 模拟器支持 RV32I/RV64I 基本指令集、Zifenci/Zicsr/M/A/F/D/Q/C/V 拓展指令集,M/S/U 三种特权模式、Debug 模式、RVWMO/RVTSO 存储模型。RiscvOVPsim 支持 RV32I/64I/128I 基本指令集、RV32E、M/A/B/F/D/C/N/S/U/V 拓展,以及 RISC-V 特权架构规范的所有功能和寄存器实现。Whisper 是西部数据针对 Core-SweRV-EH1 开发的 RISC-V 指令集模拟器,

由于其仅支持 RV32,因此后续工作中没有使用 Whisper 模拟器。

Riscv-compliance 用于检查正在开发的处理器是否符合开放的 RISC-V 标准。它在指定配置参数的目标设备上运行合规性测试集(来自 Riscv-tests 中的基本指令测试集),比较目标设备的输出数据和 Riscv-compliance 提供的参考数据,并报告比较结果。目标设备的输出数据和参考数据不一致表明目标设备没有通过相关的合规性测试。

Riscv-torture 是基于 Csmith 的随机程序生成工具,其在高级语言层次产生随机的 C 语言测试程序,由于其依赖编译且无法体现 RISC-V 的新扩展指令集合,因此在 DMR 的测试过程中没有使用 Riscv-torture。

Riscv-dv 是一套采用 System Verilog 语言开发的随机测试激励生成工具。Riscv-dv 中同时构建了指令相关的覆盖率模型,可以实现指令和相关功能的覆盖率统计。其在新版更新中增加了使用 Python 语言的 pygen 模块来实现 RV32 的随机指令生成,由于 DMR 面向 RV64,因此在测试中继续使用 System Verilog 模块没有使用 pygen 来生成随机测试激励。

microTESK 是基于约束求解器,采用 Java 语言开发的随机指令产生器,目前版本为 0.10,其目前在生成指令类型和覆盖程度上还处于开发阶段,无法满足当前随机指令测试工作,因此本文随机测试部分的主要工作基于 Riscv-dv 来完成。

3　DMR 在核软模拟环境中的核级功能验证

DMR 在软模拟环境中的核级功能验证以 RISC-V 架构手册[9]为蓝本,制订相应验证计划。DMR 核级功能验证工作主要分为指令基本通路测试、合规性测试、mini 测试、回归测试、随机测试五个测试阶段。

3.1　指令基本通路测试

指令基本通路测试是对单条指令的取指、译码、分派、执行、提交的整个流程进行测试。该阶段工作实现了对 RV64G 类指令的通路测试。指令基本通路测试验证环境如图 2 所示:首先针对每条 RV64G 指令开发自校验的指令功能定向测试激励;然后分别在 DMR 的 rtl 模拟环境、Spike 模拟器、RiscvOVPsim 模拟器上运行激励;最后分析 rtl 模拟环境、Spike 模拟器、RiscvOVPsim 模拟器模拟结果,并对三次模拟结果进行横向比较。

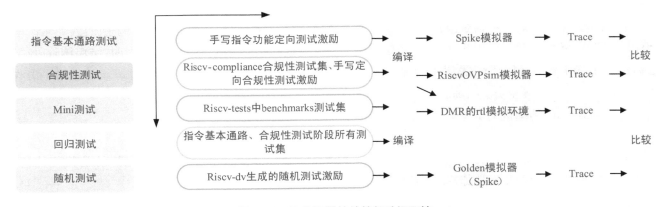

图 2　DMR 处理器核的核级验证环境

指令基本通路测试完成的标志为所有手写指令功能的定向测试激励均验证通过。

在指令基本通路测试中,我们开发了 1 201 个支持自检验功能的手写定向测试激励,发现并定位 DMR 设计缺陷 50 余处,这说明定向测试激励在设计前期可加速代码质量的提升。此外,在验证过程中分析了 RISC-V 开源模拟器 Spike 和 RiscvOVPsim 在指令基本通路测试工作中的有效性。

3.2　合规性测试

DMR 合规性测试包括 RISC-V 特权架构相关的符合性验证。如图 2 所示，DMR 合规性测试基于 Riscv-compliance 合规性测试验证环境。在对 Riscv-compliance 提供的开源测试集进行分析的基础上，根据 DMR 验证计划为合规性测试集补充开发自校验的合规性测试激励，分别在 DMR 的 rtl 模拟环境、Spike 模拟器、RiscvOVPsim 模拟器上运行合规性测试集合；最后获得 rtl 模拟环境、Spike 模拟器、RiscvOVPsim 模拟器模拟结果，并对三次模拟结果进行横向比较。

合规性测试完成标志为合规性测试集中所有测试激励（包括 Riscv-compliance 开源测试集和 DMR 补充开发的手写合规性测试激励）均验证通过。

在合规性测试中，我们开发并完善了 RISC-V 合规性测试集，开发具有自校验功能的合规性测试激励共 582 个，发现并定位 DMR 设计缺陷 13 处，分析了 RISC-V 开源模拟器 Spike、RiscvOVPsim 在合规性测试工作中的有效性。

3.3　mini 测试

mini 测试基于 Riscv-tests 提供的 benchmarks 测试集。首先对 Riscv-tests 提供的 benchmark 测试集进行分析；然后分别在 DMR 的 rtl 模拟环境和 Spike 模拟器上运行 benchmarks 测试集；最后对 rtl 模拟环境、Spike 模拟器模拟结果进行横向比较。

基于 Riscv-tests 开源测试集的 mini 测试完成标志为 benchmarks 中所有测试激励均验证通过，其意义在于确定当前设计代码基本稳定，具备运行条件，可以进入回归测试。

3.4　回归测试

回归测试基于指令基本通路测试阶段的指令功能定向测试激励和合规性测试阶段的合规性测试集。回归测试工作分别在 DMR 的 rtl 模拟环境、Spike 模拟器上运行回归测试集；通过比较 rtl 模拟环境、Spike 模拟器的模拟结果定位 DMR 设计缺陷。回归测试阶段开始对功能覆盖率进行统计。当无法通过补充手写测试激励提高功能覆盖率时，核级功能验证进入随机测试阶段。

3.5　随机测试

随机测试主要针对各种指令组合、边界场景及整个微架构进行测试。随机测试分为两个阶段：第 1 阶段为指定场景的随机测试，由 Riscv-dv 生成指定场景的随机测试程序，所有场景测试均通过时，结束该阶段；第 2 阶段为不指定场景的随机测试，直接生成随机测试程序。随机测试完成的标志为覆盖率统计结果平滑收敛，趋近于 100%，未覆盖功能明确。

基于 Riscv-dv 的随机测试意义如下：

（1）完善 RISC-V 随机测试场景；

（2）定位 DMR 设计缺陷；

（3）分析 Riscv-dv 随机生成工具在随机测试中的有效性。

4　验证有效性评估与开源工具分析

DMR 核级功能验证的目标如下：

（1）有效检出 DMR 处理器核相关设计缺陷；

（2）对 RISC-V 主要开源工具进行分析，为后续验证工作确定适用性更强的验证工具，并增补、加强相关验证工具的功能。

4.1 验证有效性评估

验证的有效性通过两个方面来保证：

一是以 Golden 模拟器的模拟结果为参考标准来保证设计的正确性；

二是以功能覆盖率驱动验证来保证验证的完备性。图 3 展示了当前 DMR 在软模拟环境中的核级功能验证覆盖率报告。统计包括 RV64I（系统类指令除外）、RV64M、RV64A、RV64F/D、CSR、MMU 相关测试。统计结果说明目前的 DMR 测试基本接近百分之百覆盖设计功能。

Total Coverage Summary

SCORE	GROUP
99.47	99.47

图 3　DMR 在软模拟环境中核级功能验证覆盖率统计报告

4.2 开源工具分析

DMR 核级功能验证过程中，使用的主要 RISC-V 开源工具有：Spike 模拟器、RiscvOVPsim 模拟器、Riscv-tests 测试集、Riscv-dv 随机激励生成工具、Riscv-dv 覆盖率统计模型。

1）开源测试集

Riscv-tests 测试集提供基本指令测试集、benchmarks 测试集和 debug 模式测试集。其中，基本指令测试集结合 Riscv-compliance 检查机制被用于 DMR 的合规性测试；benchmarks 测试集被用于 DMR 的 mini 测试。Riscv-tests 基本指令测试集支持 RISC-V ISA 中的所有指令，可访问所有通用寄存器。Riscv-compliance 基于 Riscv-tests 提供的基本指令测试集，形成了一组用于合规性测试的合规性测试集合。

Riscv-tests 提供的基本指令测试集对于指令功能的覆盖并不全面。Riscv-compliance 以其作为合规性测试集合不能满足功能验证需求。因为尽管 Riscv-tests 提供的基本指令测试集关注了一些重要规范，但这对于 RISC-V 架构手册声明标准与内容来说是不完备的。如表 1 所示，在指令基本通路测试和合规性测试阶段，DMR 团队补充了大量定向测试激励，主要包括基本指令、CSR 寄存器、MMU 等相关功能。

表 1　新增手写测试激励

类别	激励个数
基本指令功能	407
CSR 相关测试	788
MMU 相关测试	588
总计	1 783

2）模拟器

在指令基本通路测试和合规性测试阶段，通过分析对比 rtl 模拟环境、Spike 模拟器、RiscvOVPsim 模拟器模拟结果，发现 Spike 模拟器和 RiscvOVPsim 模拟器存在如下问题：

（1）顺序存储指令 lr 和 sc 指令之间有其他写操作访问相同地址时，RiscvOVPsim 模拟结果为 sc 指令执行成功；

（2）RiscvOVPsim 在某些异常发生的情况下无法报告异常发生原因 mcause；

（3）RiscvOVPsim 在 rv64 下仅修改 pmpaddr 寄存器的低 32 位；

（4）Mret 后，RiscvOVPsim 和 Spike 对 mstatus.mpp 字段的处理方式不一致；

（5）Spike 和 RiscvOVPsim 对 fsgn 类型指令 subnormal 数据的处理方式不一致；

（6）RiscvOVPsim 许可证不定期更新。

综上,在合规性测试结束后,选定 Spike 模拟器为后期 DMR 核级功能验证的 Golden 模拟器,并对 Spike 的功能做了增强,主要包括结合 DMR 设计适配 CSR 寄存器、结合 DMR 验证定制 Spike 日志文件、适配 DMR 模拟环境的 signature 等功能。

3)随机激励生成工具及覆盖率统计模型

Riscv-dv 提供了一些可配置的随机激励生成场景。目前,在 DMR 随机测试阶段实际测试 Riscv-dv 生成的随机激励 2 000 项,发现 Riscv-dv 的随机激励存在如下问题:

(1)Spike 指令模拟器和 Riscv-dv 存储空间分配不一致,Riscv-dv 生成的随机激励会访问低地址空间,导致 Spike 报告访问异常;

(2)Riscv-dv 的随机激励场景比较单一,无法对 DMR 处理器核形成覆盖面更广的压力测试。

Riscv-dv 还构建了指令相关覆盖率模型,但是其中对 RISC-V ISA 覆盖并不全面,且不包含对寄存器和立即数具体取值的功能覆盖率统计模型。

综上,对 Riscv-dv 功能的增强从两个方面着手:①修补已有随机激励生成场景,开发新的可配置的随机激励生成场景;②构建更完善的覆盖率模型。

5　结论

本文针对 64 位通用处理器核 DMR,在软模拟环境中进行核级功能验证工作,完成了指令基本通路测试、合规性测试、mini 测试、回归测试;目前基于 Riscv-dv 的随机测试正在进行中。本文介绍了通用处理器在软模拟环境中的核级功能验证的验证方法及验证流程;分析了当前 RISC-V 相关开源验证工具在实际应用中的有效性;修补、增强当前主要 RISC-V 开源工具的功能:补充用于 RISC-V 处理器核功能测试的测试激励共 1 783 项;计划补充 Riscv-dv 随机指令生成场景 24 类;增强 Riscv-dv 随机激励生成场景的同时,对 RISC-V 覆盖率模型进行完善。

DMR 已完成核级功能验证的前期工作,已实现在软模拟环境引导 Linux OS,并且已完成 FPGA 原型系统的构建,下一步将完成 FPGA 环境的 Linux OS 引导并运行更大规模的测试集合。

参考文献

[1] RISC-V INTERNATIONAL. RISC-V ISA-Sim [EB/OL]. [2019-04-11]. https://github.com/riscv/riscv-isa-sim.

[2] RISC-V INTERNATIONAL. RISC-V ovspim [EB/OL]. [2019-04-11]. https://github.com/risc-v/riscvovpsim.

[3] WESTERN DIGITAL. Swerv-ISS [EB/OL]. [2019-04-11]. https://github.com/westerndigitalcorporation/swerv-ISS.

[4] RISC-V INTERNATIONAL. RISC-V tests [EB/OL]. [2019-04-11]. https://github.com/riscv/riscv-tests.

[5] RISC-V INTERNATIONAL. RISC-V compliance [EB/OL]. [2019-04-11]. https://github.com/riscv/riscv-compliance.

[6] UCB. RISC-V torture [EB/OL]. [2019-04-11]. https://github.com/ucb-bar/riscv-torture.

[7] GOOGLE. RISC-V DV [EB/OL]. [2019-04-11]. https://github.com/google/riscv-dv.

[8] MICROTESK. Supported ISA [EB/OL]. [2019-04-11]. https://github.com/microtesk/supported-ISA.

[9] RISC-V INTERNATIONAL. RISC-V ISA manual [EB/OL]. [2019-04-11]. https://github.com/riscv/riscv-isa-manual.

微处理器内安全子系统的安全增强技术

石伟,刘威,龚锐,王蕾,潘国腾,张剑锋

（国防科技大学计算机学院　长沙　410073）

摘　要：在信息技术快速发展的同时,信息安全变得尤为重要。处理器作为信息系统的核心部件,其安全性对系统安全性起到至关重要的决定性作用。在处理器上构建安全可信的执行环境是提升处理器安全性的重要方法,然而很多核心安全技术仍然由片外安全 TPM/TCM 芯片保证。近年来,作为计算机系统安全基础的安全原点逐渐往处理器中转移。本文对处理器内安全子系统的安全增强技术展开研究,首先研究安全处理器体系结构;然后对处理器核、互连网络、存储、密码模块等处理器核心模块进行安全增强,同时从系统级角度实现了密钥管理、生命周期、安全启动、抗物理攻击等系统安全防护技术;最后,在飞腾处理器中实现了一个安全子系统,并进行分析。

关键词：安全子系统;随机行为;密钥管理;生命周期管理;安全启动;抗物理攻击

Security Enhancement Technologies of Security Subsystem in Microprocessor

Shi Wei，Liu Wei，Gong Rui，Wang Lei，Pan Guoteng，Zhang Jianfeng

（College of Computer，National University of Defense Technology，Changsha，410073）

Abstract：With the rapid development of information technology, information security is becoming more and more important. As the core component of information system, the security of processor plays an important role in system security. Building a secure and trusted execution environment on the processor is an important method to improve the security of processor. However, many security technologies still rely on independent security chip, such as trusted platform module （TPM） and trusted cryptography module （TCM）. In recent years, the root of security, which is the security basis of computer system, has gradually shifted to the processor. In this paper, the security enhancement technologies of on-chip security subsystem are discussed. Firstly, the architecture of the security processor is studied. Secondly, the security enhancement is performed from the components of the security subsystem such as processor core, interconnection network, storage, cipher module. At the same time, the system security protection technologies such as key management, life-cycle management, secure boot, and physical attack resistant schemes are also realized from the system-level aspect. Finally, a security subsystem in Pythium processor is implemented and analyzed.

Key words：security subsystem, random behavior, key management, life-cycle management, secure boot, physical attack resistant

收稿日期:2020-08-08;修回日期:2020-09-20

基金项目:核高基项目(2017ZX01028-103-002);科技部重点研发计划(2020AAA0104602,2018YFB2202603);国家自然科学基金项目(61832018)

This work is supported by the HGJ National Science and Technology Major Project(2017ZX01028-103-002)，the Ministry of science and technology Major Project(2020AAA0104602, 2018YFB2202603)，and the National Natural Science Foundation of China (61832018).

通信作者:石伟(shiwei@nudt.edu.cn)

　　随着信息技术的快速发展,网络与信息化在生活中的应用日益普及,电子商务、电子银行、电子政务等新兴技术也正逐渐走进人们的生活。上述技术的普及一方面提升了工作、生活的便利性,另一方面也带来了潜在的风险,如信息泄露。因此,在信息技术快速发展的同时,信息安全受到越来越多的重视。信息安全是指对信息系统进行防护,保护计算机硬件、软件、数据不因偶然的或者恶意的原因而遭到破坏、更改、泄露。

　　信息系统的安全是一个系统性的问题,需要从系统架构和软硬件多角度进行设计定义。处理器等底层硬件是整个系统安全的基石,通常从安全与可信两个方面进行防护。可信是安全的基础,可信主要通过度量和验证的技术手段确保整个系统的行为是没有被修改的、可控的。安全则是更高范畴的概念,涉及加解密、防篡改、数据保护、身份认证、物理攻击防护等,需要在底层硬件上进行多种安全技术设计。

　　早期可信计算的研究主要以国际可信赖计算组织(Trusted Computing Group,TCG)为主,该组织定义的TPM(Trusted Platform Module)规范在可信计算领域得到广泛的应用,基于 TPM 标准研制的 TPM 芯片已在服务器、桌面、嵌入式等领域得到全面推广。国内开展可信计算研究的基本思想与 TCG 一致,国内对应的是TCM 芯片,遵循国家标准《可信计算密码支撑平台功能与接口规范》。随着可信计算的发展,可信的概念不再局限于 TPM 或 TCM 芯片,可信执行环境(Trusted Execution Environment,TEE)成为一个热门研究方向 [1]。ARM 的 TrustZone 技术 [2]、Intel 的 SGX、AMD 的安全处理器架构是目前比较成功的可信执行环境技术。

　　随着攻击手段的丰富与攻击技术的提升,信息系统面临的各种安全风险和安全威胁更加严重,其脆弱性也更加明显。可信能够为应用提供相对安全的执行环境,保护敏感信息,但是不能完全解决信息系统的安全威胁。安全是从底层逻辑电路、物理实现、固件、应用安全等多个层次、多个角度提升系统的安全性。安全芯片通常采用多种安全防护技术,如密码加速引擎、密钥管理、安全启动、可信执行环境、安全存储、固件管理、量产注入、生命周期管理、抗物理攻击及硬件漏洞免疫等。

　　传统安全处理器通常采用可信与安全相结合的思路,实现了安全启动、安全隔离及安全防护技术。安全计算机系统通常采用处理器加板载 TCM/TPM 芯片结合的方式来实现。这种方式实现的安全系统存在一定的不足。处理器与作为安全原点的 TCM/TPM 芯片处于松耦合状态,性能与安全性均存在一定的问题。随着技术的不断发展,越来越多的处理器设计厂商将 TCM/TPM 等功能直接实现到处理器内部。比如海思麒麟 970 处理器集成 inSE(integrated Secure Element)安全子系统,ARM 提供 CryptoIsland 安全 IP(Intellectual Property)。

　　本文基于飞腾处理器研究片内安全子系统的安全增强技术。首先研究安全子系统体系架构及其与功能处理器的关系;然后针对安全子系统,从多角度展开研究,提升子系统的安全性;最后设计实现了一款安全子系统,并对性能、面积、安全性进行评测。

1 安全处理器体系结构

　　图 1 为一种采用了安全子系统进行安全增强的微处理器结构示意图。该处理器包含了一个功能处理器系统与一个安全子系统。功能处理器系统实现了传统处理器的功能,包括处理器核、互连网络、PCIe 等高速外设、串口等低速外设接口、存储器接口等。安全子系统则提供了一个更高级别的安全执行环境,作为整个处理器的安全原点。

　　功能处理器中可以实现可信执行环境与密码模块,为应用程序提供相对独立的安全执行环境。以 ARM 处理器为例,功能处理器中实现了 TrustZone。处理器核具有安全执行态与非安全执行态;而互连网络需要同时支持安全事务及非安全事务的传输;存储管理模块将内存空间分割成多个不同的空间,并进行访问权限控制。

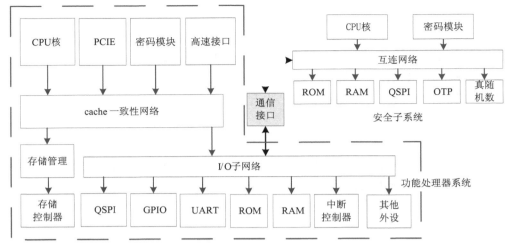

图 1　采用安全子系统的安全处理器体系结构

安全子系统从结构组成看,包括嵌入式微控制器核、互连网络、存储单元、密码模块、真随机数模块等。由于嵌入式微控制器核性能要求不高,互连网络通常可以采用 AHB 等低速网络实现。密码模块不仅完成启动程序验签工作,还为应用程序提供密码运算加速,其性能要求相对较高。

功能处理器系统与安全子系统之间通过特殊的命令通道进行交互。功能处理器系统请求安全子系统为其提供安全服务,同时保证安全系统中的密钥等敏感信息的安全性。

2　安全子系统体系结构及其安全增强

对于一个安全处理器系统,必须要提供安全启动、密钥管理、生命周期管理等功能,这些功能都需要在安全子系统中实现。安全子系统中存储了密钥及敏感数据等信息,因此安全子系统需要具备抗物理攻击能力,防止敏感信息被窃取。本节对安全子系统各组成部件进行介绍,并阐述相应的安全增强技术。

2.1　处理器核增强

鉴于面积、性能要求,安全子系统处理器核通常采用相对简单的 32 位 RISC 指令集系统,比如 ARM-M、RISC-V、MIPS 等。图 2 为采用安全增强技术的一种 RISC 处理器核结构示意图,图中给出了 3 种安全增强技术,分别为随机时钟停顿、随机清空指令缓冲、随机数据极性。

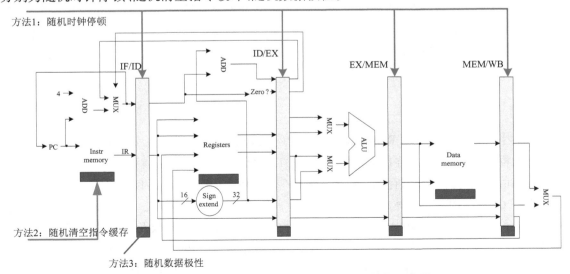

图 2　采用安全增强技术的 RISC 处理器核结构示意图

上述三种方法的基本思想是在保证功能相同的前提下,随机改变程序的执行行为,进而提升安全子系统抗物理攻击的能力。即使针对相同的程序与相同的数据,每一次执行的行为都是不同的,其功耗等信息也不相同。时钟随机停顿与指令缓冲随机清空能够在程序中随机插入随机延迟。数据极性随机则是为流水线中的数据生成一个极性标签,极性标签随数据一起传输。极性标签与传输数据进行简单运算后能够恢复出原始数据,在保证正确性的同时获得随机的运算功耗,提升抗物理攻击能力。

2.2　互连网络

为抵抗物理攻击,互连网络同样采用随机延时插入与随机极性的方法,其基本思想与处理器核的安全增强思想相似。图3为采用了安全增强技术的互连网络结构,具体实现与网络的具体协议相关。

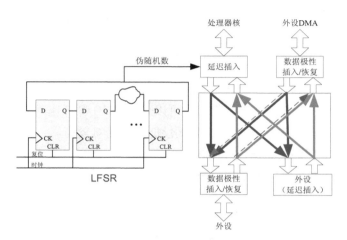

图3　互连网络安全增强示意图

以 AHB(advanced high performance bus)协议为例,我们可以采用下面几种方法增加数据传输的随机性:

（1）针对主设备,在事务传输间隔,随机拉低协议的 hready 信号,暂停主设备发请求;

（2）增加一个专门进行无效访问的主设备,随机发送访问请求;

（3）对于从设备,随机增加 hready 信号返回时间。

为支持极性传输,网络报文需要扩宽一位,专门用于传输报文的极性,如图3中虚线所示。对于主设备与从设备,如果本身支持极性,则网络与设备直接对接;如果设备不支持极性,则需要进行极性生成与极性恢复。数据进入网络的时候,根据随机数随机生成极性,并根据生成的极性修改传输数据;数据从网络进入外设时,根据极性与传输数据恢复成有效数据。随机延迟与随机极性可以采用线性移位反馈寄存器(Linear Feedback Shift Register,LFSR)生成的伪随机数来计算。

2.3　存储模块

安全子系统中的存储模块分为 ROM、RAM、OTP(one time programable)、eFlash、外部存储器等。ROM 存储最初的启动程序,完成外部程序的第一级验签。OTP 存储密钥等一次可编程信息,eFlash 则存储多次编程的用户敏感信息。片外存储器存储系统启动程序等,由 ROM 程序验签后使用。

图4给出了 OTP 结构。存储体中存储了密钥、生命周期、芯片 ID 等信息。在上电复位以后,硬件自动读取存储体中的信息,放入寄存器中使用。生命周期控制存储体的烧录权限及系统的调测试接口权限。在不同的生命周期状态下,用户只能对存储体中部分空间进行读写。密钥寄存器不能由程序直接读取,但是可以被密码模块及密钥派生模块使用。OTP 中还可以存储程序版本号,用于防护回滚攻击。

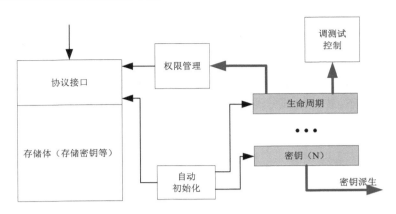

图 4　OTP 结构示意图

2.4　密钥管理

密钥是安全芯片的重要敏感信息,涉及安全芯片的使用流程及其他敏感信息的安全。密钥大体可以分为三类:芯片厂商密钥、设备厂商密钥和用户密钥。不同的密钥有各自的生成、存储、访问、使用等权限,且需要与芯片的生命周期相结合。芯片厂商密钥由芯片厂商注入并由底层启动程序使用,设备厂商密钥由整机厂商注入并使用,用户密钥由用户注入并使用。芯片厂商密钥、设备厂商密钥存储在片内专用的非易失存储区域内,且不得出片;用户密钥由用户程序决定存储位置。不同种类的密钥在不同的生命周期下,具有不同的访问权限。只有该密钥的授权方才能在对应的生命周期下对该密钥进行读写访问。

2.5　密码模块

密码技术是保护信息安全的根基,已经成为信息系统必不可少的重要组成。现行的密码算法主要包括对称密码算法、非对称密码算法、杂凑算法等,提供鉴别、完整性、抗抵赖等服务。随机数在密码学中应用非常广泛。在密码体制中,对称加密算法中的密钥、非对称加密算法中的素数及其密钥的产生都需要随机数。密码算法可以通过软件与硬件两种方式实现。图 5 为硬件密码模块实现示意图。

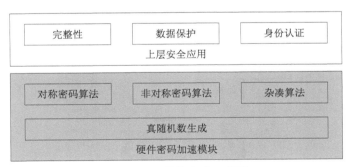

图 5　密码模块实现示意图

2.6　生命周期管理

生命周期管理是指芯片从生产到交付整机厂商,进而由整机厂商将其作为整机的一部分交付最终客户的全生命周期过程的管理。在生命周期的不同阶段,对不同的密钥及调测试接口具有不同的访问使用权限,以此保证芯片属于不同所有者时,具有不同所有者相对应的安全特性和权限。芯片的生命周期转换是单向的,不能倒向转换,且只能逐级进入。图 6 为一种生命周期管理示意图。

芯片出厂阶段,芯片生产出来以后,处于芯片厂商状态。同时,所有的调测试端口都是能使用的,能够访问芯片内的所有敏感信息。当芯片进入设备厂商后,芯片是设备厂商状态。设备厂商状态需要保留一定的调测试能力,但是全芯片内部的扫描功能需要关闭。当芯片到达用户手中时,芯片进入用户状态。用户可以使用芯片的各种安全功能,但是不能使用调测试功能,以保护各种密钥的安全性。同时启动的时候必须采用安全启动。设备厂商返厂状态,芯片的部分调测试功能被打开。芯片返厂状态,芯片的所有调测试功能被打开。

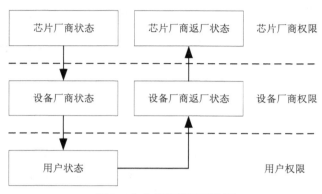

图6　生命周期管理示意图

2.7　安全启动

现在几乎所有的安全芯片都要支持安全启动,安全启动是其他安全机制的基础,如果系统软件在系统启动之前就已经被篡改,且系统软件拥有很高的权限,那运行在该系统上的敏感数据将不再安全,致使相关的安全防护措施形同虚设,起不到安全防护的作用。

安全启动原理是把可信根存放在片内 ROM 中,从片内的可信根开始逐级认证验签,保证启动中的每一个阶段的内容都是安全的,即采取可信链的形式,一级验签一级,一级信任一级,将信任逐渐传递,最终形成一个可信链。

图 7 为飞腾处理器安全启动流程示意图。首先安全子系统的 ROM 程序,验签外部的基础固件;然后基础固件再验签第三方固件。基础固件的执行、第三方固件验签与执行在应用子系统中完成。第三方固件按照逐级验签的模式,依次加载、验签、执行后续模块,进而引导操作系统。

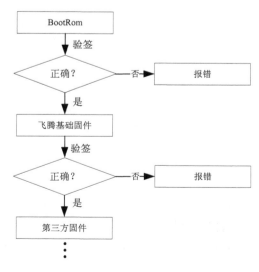

图 7　安全启动流程图

2.8 抗物理攻击

物理攻击是指攻击者针对芯片实体所做的破坏或者非破坏性攻击,包括错误注入攻击、侧信道攻击与侵入式攻击等。错误注入攻击是指通过抖动电源与抖动时钟等手段,使电路产生错误操作,影响个别指令或某个电路的执行。侧信道攻击是指通过测量分析芯片的功耗、电磁等信息,获取芯片内部的敏感信息。侵入式攻击是指通过打开芯片的封装,使用探针检测并修改电路或获取内部存储器信息而进行的攻击。

处理器核与互连网络的增强技术能够影响程序执行的行为,提升抗物理攻击的能力。通过加密存储、顶层金属覆盖防护技术,提升侵入式攻击成功的难度。最后,在安全子系统中实现用传感器模块检测电压及时钟异常,如果发现异常则立即对系统进行复位。

3 实验与结果

我们在飞腾处理器中设计实现一个安全子系统,该安全子系统集成了处理器核、互连网络、ROM、SRAM、DMA 控制器、指令 cache、OTP、密码模块、传感器模块、UART 及 SPI 等外设接口,能够很好地实现安全启动、抗物理攻击、密钥管理、生命周期管理等安全功能。其中密码模块需要为功能处理器提供密码服务,因此性能要求较高,包括商用密码算法及真随机数生成器。

对安全子系统进行物理实现,其中安全子系统的整体工作频率为 100 MHz,而密码模块的频率为 600 MHz。安全子系统的整体面积为 0.513 mm²,其中密码模块的面积为 0.185 mm²。

我们对安全子系统及密码模块的性能进行测试,如表 1 所示。

表 1 安全子系统性能测试结果

	Test items	Test results
Processor core	Dhrystone	1.56 DMIPS/MHz
	Coremark	2.375 Iterations/S/MHz
Cipher module	SM2	2 037/S
	SM3	4.9 Gbps
	SM4	5.2 Gbps

安全子系统 Dhrystone 测试性能为 1.56 DMIPS/MHz,Coremark 测试性能为 2.375 Iterations/S/MHz,能够满足系统需要。我们对随机时钟停顿、随机清空指令缓存、随机数据极性等三种技术进行了测试,其中随机时钟停顿与随机清空指令缓存概率越高,性能越低,与停顿及清空概率成反比关系。随机数据极性基本不影响程序性能,但是能够获得更随机的功耗。

最后,我们对安全子系统的安全特性进行了测试,测试内容包括安全启动、密钥测试、DFT(Design For Test)测试、Debug 测试、生命周期测试、顶层金属覆盖防护测试、传感器测试、密码模块测试、真随机数测试等。安全启动、密钥测试、DFT 测试、Debug 测试需要与生命周期测试组合进行,因为在不同生命周期状态下,启动流程、调测试权限、密钥使用权限有所不同。对安全启动测试需要进行正向测试与反向测试,正向测试是指在条件满足的情况下测试启动流程是否正常进行,而反向测试是指在各种不满足条件的情况下测试启动流程是否按期望进行报错。调测试同样需要正向测试与反向测试。真随机数测试在后仿环境下进行,并对产生的随机数的随机性进行验证。顶层金属覆盖防护测试与传感器测试需要在仿真过程中注入错误,检测电路是否报错。在芯片流片以后,我们请第三方测试机构在实际芯片上进行了多种安全测试,从而验证了我们设计的有效性。

4 结论

本文针对计算器系统的安全原点向处理器中转移的需求,对微处理器内安全子系统的体系结构进行研究。对体系结构与微架构提出了一套系统的安全解决方案,并且在飞腾处理器中进行了设计与实现。采用本文提出的安全增强技术的飞腾处理器目前在众多安全领域得到了很好的应用,证明了本文所述安全技术的有效性。

参考文献

[1] GLOBALPLATFORM INC. The trusted execution environment:delivering enhanced security at a lower cost to the mobile market[EB/OL]. [2011-02-03]. https://globalplatform.org/resource-publication/the-trusted-execution-environment-delivering-enhanced-security-at-a-lower-cost-to-the-mobile-market/.

[2] ARM. ARM security technology—building a secure system using trustzone technology [EB/OL]. [2009-05-06]. https://developer.arm.com/documentation/genc009492/latest/trustzone-hardware-architecture/processor-architecture/securing-the-level-one-memory-system.

某全密闭加固计算机结构热设计研究

宗涛，李宇梁，庞林林

（中国船舶集团公司第七〇九研究所　武汉　430070）

摘　要： 散热问题是电子设备领域研究的重点之一，因散热问题引起的器件热失效，严重影响了电子设备的工作稳定性和使用寿命。适用于舰载、车载、机载等恶劣使用环境的加固计算机，机箱需采用全密闭设计，只能通过传导将内部的热量传递到机箱外，这也给加固计算机的结构热设计提出了更高的要求。本文对某全密闭加固计算机的结构热设计进行研究，通过选择合理的散热方式，利用仿真对两种不同结构的散热器进行对比，确定了某型全密闭加固计算机的散热器结构形式，并验证了散热方式及结构设计的合理性，提高了产品设计效率，并为同类设备设计提供了参考。

关键词： 加固计算机；热设计；散热器结构；热仿真；结构设计

Research on Thermal Design of a Fully Enclosed Rugged Computer Structure

Zong Tao，Li Yuliang，Pang Linlin

（709th Research Institute，China Shipbuilding Industry Corporation，Wuhan，430070）

Abstract： As one of the key issues in the field of electronic equipment, heat dissipation has seriously affected the working stability and the service life of electronic equipment by the thermal failure of the devices. The rugged computer suitable for ship, vehicle and airborne environment should be fully enclosed, thus, the internal heat can only be transferred to the outside of the cabinet by conduction, which puts forward higher requirements for the structural design and thermal design of rugged computer. In this paper, the structural design and thermal design of a fully enclosed computer is studied. The radiator structure is determined by the choice of a reasonable way of heat dissipation using thermal simulation to compare two kinds of radiators with different structures. The rationality of heat dissipation mode and the structure design is verified. It could improve the efficiency of product design, and also provide a reference for the design of similar equipment.

Key words： rugged computer, thermal design, radiator structure, thermal simulation, structure design

随着芯片集成度的提高，电子设备的内部热耗居高不下。美空军报告指出：失效的电子设备中，有 55% 是由温度升高引起的热失效。在电子行业中，器件温度每升高 10 ℃，其故障率就呈几何级增加，这就是"10 ℃法则"[1]。电子设备的散热问题，严重影响了产品的使用寿命和工作稳定性。

相比于传统的电子设备，军用加固计算机从计算机的体系结构和满足各种抗恶劣环境要求出发，严格按照一系列军用标准要求设计制造，适用于野外、车载、舰载、机载、水下等恶劣环境。开放式结构的机箱虽然

收稿日期：2020-08-10；修回日期：2020-09-20

通信作者：宗涛（ljzy@cssc709.net）

具有比密闭式机箱高得多的散热能力,但无法保护机箱内部的器件免受恶劣环境的侵蚀[2]。基于此,军用加固计算机需采用全密闭设计,这对结构热设计提出了更高的要求。

本文通过对某型加固计算机散热器翅片结构进行优化,提高计算机的散热能力,达到有效散热的目的。

1 加固计算机概述

加固计算机,是为了适应野外、车载、舰载、机载、水下等各种恶劣环境,在计算机的设计阶段,对计算机结构、电气特性等进行相应加固设计的计算机,又称为抗恶劣环境计算机。加固计算机具有高可靠性、高环境适应性等特点,采用标准化、模块化、系列化设计[3]。

相比于开放式结构的机箱,全密闭机箱可保护内部的器件免受恶劣环境的侵蚀。某加固计算机采用全密闭设计,其机箱内部热量通过传导传递到机箱外表面,并通过强迫风冷等方式将热量传递到外部环境中。

2 设计原则

为了确保加固计算机工作的稳定性,优异的散热性能和良好的力学性能缺一不可,因此在结构设计时,要通过经验及仿真等手段,在产品设计阶段实现散热性能和力学性能的平衡,提高产品设计效率。

3 系统组成

某型加固计算机采用全密闭、小型化、轻薄化设计,高度为2U,模块采用3U、6U标准板卡,空间紧凑。加固计算机主要由前面板、箱体、后面板(插座板)、风机部件等组成,其设备组成如图1所示。

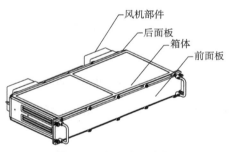

图1　设备组成示意图

加固计算机箱体是由上风道板、下风道板、左侧板、右侧板组成,并与前面板、后面板(插座板)围成的全密闭的箱体,前、后面板与箱体之间通过屏蔽条形成连续导电的屏蔽体。在密闭箱体的内部,上风道板和下风道板上均匀分布有散热器翅片,箱体内部发热器件(芯片)将热量传导到上风道板和下风道板上,并通过散热器翅片将热量传递到箱体外。风机部件与后面板部件连通,通过强迫风冷将散热器翅片的热量传递到箱体外,其散热系统组成如图2所示。

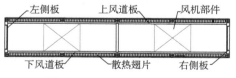

图2　散热系统组成示意图

显控计算机机箱内部配置有3块6U模块,1块3U模块,机箱内部各功能模块采用加装导热盒横向贴壁的安装方式,模块安装到指定槽位后,使用模块两侧锁紧条紧固模块,进一步提升模块贴壁导热面积,提高热传导效率,同时确保整机的抗振动冲击能力。机箱内部布局如图3所示。

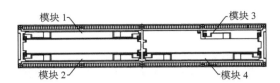

图 3　机箱内部模块布局示意图

4　热设计

4.1　整机热耗分布

某型加固计算机整机热耗分布如表 1 所示。

表 1　整机热耗分布

序号	部件	热耗 /W
1	模块 1	50
2	模块 2	50
3	模块 3	15
4	模块 4	50
5	总计	165

4.2　传热路径

对于某型加固计算机,其加固设计始于板级产品,除了选择高可靠性元器件、合理排布元器件外,还需要附加导热盒,使元器件产生的热量通过金属传导出去。

在采用总线底板架构的模块化加固计算机中,各功能模块以插件的方式插入机箱,依靠锁紧器将各功能模块的导热面贴紧箱壁导轨进行散热,其具体的散热路径为:将芯片产生的热量传至覆盖于印制电路板上的金属导热板,金属导热板再经紧贴于两边的插槽导轨面将热量传导至机箱壁,最后由机箱壁通过强制对流的方式传递给外部环境。

4.3　散热效率

在加固计算机散热系统中,影响散热效率的因素主要有以下三个。

（1）印制电路板上的发热器件与导热盒之间的接触热阻。为减小接触热阻,提高传热效率,在发热器件与导热盒之间填充柔性高导热材料。

（2）导热盒与机箱壁的接触热阻。为减小接触热阻,提高传热效率,需在保证板卡插槽与导热接触面精度的同时,保证板卡锁紧后能紧贴到接触面上。

（3）风道的阻力损失。为降低风道阻力损失,要合理设计机箱风道,提高风机工作效率。

4.4　散热方式选择

散热方式的选择基于两个方面考虑:一是单位面积内散热的总热耗;二是被散热器件、空间结构对散热组件的安装方法的限制。

由于某加固计算机发热器件根据热耗合理排布,发热器件热量通过高导热材料传导到金属导热盒上,金属导热盒与机箱紧密接触,可认为通过机箱外表面散热,其散热方式的选择可以根据热流密度来确定。

如表 1 所示,整个机箱热耗为 165 W,由于机箱内部模块热量通过贴壁传到机箱外表面,因此,机箱平均

热流密度为

$$\varphi = \frac{\Phi}{A}$$

其中,φ 为机箱平均热流密度;Φ 为机箱总热耗;A 为机箱外表面散热总面积。

通过计算可知,机箱平均热流密度约为 0.068 W/cm²。

根据要求,环境温度最高为 55 ℃,考虑内部器件最高可承受温度为 85 ℃,则温升应该控制在 30 ℃左右。图 4 为机箱冷却方式选择图 [4],综合考虑计算得出的机箱平均热流密度,以及加固计算机的实际工况,机箱散热方式选择强迫空气冷却 [5]。

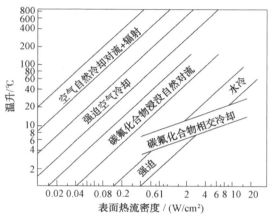

图 4   机箱冷却方式选择图

4.5 风道设计

加固计算机散热风道分布于机箱上下两个平面,风流场为前进后出风形式,为增强机箱的散热特性,在机箱后出风口设计了 4 个(上下各分布 2 个)出风导槽,用于提升机箱后出风风压,机箱风道如图 5、图 6 所示,机箱进出风如图 7 所示。

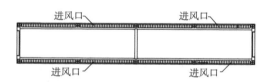

图 5   机箱前进风口示意图

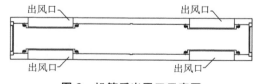

图 6   机箱后出风口示意图

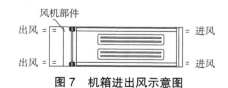

图 7   机箱进出风示意图

4.6　散热器翅片优化设计

根据全密闭加固计算机结构及散热形式,散热器翅片采用两种结构形式,如图8、图9所示。

方案一:将铝合金波纹板焊接到上、下风道板上,如图8所示。其优点是波纹板有成型产品,剪裁方便,散热表面积大,重量轻,经济性好,适合批产;缺点是机箱需采用真空钎焊,波纹板与风道板焊接后也有一定的接触热阻,传导面积较小。

图8　方案一散热器翅片结构示意图

方案二:在上、下风道板上铣散热齿,优化翅片厚度和间距。其优点是风道板与散热齿无接触热阻,传导面积大;缺点是加工量较多,成本较高,重量较高。

研究可知:翅片厚度越大,回流涡区越显著,流场的扰动作用越强,对流传热作用越剧烈,一定程度上强化了传热效果,在散热器结构优化时,翅片厚度选取在2 mm左右时散热较佳[6]。翅片间距不能过大或过小,翅片间距过大,翅片数目减少,散热表面积减少;翅片间距过小,空气流动阻力增加,散热效果变差[7],根据本文采用的散热器结构形式,间距4~6 mm散热效果较佳。

考虑加工变形量,并尽可能增大机箱散热面积,参考以往设计经验,综合考虑散热及力学性能,设置翅片厚度为2 mm,间距为6 mm。

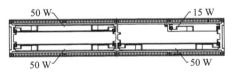

图9　方案二散热器翅片结构示意图

5　热仿真

5.1　热耗分布

根据表1加固计算机整机热耗分布,对模块进行合理布局分布,如图10所示。

图10　箱体内部模块布局图

根据板卡布局和散热结构设计,加固计算机散热器分别采用方案一波纹板(焊接到上、下风道板上)和方案二直接在风道板上铣散热齿两种形式。

5.2　建立模型

在不影响仿真结果的条件下,对模型进行适当简化,主要包括:

(1)简化计算机内部和外部螺纹孔、圆角等对散热影响很小的结构特征;

(2)简化计算机后盖板、连接器等对散热影响很小的安装件;

(3)简化标准紧固件,如对散热影响很小的螺钉、垫片等。

简化后的加固计算机仿真模型如图11所示。

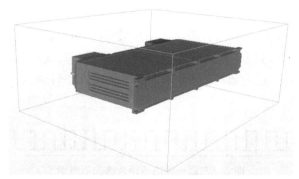

图 11   热仿真模型图

5.3   网格划分

软件自动生成网格,关键器件网格加密,以保证计算精确性,其网格划分结果如表 2 所示。

表 2   网格划分

目标网格数	最小网格尺寸	网格数	自动网格数
10 000 000	0.000 5	10 039 375	11 017 759

划分网格后的热仿真模型如图 12 所示。

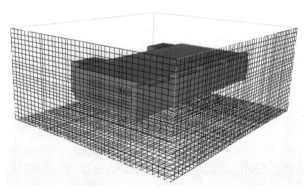

图 12   热仿真模型网格划分

5.4   边界条件设置

常温边界条件设定如下。

环境温度:55 ℃。

散热方式:风冷 + 自然散热。

压强:1 MPa。

材质:铝合金。

流体参数设置如表 3 所示。

表 3   流体参数设置

密度值 /(kg/m³)	层流黏度值 /(kg/ms)	导热系数值 /[W/(m·K)]	比热容值 /[J/(kg·K)]
1.19	0.000 018	0.026 1	1 005

风机参数设置如表 4 所示。

表 4 风机参数设置

额定转速 /rpm	额定噪声 /dB(A)	风机曲线
5 000	50	"0,100.9, 10,82, 20,67, 30,51, 40,41, 50,39, 60,21, 71.69,0 <cfm,Pa>"

材料参数设置如表 5 所示。

表 5 材料参数设置

导热系数值 /[W/(m·K)]	密度值 /(kg/m³)	比热容值 /[J/(kg·K)]
190	2 800	880

5.5 求解

通过仿真,采用两种散热器结构的加固计算机风道如图 13、图 14 所示。

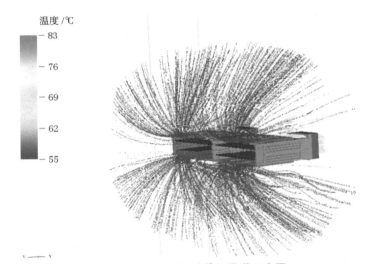

图 13 方案一加固计算机风道示意图

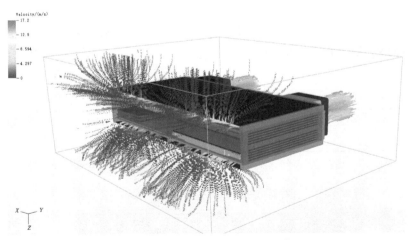

图 14 方案二加固计算机风道示意图

方案一、方案二热仿真云图如图 15、图 16 所示。

图 15 方案一加固计算机温度分布云图

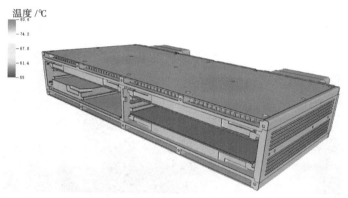

图 16 方案二加固计算机温度分布云图

5.6 数据分析

通过分析两种散热器结构的加固计算机风道云图,可以看到两种方案的加固计算机风道内部气流运行平稳,进出口流速较快,外界的冷空气可以与散热翅片发生充分的对流散热。通过分析加固计算机的热仿真温度云图,可以看到加固计算机表面温度分布较为均匀,各个点温差不大,说明两种方案的机箱热设计均较为合理。

通过比较两种散热器的温度分布云图,采用方案一波纹板的加固计算机温升为 28 ℃,而采用在风道板上铣散热齿的加固计算机其温升为 25.3 ℃,综合比较,采用直接在风道板上铣散热齿的加固机散热能力更强,如表 6 所示。

表 6 机箱在 55 ℃下的热仿真结果

名称	室温	采用波纹板的温升	采用在风道板上铣散热齿的温升
仿真结果	55 ℃	28 ℃	25.3 ℃

6 试验验证

6.1 测试方案

模拟计算机工作热环境,采用主板＋加热模块的配置,达到整机热耗与计算机实际配置热耗相当,测试主要芯片温升。

6.2　测试环境

机箱内部按照实际使用情况共安装了 4 个模块,其中模块 1 为主模块,采用实装模块,其余模块为加热模块,采用实验用热源模块。

6.3　传感器布置

在主模块上的芯片与其对应的导热盒凸台间布置了热电偶探头,直接读取芯片表面的温度,其中芯片和凸台之间有导热垫,如图 17 所示。

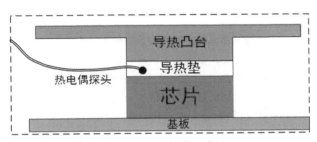

图 17　温度监控点示意图

6.4　测试结果

热平衡后测试结果如下,测试数据如表 7 所示。

表 7　机箱测试结果

名称	室温	采用波纹板的温升	采用在风道板上铣散热齿的温升
测试结果	55 ℃	24.3 ℃	22.2 ℃

通过上述数据可以看出:采用两种散热器结构的加固计算机整机均可满足正常工作的要求,但采用方案二在风道板上铣散热齿的机箱温升更低,散热效果更好,与热仿真结果相符。但方案一波纹板机箱散热器重量更轻,经济性更好,且散热量与方案二相差不大,更适合批产。

7　结论

本文利用热仿真软件,对某型加固计算机结构进行热设计,通过选择合理的散热方式,并用仿真对两种不同结构的散热器进行对比,确定了某型全密闭加固计算机的散热器结构形式,并验证了散热方式及结构设计的合理性。热设计与结构设计的同步进行,能够在产品设计阶段对密闭式加固计算机的散热效果进行评估,有效缩短了设计时间,为其他电子设备设计提供参考。

参考文献

[1] 李冰川. 机载电子系统散热仿真分析与优化设计 [D]. 上海:上海工程技术大学,2016.

[2] 徐立颖. 加固计算机热设计 [J]. 现代电子技术,2009(1):85-90.

[3] 雷宏东. 某型加固计算机的主机机箱结构设计 [J]. 机械管理开发.2010(5):7-9.

[4] 赵惇殳. 电子设备热设计 [M]. 北京:电子工业出版社,2009:30-32.

[5] 冷献春. 某固态功放设备的强迫风冷散热设计 [J]. 机械与电子,2012(2):44-47.

[6] 李健. 基于数值模拟的芯片冷却散热器结构优化 [J]. 上海交通大学学报,2019(4):461-467.

[7] 杨桂婷. 平板热管散热器应用于 LED 照明灯具的研究 [J]. 中国照明电器,2017(2):1-4.

TVM 上基于 Matrix-DSP 的矩阵乘法的基本优化方法

朱小龙,邓平,孙海燕,李勇

（国防科技大学计算机学院 长沙 410073）

摘 要：在不同硬件后端上部署深度学习网络模型和优化算子一直是一个挑战,TVM 结合编译器思想,通过硬件无关优化和相关优化解决了该问题。矩阵乘法是深度学习的核心算子之一,在 TVM 上完成特定于目标硬件的矩阵乘法优化能大大提高网络模型的推断速度,且为新硬件上算子优化提供解决途径。通过分析 TVM 中 Tensor 语言的特点及算子实现到目标代码生成的基本流程,给出了基于 Matrix-DSP 的矩阵乘法的优化实现及原理方法。

关键词：矩阵乘法；深度学习；Tensor 语言；TVM；Matrix-DSP

Basic Optimization Method of Matrix Multiplication Based on Matrix-DSP in TVM

Zhu Xiaolong, Deng Ping, Sun Haiyan, LI Yong

（College of Computer, National University of Defense Technology, Changsha, 410073）

Abstract：Deploying deep learning network models and optimization operators on different hardware back-ends has always been a challenge. TVM combines the compiler idea to solve this problem through hardware-independent optimization and related optimization. Matrix multiplication is one of the core operators of deep learning. Completing the optimization of target hardware-specific matrix multiplication on TVM can greatly improve the inference speed of the network model and provide a solution to the optimization of operators on new hardware. By analyzing the characteristics of the Tensor language in TVM and the basic flow from operator realization to target code generation, this paper gives the optimized realization and principle method of matrix multiplication based on Matrix-DSP.

Key words：matrix multiplication, deep learning, tensor language, TVM, matrix-DSP

近些年来,关于深度学习的研究在国内外掀起阵阵热潮,且在人工智能和机器视觉等方面获得了突破性的进展,其研究成果被广泛应用于电子商务及汽车制造等诸多科学领域。除了着重于深度学习网络结构的创新与理论研究,如何高效构建网络模型、完成网络模型在不同硬件后端的部署以及使用硬件提高训练和推断的速度都是有待探索的方向。TensorFlow 及 MXNet 等深度学习框架极大提升了网络模型构建的效率,但在不同硬件后端的支持与优化加速方面尚待完善。

引入 TVM[1] 可较好地解决新后端的硬件支持和硬件加速问题。其采用编译器的思维,对输入的网络依次进行了前端目标无关优化（图优化）和后端相关优化（算子优化）,大大降低了新后端的添加难度。TVM

收稿日期:2020-08-10;修回日期:2020-09-15

通信作者:朱小龙(2716471154@qq.com)

采用 compute 和 schedule 分离的方式实现特定于硬件的算子优化，compute 完成与硬件无关的算子定义，具体硬件的优化使用 schedule 原语来实现。提供了丰富的原语，如 split 完成轴分割、tile 用于分块、fuse 融合操作轴以及 vectorize 引入向量和 parallel 实现并行。采用原语的优化方式可着重于算子的优化流程思维，不需过多处理算法的细节问题，从而可以大大提升程序的编写效率。同时 TVM 可充分利用原语中的参数信息，通过建立机器学习算法和损失模型，自动完成算子优化中参数的最佳调整。新后端采用原语优化方式完成算子的编写，可正确连接 TVM 前端，并能利用图优化带来的提升进一步加快网络模型在目标硬件上的部署速度。矩阵乘法是深度学习的核心算子之一，在 TVM 上完成特定于目标硬件的矩阵乘法优化能大大提高网络模型的推断速度。本文将矩阵乘法的算子优化实现作为主要讨论对象，分析 TVM 中算子优化的基本原理和方法，为后续网络模型完成在 Matrix-DSP 的高效部署提供有效支持。

本文的主要贡献如下。

1）结合 TVM 中 Tensor 语言的基本特点，分析了计算和调度分离的特性对算子优化及新后端添加所带来的优势，给出了使用 Tensor 语言从算子定义及优化到目标代码生成的流程。

2）结合 Matrix-DSP 体系结构的基本特点论述了矩阵乘法优化的基本原理，并制定优化的基本方法。

3）实现了 TVM 上基于 Matrix-DSP 的矩阵乘法的优化，且相对于默认调度有极大的性能提升。

1　相关工作

DL（Deep Learning）编译器未出现时，将不同的 DL 模型部署到不同硬件后端且有好的性能表现是一个巨大挑战。初期的解决办法是将模型的部署和优化工作交给 DL 框架来解决，事实上框架的推出主要简化了 DL 模型的编写，并未很好地解决对于不同 DL 硬件的部署及优化问题，如 Keras[7] 适用于快速构建用 Python 编写的 DL 模型，且作为高级 API 集成到 TensorFlow、MXNet 等框架中。DL 编译器采用了编译器的思想，引入目标无关的图 IR（计算图 IR），图 IR 用于深度学习中计算图的抽象表示，并独立于目标硬件，从而避免了功能的重复构建，大大降低了新后端的添加难度，同时可使用编译器的优化技术优化 IR，使得网络模型的部署速度得到质的飞越。目前流行的 DL 编译器有 TVM、TC[7]、Glow[9] 以及 XLA[10] 等，相比于其他深度学习编译器，TVM 支持的深度学习框架最全面 [2]，同时特有的 AutoTVM[3] 能完成算子的最佳参数选取。其设计主要以计算图 IR 为界线，分成编译器前端和后端，TVM 会对高级 IR（计算图 IR）实现与硬件无关的转换和优化，对低级 IR（表示算子计算的 Halide[4] IR）实现硬件相关的转换和优化，并经编译完成目标代码的生成。前端会将 DL 模型作为输入并将其转换成高级 IR，且结合图优化技术、面向 DL 和传统编译器的优化技术完成计算图（高级 IR）的转化和优化。后端将高级 IR 转换成低级 IR，对低级 IR 的优化主要完成对于特定硬件的优化从而获得对应体系结构上的高性能代码。

传统 DL 框架优化的研究主要侧重于计算图。而对算子的优化极大依赖了 BLAS 等高性能库，如 Cafee 中的 Convolution（卷积）通过平铺转换成 Gemm（矩阵乘法），进而调库完成 GPU 上的算子优化。虽实现简单且有不错的性能表现，但在矩阵尺寸过大时易造成 GPU 显存的占用过度问题，会引起性能急剧下降。且新硬件往往没有可用的高性能库，这时结合硬件结构分析算子的优化原理，并通过给定的优化语言实现算子的提升有深远的意义。本文将主要研究在 Matrix-DSP 上矩阵乘法的优化实现，后期可结合 AutoTVM 以及图优化技术带来进一步的性能提升。

2　Tensor 语言

2.1　Tensor 语言的特点

TVM 的 Tensor 语言借鉴了 Halide 编程语言，具备了 compute 和 schedule 分离的特性，可以便捷地生成高效的 Halide IR。其中 compute 用于定义算子的功能，schedule 根据不同的硬件特性调用 schedule 原语完成优化。使用 TVM 计算和调度分离的方式为不同后端的算子支持提供了极大的便利。对于网络模型中的高级算子如 Convolution 和 Gemm,甚至只需编写其算子的计算定义,不同的后端硬件依据其对应的硬件结构,合理安排 schedule 原语就可以实现高级算子基于硬件的优化。由于 AutoTVM 的引入,schedule 原语的参数可通过机器学习模型完成最佳参数的选取,这种自动参数调整的机制极大弥补了人工手写优化的不足,同时还能获得相对较好甚至与手工优化持平的算子性能。现实中深度学习网络模型有众多的算子和巨大的优化空间,人工往往解决的是瓶颈算子而没有足够的精力面面俱到,这时机器无限的算力相对于人工有限的精力将突出其优势。

2.2　生成目标代码的流程

完成算子定义与优化后可使用 tvm.build() 完成目标机器代码的生成。首先会调用 tvm.lower() 使 Tensor 语言编写的算子代码形成循环嵌套结构的类 C 代码,形成类 C 代码需经过 InferBound() 和 ScheduleOps() 这两个步骤,InferBound() 除具有设置中间缓冲区大小等功能,还会推断 for 循环边界的范围信息来创建边界图,然后将边界信息传递给 ScheduleOps()。ScheduleOps() 处理了 schedule 原语中有关循环嵌套结构的信息,再经过多个 pass 如 unroll 和 vectorize 完成最终类 C 代码的形成。代码降低完成后可以通过指定硬件目标(如 CPU)调用相应的编译器(如 LLVM)完成有效的目标代码生成。图 1 概括了从 Tensor 表达式构造算子到最终目标代码生成的流程。

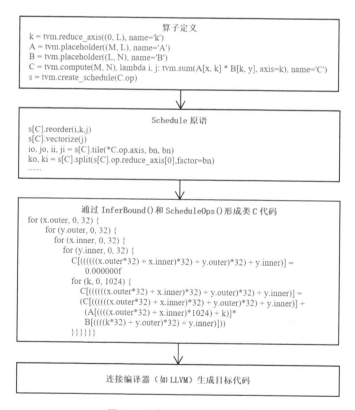

图 1　生成目标代码的流程

3　Matrix-DSP 的相关结构

Matrix-DSP 是国防科技大学自主研发的一款高性能 DSP,具有典型的 SIMD+VLIW 的特征,其内核部分的主要结构如图 2(a)所示。指令派发部件接收指令包,从指令包提取需要执行的指令发送到标量部件和向量部件执行,同时为标向量提供指令。标量部件中的标量处理单元(SPU)主要负责指令流控制、标量数据运算以及串行任务的执行,同时负责对向量部件的控制。标量存储单元(SM)主要实现标量数据访存,其中的一级数据Cache(L1D)实现标量数据的缓存和访问控制。向量部件中的向量处理单元(VPU)主要负责执行计算密集的并行任务。向量处理单元采用一种可扩展的运算簇结构,由16个同构向量计算引擎(VPE)构成,每个VPE中包含了3个浮点乘加器MAC。片上阵列存储器(AM)可实现16路SIMD宽度的向量数据访问,支持两条向量存储指令和DMA的并行访问操作,为VPU提供较高的访存带宽。存储器直接访问部件DMA可支持标量和向量的高效数据搬移与供给,可访问核内AM存储器、核内SM存储器、本地全局Cache等存储资源。整个Matrix采用可变长的VLIW架构,最大可支持11发射(包括标量指令和向量指令),从而最大程度上开发指令级并行与向量部分数据级并行。

　　本文所讨论的与Matrix优化相关的结构主要有:多级存储结构中Cache的引入,以及Matrix对SIMD指令的支持。其中Cache主要解决内存和内核速度不匹配的问题,程序的空间局部性体现在获取某数据不久后会利用其周围的数据,故利用数据预取技术将一块数据预取到Cache中便于Matrix后续的使用,能大大减少访存的次数从而提高速度。为方便讨论,假定存储层次有3层,分别是寄存器、Cache和主存。支持SIMD的Matrix每个核内有多个VPE单元,多个VPE可同时处理同一指令中多个数据的运算进而极大地提升处理速度。图2(b)展示了多级存储结构。

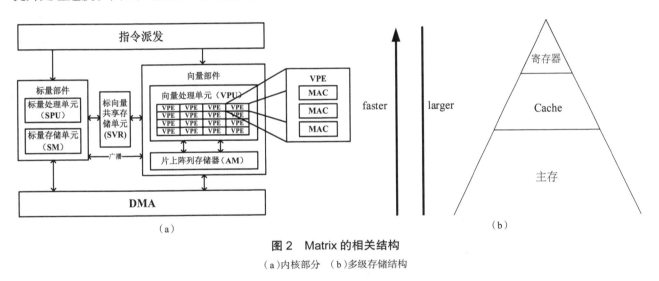

图2　Matrix的相关结构

(a)内核部分　(b)多级存储结构

4　Tensor表达式完成矩阵乘法的实现与优化

4.1　循环排序及向量化

　　对于二维矩阵乘法 $C+=AB$,实际上根据循环轴 i, j, k 的排列数3!共有6种完成计算的方式,表1示例了其中3种。图1的算子定义中给出了Tensor语句实现矩阵乘法的基本语句,其中compute语句使用tvm.sum( )完成 A 中行与 B 中列对应元素相乘后累加的运算(点积运算),即采用了表1中第一种计算方式完成矩阵乘法的定义。由于从形状 (M, L) 和 (L, N) 变成 (M, N) 的过程中发生了维度规约,故需要指定其规约轴 k,对定义好的compute还需创建一个默认的schedule以便后续schedule原语的使用,默认schedule会形成图中第一种循环嵌套即 i-j-k。虽然6种不同的循环结构都可正确实现功能,但由于数据访问顺序与数据存储顺序匹配程度的不同会存在性能差异。数据一般在内存中使用行或列优先的方式存储(假定行优先),图3展示了行优先存储。

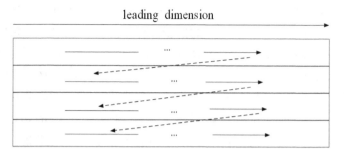

图 3　数据的行优先存储

表 1 中最内层循环采用数据行访问方式的有 *i-k-j* 和 *k-i-j* 这两种结构，*i-k-j* 还额外支持对于 *A* 的行访问，其相对较高的匹配度结合数据预取技术能提高对空间局部性的利用，故对于小尺寸矩阵的乘法采用 *i-k-j* 可获得最佳的性能。这两种层次结构还有利于向量指令的引入，其最内层循环的计算方式都是 Axpy(scalar Alpha times X Plus Y)操作，即 *A* 中标量与 *B* 的行向量做乘积。结合上述可通过轴排序原语 s[C].reorder(i，k，j)和向量化原语 s[C].vectorize(j)完成算法的优化。其中 s[C].vectorize(j)会将 *B* 中行元素向量化并打上 ramp 标签，提示编译器在标签处使用向量指令完成编译。

表 1　矩阵乘法的实现方式

多层循环结构	最内层循环计算方式
for $i=0,\cdots,M-1$ 　　for $j=0,\cdots,N-1$ 　　　　for $k=0,\cdots,L-1$ 　　　　　　$C_{i,j}+=A_{i,k}*B_{k,j}$	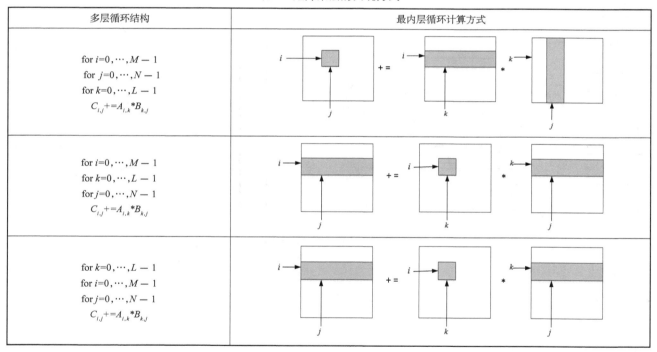
for $i=0,\cdots,M-1$ 　　for $k=0,\cdots,L-1$ 　　　　for $j=0,\cdots,N-1$ 　　　　　　$C_{i,j}+=A_{i,k}*B_{k,j}$	
for $k=0,\cdots,L-1$ 　　for $i=0,\cdots,M-1$ 　　　　for $j=0,\cdots,N-1$ 　　　　　　$C_{i,j}+=A_{i,k}*B_{k,j}$	

4.2　矩阵分块

当矩阵尺寸较小时，*A*、*B* 和 *C* 可通过数据预取轻易地放入 Cache 或寄存器中完成计算，且有较好的性能表现。而较大矩阵往往无法放入 Cache，这会导致数据获取的频繁访存。由不必要访存带来的额外开销问题可用矩阵分块的方法解决，图 4 展示了分块的基本原理。

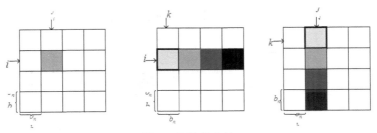

图 4　矩阵的分块

将大尺寸矩阵 A、B 和 C 分割成较小尺寸的矩阵块 A_b、B_b 和 C_b，使其可轻易地放入 Cache 或者寄存器中，能得到较高的计算效率。可使用原语 io, jo, ii, ji =s[C]. tile（*C.op.axis, bn, bn）对 C 矩阵分块，但此时 A 和 B 并没有分成 "tile" 而是 "panel"，若要对 A 及 B 实现 "tile" 分块，需要对循环轴 k 进行 split 操作，使用 ko, ki = s[C]. split(s[C].op.reduce_ axis[0], factor=bn) 原语。以上操作后会形成 i_o-j_o-k_o-k_i-x_i-y_i 的循环嵌套结构，其中 i_o-j_o-k_o 完成三个矩阵的 "tile" 分块，k_i-x_i-y_i 完成分块之间的矩阵乘法，分块内的优化可使用 4.1 中的优化方法。图 5 对应分块后的伪代码，可以发现其计算会导致对 C_b 的多次访问和写存操作，同时给出了较理想的伪代码对比。

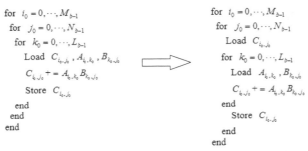

图 5　分块的获取和内存写回

通过改变分块划分方式 [5] 可减少不必要访存，即放弃 spit 操作形成 i_o-j_o-k-x_i-y_i 循环结构，该方法下的流式更新还可避免将 A_b 和 B_b 分块的全部数据放入 Cache 或寄存器，故可相应增大 C_b 的尺寸来提高性能。但分块 A_b 未能严格按行访问还是会造成性能的相对损失，实际优化过程中需要权衡来确定最后的方案，特别是在多级 Cache 结构（如包含 L3Cache）中需要灵活地完成嵌套分块 [6] 才能充分发挥性能。也可通过写 Cache 解决上述问题（当然也存在占用 Cache 空间这一缺点），写 Cache 方法会将 C_b 分块的数据更新放在 Cache 中实现，等所有数据计算完毕再统一写回到 C_b 对应的内存。可使用 TVM 提供的 CacheCb=s.cache_ write(C，local）和 s[CacheCb]. compute_at（s[C]，jo）语句来完成写 Cache 的功能，其中对象 CacheCb 负责对 C_b 块的计算和更新。对于分块 C_b 的计算可根据 4.1 中的优化方法通过类如 s[CacheCb]. vectorize(yc）的原语进行优化。

4.3　数据打包

在矩阵的尺寸进一步增大时，矩阵分块也未能很好解决性能下降的问题。数据预取一般仅能发生在页内而不可以跨页实现，当图 3 中 leading dimension 过大时访问分块中某行的数据，其下一行的数据可能存在于另一页而发生数据预取失败，从而无法完整获取分块数据以放入 Cache 或寄存器，通过数据打包可解决该问题。数据打包实际上改变了数据的存储方式，通过将分块内的数据存储顺序化解决了跨页预取不成功的问题，从而大大提高算法的性能。结合 B 矩阵的打包 [7] packB = tvm.compute（(N//bn, L, bn），lambda px, py, pz: B[py, px * bn + pz], name ='packedB'）说明打包操作，可知 packB 是 B 矩阵数据改变存储方式后的多维张量，并可替代 B 矩阵完成 C 矩阵的计算。同时可以使用类如 s[packB]. vectorize(pz）原语对打包后的

packB 添加 ramp 标签及其他优化。图 6 给出了数据打包的基本方法。

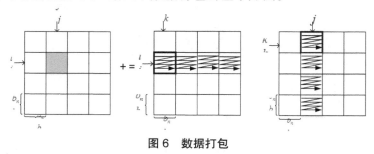

图 6　数据打包

4.4　其他优化方法

循环展开可以减少 for 循环中条件判断和跳转的额外开销,特殊程序结构下还能减少循环中计算语句间的相关依赖,结合编译器的优化可加速指令流水的推进,采用原语 s[C].unroll(xi)可实现对于循环轴 xi 的展开。此外还可通过多核并行完成矩阵乘法的性能提升,并行计算往往结合矩阵分块理论,可对矩阵 C 中分块的计算实现并行,每个核负责单独分块的计算。通过使用 iojo = s[C].fuse(io, jo) 和 s[C].parallel(iojo)原语完成分块 C_b 的并行计算,也可改变表达式中需并行计算的轴的位置,使用 s[C].parallel(io)原语对 C 矩阵以行分块方式实现并行。使用 parallel 原语后会对所生成类 C 代码中指定的循环层次前打上 parallel 标签,以提供并行信息给编译器。

5　矩阵乘法优化的实现与测试

5.1　优化实现

根据第 4 节的基本优化原理和优化方法,使用 TVM 提供的优化原语,对矩阵乘法采用图 7 中优化代码所对应的分割方式完成矩阵乘法的划分,同时结合打包、WriteCache、向量化以及循环展开等操作实现算法性能提升。为方便论述,仅采用单核来完成矩阵乘法的优化。

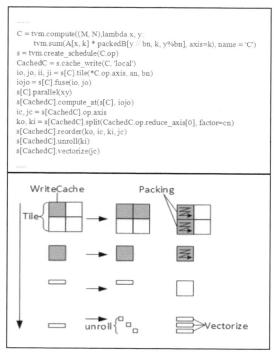

图 7　优化代码及分割方式

5.2　性能测试

测试不同尺寸（M，L，N）下矩阵乘法的默认调度时间，调度优化后时间及无框架下执行时间（时间单位为 ms），并计算调度优化相对于默认调度在时间上带来的比例提升，其中每个尺寸的测试结果取 10 次重复计算的时间平均值，其测试结果如表 2 所示。同时为了更清晰地展示第 4 节中每种优化方法带来的性能提升，选取了其中几种 Size（M=L=N=Size）的矩阵进行测试，其测试结果如表 3 所示。由于 Matrix 的向量运算部件由 16 个同构向量计算引擎（VPE）构成，故对循环轴 j 采用 b_n=16 的尺寸分割。

表 2　总体优化　　　　　　　　　　　　　　　　　　单位：ms

（M,L,N）	默认调度	调度优化	提升比例	无框架下
（128,128,128）	47.374	15.405	67.48%	36.787
（256,256,256）	377.401	94.143	75.05%	285.323
（512,512,512）	3 015.578	634.416	78.96%	2 288.774
（32,27,173 056）	3 648.018	766.942	78.97%	2 670.349
（1 024,1 024,1 024）	30 288.061	5 955.422	80.33%	22 625.136
（1 536,1 536,1 536）	101 691.40	19 028.57	81.28%	75 658.104
（2 048,2 048,2 048）	140 946.42	24 712.85	82.46%	105 991.708
（2 048,2 048,4 096）	241 878.74	39 401.85	83.71%	180 924.744

表 3　分步优化　　　　　　　　　　　　　　　　　　单位：ms

Size	128	256	1024	2048
Default	47.456	374.412	30 279.781	140 894.383
reorder	22.833	140.095	9 900.930	55 418.188
vectorize	17.516	131.014	8 773.794	51 590.955
tile	13.059	95.764	8 622.301	44 428.507
Cache	14.701	94.766	7 963.006	42 689.298
pack	15.510	93.157	5 947.748	24 741.64

由表 2 结果可知，调度优化后的矩阵乘法对比默认调度有着极大的性能提升，并相对无框架下的算子执行来说也有很大提升。特别是随着矩阵尺寸的逐步变大，调度优化后的性能提升尤为明显。由表 3 的结果可知，reorder 操作在各种尺寸下的矩阵乘法中都能带来性能上的显著提升，这主要是优化了数据的访存顺序从而减少了 Cache 不命中的次数。vectorize 操作对于较小尺寸（如 Size=128）的矩阵乘法提升明显，但尺寸较大时提升有限，主要因为小尺寸下矩阵乘法的主要性能瓶颈在于计算，而大尺寸下（如 Size=1 024）主要的性能瓶颈是访存时间的消耗。tile 和 Cache 操作可进一步充分利用程序的空间局部性，结合数据预取技术减少非必要访存的次数来提高性能。对于 pack 操作可以发现，其在矩阵尺寸较小（如 Size=128）时，反而会带来性能的损失，这是由于 pack 操作在改变数据布局时会带来额外的时间开销，其在计算上带来的提升不足以抵消其额外开销。但是当矩阵尺寸极大（如 Size=2 048）时，其带来的提升十分可观，原因是此时改变数据布局能大大减少访存时分页不命中的次数，故能极大缩减访存时间，带来性能的巨大提升。

6　结论

本文使用 Tensor 语言实现了基于 Matrix 的矩阵乘法的优化，并获得了极大的性能提升。分析了从算子实现到生成特定硬件目标代码的基本流程。结合 Matrix 的相关结构特点给出了矩阵乘法的优化方法和优化原理,并讨论了 schedule 原语如何结合优化方法完成对算法的提升。TVM 利用 Tensor 语言的解耦合性大大降低了新硬件添加的难度,探讨基本优化原理及使用 Tensor 语言实现 Matrix 上的矩阵乘法优化,对后期 Matrix 对新算子的优化支持,和未来深度学习模型通过 TVM 实现 Matrix 上的高效部署来说有着极其深刻的意义。

参考文献

[1] CHEN T Q, MOREAU T, JIANG Z H, et al. TVM: an automated end-to-end optimizing compiler for deep learing[C] // In Proceedings of the 12th USENIX Conference on Operating Systems Design and Implementation.USENIX Association, USA, 2018: 579-594.

[2] LI M Z, LIU Y, LIU X Y, et al. The deep learning compiler: a comprehensive survey[J]. ArXiv Preprint ArXiv: 2020.

[3] CHEN T Q, ZHENG L M, YAN E, et al. Learning to optimize tensor programs[C] // In Proceedings of the 32nd International Conference on Neural Information Processing Systems. Curran Associates Inc, Red Hook, NY, USA, 2018:3393-3404.

[4] KELLEY J R, BARNES C, ADAMS A, et al. Halide: a language and compiler for optimizing parallelism, locality and recomputation in image processing pipelines[J]. SIGPLAN Not. 48, 2013:519-530.

[5] PARIKH D, HUANG J Y, MYERS M E, et al. Learning from optimizing matrix-matrix multiplication[C] // 2018 IEEE International Parallel and Distributed Processing Symposium Workshops(IPDPSW).Vancouver, BC, 2018: 332-339.

[6] BLISLAB. A sandbox for optimizing GEMM [EB/OL]. [2016-08-11]. https://github.com/flame/blislab.

[7] TVM. How to optimize GEMM on CPU [EB/OL]. [2018-09-06]. http://tvm.apache.org/docs/tutorials/optimize/opt_gemm.html.

[8] VASILACHE N, ZINENKO O, THEODORIDIS T, et al. Tensor comprehensions: framework-agnostic high performance machine learning abstractions[J]. ArXiv Preprint ArXiv:1802.04730.2018.

[9] ROTEM N, FIX J, ABDULRASOOL S, et al. Glow: graph lowering compiler techniques for neural networks[J]. ArXiv Preprint ArXiv:1805.00907.2018.

[10] LEARY C, FIX J, et al. TensorFlo, compiled [EB/OL]. [2017-12-11]. https://developers.googleblog.com/2017/03/xla-tensorflow-compiled.html.

访存子系统关键参数配置对访存延迟的影响的实例研究

郭维,郑重,雷国庆,邓全

（国防科技大学计算机学院 长沙 410073）

摘 要:处理器核心执行程序的性能,在较大程度上受限于访存子系统的效率。多级 Cache 设计的初衷就是通过时间－空间折中的方式,来减小"存储墙"对处理器访存性能或执行程序性能的影响。访存子系统关键参数的不同配置组合对访存效率影响很大,在 X 处理器核心设计过程中,为更好地分析候选存储层次方案的实现可行性,对相关的访存子系统参数配置进行参数化实现,利用 FPGA 平台加载操作系统后的访存延迟测试程序和性能测试集,对访存子系统参数配置对访存延迟的影响进行硬件实现对比研究。通过实验结果分析,表明核心规模和访存子系统的充分配合十分重要,而各级 Cache 的自主预取是提升性能的重要途径。

关键词:Cache;存储墙;处理器;性能测试;高性能

Case Study on the Impact of Key Parameter Configuration of Memory Sub-System on Memory Access Delay

Guo Wei, Zheng Zhong, Lei Guoqing, Deng Quan

(College of Computer, National University of Defense Technology, Changsha, 410073)

Abstract: The performance of processor core to execute program is limited by the efficiency of memory subsystem. The original intention of multi-level Cache design is to reduce the impact of "memory-wall" on processor performance of memory access or program execution through time-space tradeoff. Different configuration combinations of key parameters of memory subsystem have a great impact on memory access efficiency. In the process of X processor core design, the parameter configuration of relevant memory subsystem is parameterized in order to analyze the feasibility of the candidate storage hierarchy scheme. The memory access delay test program and performance test set, in the operating system on FPGA platform, are used to test the memory subsystem. The influence of parameter configuration on memory access delay is studied by hardware implementation. The experimental results show that the full cooperation is very important between the type(big vs. little) of core and memory subsystem, and the independent prefetching of all levels of Cache is an important way to improve the performance.

Key words: Cache, memory-wall, processor, performance test, high performance

收稿日期:2020-08-09;修回日期:2020-08-17

基金项目:核高基项目(2017ZX01028-103-002);国家自然科学基金资助项目(61902406)

This work is supported by the HGJ-National Science and Technology Major Program (2017ZX01028-103-002), the National Natural Science Foundation of China (61902406).

通信作者:郭维(wineer_guowei@nudt.edu.cn)

1　前言

随着微处理器设计和半导体技术的不断发展,处理器内核的处理效率不断提高,对内存访问的需求也越来越大。作为微处理器设计面临的一个主要问题,"存储墙"问题越来越严重[1]。为了缓解存储访问效率对处理器核心运行效率的严重限制,大量的多层数据缓存技术(Cache)被应用于缓解存储墙。从最初的片上一级 Cache,到二级 Cache、三级 Cache,甚至私有二级 Cache 技术都得到了广泛的应用[2]。

Cache 的基本原理是缓冲处理器核心与主存之间巨大的速度差,预先缓存所需数据,当处理器核心需要数据时直接从 Cache 中访问数据,从而大大提高了处理速度。但是,不同级别的 Cache 在目标和功能上存在一定的差异。以常用的两级 Cache 结构为例,从功能上看,一级 Cache 与处理器核心的频率基本相同,因此一级 Cache 需要更快的存储访问速度;而二级 Cache 则侧重于更高的命中率,因为一级 Cache 缺失时,处理器核心的访问延迟成本太高[3]。

Cache 的总体结构包括标签地址部分和数据存储部分。指令 Cache 和数据 Cache 都存储在数据存储部分,但它们也根据不同的缓存结构分别存储。Tag 用于标记这段数据。每个 Tag 地址对应一条 Cache-Line。每当处理器核心访问 Cache 时,它首先根据 Tag 地址搜索数据。如果找到它,它将检索或写入数据,这称为 Cache 命中(hit),否则称为 Cache 缺失(miss)。当 Cache 缺失时,需要从下一级 Cache 或主存中访问它[4]。

不同结构的处理器核心和不同的应用环境对 Cache 的性能影响很大,因此,Cache 的设计要根据具体的应用环境,采用合理的设计、实现方式和参数选择才能达到最优的效果。

在 X 处理器核心设计过程中,为更好地分析候选存储层次方案的实现可行性,对相关的 Cache 参数配置进行参数化实现,利用 FPGA 平台加载操作系统后的访存延迟测试程序,对 Cache 参数配置对访存延迟的影响展开硬件实现对比研究。

2　背景

根据计算机体系结构的时间局部性和空间局部性原理,Cache 中存储的数据通常是处理器核心最近访问过的数据。如果正在访问的数据由于多种原因导致其不在 Cache 中,即为 Cache 缺失。根据造成缺失的原因不同,通常有三种类型的 Cache 缺失[5]。

强制缺失:如果某个数据事先没有被访问过,那么 Cache 中就没有这样的数据,所以第一次访问一定会缺失。在这种情况下,可以使用预取来尽可能降低发生频率。

容量缺失:由于 Cache 容量的限制,有时无法将一个程序的所有数据都缓存起来,从而导致丢失。

冲突缺失:这种情况通常发生在组连接映射中。由于芯片面积的限制,Cache 相联度不能很高。如果程序频繁访问属于同一个 Cache 集的多个数据,那么它将频繁丢失。

由于 Cache 是为了提高处理器核心的执行效率而提出的,因此处理器核心的执行时间是评价 Cache 性能的一个重要指标,即在 Cache 缺失的情况下,应该尽可能降低由于 Cache 缺失而导致的处理器核心性能损失。为了降低 Cache 的缺失代价,可以减少 Cache 的命中时间、造成缺失的 Cache 个数和 Cache 的缺失代价。

影响 Cache 性能的主要因素包括容量、块大小、映射结构和替换算法等[6-8]。

容量是 Cache 性能最直观的表现形式,它从本质上决定了 Cache 的性能。但是容量并不是简单的越大越好,其对性能的提高也不是线性的。此外,Cache 规模越大,需要在 Cache-Line 中查找的数据越多,索引、扇出和电容越大,导致处理速度较慢。Cache 容量和相关性的增加会导致缓存访问时间的增加。

降低 Cache 缺失率的最简单方法是增加块大小,即 Cache-Line 的大小。较大的块可以充分利用空间局部性的优势,降低强制逐出率。当缓存块较小时,降低缺失率仍然有效,但与 Cache 容量大小相比过大的块会导致缺失率的增加。正如增加 Cache 容量一样,每一项提高性能的技术都会导致其他方面性能的下降,而更大的 Cache 块也会增加缺失成本。因为在 Cache 容量固定的情况下,较大的块会减少 Cache 中的块数,因此可能会增加冲突缺失甚至增加容量缺失的概率。因此,在设计中应采用合理的 Cache 块读写,尽可能降低缺失率和缺失成本。

组相联映射结构是应用最广泛的 Cache 映射结构。在组相联映射结构中,Cache 通常被分成几个大小相等的子块。当路数(way)较少时,随着路数的增加,命中率的提高较为明显。但是,当路数达到一定程度时,命中率就会下降。因此,选择一个合理的相联度也是非常重要的。

Cache 容量有限,如果要在 Cache 空间已满后缓存新数据,则必须选择一条 Cache-Line 并将其替换为新数据。此时,如果被替换的数据最近被处理器核心访问,很可能会发生缺失。因此,我们希望替换最近未被访问或无效的数据块。我们需要使用替换策略来选择最佳的替换块。主要的 Cache 替换算法包括最近最少使用(LRU)、最少频繁使用(LFU)和随机替换。

通过比较 Cache 的容量、块大小、映射结构和替换算法对 Cache 性能的影响,在设计上要平衡存取速度、缺失率和成本等方面,采取符合当前系统环境的最佳设计方案。

在 X 处理器核心设计过程中,为精确分析不同的 Cache 参数配置方案对访存延迟的影响,将待验证的不同方案进行参数化实现,利用 FPGA 平台加载操作系统后的访存延迟测试程序,来获得相关的性能数据,为最终处理器核心实施方案提供更为精确的指导。

3 访存子系统关键参数配置对访存延迟的影响

X 处理器核心是一款面向高性能计算的乱序超标量处理器核心,其对访存效率的要求较高,为了能实现更高效地为程序执行提供访存数据,在设计过程中对其访存子系统的设计空间展开探索研究,重点考察与性能相关的 Cache 关键参数配置对访存性能的影响,以及最终对处理器核心性能的影响。

因此,将设计中候选的部分设计方案通过编码实现,再进一步适配和调试,最终可以用 RTL 代码的形式编译和实现,在 FPGA 平台上加载操作系统和测试集,将候选设计方案与原始设计方案展开对比试验,从而获得访存子系统关键参数配置对访存性能的影响范围和程度,为实际设计提供更好的指导和参考。

在设计过程中,提出了如表 1 所示访存子系统关键参数的候选配置。

表 1　访存子系统关键参数的候选配置

关键参数	候选配置
核心规格	大核 / 小核
L1D 大小	16/32/64 KB
L1D 相联度	2/4 路
L2-L1 读数据带宽	128/512 bit
L2 自主预取	无 / 有

3.1 实验设置

上述候选配置可以组成 48 种配置组合,但部分配置组合并非是合理配置,或者不是设计重点考察空间因素。为简化实验过程,从众多配置组合中遴选出 3 种具有代表性的方案,如表 2 所示。

表 2　实验使用的 3 种参数配置

	配置 1	配置 2	配置 3
核心规格	小核	大核	大核
L1D 大小	32 KB	64 KB	16 KB
L1D 相联度	2 路	4 路	2 路

	配置 1	配置 2	配置 3
L2-L1 读数据带宽	128 bit	512 bit	128 bit
L2 自主预取	有	无	有
L2 大小	2 MB	2 MB	2 MB

为较真实地考察上述 3 种配置方案对处理器核心访存性能或整体能力的影响,通过修改和适配对应的功能模块 RTL 代码,再通过综合、实现,在 FPGA 平台上运行并加载操作系统,运行相关延迟测试激励程序,以及性能测试集(SPEC 2006-CPU),最终获得 3 种配置方案的访存性能和执行性能的影响。

3.2 实验结果
3.2.1 访存延迟测试

本测试通过基于不同测试数据规模的步进式访问,来考察访存子系统的性能变化趋势,包括数据规模对步进长度的影响,如图 1 和图 2 所示。

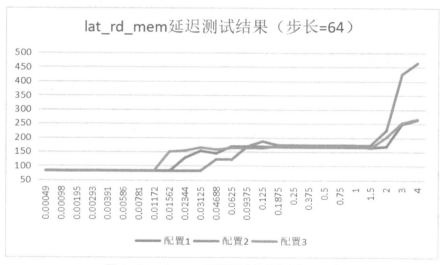

图 1 lat_rd_mem 延迟测试结果(步长 =64)

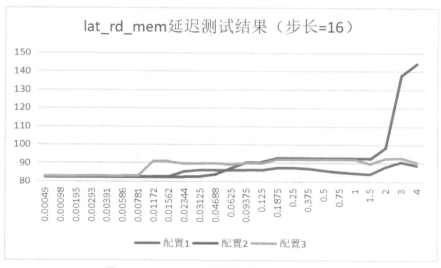

图 2 lat_rd_mem 延迟测试结果(步长 =16)

　　通过结果可知,在测试数据规模超过 16 KB 时,配置 3 的访存延迟会开始增加,会出现大量的 L1 缺失,并在 L2 中命中;而在测试数据规模超过 32 KB 时,配置 1 的访存延迟会开始增加;而配置 2 则是在测试数据规模超过 64 KB 时,访存延迟会出现增加。当测试数据规模超过 2 MB 时,配置 2 的访存延迟会急剧增加,而配置 1 和配置 3 的变化趋势不大。

　　对比 3 种配置方案的关键参数配置,说明 Cache 容量对访存延迟的影响较为明显,而容量缺失出现的 Cache 层次越低,访存的延迟代价越明显,而各级 Cache 的自主预取可以有效地隐藏延迟代价,提高访存子系统的访存效率。

3.2.2　性能测试集测试

　　为综合考察访存子系统的访存效率对处理器核心整体性能的影响,通过运行标准性能测试集 SPEC 2006-CPU,来考察访存子系统关键参数配置和核心规模与访存子系统的匹配程度对处理器核心整体性能的影响(图 3、图 4)。

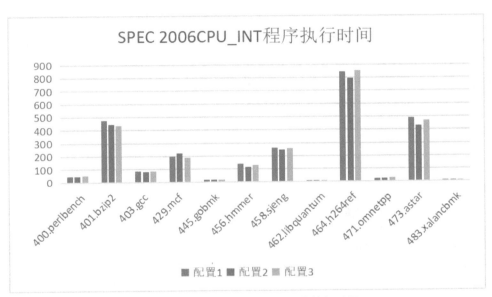

图 3　SPEC 2006CPU_INT 程序执行时间

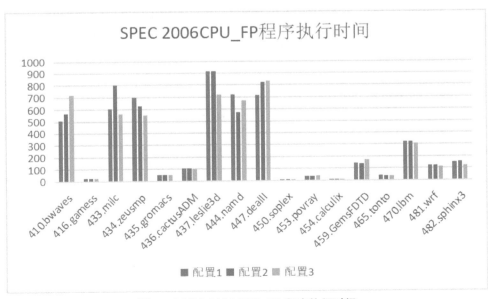

图 4　SPEC 2006CPU_FP 程序执行时间

通过结果可知,在整数性能上,配置 3 的平均运行时间较配置 1 有 2.4% 的小幅改善,而较配置 2 执行延迟有所增加,约为 4.1%,分析原因为整数部分的测试题除程序载入时 Cache 强制缺失外,在执行过程中也会触发 Cache 的强制缺失,存储子系统的访存性能就制约了程序执行效率,主要决定因素为 Cache 容量大小。

在浮点性能上,配置 3 的平均运行时间较配置 1 和配置 2 都有所改善(分别为 2.5% 和 5.3%),分析原因是浮点部分的测试题除程序载入时 Cache 强制缺失外,少量程序受限于预测数据载入,不仅受处理器核浮点计算能力影响,还受各级 Cache 数据预取机制的影响(表 3)。

表 3　SPEC 程序平均运行时间

执行时间平均值	配置 1	配置 2	配置 3
整数部分	216.46	202.94	211.29
浮点部分	303.95	312.78	296.29

4　结论

访存子系统的访存效率一直是处理器执行效率的重要影响因素,为综合考察关键参数的不同配置组合对访存效率的影响,同时在 X 处理器设计过程中,分析候选存储层次方案的实现可行性,对相关的访存子系统参数配置进行参数化实现,利用 FPGA 平台加载操作系统后的访存延迟测试程序和性能测试集,对访存子系统参数配置对访存延迟的影响进行硬件实现对比研究。

实验结果分析表明核心规模和访存子系统的充分配合十分重要,而各级 Cache 的自主预取是提升性能的重要途径。

参考文献

[1] LING M, GE J, WANG G. Fast modeling L2 cache reuse distance histograms using combined locality information from software traces[J]. Journal of system architecture, 2020, 108:56-65.

[2] 李永进,邓让钰,晏小波,等. 频率 2GHz 的 16 核处理器二级缓存设计 [J]. 上海交通大学学报, 2013(1):112-116,121.

[3] 程景峰. 基于 PowerPC 处理器的 L2 Cache 的研究与设计 [D]. 西安:西安电子科技大学:2017.

[4] CHEN Y F, LI H L, LIU X, et al. A multilevel instruction cache structure for array-based many-core processor[J]. Computer engineering & science, 2018:56(6):23-31.

[5] 汪波. 多处理器系统中高效 Cache 协议的实现方案设计与模拟 [D]. 长沙:国防科学技术大学, 2001.

[6] HU S S, HUANG J. Exploring adaptive cache for reconfigurable VLIW processor[J]. IEEE Access, 2019.

[7] 晏沛湘,杨先炬,张民选. 一种面向 CMP 的可变相联度混合 Cache 结构 [J]. 电子学报, 2011, 39(3):656-659.

[8] 张承义,张民选,邢座程. 组相联 Cache 中漏流功耗优化技术研究 [J]. 小型微型计算机系统, 2007(2):372-375.

基于 RISC-V 的身份证号识别系统设计与实现

原博，李勇，刘胜，胡慧俐

（国防科技大学计算机学院　长沙　410073）

摘　要：图像识别是目前计算机视觉研究的重要领域，包括遥感图像识别、军事与刑侦领域的侦察识别、生物医学领域中的病理推断识别等。身份证号识别是图像识别领域的具体应用之一，在日常生活中有着广泛的应用。本文主要结合当前体系结构领域中最新的指令集 RISC-V，针对身份证号识别这一应用领域，利用开源内核 Rocket，实现了基于 RISC-V 指令集架构的片上系统，并移植了 Linux 操作系统，同时基于上述平台设计并对比了 Tesseract、基于 OpenCV 的像素差法和基于 OpenCV 的 K 最邻近（KNN）算法三种不同类型的身份证号图像识别程序，构建了完整的身份证号识别系统。整个设计使用 Xilinx Artix-7 系列的 Nexys A7-100T 现场可编辑逻辑门阵列（FPGA）进行实现，结果显示在 Linux 系统中运行基于 KNN 算法的识别程序对单张身份证图片识别的速度最快能够达 0.26 s，识别准确度能够到达到 99.7%，同时对于硬件资源的占用率比较小。

关键词：RISC-V；Rocket；光学字符识别；K 最邻近；OpenCV

Design and Implementation of ID Card Number Recognition System Based on RISC-V

Yuan Bo, Li Yong , Liu Sheng , Hu Huili

（ College of Computer, National University of Defense Technology, Changsha,410073 ）

Abstract: Image recognition is an important field of computer vision research, including remote sensing image recognition, reconnaissance recognition in the field of military and criminal investigation, pathological inference recognition in the field of biomedicine, etc. ID number recognition is one of the specific applications in the field of image recognition, which is widely applied in daily life. This paper mainly combines the instruction set architecture RISC-V, which is the latest ISA in the architecture field, and uses the open source kernel Rocket to implement a system-on-chip based on the RISC-V ISA for ID number recognition, and transplants the Linux operating system. At the same time, based on the above platform, three different types of ID card image recognition programs are designed and compared, including Tesseract, OpenCV-based pixel difference method and OpenCV-based K nearest neighbor algorithm, and construct a complete ID card number recognition system. The entire design is implemented using Xilinx Artix-7 series Nexys A7-100T FPGA. The results show that running a recognition program based on KNN algorithm in the Linux system can recognize a single ID card number as fast as 0.26 s, with the recognition accuracy of 99.1%, and the occupancy rate of hardware resources is relatively small.

收稿日期：2020-08-10；修回日期：2020-09-18

基金项目：国家重点研发计划项目（2018YFB0204301）

This work is supported by National Key Research and Development Program of China (2018YFB0204301).

通信作者：胡慧俐（huhuili@163.com）

Key words：RISC-V，Rocket，OCR，KNN，OpenCV

RISC-V 是由美国加州大学伯克利分校提出的新型指令集架构,该指令集架构具有免费、可扩展、精简高效的特点。目前已出现了诸多基于 RISC-V 的开源设计,如加州大学伯克利分校的 BOOM、苏黎世大学的 Ariane、印度理工学院的 Shakti 系列,其中有些已经成功流片 [1-3],这表明 RISC-V 具有广阔的应用前景。

图像识别在日常生活中应用十分广泛,主要包括图像采集、预处理、特征提取以及匹配与识别这些过程 [4-5]。身份证号识别是图像识别的一部分,主要包括数字与字母的识别。相对于包含中文、英文词组的完整图像识别过程而言,身份证号识别的对象比较简单,对硬件性能的要求较低。

本文主要构建了基于 RISC-V 指令集的图像识别系统,主要包括硬件部分的 RISC-V SoC 和软件部分的 Linux 操作系统以及三种不同的图像识别程序。同时为该系统移植了 Linux 操作系统,并分别设计实现了基于 Tesseract 的识别程序、基于 OpenCV 的像素差法识别程序和基于 OpenCV 的 K 最邻近(KNN)识别程序,分别从识别速度和识别时间对这些程序的性能进行了对比,最终选择了基于 OpenCV 的 KNN 程序作为最终的图像识别程序,在本平台使用该程序能够达到 99.1% 的准确率,并且识别时间也能够降低到 0.26 s。

1 相关工作

在计算机图像处理技术的不断发展过程中,出现了各种图像识别技术,其中身份证号识别应用十分广泛,如:过关签证、订购车票、参加考试等都需要将身份证信息录入电脑。目前已有研究人员利用卷积神经网络设计了身份证号识别算法 [6],该算法比较复杂,对硬件资源占用较大。也有学者利用 Lenet-5 深度学习网络模型对身份证号进行识别 [7],同样采用卷积神经网络模型,训练模型过程对硬件要求较高。

本文设计了基于 RISC-V 的身份证号识别系统,该识别系统主要包括基于最新的开源指令集 RISC-V 设计的硬件平台和在该平台上设计的高效身份证号识别程序,整个识别系统具有对硬件性能要求低、识别效率较高的特点。

2 算法和硬件平台

RISC-V 是一种 RISC 指令集架构,该指令集由 RISC-V 基金会组织进行维护。基于该指令集的 Rocket 是美国加州大学伯克利分校设计的一款 64 位处理器,其具有按序发射的五级流水线,配有完整的指令缓存(Cache)和数据 Cache,同时具有分支预测功能(BTB、BHT、RAS);还具有内存管理单元以支持操作系统。本文所使用的 RISC-V 硬件平台就是以 Rocket 内核为基础,配备 DDR、VGA、UART 等外设,最终在 FPGA 上实现该硬件平台,并且将 Linux 操作系统移植到该平台上。

Tesseract 是开源的图像识别引擎,最初由惠普实验室开发,后来贡献给了开源软件业,由 Google 公司进行改进、修改漏洞(Bug)后重新发布 [8-9]。Tesseract 可以读取各种格式的图像并将其转化为超过 60 种语言的文本,同时还能够训练自己的训练集来进一步增强图像识别能力。

基于 OpenCV 的像素差法利用 OpenCV 库中的 absdiff 函数,计算两张图片的对应像素点之间的差值,并统计单张图片中所有像素点的差值之和,对待识别图片和目标图片库中的图片进行上述运算,得到的最小差值之和所对应的图片即为识别结果。

基于 OpenCV 的 K 最邻近算法是最简单的机器学习算法之一,主要针对样本与特征空间中的其他样本之间的相似度进行测评,在样本空间中找出 K 个距离目标样本最邻近的样本,则目标样本就属于该最邻近的类型;在图像识别过程中,选择 K 个与待识别图片相似度最高的图片,在这 K 个图片中定义次数最多的就是目标图片所对应的分类 [10]。

3　总体结构

3.1　硬件结构

本文基于 RISC-V 指令集的 Rocket 内核,设计了能够运行 Linux 操作系统的片上系统(或称"系统级芯片",SoC),整体结构如图 1 所示。

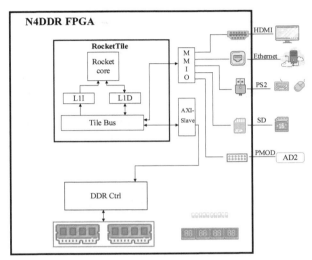

图 1　SoC 结构

该系统主要包括内核以及外设部分,内核使用了开源的 Rocket 内核,其整体结构如图 2 所示,内核由 Rocket Tile 构成,其内部包含 Rocket Core、Page Table Walke、L1I Cache、L1D Cache 等主要部件[11-12]。整个 Rocket Tile 通过 Tile Bus 与系统总线(System Bus)进行连接,进而与其他设备进行通信。除系统总线外,还有内存总线、外设总线、控制总线、前端总线。内存总线(Memory Bus)用来与 DDR Ctrl 进行连接,这其中需要使用 TL to AXI 模块将 Tile Link 总线协议转换为 AXI4 协议,最终连接到 DDR2 芯片上。外设总线(Peripheral Bus)用来将各种外设与系统总线进行连接。控制总线(Control Bus)用来与连接标准的内存映射设备,如图中的 Boot ROM、PLIC、CLINT 以及 Debug Unit 等,分别用来存放 CPU 的初始化指令、控制平台级中断、控制核内中断、调试内核等。前端总线(Front Bus)用来连接系统总线与 DMA 设备,控制数据在外设与内存之间的流动。

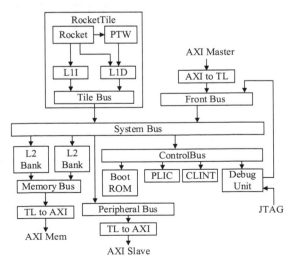

图 2　Rocket 内核结构

外设部分包括 DDR2 控制器、UART、以太网、VGA 驱动、SD 卡等。外设与 Rocket 内核的连接方式如图 3 所示。其中 I/O 顶层模块将整个系统的输入输出设备组织在一起,各个外设包含在 I/O 顶层模块中,通过 AXI4 总线与 Rocket 内核中的外设总线 Peripheral Bus 相连。这样组织的好处是方便添加各种外设,如添加通用型输入 / 输出(GPIO)时,仅需要将 I/O 模块中的总线互联模块与 GPIO 连接,中断信号接入 I/O 模块中的中断仲裁器,然后生成输出接口即可。DDR2 控制器与 Rocket 内核的内存总线连接,将内核产生的访存指令和数据发送给 DDR SDRAM。

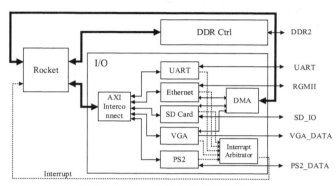

图 3　Rocket 内核与外设连接关系

3.2　软件结构

软件部分的工作主要包括 Linux 操作系统移植和图像识别程序设计。

1)移植 Linux 操作系统

移植 Linux 操作系统时,需要搭建交叉编译环境,配置及编译 Bootloader,编译内核,制作 Linux 根文件系统。

首先,需要编译 Bootloader,该 Bootloader 主要面向基于 RISC-V 指令集的内核。RISC-V 工具自带的 Bootloader 编译时使用的是 dummy payload 进行仿真 [13]。本文中,需要启动真正的 Linux 内核,所以使用 U-boot 代替 dummy payload。编译 BBL(Berkeley BootLoader)时,首先需要编译 U-boot,接着将 U-boot 作为 payload 编译 BBL 生成最终的 boot.elf 文件用来启动内核。

其次,需要编译 Linux 内核,该过程需要对 Linux 内核进行配置,针对内核配置文件 linux.config 进行配置,修改内部的 CONIFIG 选项完成对 Linux 内核的配置,同时结合添加的外设,在内核源码的驱动目录下增加相应的驱动程序,在配置内核时选中相应的选项以使外设能够被系统识别。编译后生成 vmlinux 未压缩的原始 Linux 映像文件和经过压缩的 Image 文件。

最后,需要制作 Linux 根文件系统,本文使用的是 debian 的根文件系统,该系统能够完整地运行在 RISC-V 指令集的 CPU 上。

2)图像识别程序设计

首先,利用开源光学字符识别(OCR)程序 Tesseract 进行图像识别,在 Linux 系统中对源代码进行编译,完成上述步骤后即可在 Linux 中运行 Tesseract 命令对相应的图片进行识别。同时,根据 Tesseract 程序读取训练集的特点,训练了针对身份证号的训练集,并且利用 Tesseract 命令中提供的"-psm"选项参数指定待识别图片的类型,进而进行识别。此外,又针对身份证中仅有数字和字母的特点,利用 Tesseract 提供的字库训练工具,进行字母数字的图片生成、识别训练、字符矫正等一系列过程,产生了专用于身份证识别的训练集,利用自定义的训练集进行识别。

接着,设计了基于 OpenCV 像素差法的识别程序。OpenCV 像素差法的核心思想是对比两张图片的像素差值之和,若和为最小,则两张图片匹配度最高。主要步骤包括模板图像读取、待识别图像读取、灰度处理、二值化处理、搜索、绘制边缘轮廓、用最小矩形框包裹形状、图像缩放、计算像素差、计算所有像素点的差值之和。其中,对比待识别图片与图片库中图像的像素差值和,得到差值之和最小的图片即为识别结果,主要过程如图 4 所示。

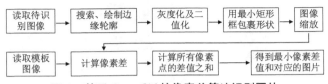

图4　基于 OpenCV 的像素差算法识别图片

最后,设计了基于 OpenCV 的 K 最邻近(KNN)算法的识别程序。KNN 算法的原理是选择一个样本空间中 K 个最邻近(最相似)的样本,这 K 个样本中大多数样本所属的类别即可被视为目标样本的类别。本设计使用 0~9 共 10 个数字和一个英文字母 X 作为样本空间,以待识别的身份证号中的单一数字作为目标样本,利用 KNN 算法将目标样本与样本空间中的 K($K=4$)个样本及进行对比并判断。主要步骤如图 5 所示,包括以下三步。

(1)产生训练集。读取图片模板,利用最小矩形框包裹找到的形状,绘制矩形框;将每一个矩形框中的图片进行缩放,减小图片规模,降低系统识别图片的压力。

(2)产生 KNN 训练模型。读取图片模板,并进行灰度和序列化处理,产生带有训练图片种类的相应标志;创建 KNN 模型,设置预测时的 K 值,设置 KNN 应用类型(分类),将 KNN 训练数据与标签相结合,开始训练。

(3)进行检测识别。读取待识别图片并转换为单通道灰度图像,对灰度图进行二值化、序列化处理,检测图片轮廓,使用最小矩阵包裹找到的形状,调整为 4 px × 4 px 规模,利用 KNN 进行预测,判断结果。

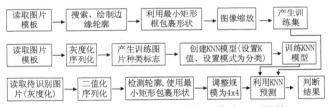

图5　基于 OpenCV 的 K 最邻近算法识别图片

4　实验结果

完成软件和硬件部分的设计后,使用 Vivado 软件生成整个系统的 bit 流文件,将其植入 Nexys A7-100T 开发板中,同时将 Bootloader 文件、内核镜像文件以及 Linux 根文件系统写入 SD 卡中,最终成功启动 Linux 系统,如图 6 所示。图中右侧为 A7-100T 开发板,左侧为 VGA 显示器,图示界面为 Linux 系统中的 top 命令的显示结果。整个开发板的资源利用率如表 1 所示。

图 6　在开发板运行 Linux

表 1　资源利用率

Resource	Used	Available	Resource Utilization
LUT	77 151	134 600	57.32%
FF	42 076	269 200	15.63%
BRAM	27	365	7.40%
DSP	30	740	4.05%

完成系统启动后,分别在该系统上运行基于 Tesseract 的识别程序、基于 OpenCV 的像素差法识别程序和基于 OpenCV 的 KNN 识别程序,共三种不同类型的图像识别程序,分别测试其识别时间和识别准确度(针对 1000 张图片进行测试)。

首先,使用基于 Tesseract 的识别程序识别单张身份证图片,识别时间约为 58.155 s。接着根据身份证号的特点,选择性使用了 Tesseract 程序的"-psm7"参数(将图像识别为单个文本行),识别单张图片的平均识别时间约为 54.250 s。接着,又利用自定义的专用于身份证识别的训练集识别身份证图片,识别单张图片的时间约为 6.938s。针对该数据集,也测试了"-psm7"参数,最终单张图片识别时间为 5.691 s。

其次,使用基于 OpenCV 的像素差法识别程序(OpenCV Pixel),其识别单张图片的时间为 1.987 s。针对该程序中读取图片的步骤进行了优化,改进前的程序一次只能读取识别一张,识别 N 张图片需要启动 N 次程序,优化后的程序(OpenCV Pixel(optim))只需启动一次程序即可识别 N 张图片,将单张识别时间降低为 1.043 s,识别准确率为 97.5%。

最后,使用基于 OpenCV 的 K 最邻近算法识别程序(OpenCV KNN),其识别单张图片的时间为 0.26 s,识别准确率为 99.1%。

三种识别程序的识别时间如表 2 所示,准确率如表 3 所示。结合上述识别结果,最终选择基于 OpenCV 的 K 最近邻算法设计身份证号识别程序,其能够实现理想的识别准确率和较低的识别时间。

表 2　不同程序的识别时间

Program	Recognition Time	
	Single Picture	One Thousand Pictures
Tesseract(eng)	58.155 s	59 915 s

续表

Program	Recognition Time	
	Single Picture	One Thousand Pictures
Tesseract(eng+-psm7)	54.250 s	54 312 s
Tesseract(num)	6.938 s	6 936 s
Tesseract(num+-psm7)	5.691 s	5 741 s
OpenCV Pixel	1.987 s	2 032.876 s
OpenCV Pixel(optim)	1.043 s	1 025.602 s
OpenCV KNN	0.26 s	271.584 s

表 3　不同程序的识别准确率

Program	Recognition Accuracy
Tesseract(eng)	94.00%
Tesseract(eng+-psm7)	94.00%
Tesseract(num)	99.80%
Tesseract(num+-psm7)	99.80%
OpenCV Pixel	97.50%
OpenCV Pixel(optim)	97.50%
OpenCV KNN	99.10%

5　结论

本文实现了一个基于 RISC-V 指令集架构的硬件平台,同时移植了 Linux 操作系统,在该平台上设计并运行了 Tesseract、基于 OpenCV 的像素差法和基于 OpenCV 的 K 最邻近算法三种不同的图像识别程序,并根据身份证号这一识别对象,从训练集和算法本身对识别速度进行了优化,在保证识别相对准确的前提下,对识别速度进行了较大程度地提升。最终选择基于 OpenCV 的 K 最邻近算法作为该系统的图像识别程序,识别单张身份证图像的时间能够降低到 0.26 s,识别准确率能够达到 99.1%。

未来计划将脉动阵列加速器 Gemmini 连接到本系统中,利用其能够加速基于脉动阵列的矩阵乘法运算的特点,在系统上实现深度神经网络加速,进一步提高图像识别的速度和精度。

参考文献

[1] ASANOVIĆ K, PATTERSON D. The case for open instruction sets[J]. Microprocessor report, 2014.

[2] ASANOVIC K, PATTERSON D, CELIO C. The berkeley out-of-order machine (boom): An industry-competitive, synthesizable, parameterized RISC-V processor[R]. Berkeley: University of California, 2015.

[3] GUPTA S, GALA N, MADHUSUDAN G S, et al. SHAKTI-F: a fault tolerant microprocessor architecture[C]//2015 IEEE 24th Asian Test Symposium (ATS). IEEE, 2015: 163-168.

[4] BALKIND J, LIM K, GAO F, et al. OpenPiton+ Ariane: The first open-source, SMP linux-booting RISC-V system scaling from one to many cores[C]//Third Workshop on Computer Architecture Research with RISC-V, CARRV, 2019, 19.

[5] LEE Y, WATERMAN A, COOK H, et al. An agile approach to building RISC-V microprocessors[J]. IEEE micro, 2016, 36 (2): 8-20.

[6] 卢用煌,黄山. 深度学习在身份证号码识别中的应用 [J]. 应用科技,2019,46(1):123-128.

[7] 李美玲,张俊阳. 基于计算机视觉的身份证号码识别算法 [J]. 电子世界,2017(17):11-12.

[8] PATIL V, RAVEENDRAN A, SOBHA P M, et al. Out of order floating point coprocessor for RISC-V ISA[C]//2015 19th International Symposium on VLSI Design and Test. IEEE, 2015: 1-7.

[9] ASANOVIC K, AVIZIENIS R, BACHRACH J, et al. The rocket chip generator. EECS department[R].Berkeley: University of

California, 2016.

[10] SOUCY P, MINEAU G W. A simple KNN algorithm for text categorization[C]//Proceedings 2001 IEEE International Conference on Data Mining. IEEE, 2001: 647-648.

[11] SMITH R. An overview of the tesseract OCR engine[C]//Ninth International Conference On Document Analysis And Recognition (ICDAR 2007). IEEE, 2007, 2: 629-633.

[12] GONZALEZ A, ZHAO J. Rocket Chip.rst[EB/OL]. [2020-02-14.] https://github.com/ucb-bar/chipyard/blob/master/docs/Generators/Rocket-Chip.rst.

[13] MAO H. RISC-V proxy kernel and boot loader[EB/OL]. [2020-08-08] https://github.com/riscv/riscv-pk.

支持混合数据长度的浮点加法部件设计

杨乐维,胡亚宽,杜慧敏,邓全,孙彩霞,王永文

（1.西安邮电大学电子工程学院　西安　710121;2.国防科技大学计算机学院　长沙　410073）

摘　要:浮点运算被广泛应用在科学计算等领域,其设计效率成为限制高性能微处理器性能的重要因素之一。新型应用及各种智能设备对多种浮点数据的长度提出更高的运算需求,高性能微处理器也趋向于增加多种数据长度的浮点运算模块,这不仅增大了微处理器整体的核心面积,而且对计算效率造成了损失。为解决以上问题,本文提出一种在三级流水线下支持混合单双精度的浮点加法部件设计,可支持双精度加法或两个并行单精度加法的运算。所提设计使用高阶综合工具,将行为级描述转化成为寄存器转换级（RTL）描述,并进行了逻辑综合和功能验证。在 28 nm 工艺下,所提出的混合数据长度的浮点加法部件的面积相较传统双精度浮点加法部件增加了 3.7%,最高频率可达到 2.3 GHz。

关键词:浮点加法器;混合数据长度;双通路;面积优化;高阶综合

Design of Hybrid Precision Floating Point Adder

Yang Lewei, Hu Yakuan, Du Huimin, Deng Quan, Sun Caixia, Wang Yongwen

（ 1.School of Electronic Engineering, Xi'an University of Posts & Telecommunications, Xi'an, 710121;
2.College of Computer, National University of Defense Technology, Changsha, 410073 ）

Abstract: The floating-point(FP) is widely used in various fields such as scientific computing. The design efficiency of FP units is one of the most important factors that limit the performance of high-performance processors. There is an increase in the demand for supporting various floating-point data lengths in new applications and intelligent devices, and high-performance microprocessor tends to add FP computing modules with various data lengths. The extra implementations of different FP units in processors not only increases the overall core area of the microprocessor but also decrease the calculation efficiency. To solve the problem, this paper proposes a pipelined hybrid precision floating point adder, which supports a double-precision FP addition or two parallel single-precision additions. The proposed design use a high-level synthesis tool to transform the behavior-level description into the RTL description and performs logic synthesis and functional verification. In 28 nm process the area of this design increases by 3.7% compared with the traditional double floating-point adder, and the maximum frequency reaches 2.3 GHz.

Key words: float point adder, hybrid precision, dual data-path, area optimization, high-level synthesis

1 引言

随着集成电路工艺和微处理器设计技术的进步,目前高性能通用微处理器的浮点性能已经由 2012 年

收稿日期:2020-08-10;修回日期:2020-09-20.
基金项目:核高基项目（2017ZX01028-103-002）;国家自然科学基金（61902406）;陕西省重点研发计划项目（2017ZDXM-GY-005）
通信作者:王永文（yongwen@nudt.edu.cn）

ARMv7 Processor rev5（v7l）的 0.66 Gflops/core 提 高 到 2018 年 Intel Core（TM）i5-9600K 的 6.29 Gflops/core。与定点数相比，在相同的数据长度下，浮点数能表示更大的数值范围，但与定点数运算相比，其运算更复杂。因此，在处理器核心中浮点部件的面积远大于定点部件的面积[1]。浮点运算能力已成为评价高性能微处理器的重要指标之一。浮点加法模块是浮点部件中最基础的模块，考虑到浮点乘、加操作会复用浮点加法部件，且浮点加法在其中贡献了可观的算力，在特定场景下，浮点加法在浮点运算中使用频率高达 55%[2]，其性能和计算效率的提升对微处理器的性能非常重要。

在数字信号处理、图像处理、语音通信、无线通信等许多领域，需要处理大量字长不同、且对实时性要求较高的数据，但是多字长的浮点算法需要很多浮点单元，这将会占用大量的硬件资源。为满足应用的需求，高性能微处理器面临支持不同长度的浮点操作数的设计需求。支持不同字长的浮点运算部件也成为衡量高性能微处理器计算效率的重要指标之一。

目前，围绕浮点运算部件性能优化的研究包括对 two-path 算法的改进、对前导 0 预测算法的加速等[3]。为支持机器学习算法灵活的浮点数据精度，Carvalho 等提出一种可自动根据需求去动态选择浮点精度的设计，提高了指令并行性[4]；Nannarelli 等提出可变浮点精度，并将其引入浮点乘法器及加法器中，二者所支持的尾数位宽从 24 到 4，阶码位宽从 8 到 5，且均无精度损失，可准确进行舍入[5-7]；Nguyen 等引入一个用于深度学习的组合式半精度和单精度浮点乘法器，可配置为以半精度模式运行以节省功耗，也可以在单精度模式下运行以保证精度[8]；此部分设计均使时，还可保证浮点乘法运算本身的优势[10]；Zhang 等设计出高效定点-浮点混合精度乘加单元，支持 16 位半精度乘法，待乘法操作完成后，将其乘积累加到 32 位单精度累加器中，其中两个 16 位半精度的乘法操作是通过执行两个并行的 8 位定点乘法来实现的[11]；此部分设计为定点-浮点混合操作，以定点数来代表浮点数，减小硬件开销及延时。Zhang 等提出 FMA 体系结构，可以在每个时钟周期执行一个四精度运算、两个并行双精度运算、四个并行单精度运算或八个并行半精度运算，且能通过设置乘数为 1 或加数为 0 选择执行单纯的乘法或加法操作，设计功能完善，但其在加法及规格化等部分的设计则主要专注于算法优化，而非分多条数据通路进行运算[12]。

可以看出，目前关于混合数据精度的浮点运算部件设计相关工作均取得了一定进展，如何控制部件面积则是设计的一项关键技术。本文的突出贡献在于可在支持混合数据长度的浮点加法的同时，对尾数模块采用了双条数据通路并行的设计理念，且有效降低了面积大小。具体情况列举如下。

（1）所提设计分析了浮点加法部件各功能单元的面积构成，并以缩小面积为目标提出了共享功能单元的设计方案，实现了一种三级流水线支持混合数据长度的高速浮点加法器。

（2）实验数据表明，所设计的部件的面积相较 64 位浮点加法器增大 3.7% 左右，相较 64 位和 32 位浮点加法器面积之和减小 32% 左右，可以满足一个 64 位和两个 32 位的浮点加法运算，其频率最高可达到 2.3 GHz，功耗为 2.93 mW。

2　浮点加法器

2.1　浮点数据格式及特殊数

单双精度浮点数在计算机中的数据格式如图 1 所示，由左至右分别为符号位（sgn）、阶码（exp）及尾数位（mnt）。

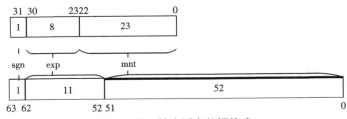

图 1　单双精度浮点数据格式

除 normal 浮点数外，IEEE754—2019 中还规定了一些特殊浮点数，如 NaN、denormal、inf 等，如表 1 所示。本设计中支持的异常如表 2 所示。

表 1　特殊浮点数

浮点数	sign	exp	mnt
NaN	0/1	全 1	sNaN mnt_high=0
			qNaN mnt_high=1
Inf	0/1	全 1	全 0
denoraml	0/1	全 0	非全 0
normal	0/1	非全 1	非全 0
0	0/1	全 0	全 0
default-NaN	0	全 1	mnt_high=1,其他位为 0

（注：mnt_high 表示尾数最高位。）

表 2　异常标志位

flag mnemonic	flag meaning
IDC	denormal
IOC	invalid operation
OFC	overflow
UFC	underflow
IXC	inexact

2.2　浮点加法单元

经典浮点加法单元的设计基于 IEEE 754 标准，分别对其尾数、阶码及符号位进行处理，支持单双精度数据的加法、减法、比较等操作。经典 64 位浮点加法器见图 2，输入源操作数分别为 A 和 B，其主要过程列举如下。

（1）数据准备。双精度对应符号位、阶码位及尾数位分别为 1 位、11 位和 52 位，如图 1 所示。对于 normal 浮点数，其尾数最高位含有的隐藏位 1 在计算之前应被添加扩展至 53 位。另外，我们需要将尾数左移 3 位扩至 56 位，此时尾数低 3 位为 0，扩展的 3 位用以后续进行浮点数的舍入操作。

（2）对阶右移。尾数运算之前必须先将两阶码对齐，阶码对齐的过程是较小数尾数右移的过程。在这个过程中，我们首先根据阶差 $D1$ 及其符号位 sgn_$D1$ 判断需右移的尾数（如图 2 中 B_mnt），之后对阶码取绝对值 abs_$D1$，B_mnt 右移 abs_$D1$ 位。此过程中应注意，所有右移出去的位数应被保留，如图 2 所示，B_rshift 为 53 位数据，G、R 为被移出去的高两位，T 是被移出的除高两位外的剩余位进行或运算产生的 1 位结果。

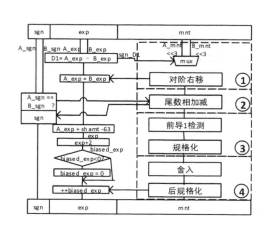
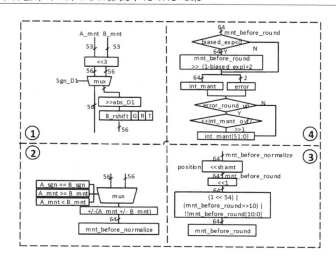

图2　64 位浮点加法器

（3）尾数相加减。依据符号位及尾数大小进行尾数加减操作，将结果记为 *mnt_before_normalize*。

（4）规格化。规格化指将 *mnt_before_normalize* 的首 1 移动至首位的过程。此过程中，先进行前导 1 位置预测[13]，记其位置为 *position*，根据 *position* 值确定需左移的位数 *shamt*，记此时中间结果尾数为 *mnt_before_round*。

（5）舍入与后规格化。舍入规则如图 3 所示，即根据 *L*、*G*、*R* 及 *sticky* 相或的结果 *T* 作为判断依据决定是否需要对结果末位尾数 *L* 进行加 1 操作。当 *T* 为 1 时，*R* 值取 1，否则 *R* 取本位值。当 *error==3* 或（ *error == 2&&L == 1* ）时，需给 *L* 加 1；否则不进行任何操作。

图3　舍入判断

本例中，舍入的第一步是将规格化得到的结果尾数进行左移 1 位，再右移 10 位的操作。左移 1 位是将规格化完成后的隐藏 1 左移出去，右移 10 位后给 54 位置填 1；另外，所有右移出去的位应作为 sticky 位进行或操作并与 *mnt_before_round* 的末位 *R* 相或，得到新的 *mnt_before_round*。

规格化之后，若此时阶码 *biased_exp* 小于 0，不符合浮点数据规范，需将其设置为 0，并将 *mnt_before_round* 右移（ 1 − *biased_exp* ）+2 位，移出的高两位作为 *error* 位，其末位 *R* 为本位值与移出的 除 *error* 外 的 其余位相或得出。若是 *biased_exp* ≥ 0，则可直接取 *mnt_before_round*[55：2] 为 *int_mant*，取 *mnt_before_round*[1：0] 为 *error*。

至此，数据位 int_mant 与 error 均已得到，可根据 error 判断是否给 int_mant 加 1。若是加 1 后导致结果尾数产生上溢，则需尾数右移，即后规格化操作（ 后规中尾数至多需右移 1 位 ）。

3　优化设计

所提混合数据长度浮点加法部件基于经典浮点加法单元的算法，能支持一个 64 位或两个 32 位加法的运算。

在设计前期，对经典 64 位与 32 位浮点加法部件进行了高阶综合（ Naive-64+32 ）。在两种不同位宽的浮点加法器中，占据面积最大的两个功能模块为对阶部分和舍入前右移部分，其次为加法主体及规格部分，在 64 位浮点加法部件中，分别占到总面积的 28.5%、20.1%、13.9% 和 5.6%。通过分析其面积占比及优化可行性，本设计对此 4 个部分均进行了一定程度上的数据通路复用。设计分为六个模块，以下分别对其进行阐述。

3.1 数据拆分模块

此模块输入为一个 64 位数据或两个 32 位数据,将其对应尾数分别拆分为高位和低位以供后续数据通路的复用,记高位部分为 H1、H2,低位部分为 L1、L2,具体操作如下。

如图 4,A、B 为 64 位数据,a、b、c、d 为 32 位数据。对于 a、b,可直接取出其低 27 位构成 H1、L1;对于 c、d,将其原有 24 位尾数高位补 3 个 0 后构成两个 27 位的数据通道 H2、L2;对于 A、B,将其原有 53 位尾数高位补 0 后可拆分为 H、L 各 27 位,A 对应 H1、L1,B 对应 H2、L2。

与 64 位浮点加法器相同,本设计仍需进行左移 3 位的操作以供后续舍入。由于双精度尾数的连续性,其高位 H1、H2 可直接放置于高位,低位 L1、L2 则需左移 3 位后放置于低位,如图 4 所示。

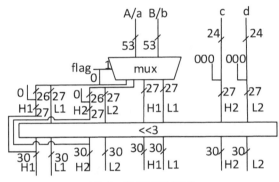

图 4　数据拆分模块

3.2 对阶右移模块

如图 5 所示,此部分中我们将四条右移数据通路压缩为两条,且有效降低了数据位宽。左边数据通路将 sticky 位全部保留以用于后续操作,右边数据通路则与经典 64 位浮点加法算法相同,将 sticky 所有位相或得出 T 值。具体操作如下。

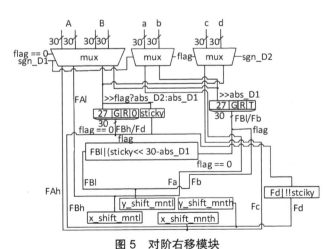

图 5　对阶右移模块

1)32 位操作数

当输入为 a、b 和 c、d 时,flag 为 1,两组数据分别根据 D1、D2 及其符号位进行判断,同样将需要右移的数据放至一侧(如图 5 中 b、d)。数据 b 使用右侧数据通路,直接进行右移;数据 d 则使用左侧数据通路,将右移出的 sticky 位保留,最后将最低位 0 与所保留的 sticky 位相或,得出 d 右移后的数值。

2)64 位操作数

当输入为 A、B 时, flag 为 0,可根据阶差 D1 及其符号位 sgn_D1 决定 A 和 B 哪个需要右移。将需右移的数据放至一侧,如图 5 中数据 B,对于 B_mnt 的高 30 位,其右移出的数据需要保留以赋给低 30 位,保留的数据位 sticky 可由一组 30 bits 的数码 mask 与未曾右移的 B_mnth 进行逻辑与得到, mask 和 sticky 可由式(1)得到。对于 B_mntl,可按正常操作进行右移并保留移出的 G、R、T 位,但其高位部分需与 sticky 左移 (30-abs_D1) 后的值相或,如式(2)所示。

$$mask = (1 << abs\_D1) -1$$
$$sticky = B\_mnt[59:30] \& mask \tag{1}$$
$$sticky = sticky << (30-abs\_D1)$$
$$FBl = FBl \mid sticky \tag{2}$$

至此,对阶已完成,将得到的 FAl 和 Fa 放置在 x_shift_mntl 中, FBl 和 Fb 放置在 y_shift_mntl 中, FAh 和 Fc 放置在 x_shift_mnth 中, FBh 和 Fd 放置在 y_shift_mnth 中。

3.3 尾数相加减模块

如图 6,对于 3.2 节中产生的尾数 x_shift_mnth/l、y_shift_mnth/l,此部分中我们仍然使用高、低两条数据通路执行加减法操作,这样可有效降低数据位宽。

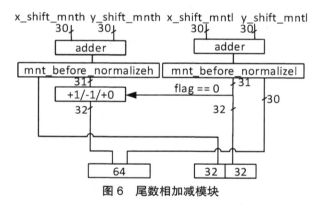

图 6　尾数相加减模块

无论 64 位或是两组 32 位数据,均应分高低尾数通路进行操作。不同的是,当 64 位数据操作对应的尾数低位有溢出或需要借位时,其高位需对应进行加 1 或减 1 操作,且低位产生的进位或借位应忽略;而对于 32 位数据则不需要考虑低位部分对高位部分的影响,高低位相加减所产生的进位或借位均需考虑,高低位产生结果完全独立。

adder 内所进行的操作则首先取决于符号位。对于 64 位数据操作,若 $a\_sgn==b\_sgn$,则高低位数据通路上分别进行加法,并根据 $mnt\_before\_normalizel$ 是否产生进位判断 $mnt\_before\_normalizeh$ 是否需要进行再加 1 操作;否则根据尾数大小进行减法运算,若高位尾数可直接比较出结果,则不需比较低位尾数;若高位尾数相同,则需进一步判断低位尾数的大小,之后分别在两条数据通路上做尾数减法,并进一步判断进行减法操作后 $mnt\_before\_normalizeh$ 是否需要进行再减 1 操作。对于 32 位数据操作,同样首先判断符号位,若相同,则直接在高低数据通路上进行加法运算;否则对高低位尾数分别进行判断,进行相应减法操作。

与经典 64 位浮点加法相同,待尾数操作完成后,需将结果置于 64 位数据寄存器中,应注意 64 位操作数对应尾数的连续性及 $mnt\_before\_normalizel$ 中最高位的舍弃,对应图 6 中最右侧 30 位数据。

3.4　规格化模块

经典 64 位数据尾数规格化预测 64 位尾数对应的前导 1 位置,并左移相应数值使首 1 位置回到首位。而在本设计中,无论初始输入位宽为多少,均分为两个 32 位数据通路,并对其对应的前导 1 位置 $position\_1$ 和 $position\_2$ 进行预测,而后根据其位宽大小及首 1 位置确定高低尾数 H、L 需左移的位数 $shamt\_1$、$shamt\_2$。应注意的是,对于 64 位数据,需判断高位是否有首 1 的存在,若存在,则不需考虑 position_2 的情况,否则,只需考虑 $position\_2$ 中首 1 的位置。具体操作如下。

如图 7 所示,3.3 节的尾数相加减的结果可分为高 32 位(H)和低 32 位(L),图中 $found\_1$ 表示 H 中含有首 1,$found\_2$ 表示 L 中含有首 1。

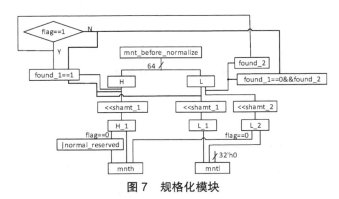

图 7　规格化模块

(1)对于 32 位数据,如图 7 中间数据通路,分别判断首 1,H、L 分别进行左移,H 对应左移位数为 $shamt\_1$,L 对应左移位数为 $shamt\_2$。其中

$$shamt\_1 = 31 - position\_1$$
$$shamt\_2 = 31 - position\_2 \tag{3}$$

(2)对于 64 位数据,若是 $found\_1$ 置位,如图 7 中左边数据通路,即首 1 在 H,则 H、L 均进行 $shamt\_1$ 的左移,但这种情况下,L 部分左移出来的位数应传递给 H 的低位。此处我们设置了一串 32 位数码 $mask\_normal$ 以求出应保留的被左移出去的位数 $normal\_reserved$,具体设置如式 (4)。可以看出,此时 $normal\_reserved$ 处于高位状态,而非 H 需要的低位状态,所以需对其进行进一步操作,如式 (5) 所示。

$$mask\_normal = {\sim}((1 << (position\_1 + 1)) - 1)$$
$$normal\_reserved = mask\_normal \& L \tag{4}$$
$$normal\_reserved >>= (position\_1 + 1) \tag{5}$$

此时有

$$mnth = H\_1 \mid normal\_reserved$$
$$mntl = L\_1 \tag{6}$$

(3)对于 64 位数据,若是 $found\_1$ 置 0 而 $found\_2$ 置位,如图 6 中最右边数据通路,取

$$mnth = L\_2$$
$$mntl = 32'h0 \tag{7}$$

其中,$mnth$、$mntl$ 分别是规格化完成、还未进行舍入操作的对应尾数高、低位部分,可合并记为 $result\_before\_round\_mnt$。另外,尾数左移同时,阶码应减去相应左移数值,记规格化完成后的阶码分别为 $biased\_exp1$ 和 $biased\_exp2$,见图 8。

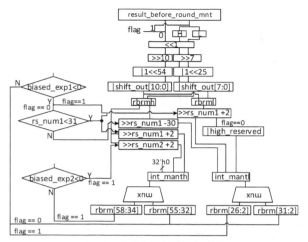

图 8　舍入及后规格化模块

3.5　舍入与后规格化模块

舍入与规格化可分为舍入前数据准备、舍入前右移、舍入与后规格化四个过程。舍入前数据准备即将数据移动到合适的位置以方便后续操作；舍入前右移则是为了纠正经规格化后阶码不合规（小于 0 ）而进行的操作，本设计中分为两条数据通路；舍入及后规与经典算法相同，未进行复用。具体操作如下。

1 ）舍入前数据准备

对于 3.4 节规格化产生的结果，与经典 64 位浮点加法算法相同，首先将首 1 移出，而后根据 64 位及 32 位数据标准格式对尾数进行右移操作，即将 64 位数据操作对应结果尾数右移 10 位，将 32 位数据操作对应两组结果尾数分别右移 7 位，对其添加隐藏位 1 后则可分别得到 *result_before_round_mnt* 的高低位，分别记为 *rbrmh* 和 *rbrml*，如图 8 所示。

2 ）舍入前右移

经规格化后带有偏移量的阶码（ *biased_exp*1 和 *biased_exp*2 ）可能小于 0，需要我们对相应尾数进行右移操作。

当 *flag* 为 0 时，对应数据为 64 位的，若 *biased_exp*1< 0 且需右移的位数 rs_num1<31 时，对应 *rbrmh* 和 *rbrml* 分别右移 *rs_num*1+2 位，同时由于 *rbrmh* 移出的数据应保留以传递给 *rbrml*，所以此处引入 *high_reserved* 保存从 *rbrmh* 移出并左移 32–*rs_num*1 位的数据，见式 (8)。之后将右移后的 *rbrml* 与其相或，即可得到 *int_mantl*。

$$high\_reserved = shift\_out << (32-rs\_num1)　　　　　　　（8）$$

若需右移位数 *rs_num*1 为 31 时，*rbrmh* 右移 *rs_num*1-30 位，并将移位后的数据赋值给 *int_mantl*，*int_manth* 全为 0。

当 *flag* 为 1 时，输入为两组 32 位数据，此时 *rbrmh* 和 *rbrml* 分别右移 *rs_num*1+2 和 *rs_num*2+2 位即可。

与经典 64 位浮点加法相同，在此两种情况下（ flag 为 0 或 1 ），移出的数据均应保留，高两位作为 *error* 位，剩余数据经过一个或门得到一位，用此位与 *error* 低位相或。根据 *error* 判断数据是否需要 round up，判断原理与经典 64 位算法相同。

当 *flag* 为 0 且 *biased_exp*1 为 0 时，可取连续位 *rbrm*[55:2] 作为 *int_mant*，将 *rbrm*[55:32] 置于尾数高位 *int_manth*，*rbrm*[31:2] 置于尾数低位 *int_mantl*，对应 *error* 位为 *rbrm*[1:0]；当 *flag* 为 1、*biased_exp*1 为 0 或 *biased_exp*2 为 0 时，分别取 *rbrm*[58:34] 和 *rbrm*[26:2] 作为其尾数高低位，对应 *error_*1 和 *error_*2 则分别为 *rbrm*[33:32] 和 *rbrm*[1:0]。

至此,*int_mant* 和 *error*_1、*error*_2 均已得到,舍入原理与前例同,由于舍入后规格化至多只需右移 1 位,故不采用数据通路复用,否则增加的判断选择逻辑将会产生额外的面积。

3.6　工具使用模块

实验采用高阶综合(HLS)工具,分为三个阶段进行设计。在设计阶段 1,使用 System C 描述设计,未加入流水,只加入了充分的功能验证。设计阶段 2,首先需要根据设计目标设置高阶综合的约束文件及工艺库,然后将设计阶段 1 完成的 System C 代码和约束文件灌入 HLS 工具,由工具完成状态机、寄存器插入、流水线级数设置等控制电路,生成符合时序、面积性能要求的 RTL 代码。在设计阶段 3,对 RTL 代码做性能 - 功耗 - 面积(PPA)检查,如果符合要求则可以开始做完整的 RTL 功能验证;若 PPA 检查不能达到目标要求,则需要对关键路径进行分析优化,此时可充分利用 HLS 工具自带的优化功能和加速优化设计迭代的完成过程。功能验证正确后,即可进入后端进行逻辑综合。

4　实验

4.1　实验设置

本设计基于 HLS 平台,设计前期依据 IEEE754—2019 标准,使用 System C 语言对算法进行描述;中期则是对设计类型进行设置(采用 HLS_PIPELINE_LOOP 命令),吞吐率参数 PIPELINE_ Ⅱ 设为 1,即将此设计设置为流水线设计,并用 HLS_CONSTRAIN_LANTENCY 设定流水线拍数为 3,其中吞吐率和延迟均采用宏定义的方式;后期则是往 HLS 中灌入我们的 System C 设计,使用 28 nm 工艺库进行高阶综合,得出综合结果并进行了功能验证。

4.2　实验结果

实验采用 28 nm 工艺库,利用高阶综合工具进行逻辑设计和物理综合。参考设计为 Vanilla-64、Vanilla-32、Naive-64+32 和本设计。Vanilla-64 和 Vanilla-32 分别为采用与所提设计相同算法的 64 位浮点加法器和 32 位浮点加法器。Naive-64+32 为参考组,其简单地将 64 位和 32 位设计组合在一起以此支持混合数据精度。

1)综合结果

表 3 中列出了 Vanilla-64、Vanilla-32、Naive-64+32 及本设计对应的几个重要模块的面积、总面积、流水及延时。可见,三个设计均可在 3 拍(流水)内得出结果。

可以看出,在对阶、加法、前导 1 预测及舍入前右移四个指标中,本设计的面积均小于 Vanilla-64,且约为 Vanilla-32 对应结果的两倍左右,尤其是对阶部分,其面积几乎缩小为 Vanilla-64 对阶部分的一半。这是由于在本设计的对阶中,只需要两个可复用的 30 位的右移路,而在原本 Vanilla-64 浮点加法的对阶中则需要一个完整的无法复用的 56 位的右移通路。

本设计的整体面积结果符合预期,较 Vanilla-64 仅增加约 3.7%,较 Naive-64+32 减少约 31.7%;延时和功耗较 Vanilla-64 分别增加约 23% 和 18.6%;计算速度虽稍有变慢,但仍可达到 2.3 GHz。功率损耗的上升则是因为性能的提升,相当于额外增加了两个可并行运行的 32 位浮点加法器,损耗值在正常范围内。

2)功能验证结果

在性能评估通过后,我们对本设计进行了功能验证,包括对 normal、denormal、inf、NaN 及各类异常的检查。结果表明,实验功能验证通过。

3）不同平台结果对比

本设计采用高阶综合工具，并利用其插入流水线、寄存器等设置，相较 RTL 描述，算法设计较为完备，但时序和模块控制相对较弱，故将本设计结果与 Kang 等提出的设计[14]（记为"RTL 设计"）进行比对。两设计功能相同，但 Kang 等针对频率进行了优化，引入 Han-Carlson 算法用以在尾数加法主体运算中进行并行进位加法，其频率为 23.3 MHz，相较普通双精度浮点加法提升了 47.3%，硬件资源使用增加了 31.2%，见表 4。

表 3　实验结果

	Vanilla-32	Vanilla-64	Naive-64+32	所提设计
数据拆分、特殊数据计算（µm²）	435.5	679.3	1114.8	787.5
阶差计算（µm²）	64.6	85.5	150.1	261.5
对阶（尾数右移）（µm²）	1093.7	4 693.9	5 787.6	2130
加法主体（µm²）	986.9	2 282.4	3 269.3	2 208.9
前导 1 预测（µm²）	135.3	272.3	407.6	239.3
规格化左移（µm²）	422	923.7	1 345.7	1 740.2
舍入前操作（µm²）	38.1	48.3	86.4	168.3
舍入前右移（µm²）	608.1	3312.4	3 920.5	1 985.6
舍入逻辑（µm²）	297.3	549.8	847.1	950.9
各类数据赋值（µm²）	116	220	336	327.6
总面积（µm²）	6 024.8	16 472.3	22 497.1	17 082.4
流水（周期）	3	3	3	3
延时（ps）	386.3	353.7	/	435.4
功耗（mW）	1.11	2.47	/	2.93

表 4　不同平台结果对比

	本设计	RTL 设计
面积（µm²）/ 硬件资源	17 082.4	3 037
频率（GHz）	2.3	0.023
面积 / 硬件资源增加占比	3.7%	31.2%
频率提升占比	-23%	47.3%

5　结论

本书提出一种支持混合数据长度的浮点加法部件设计，实现了同时支持一个 64 位或两个并行 32 位的浮点加法器，该部件的面积为 17 082.4µm²，最大延时为 435.4 ps，功耗为 2.93 mW，频率可达 2.3 GHz。本设计的最大优势是在同等功能下，其面积缩小 31.7%，且速度及功耗值均在正常范围内。

参考文献

[1] 李玉昆. 基于 XDSP 的浮点加法器的优化设计与验证 [D]. 长沙：国防科技大学，2017.

[2] 王大宇. 高性能浮点加法器的研究与设计 [D]. 南京：南京航空航天大学，2012.

[3] 朱光前. 前导零预测逻辑的设计与应用 [D]. 西安：西安电子科技大学，2016.

[4] CARVALHO A，AZEVEDO R. Towards a transprecision polymorphic Floating-Point Unit for Mixed-Precision computing[C]// 2019 31st International Symposium on Computer Architecture and High Performance Computing（SBAC-PAD）. Campo Grande，Brazil，2019：56-63.

[5] FRANCESCHI M，NANNARELLI A，VALLE M. Tunable floating-point for artificial neural networks[C]// 2018 25th IEEE

International Conference on Electronics，Circuits and Systems（ICECS）．Bordeaux，2018：289-292.

[6] NANNARELLIA. Tunable floating-point for energy efficient accelerator[C]// IEEE 25th Symposium on Computer Arithmetic（ARITH），2018，1-10.

[7] NANNARELLIA. Tunable floating-point adder [J]. IEEE transactions on computer，2018，68（10）：68-77.

[8] NGUYEN T D，STINE J E. A combined IEEE half and single precision floating point multipliers for deep learning[C]// 2017 51st Asilomar Conference on Signals，Systems，and Computers. Pacific Grove，CA，2017：1038-1042.

[9] MANOLOPOULOS K，REISIS D，CHOULIARAS V A. An efficient multiple precision floating-point multiplier[C]// 2011 18th IEEE International Conference on Electronics，Circuits，and Systems. Beirut，2011：153-156.

[10] AMARICAI A，BONCALO O，SICOE O. FPGA implementation of hybrid fixed point floating point multiplication[C]// Proceedings of the 20th International Conference Mixed Design of Integrated Circuits and Systems - MIXDES 2013. Gdynia，2013，243-246.

[11] ZHANG H，LEE H J，KO S B. Efficient fixed/floating-point merged mixed-precision multiply-accumulate unit for deep learning processors[C]// 2018 IEEE International Symposium on Circuits and Systems（ISCAS）．Florence，2018，1-5.

[12] ZHANG H. Efficient multi-precision floating-point fused multiply-add with mixed-precision support [J]. IEEE transactions on computer，2019，68（7）：1035-1048.

[13] 王京京. 浮点运算前导 1 预测算法的研究与分析 [D]. 天津：河北工业大学，2015.

[14] KANG L，WANG C L. The design and implementation of multi-precision floating point arithmetic unit based on FPGA[C]// 2018 International Conference on Intelligent Transportation，Big Data & Smart City（ICITBS）．Xiamen，2018：587-591.

一种最大值比较选择电路的设计与实现

陈孟东,李荣

（数学工程与先进计算国家重点实验室　无锡　214125）

摘　要：在计算机与信息系统中,从大量数据中选择最大或者最小的前 N 个数据是一个常见问题,具有广泛的应用。此类问题还包括选择前 N 个最大或最小值所在的位置等。在硬件电路系统中,对资源和时效的要求严格,这类问题的解决过程烦琐、算法复杂、能耗高,且需要耗费较多硬件资源。本文梳理了选择最大值问题的应用需求,并有针对性地从降低资源占用和提高处理速率两个方面进行研究,分别设计了串行比较和逐级并行比较两种电路结构。对电路进行实现与逻辑综合,实验结果表明,这两种结构电路简单、硬件资源占用少、功耗低,且能够达到较高的实现频率,在不同的资源和时效限制场合下可以有效解决实际问题。

关键词：最大值;选择;比较;综合;硬件

Design and Implementation of a Circuit for the Largest Value Comparison and Selection

Chen Mengdong，Li Rong

（State Key Laboratory of Mathematical Engineering and Advanced Computing，Wuxi，214125）

Abstract： In computer and information systems, selecting the largest or smallest top N data from a large amount of data is a common problem and has a wide range of applications. Such problems also include selecting the location of the top N largest or smallest values. In the hardware circuit system, the requirements for resources and timeliness are strict. The process of solving such problems is cumbersome, the algorithm is complicated, the energy consumption is high, and more hardware resources are required. This paper sorts out the application requirements of selecting the largest value, and conducts research from the two aspects of reducing resource occupation and increasing processing speed. Two circuit structures of serial comparison and stepwise parallel comparison are designed respectively. The circuit is realized and logically synthesized. The test results show that the two structural circuits are simple with less hardware resources occupation and low power consumption, and can achieve a higher realization frequency and effectively solve the actual problem under different resource and time constraints.

Key words： maximum, selection, comparison, compiler, hardware

　　在计算机工程与应用中,从大量数据中选择一个最大值或最小值具有广泛的应用,例如信号分析[1]、信息处理、密码算法、模式识别、特征优化[2]等。在数据量大的情况下,这种比较选择算法实现复杂,尤其是在硬件系统中,受限于硬件资源和处理时效,对于电路的设计具有较高要求。此外,不同的应用场合对该问题

收稿日期:2020-08-10;修回日期:2020-09-20

通信作者:陈孟东(332135960@qq.com）

还有不同的需求,例如选取前 N 个最大值或最小值[3]、选取前 N 个最大值所在的位置[4] 等。不同应用场合对于资源和时效等也有不同的要求。本文梳理了这类比较选择问题的典型应用,有针对性地设计了相应的适合于硬件实现的算法电路,并进行了综合实现,有效地解决了该类问题,为其他相关的硬件工程实现提供了参考。

本文的主要贡献如下。

(1)梳理了选择最大值问题,及其各种典型应用,包括选择一个最大值或者最小值、选择前 N 个最大值或者最小值、选择前 N 个最大或最小值所在的位置。

(2)设计了串行比较和逐级并行比较两种电路结构,以较少的硬件资源占用和较低的功耗解决了该类问题,且可以达到较高的实现频率。

(3)分析了串行比较和逐级并行比较两种电路的适用性。

1　相关工作

本文以选最大值为例来介绍比较选择的应用需求以及电路设计。首先给出该类问题的定义。

(1)定义1。选最大 N 个值问题:从 M 个数据中选择最大的前 N 个值,按照大小顺序输出, $N \geqslant 1$ 且 $N<M$ 。

(2)定义2。选最大 N 个值对应的位置:从 M 个数据中,选择最大的前 N 个值对应的序号或者位置,并按照顺序输出, $N \geqslant 1$ 且 $N<M$ 。

选择最大值问题在许多实际算法中有应用,是一种基本运算,软件实现中通常通过排序实现,包括冒泡法、选择法、计数法[5] 等。这些算法大多采用循环比较,运算费时、实时性差,难以满足工程上越来越高的实时性要求[6]。而在硬件实现中,该类问题处于底层基础操作,较少见到相关研究文献。

本文提出的串行比较和逐级并行比较两种电路结构,分别针对该类问题的不同应用需求,从资源占用和时效两个方面进行优化设计,有效解决了该类问题,且电路简单、易于扩展。

2　比较选择电路设计

在硬件实现中,考虑时序以及资源的限制,电路设计中通常有两种基本实现思路:串行实现和并行实现。以下结合这两种思路,对选择最大值问题的电路设计进行介绍。

2.1　选最大一个值

相比于 N 大于1的情况,当 N 等于1时,算法和电路较为简单。因此,先介绍选最大一个值的电路设计与实现。针对该问题,设计了串行比较电路和逐级并行比较电路。

在串行比较法中,以零作为临时最大数据,待比较数据串行输入比较逻辑,每一个时钟周期输入一个数据,当新输入数据大于临时最大数据时,则用新数据替代临时最大数据,直至所有数据输入比较完毕。这种方式中,每个时钟周期完成一次比较过程, M 个数据需要 M 个时钟周期才能完成最终比较。串行比较法的流程如图1所示。

串行比较法的优点是可以达到较高的实现频率,比较过程占用资源少,但是需要耗费的时间长。此外,因为处理过程需要占用较长时间,在处理之前往往需要将所有待比较数据缓存,以防止被覆盖更新。这种方法适用于有足够处理时间、资源要求严苛的场合。

在逐级并行比较法中,所有数据以两两比较的方式选出各自最大值,选出的结果继续两两比较,通过这种分层逐级比较,直至选出最大一个结果。这种方式,充分利用硬件的并行特性,通过组合逻辑电路,同时并行完成多个数据的比较,甚至可以同时完成多级的比较。在实际电路中,根据实际的电路环境,为保证有足够的实现频率,需要考虑时序上的关键路径,根据级数,在必要的地方增加数据寄存,增加的寄存对于硬件资源的占用有较大影响。

图1　选最大1个值时的串行比较法流程图

逐级并行比较的结构如图2所示。图中,8个数据经过3级比较,选出最大值MAX,有M个数据时,比较的级数为$\log M_2$。作为示例,图中增加了两级中间结果寄存,以保证时序的需求。实际电路中,需要根据时序上的关键路径位置,在必要的地方合理增加中间结果寄存逻辑。

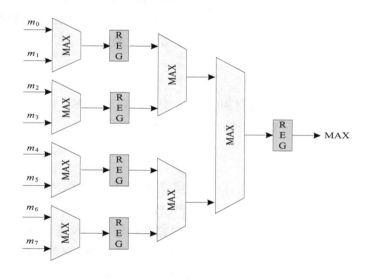

图2　选最大1个值时的逐级并行比较结构图

逐级并行比较法所需时间短,但资源占用多,此外因为需要寄存中间结果,需要权衡寄存的级数,尤其是数据量大的时候难以做到并行全比较。

2.2　选最大N个值(1<N<M)

从大量数据中,选出最大的前N个值,通常需要多次反复比较,而在硬件实现时,电路复杂,将占用较多的硬件资源,占用大量的处理时间。本文设计了串行比较和逐级并行比较两种方法,来实现选取最大前N

个值的功能,且电路简单、性能高。

本文以从 1 024 个值中选最大的 4 个值为例,来介绍串行比较电路的设计。在这种方法中,设置 4 个最大值存储空间,待比较数据串行输入比较逻辑,每一个时钟周期输入一个数据,将新输入数据与 4 个临时最大数据比较,根据比较结果,决定是否替换临时最大数据,直至所有数据输入比较完毕。具体的比较与替换过程如图 3 所示。这种方式中,每个时钟周期输入一个数据,并在该周期内完成比较过程,M 个数据需要 M 个时钟周期完成最终比较。

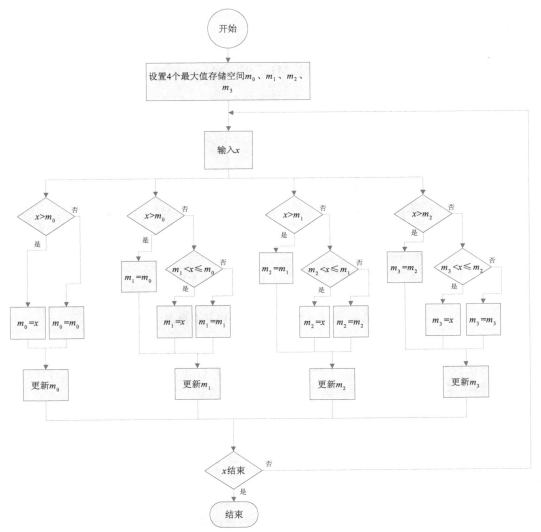

图 3　选最大 N 个值时的串行比较结构图

这种通过串行比较选取最大 N 个值的方式,电路较为简单,且不需要对数据排序,不需要反复比较过程,是一种轻量级的设计方式,可以满足实际需求。这种方式的特点是电路简单、易于理解,适合于对处理时延要求低、对资源占用要求高的场合。

以下重点介绍通过逐级并行比较方式选取最大的 2 个值的方法。

采用逐级并行比较方式时,首先将问题简化,实现从 4 个数据中选取最大 2 个值的功能,构建 4 选 2 逻辑,然后基于 4 选 2 逻辑实现最终的 M 选 2。在设计 4 选 2 逻辑时,首先将 4 个数据分 2 组,组内两两比较,各自选出组内的最大值和最小值,然后两组之间交叉比较,从而确定这两组值之间的大小关系,选出最终的最大值和次大值。两组之间的关系只有三种可能性:最大值和次大值都来自第一组、最大值和次大值都来自第二组、最大值和次大值来自两个组的最大值。具体的4选2实现流程如算法1所示。

算法1:逐级并行比较实现4选2算法。

输入:m_i($i=0,1,2,3$)。输出:最大值 n_0,次大值 n_1。

（1）分别比较 m_0 和 m_1,m_2 和 m_3,得出 max_0、min_0 和 max_1、min_1。

（2）交叉比较:

if($min_0>max_1$) $n_0=max_0$,$n_1=min_0$;

else if($min_1>max_0$) $n_0=max_1$,$n_1=min_1$;

else if($max_1>max_0$) $n_0=max_1$,$n_1=max_0$;

else $n_0=max_0$,$n_1=max_1$。

基于4选2逻辑"M4Sel2"构建16选2逻辑"M16Sel2",如图4所示。

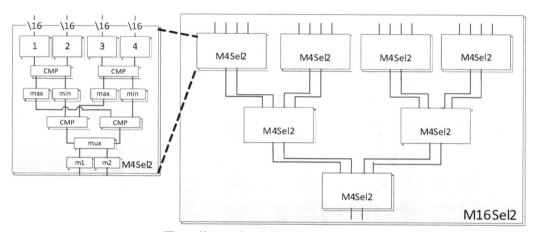

图4　基于4选2电路构建16选2电路

这种逐级并行比较方式,可以通过组合逻辑在一个时钟周期内完成大量数据的同时比较,甚至完成多级比较。完成最终的比较与选择过程需要的时钟周期数为 $\log_2 M-1$。同样地,在级数较大的情况下,为保证足够的实现频率,电路中需要在必要的位置增加中间结果寄存逻辑。

这种方式适合于要求处理时延低、要求资源占用较低的场合。对于 N 大于2的情况,逐级并行比较的电路也比较复杂,不适合采用这种比较方式。

2.3　选最大值对应的位置

在实际的各种算法以及应用中,还有一种重要的需求,即从一组数据中选出最大 N 个值对应的位置。此时除了比较值的大小外,还需要计算存储最大值对应的位置信息。

在硬件电路中,需要通过尽量少的资源开销,完成选取工作。在上文串行比较方式中,在串行输入比较数据的同时,启动计数器,计数器即反映每个数据的位置信息,通过计数器标志位置信息,选出最大值的同时,存储计数器信息即可实现。对于选1个和选多个值,都可通过这种计数器的方式实现。

在上文的逐级并行比较方式中,需要逐级记录位置信息,每次两两比较的过程中,增加1 bit 的位置信息,选前者时该 bit 置0,选后者时该 bit 置1。通过逐级并行比较硬件电路实现选最大值对应的位置,电路结构图如图5所示。

图5中以8个数据选最大值所在的位置为例,图中大括号中的最后一位代表逐级并行比较中,每次比较中的较大值,其他位代表增加的位置比特。假设 $m_0 \sim m_7$ 中 m_5 最大,可见最终得到的结果中增加的比特值 {1,0,1} 即为最大值对应的位置。这种实现方式中,增加的比特位个数为 $\log_2 M$。

逐级并行比较实现 M 个数据选最大 2 个位置的过程与此类似,通过每次比较增加位置比特进行,从而得到最终的位置信息。

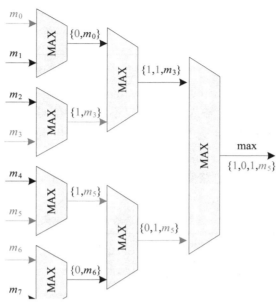

图 5　选最大值对应位置时的逐级并行比较电路

3　实现与结果

本文将所设计的最大值选择算法进行了硬件实现,并进行了电路的综合实验。逻辑综合是集成电路前端设计中的重要步骤之一 [7],综合的过程是将行为级描述的电路、寄存器传输级(Register Transfer Level,RTL)描述的电路转换成门级网表(gate-level netlist)的过程 [8]。综合主要包括三个阶段:转换(translation)、映射(mapping)与优化(optimization)。综合工具首先将 HDL 的描述转换成一个与工艺独立(technology-independent)的 RTL 级网表(网表中 RTL 模块通过连线互联);然后根据具体指定的工艺库,将 RTL 级网表映射到工艺库上,成为一个门级网表;最后再根据设计者施加的诸如延时、面积方面的约束条件,对门级网表进行优化 [9]。

本文所采用的综合工具为 Synopsys 公司的 Design Compiler(DC)。DC 可以方便地将 RTL 和根据设计需求编写的约束文件转换到基于工艺库的门级网表 [10]。DC 已得到全球 60 多个半导体厂商、380 多个工艺库的支持。据 Dataquest 的统计,Synopsys 的逻辑综合工具占据 91% 的市场份额。DC 使集成电路设计者在最短的时间内最佳地利用硅片完成设计。它可以接受多种输入格式,如硬件描述语言、原理图和网表等,并产生多种性能报告,在缩短设计时间的同时提高设计性能。

本文采用的工艺库为台积电(TSMC)的 16 nm 工艺库,时序按照 800 MHz 设定,分别得到了实现的结果。本文以硬件实现需要的时钟周期数作为时间复杂度的度量,以硬件资源的占用作为空间复杂度的度量。

3.1　选最大值实验结果

针对 M 选 N 问题,本文对不同的 M 和 N 值分别进行了实验,实验关注硬件实现时的资源占用(cell 数)、面积、动态功耗和实现频率。串行比较的实验结果如表 1 所示。

表 1　串行比较选最大值实验结果

	Cell 数	面积(μm^2)	动态功耗(μW)	节拍数	时序(MHz)
64 选 1	71	39.0	38.0	64	800

续表

	Cell 数	面积（μm²）	动态功耗（μW）	节拍数	时序（MHz）
64 选 2	171	86.0	76.0	64	800
1 024 选 1	71	39.0	38.0	1024	800
1 024 选 2	171	86.0	76.0	1024	800

从结果可以看出,采用串行比较法时,不同的 M 和 N 值,所占用的硬件资源都较少,功耗较低,完成比较过程所需的时钟节拍数较多,都能达到较高的实现频率。

此外,串行比较法因为每拍比较一个输入数据,所以不同的 N 值对处理时间没有影响。不同的 M 值对电路的复杂性没有影响,64 选 1 和 1 024 选 1 占用的硬件资源是相同的,功耗是相同的,不同的是所需的处理时间。

从结果中还可以看出,N 值变大时,电路变复杂,其硬件资源占用和功耗都有较大增加。

逐级并行比较的实验结果如表 2 所示。

表 2　逐级并行比较选最大值实验结果

	Cell 数	面积（μm²）	动态功耗（μW）	节拍数	时序（MHz）
64 选 1	4 483	1 312.0	726.0	6	800
64 选 2	12 772	3 710.0	2 775.0	5+2	800
1 024 选 1	82 485	23 058.0	13 126.0	10	800
1 024 选 2	191 916	53 990.0	34 529.0	9+2	800

在实现过程中,在 64 选 2 和 1 024 选 2 时,各自增加了两级中间结果的寄存,所以所需的时钟节拍数分别为 7 和 11。从结果可以看出,逐级并行比较方式占用硬件资源较多,功耗较大,但完成处理过程所需的时钟节拍数较少。在增加必要的寄存逻辑后,也可以达到较高的实现频率。

此外,从结果数据中还可以发现,相同 M 情况下,N 值增加会带来较大的资源占用和功耗,但是因为是并行比较方式,N 的值增大并未明显增加处理时间。而 M 值增大时,除了明显的资源和功耗增加外,因为比较级数的增加,处理所需的时间也增加了。

横向对比串行比较法和并行比较法可以发现,串行比较法资源占用较少、功耗较低,适合于对于资源和功耗要求严格的场合,而并行比较法适合于对处理时间有较高要求的场合。

3.2　选最大值的位置实验结果

对于选最大值所对应的位置,本文针对不同的 M 和 N 也分别进行了实验。串行比较的实验结果如表 3 所示。

表 3　串行比较选最大值的位置实验结果

	Cell 数	面积（μm²）	动态功耗（μW）	节拍数	时序（MHz）
64 选 1	108	58.0	64.0 uW	64	800
64 选 2	226	113.0	125.0 uW	64	800
1024 选 1	138	74.0	79.0 uW	1 024	800
1024 选 2	266	141.0	141.0 uW	1 024	800

可见,串行比较法选最大值的位置时,占用硬件资源较少,所需处理时间较多。

逐级并行比较的实验结果如表 4 所示。

表4　逐级并行比较选最大值的位置实验结果

	Cell 数	面积(μm²)	动态功耗(μW)	节拍数	时序(MHz)
64 选 1	4 542	1 348.0	773.0	6	800
64 选 2	12 885	3 728.0	2 728.0	5+2	800
1024 选 1	85 587	23 942.0	13 919.0	10	800
1024 选 2	207 772	65 004.0	48 672.0 uW	9+2	800 M

　　在逐级并行比较法选最大值的位置的实现过程中,在 64 选 2 和 1 024 选 2 时,为保证较高实现频率,各自插入了两级中间结果的寄存。从结果可以看出,逐级并行比较方式占用硬件资源较多,功耗较大,但完成处理过程所需的时钟节拍数较少。

　　将本节的 Cell 数与 3.1 节的实验结果进行对比,结果如图6所示。

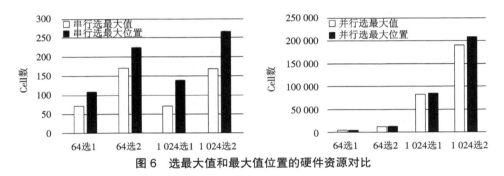

图6　选最大值和最大值位置的硬件资源对比

　　从图中可以发现,相比选取最大值,选取最大值所在的位置所增加的硬件资源开销较少。本文设计的选取最大值的位置电路,通过采用计数器或者增加位置比特信息实现,电路简单易于实现。

4　结论

　　多个数值的比较选择具有广泛的应用,本文研究设计了适合硬件实现的比较选择算法,设计了适合不同应用场景的串行比较法和并行比较法,并进行了实现。实验的结果显示,这两种算法针对不同的场合,能够满足实际应用需求,具有较高的性能,且占用资源较少、功耗较低。因此,本文的方法是可行且高效的。

参考文献

[1] 史剑锋, 常国栋, 李志刚.一种基于 LabVIEW 和 MATLAB 的语音识别方法 [J]. 信息安全与通信保密, 2007(7):57-59.

[2] SRISUKKHAM W, ZHANG L, NEOH S C, et al. Intelligent leukaemia diagnosis with bare-bones PSO based feature optimization[J]. Applied soft computing, 2017, 56: 405-419.

[3] FANG M, LEI X, CHENG S, et al. Feature selection via swarm intelligence for determining protein essentiality[J]. Molecules, 2018, 23(7): 1569.

[4] AGARWAL A, GUPTA A . A maximum relevancy and minimum redundancy feature selection approach for median filtering forensics[J]. Multimedia tools and applications: 1-28.

[5] 孟小丁, 白春霞.C 语言中常见的几种算法浅析 [J]. 电脑知识与技术, 2018, 14(34):221-222,235.

[6] 李晓, 石国良, 苟先太, 等.基于多准则排序融合的特征选择方法 [J]. 计算机工程与设计, 2015(4):1110-1114.

[7] 李广军.数字集成电路与系统设计 [M]. 北京:电子工业出版社, 2015.

[8] 余娟.硬件电路设计流程与方法 [J]. 电子世界, 2014(16):117-118.

[9] 田素雷, 刘海龙, 刘淑涛.RTL 到门级网表的等价性验证方法 [J]. 中国集成电路, 2015(3):22-25.

[10] BHATNAGAR H. 高级 ASIC 芯片综合:使用 Synopsys Design Compiler Physical Compiler[M]. 张文俊.译. 北京:清华大学出版社, 2007.

基于嵌入式设备的卷积映射实现及性能分析

李创,夏一民,刘宗林,刘胜,李勇

（1.国防科技大学计算机学院　长沙　410073；2.湖南长城银河科技有限公司　长沙　410000）

摘　要：随着嵌入式系统的迅速发展,为了满足需求,嵌入式芯片的结构在不断更新,各种高性能芯片不断涌现。目前嵌入式设备可实现的功能十分丰富,而面对多种可选的新型嵌入式设备,嵌入式设备的应用开发显得尤为重要,如何得到更好的应用实现,是嵌入式开发将要面临的重要问题,同时,人工智能的发展也呈现急速的上升状态,使得两者结合可以完成的任务范围也在不断扩大。嵌入式系统将人工智能技术和超级计算机结合在一起,几乎做到了可以解决生活中的种种难题,将硬件、软件和算法相结合的思路,极大地提高了算法的执行效率,缩短了任务的完成时间。当前,在嵌入式智能终端上如何部署人工智能算法是一大研究热点,便携、低功耗、实时处理,是嵌入式主要的特点和优点,但也因此限制了智能应用的部署。本文从硬件平台和算法部署实现两个方面展开,分析了卷积实现算法的性能,最终将其映射在硬件平台上并进行优化,为其他同类嵌入式智能应用开发提供了一定的参考依据。

关键词：嵌入式；深度学习；卷积；快速傅里叶变换；Winograd

Performance Analysis and Implementation of Convolution Mapping Based on Embedded Device

Li Chuang, Xia Yimin, Liu Zonglin, Liu Sheng, Li Yong

（1.College of Computer, National University of Defense Technology, Changsha, 410073；2.Hunan Great Wall Galaxy Technology Company Limited, Changsha, 410000）

Abstract: With the rapid development of embedded system, in order to meet the demand, the structure of embedded chip is constantly updated, and a variety of high-performance chips are constantly emerging. The embedded devices can realize a lot of function, but in the face of a variety of optional new embedded devices, the application development of embedded devices is particularly important, how to get a better implementation of application is an important problem embedded development facing. At the same time, the development of artificial intelligence is rapidly rising, so the task range of the combination of that is expanding. The embedded system combines artificial intelligence technology with supercomputer to solve all kinds of problems in life. The idea of combining hardware, software and algorithm greatly improves the execution efficiency of the algorithm and shortens the completion time of tasks. Therefore, the development of embedded intelligent applications has set off a frenzy in the research field. At present, how to deploy artificial intelligence algorithms on embedded intelligent terminals is a major research hotspot. Portable, low-power and real-time processing are the main features and advantages of embedded, which also limit the deployment of intelligent applications. This paper from two aspects, i.e.hardware platform as well as algorithm deployment and implementation, analyzes the calculation rules of convolution operation in the convolutional neural network algorithm series, the convolution structure and performance suitable for different implementation algorithms, and expounds the process of algorithm mapping in the hardware platform.This paper can provide a certain enlighten effect on embedded development.

Key words: embedded, deep learning, convolution, FFT, winograd

嵌入式器件的发展十分迅速,高性能的精简指令集计算机(RISC)芯片和数字信号处理(DSP)芯片正不断出现在市场上,架构也各不相同,指令集也是存在着各种各样的差异,同一算法映射在不同架构上的方案也不尽相同,所以需要针对不同的结构设计不同的映射方案。而在人工智能算法中,卷积神经网络(Convolutional Neural Network,CNN)是一个重要分支,在现实生活中有着广泛的意义,CNN 由卷积层、池化层和全连接层等构成,其中卷积层是核心。研究基于嵌入式设备的卷积实现工作,可以加快卷积运算,可以对通用映射方案的设计有一定的促进作用,因此该研究具有重要现实意义。

本文的主要贡献包括以下 3 个方面。

(1)提出了通用的基于嵌入式设备的卷积映射方案。

(2)提供了常见卷积实现算法的实现及性能对比。

(3)提出了一种解决快速傅里叶变换(FFT)过程中占用更少内存的方法。

1 相关工作

在嵌入式系统上部署人工智能算法在生活中有着重要作用,不同算法的部署有着不同的应用场景,下面将给出已有的相关工作和人工智能算法在不同场合下的应用。

关于在嵌入式系统上部署人工智能算法的工作已经开展了一段时间,为了满足现实生活中的需求,就要推进技术产品落地,这不仅需要设计巧妙的算法和稳定性高的硬件支持,还需要把人工智能(Artificial Intelligence,AI)技术和硬件环境结合起来,这就引出了嵌入式 AI 的概念。Metwaly 等提出了一种用于智能建筑的嵌入式算法,对比了多种深度学习模型在不同嵌入式设备上的性能,在较小内存下实现了较高的预测精度;Gu 设计了嵌入式的透明健康 AI 系统,以实现精准病因定位和精准治疗;同样在医学健康方面,Feng 等使用嵌入式 AI 技术提出了用于剩余使用寿命预测的 CNN-RNN 算法,并进行了相应的部署优化,使 FPGA 整体加速了 9 倍;Mhalla 等设计了基于嵌入式系统的多目标检测的快速 R-CNN 算法实现方案;Xie 等提出了一种基于 FPGA 和 CPU 的 CNN 通用嵌入式系统设计方案,能够快速并且功耗较低地完成图像识别等任务;基于嵌入式部署 CNN 的工作,Bi 和 GUNN[1] 提出了一种在训练过程中压缩模型的内存需求量的方案,从运算量上实现了一定的算法加速;除此之外,还有一些文献也基于嵌入式 AI 开展了研究工作。

本文针对 CNN 中的卷积运算,采用不同的卷积算法设计了映射方案,分析卷积算法在不同卷积结构下的适用情况,并验证不同卷积核大小、不同批次、不同通道对卷积计算的影响。

2 卷积神经网络

2.1 构成及应用

一个完整的 CNN 包括卷积层、池化层和全连接层,同时还要有非线性处理函数。其中卷积层用来进行特征信息提取,而能够自动地完成特征信息提取是 CNN 流行的一个主要原因。池化层用来降低数据的维度。在 CNN 中数据在高维空间中很难处理,所以通过池化可以有效地降低数据维度,易于处理。全连接层主要用来进行类别区分,输出需要的结果。

CNN 在现实生活中有着广泛的应用,我们经常使用的图像搜索就是利用 CNN 实现的,有的翻译软件也是基于 CNN 设计的,生活中的人脸识别系统也是基于 CNN 构建的。此外,CNN 还可以用来设计完成自动驾驶、文档分类、目标检测等应用任务。

2.2 卷积

在 CNN 中,卷积的计算过程就是卷积核在图像上按一定步长滑动,每次将图像和卷积核在滑动窗口中所有像素点对应相乘再相加。卷积的计算规则和矩阵相乘的处理过程类似,不过卷积参与乘累加计算的是滑动的窗口内的数据,在图像处理中,表现为矩阵块的形式,而矩阵乘参与计算的是一行或一列的数据,两种计算规则存在一定的相似性,使得卷积计算转化为矩阵乘成为可能。所以很多研究工作是把卷积运算转换成通用矩阵乘法,除此之外最常用的典型实现算法就是 FFT 和 Winograd。

通用矩阵乘实现卷积是常用的卷积加速方法之一,因为现有矩阵乘法对于数据的局部性和复用性处理得很好,其优化工作已经被开展到优化程度很高的状况。文献 [2] 介绍了高性能矩阵乘法的原理,而用矩阵乘法实现卷积无论是在 CPU 还是 GPU 上都有着明显的加速效果,因此其是一个跨平台的通用加速方法。Caffe 卷积实现的方式就是利用通用矩阵乘法,先将图像和卷积核数据转化为便于矩阵乘运算的矩阵形式,再进行矩阵乘法。

用 FFT 实现卷积也是目前流行的卷积加速方法之一。卷积定理指出函数卷积的傅里叶变换是函数傅里叶变换的乘积,据此可以用 FFT 实现卷积。Mathieu 等曾在 2014 年 ICLR 会议上提出了用 FFT 加速卷积网络训练的方法,Lin 和 Yao[3] 提出了一种 tFFT 算法,实现了 CNNs 傅里叶域的基于 tile 的卷积。基于 Matlab 的轻量级深度学习框架 LightNet,CUDA 的 cuDNN 等,都支持基于 FFT 实现卷积。

关于 Winograd 实现卷积的工作,Lavin 和 Gray 首次提出了用 Winograd 进行卷积加速,目前腾讯的 NCNN、Facebook 的 NNPACK、NVIDIA 的 cuDNN 中计算卷积的算法,都采用了 Winograd 算法。Winograd 卷积通过减少乘法次数来实现加速,Lavin 和 Gray 对 Winograd 的原理做过详尽的阐述。

本文对这三种实现方案都做了映射,并对 FFT 和 Winograd 变换过程中产生的中间数据做了处理,可有效降低额外内存的占用量。

3 卷积实现细节

3.1 硬件平台

本研究使用了 TI 的多核 DSP 开发板 TMS320C6678,C66x 系列 DSP 是新一代的定点和浮点 DSP,具有很强的浮点处理性能。该开发板的主要特性参数见表 1。全方位地了解所要使用的嵌入式器件,有助于评估器件的性能,以实现无缝对接嵌入式设备。

表 1　技术规范

项目	参数
DSP	8 × C66x　22.4 GFLOP/Core
L1P/L1D	32 kB/32 kB Per Core
L2RAM	512 kB Per Core
DRAM	DDR3 8 GB Addressable Memory Space
HyperLink	50 GB operation
other	2 × PCIe UART I²C SPI…

基于该开发板,TI 提供的开发环境 CCS(Code Composer Studio),可以进行快速的编译,并且支持 C 语言设计,可以提供方便的程序设计开发。

3.2 算法映射

为了验证卷积计算的影响,本研究针对单层卷积进行映射,这里采用 Alexnet 模型的第一层和中间层进行测试。Alexnet 是经典的 CNN 框架之一,关于 Alexnet 的详细信息,也有相关文献可供参考。Krizhevsky 等 [4] 对 Alexnet 的结构、实现细节等做了详尽介绍,本文不做过多叙述。下面从三个方面介绍本文设计的映射方案。

（1）内存优化管理。为了提高内存的空间利用率，结合所选硬件平台，可以用 CMD 文件来管理和控制内存。该平台支持缓存的相关配置，可以灵活地发挥缓存的作用。

（2）指令集调用。C66x 系列 DSP 的指令集功能齐全，可提供常见的数学运算，支持 FFT 变换、矩阵运算等。同时，根据 TI 提供的 CCS 编译器，可以有效支持使用这些指令，使编程方便灵活。

（3）程序优化。本研究中，在编写程序时，尽量减少乘数法，比如用移位替换；用一些查找表来代替一些函数，事先把表做好放到内存中；使用内嵌汇编来提高程序性能；使用编译器提供的编译优化，如寄存器优化、局部优化和全局优化等。

根据卷积定理 FFT 卷积的实现，需要对输入数据和卷积核数据进行 FFT，然后把 FFT 后的数据进行对应位置的乘法操作，最后再把处理后的数据进行 IFFT 处理。截取 IFFT 后的结果就能得到输入数据和卷积核卷积后的结果。

在实现 FFT 卷积时，为了提高内存的空间利用率，缓解变换结果占用额外内存的情况，本研究设计了一个指向空间大小为一行数据量的指针来控制访问输入图像信息，修改后的数据依然放在 FFT 函数的输入矩阵中，利用这个指针可以进行修改，不用再一次进行赋值处理，能有效节省使用的空间。调用 dsplib 库提供的 DSPF_sp_mat_trans_cplx 来对 FFT 后的复数矩阵进行行列转换，便于实现对二维数据的 FFT 变换，可有效节省中间的数据处理过程。

FFT 函数的输入规模支持 2 的幂次方，所以对于一般的数据而言，需要扩充成 2 的幂次方，这里采用补零，其实现代码见表 2。其中初始化传入 FFT 函数的参数 FFT_data，置为全 0，然后把对应位置上的实际输入数据放入。

表 2　补零代码

```
Input: inp; size:N*N
Output: FFT_data,size:L*L,
L is the power of 2, L>N
memset( FFT_data, 0 ,2*N*N* sizeof( float ))
for( n=0; n < N; n++ )
    for( m=0; m < N; m++ )
        FFT_data[n*L+m] = inp[n*N+m];
```

Lavin 和 Gray 介绍了 Winograd 算法，其实现原理如式（1）。其中：g 为卷积核数据矩阵；d 为图像数据矩阵；A' 为矩阵 A 的转置，用来对结果做线性变换；B' 为矩阵 B 的转置，用来对输入信息进行线性变换；G 为用来对卷积核做线性变换处理的变换矩阵。本研究实现 Winograd 卷积时，选用了 $F(4\times4,3\times3)$ 来设计分块，在整个变换过程中所需要的变换矩阵如式（2）至式（4）所示。

$$Y=A'\left[(GgG')\cdot(B'dB)A\right] \tag{1}$$

$$A'=\begin{bmatrix}1 & 1 & 1 & 1 & 1 & 0\\0 & 1 & -1 & 2 & -2 & 0\\0 & 1 & 1 & 4 & 4 & 0\\0 & 1 & -1 & -8 & -8 & 1\end{bmatrix} \tag{2}$$

$$B' = \begin{bmatrix} 4 & 0 & -5 & 0 & 1 & 0 \\ 0 & -4 & -4 & 1 & 1 & 0 \\ 0 & 4 & -4 & -1 & 1 & 0 \\ 0 & -2 & -1 & 2 & 1 & 0 \\ 0 & 2 & -1 & -2 & 1 & 0 \\ 0 & 4 & 0 & -5 & 0 & 1 \end{bmatrix} \tag{3}$$

$$G = \begin{bmatrix} \dfrac{1}{4} & 0 & 0 \\ -\dfrac{1}{6} & -\dfrac{1}{6} & -\dfrac{1}{6} \\ -\dfrac{1}{6} & \dfrac{1}{6} & -\dfrac{1}{6} \\ \dfrac{1}{24} & \dfrac{1}{12} & \dfrac{1}{6} \\ \dfrac{1}{24} & -\dfrac{1}{12} & \dfrac{1}{6} \end{bmatrix} \tag{4}$$

因为卷积是计算密集型过程,内存访问是制约程序的瓶颈点,而做推理工作的输入图的大小一般在几十几百 kB,不适合一次性把数据放入缓存。在本映射方案中,数据放在 DDR 中,利用 DMA 进行数据搬移,来解决数据访问的问题。

4 实验结果

为了测试不同卷积的性能差异,测试了单层卷积的执行速度,数据初始放在 DDR 内,未用 DMA 搬移到 Cache 中,运行时间会在秒的量级。卷积核尺寸的不同,对于每次遍历的感受野区域也不同,各算法适合的卷积核尺寸也因此不同,表 3 给出了各算法在不同卷积核尺寸下的执行时间对比与分析,输入皆为 $3 \times 223 \times 223$。

表 3   三种算法在不同卷积核尺寸下的性能

算法 \ 卷积核尺寸	11×11	5×5	3×3
常用卷积	329.7	117.3	44.3
FFT 卷积	56.7	56.6	56.6
Winograd 卷积	—	—	6.7

表 3 所示的是单核的测试性能,其中常用卷积是对比基准,FFT 卷积数据包括变换开销、卷积核扩充开销、变换结果的点乘开销和中间数据的一些处理开销。选用的 3 种卷积核尺寸之间的差异之处在于卷积核扩充开销,耗时差异在微秒的量级,所以在本次实验结果中最终耗时差异不大。从表中数据可以看出 FFT 在卷积核尺寸较大时,FFT 卷积实现速度比常用卷积快,但当前常用卷积核尺寸为 3×3,此时 FFT 卷积速度并未表现出优越于常用卷积的优势;Winograd 卷积的卷积核大小为 3×3(所以表 3 中只列举了卷积核尺寸为 3×3 时的性能),也表现出了不错的性能。

TI 的 C6678 开发板有 8 个处理核心,可根据不同卷积核个数分配计算任务,每核计算 96/8 个卷积核的卷积操作,性能可为单核性能的 8 倍左右。当前,大部分的嵌入式设备都具有多个处理核心,利用好多核之间的并行处理,可以让智能算法在嵌入式领域得到更广泛的应用。

5 结论

本文针对嵌入式平台的架构,给出了卷积实现的几种算法,提供了卷积系列人工智能算法的通用嵌入式映射方案,对相关的硬件架构设计有着一定的启发作用,同时有助于缩短人工智能领域从研究运用到现实生活中的时间。

边缘计算在生活中的影响越来越大,它更注重对实时数据的处理,所以基于嵌入式设备的智能算法部署,对解决实时性问题有着至关重要的作用。卷积的计算加速能推进模型的运行,在嵌入式设备上的卷积实现,有待更深一步的研究。其中,访存的优化、卷积计算量的压缩与处理、卷积的分解等方案,都可能成为卷积计算加速的突破点。

参考文献

[1] BI J, GUNN S R. Sparse deep neural network optimization for embedded intelligence[J].International journal on artificial intelligence tools, 2020:3-4.

[2] GOTO K, VAN DE GEIJN R A . Anatomy of high-performance matrix multiplication[J]. ACM transactions on mathematical software(TOMS), 2008,45(10): 1010-1019.

[3] LIN J H, YAO Y. A fast algorithm for convolutional neural networks using Tile-based fast fourier transforms[J]. Neural processing letters, 2019:1951-1967.

[4] KRIZHEVSKY A,SUTSKEVER I, HINTEN G E. Imagenet classification with deep convolutional neural networks[J]. Communications of ACM, 2017, 60(6): 84-90.

类脑计算芯片片上网络研究

励楠，杨乾明

（国防科技大学计算机学院　长沙　410073）

摘　要：随着计算机技术的发展，人工智能技术得到了巨大的发展。但是传统计算机由于其体系结构的限制，导致其尺寸与面积都不能跟上新型技术的发展。为了解决传统计算机已不能适应新型应用的问题，研究人员不断地寻找新的技术以解决传统计算机的不足。类脑芯片就是优化及至替代传统计算机的技术之一。类脑芯片模仿了人类大脑的结构与功能。本文阐述了类脑芯片的基本概念，结合最新的研究成果，讨论了类脑芯片的基本单元以及其片上网络的相关问题，为类脑芯片的设计提供了新的思路与参考。

关键词：类脑芯片；类脑计算；片上网络；片上系统；新型器件

Research on the On-chip Network of Brain-inspired Computing Chips

Li Nan, Yang Qianming

（College of Computer, National University of Defense Technology, Changsha, 410073）

Abstract：With the development of computer technology, artificial intelligence has achieved tremendous development. However, due to the limitations of its architecture, traditional computers cannot keep up with the development of new technologies in terms of size and area. In order to solve the problem that traditional computers can no longer adapt to new applications, researchers are constantly looking for new technologies in order to overcome the shortcomings of traditional computers. Brain-inspired chip is one of the technologies that optimize or even replace traditional computers. Brain-inspired chips mimic the structure and function of the human brain. This paper explains the basic concept of brain-inspired chips, and discusses the basic unit of brain-inspired chip and related problems of its on-chip network, by combining with the latest research results. This paper provides new ideas and references for the design of brain-like chips.

Key words：brain-inspired chip, brain-inspired computing, on-chip network, on-chip system, new-type device

1　概述

　　类脑研究一直是计算机研究人员研究的创新来源。人类大脑具有很多非常优良的特征，可以同时具有识别、推理、控制和行动的能力，而且其功耗非常小，大约只有 20 W，这是很多芯片无法达到的标准。一个标准的传统计算机只对 1 000 个物体进行识别就会消耗 250 W 的功耗[1]。目前的研究表明，人类大脑所拥有这些功能的原因是大脑具有大量的突触的连接以及其独特的结构和功能化的组织层次等。

收稿日期：2020-08-20；修回日期：2020-09-22

基金项目：核高基项目（2017ZX01028-103-002）

通信作者：励楠（hello_linan@163.com）

目前,最先进的人工智能技术都是受到大脑结构的启发而发展而来的,如深度学习网络就是模拟人脑用多个层级去表征输入的不同特征,经过层级转换形成识别。图1展示的是大脑处理信息的过程[1]。针对人脑网络的研究目前大多运行于硅晶体计算机硬件平台上[2]。尽管现在深度学习等技术有了巨大的发展,但是其运行平台,即硅基计算机与人脑存在着明显的不同[4-6]。首先,目前的计算机系统是基于冯·诺依曼结构,这意味着计算机中计算单元与存储单元是分离的,但是人脑中计算单元(神经元)确是与存储单元(突触)是一体的。其次,目前的计算机硬件间是平面连接的,其无法做到大脑中的三维连接。最后,计算机中的最小单元(晶体管)均是基于数字电路开关,这与人脑中基于神经脉冲的运行模式存在明显不同。研究人员发现,目前计算机系统已经无法解决其数据处理量与巨大功耗之间的矛盾,这就迫使研究人员寻找一个新的结构模式替代传统的计算机结构。

基于人脑结构的启迪,模拟神经元 - 突触计算模式的硬件系统成为研究人员的研究目标。对于基于神经网络的机器学习技术,我们可以将其划分为三代。第一代神经网络被称为 McCulloch-Pitt 感知机,一个神经元能利用一个超平面将空间中的点划分入两个区域,并基于 sigmoid 单元或 ReLU 单元得到输出[7]。第二代神经元可以进一步处理更为复杂的连续非线性输入。深度学习网络就是基于此方式,这类模型可以支持梯度下降的反向传播学习[5]。第三代就是类脑神经网络,其硬件系统主要是基于脉冲驱动通信,这就产生了脉冲神经网络(SNN)。脉冲神经网络中的处理单元均是时间驱动型的,只有在被驱动时才会进入活跃状态,若无事件发生,则 SNN 单元就处于空闲状态,这不同于硅基计算机平台的深度学习网络,所有单元都是处于活跃状态。其次,SNN 中的输入都是 1 或者是 0,这也减少了其计算量[1]。

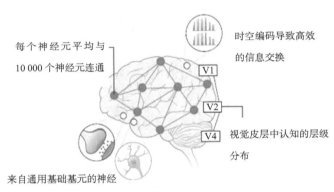

图 1　人脑信息处理原理[1]

2　类脑芯片片上网络单元

目前,很多神经形态学研究所使用的网络单元都是使用成熟的互补金属氧化物半导体(CMOS)单元。但是利用传统 CMOS 单元实现最小网络单元具有很多缺点,包括功耗和面积巨大,灵活性低等。这迫切需要研究人员研究新的网络单元。最近几年,出现了很多关于新型存储器件的研究,使得替代传统 CMOS 单元成为可能。

研究人员最近提出了很多新型的存储器件以克服传统 CMOS 存储器件的不足[8-9]。这些存储器件包括忆阻器、氧化物基的随机电阻存取存储器(oxide-based Resistive Random Access Memory, oxRAM)、导电桥接随机存取内存(Conductive-Bridging Random Access Memory, CBRAM)、相变存储器(Phase-Change Memory, PCRAM)。这些存储器的性能都与使用的开关材料有关。这些存储器都被研究用于硅基计算机中,相比于传统的存储器,在神经网络中使用这些存储器会明显提升系统性能。图2显示的是一款忆阻器的结构,该忆阻器包含两个部分,掺杂与非掺杂部分[10]。通常掺杂型材料与非掺杂型材料之间的电阻是很高的,而其电阻值与其掺杂区域 w 以及忆阻器的整体长度 G 有关。由于忆阻器具有方向性,当施加某一方向的电压时,掺杂区域将会增加,从而使忆阻器的电阻值变小,即开关打开。由于忆阻器具有这种独特的特性,并且其尺寸小,结构较为简单,因此忆阻器可以用来模拟突触前体与突触后体之间的突触连接。目前,有很多氧化物材料有望用来模拟神经网络中类突触连接,从而实现模式识别、面部识别、学习算法等[10]。

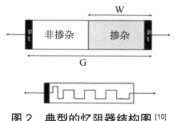

图 2 典型的忆阻器结构图[10]

交叉门闩电路是典型的神经网络电路。在交叉门闩电路中,忆阻器被放在电路中横竖电线的交叉点处,如图 3(b)所示。但是增加交叉门闩电路后,整个电路的功耗会大幅增加。目前,交叉门闩电路主要与CMOS 电路混合使用。研究证明,与标准 CMOS 搭建的神经网络电路相比,使用交叉门闩电路可以较大地减少晶体管的使用数量并降低功耗。这种忆阻器电路可以用于实现深度学习训练算法以及基于生物信息的学习算法等[11-12]。

虽然忆阻器器件的有效性已在很多小规模电路中被证实,但是大规模地使用忆阻器混合电路仍然处在研究阶段。忆阻器器件的可靠性、制造能力和产量问题都制约着基于忆阻器交叉门闩混合电路的大规模使用。目前研究表明,使用不同材料的忆阻器是解决这一问题的方法[10]。

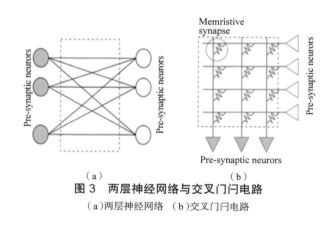

（a）　　　　　　　　（b）
图 3 两层神经网络与交叉门闩电路
（a）两层神经网络 （b）交叉门闩电路

3 神经网络与片上网络

过去三十年,研究人员提出了很多基于神经脉冲的神经网络系统。这些系统在实现细节上面有很多不同。早期的电路实现主要是基于模拟电路,直到最近一些年,由于 CMOS 技术的发展,大部分电路都是基于数字电路。这些系统有些是模拟生物学特征,有些是用于模型加速。

尽管这些电路有很多不同点,神经网络仍然是仿生学的一部分。首先,无论神经网络如何建立,其中的基本单元——神经元和突触,都是以并行的方式进行连接。其次,神经元和突触具有局部性,即在局部的密度比较大,但在全局的密度较低。因此,所有的神经网络通常是以簇的方式进行分布,每个簇又与一个中央连接核心进行通讯。如图 4 所示,一个神经网络主要包括神经元、突触以及中央路由器部件。中央路由器的灵活性决定了神经元和突触的连接。一般来说,系统越灵活就越有效,同时也需要更高的设计复杂度以及消耗更多的硬件资源。

假设一个系统有 M 个神经元和 N 个突触/神经元(哺乳动物一般有 10^{14} 个神经元,每个神经元又有 10^4 个突触),每个神经元与其他神经元的连接数是 N,神经网络首先要能支持平均扇出量为 104。由于超大规模集成电路（VLSI）系统中每个信号线的扇出大约是 3~4 个,静态的使用线连接对于这个数量是不能实现的,因此我们必须设计新的神经单元并使用新的网络协议。对于神经网络,事件地址表示法（Address-Event Representation, AER）是常用的连接协议[8]。在 AER 协议中,每个神经元都给予一个唯一的地址且产生一个神经脉冲信号,这个地址会被打包发往目标神经元。

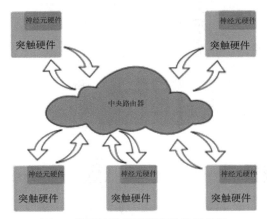

图4　典型的神经网络硬件体系结构

目前的神经网络通常都是将神经元与突触视为一个整体,然后再由中央路由器进行连接。接下来,将会讨论几个目前比较有名的神经网络系统。

第一个神经网络系统是 TrueNorth。这个网络是目前最大的单片神经网络,其包含了 100 万个神经元,2.56 亿个神经突触,芯片由 4 096 个神经 - 突触核组成,每个核由 256 个神经元以及 256×256 个突触构成,其通过使用基于 SRAM 的交叉门闩电路实现。由于控制了漏电流以及采用了其他功耗控制技术,True-North 相较于其他系统具有较低的功耗,大约为 72 mW,如图 5 所示。

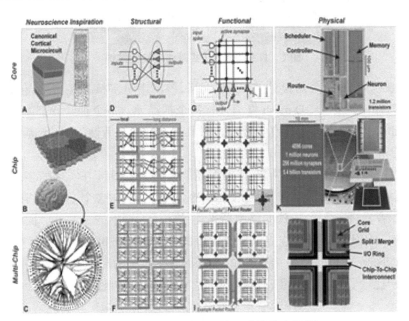

图5　TrueNorth 神经网络系统的基本结构

第二个神经网络系统是 Neurogrid 神经网络。这个网络集成了混合信号器件,来模拟神经 - 突触单元。Neurogrid 的核心器件是 Neurocore 芯片,该芯片是一个定制的大规模电路,其中神经 - 突触单元是用模拟电路实现的,报文协议是由数字电路实现的。Neurocore 芯片由 180 nm 工艺制成,其包含一个 256×256 网络,每个神经元都是由定制模拟电路实现,其实现是基于 Quadratic Integrate-and-Fre(QIF)模型,每个神经元集成了 4 个突触。中央路由结构使用的是树形结构,硬件支持多路广播[13],如图 6 所示。

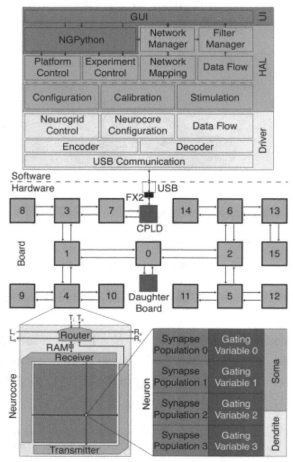

图 6　Neurogrid 神经网络系统的结构

　　第三个神经网络系统是 Intel 公司设计的 Loihi 网络,该网络是多核神经网络,包含了 128 个神经元,3个嵌入式的 x86 微处理器以及异步 2D mesh 网络连接每个神经元。每个神经元都配备可编程学习机以实现不同的训练算法。Loihi 网络的优势是具有学习能力以及有较好的灵活性。 Loihi 基于 14nmCMOS 工艺,其中央路由网络是由异步电路实现的[14]。

　　第四个神经网络系统是 SpiNNaker 网络,其是由曼彻斯特大学设计并实现的多用途大规模神经形态网络。该网络中的核心部件是一个叫作 SpiNNaker 的定制芯片。这个芯片包含 18 个 ARM 处理器(ARM968),同时设计者实现了一个特殊的路由器来连接每个 SpiNNaker 芯片。路由的拓扑结构是一个二维环状结构,其中会有一个其他的斜线连接。一个完整的 SpiNNaker 网络包括了 47 个定制芯片,其设计目标是实现 1 200 个 SpiNNaker 的互联。一个完整的 SpiNNaker 系统的功耗大约是 90 kW[15-16],如图 7 所示。

　　最后我们在表 1 中比较了目前较为主流的类脑芯片系统或脉冲神经网络。

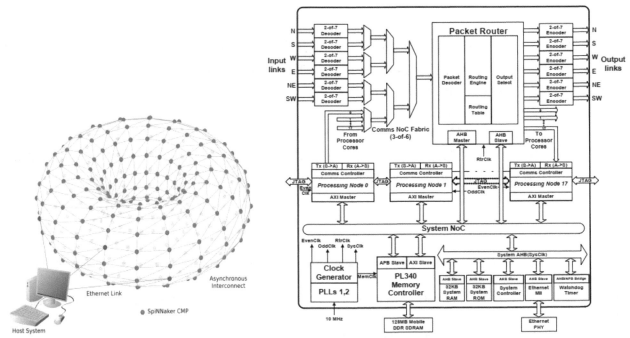

图 7　SpiNNake 的结构示意图

表 1　具有代表性的脉冲神经网络系统的性能参数比较

类脑芯片或系统	路由拓扑结构	最大连接带宽	包类型和大小	运行方式或时间
TrueNorth	单核使用 Crossbar 结构； 核间及片间使用异步网络； mesh 结构； 片间使用串行通信总线连接	每秒 160 百万脉冲（5.44 Gbits/s）	9 bit dx； 9 bit dy； 4 bit 发送标记； 8 bit axon 位； 2 bit debug 位	—
Neurogrid	多波树形网络	发送器为 43.4 Mspikes/s； 接受器为 62.5 Mspikes/s； 路由为 1.17 Gword/s	可变长度； 用报文尾标识； 12 bit 报文路由	实时
Loihi	2D mesh 网络结构 片间使用四方向传播连接	3.44 Gspikes/s	读请求； 读响应； 脉冲信息等	
Darwin	路由信息和权重离线存储	—	固定长度，每个包括源 ID 当包产生时给予时间戳	时钟为 70 MHz
SpiNNaker	2D 三角形 mesh 构建的环形网络	5 Mpackets/s； 最大可以传送 7.4 Gbit/s	8 bit 报文头； 32 bit 报文主题； 32 bit 选择性报文	实时
BrainScales	L1 层为异步串行脉冲网格 L2 层为树形路由	片间为 32 Gbit/s； 片内为 2.8 Gevent/s	L1 层为 6 bit 神经元数量； L2 层为 24 bit 脉冲事件	104 到 105
Dynap-SEL	混合基于标签地址分享策略。两级路由，第一级是点对点路由，第二级是局部路由。点对点路由单片是按等级路由，片间是 2D 网格路由	广播时间为 27 ns； 输入带宽为 30 Mevents/s； 输出带宽为 21 M events/s	10 bit tag 6 bit 头报文包含 dx； 目的地址为 4 bit dy	实时

4　总结

在近些年,创造新型纳米级器件并将其应用一直是计算机领域热门研究之一,包括研究有效的存储器以及互联技术等。大规模神经网络就是其中的方向之一,其研究进展得益于新型存储器件的出现。很多研究提出了潜在的新型存储器件,如忆阻器,其可以替换基于 CMOS 的存储器以实现突触电路。

在本文中,首先讨论了类脑芯片的基本概念,分析了其相较于传统计算机的优势;其次讨论了神经网络中的神经单元,着重讨论了忆阻器以及如何利用其搭建神经网络电路;最后讨论了神经形态网络的拓扑结构以及一些现有的神经网络及类脑芯片。通过讨论,我们相信随着研究的不断深入,神经网络及类脑计算将有更大的发展,芯片设计师可以利用其进行更好的连接以实现更低的功耗与最好的应用。

参考文献

[1] ROY K, JAIWAL A, PANDA P, et al. Towards spike-based machine intelligence with neuromorphic computing[J]. Nature, 2019, 575: 607-617.

[2] SILVER D, SCHRITTWIESER J, SIMONYAN K, et al. Mastering the game of go without human knowledge[J]. Nature ; 2017, 550: 354-359.

[3] COX D D, DEAN T. Neural networks and neuroscience-inspired computer vision[J]. Curr Biol, 2014,24: 921-929.

[4] BULLMORE E, SPORNS O. The economy of brain network organization[J]. Nat Rev Neurosci, 2012, 13: 336-349.

[5] KRIZHEVSKY A, SUTSKEVER I, HINTON G E. ImageNet classification with deep convolutional neural networks[M]// PEREIRA F.Advances in Neural Information Processing Systems Vol. 28, 2012: 1097-1105.

[6] FELLEMAN D J, VAN ESSEN D C. Distributed hierarchical processing in the primate cerebral cortex[J]. Cereb cortex, 1991, 1, 1-47.

[7] MCCULLOCH W S, PITTS W. A logical calculus of the ideas immanent in nervous activity Bull[J]. Math biophys, 1943, 5: 11533.

[8] PARK J, YU T, JOSHI S, et al. Hierarchical address event routing for reconfigurable large-scale neuromorphic systems[J].IEEE transactions on neural networks and learning systems, 2016: 1-15.

[9] MEROLLA P A, ARTHUR J A, ICAZA R A, et al. A Millionspiking-neuron integrated circuit with a scalable communication network and interface[J]. Science,2014, 345(6197):668-673.

[10] YUAN X. Emerging memory technologies: design, architecture, and applications[M]. Berlin: Springer, 2013.

[11] INDIVERI G, LINARES-BARRANCO B, LEGENSTEIN R, et al. Integration of nanoscale memristor synapses in neuromorphic computing architectures[J]. Nanotechnology, 2013, 24(38): 384010.

[12] MORADI S, MANOHAR R. The impact of on-chip communication on memory technologies for neuromorphic systems[J]. Journal of physics D: applied physics, 2018,52(1):014003.

[13] BENJAMIN B V, GAO P, MCQUINN E, et al. Neurogrid: a mixed-analog-digital multichip system for large-scale neural simulations[J]. Proceedings of the IEEE, 2014,102(5):699-716.

[14] DAVIES M, SRINIVASA N, LIN T H, et al.Loihi: a neuromorphic manycore processor with on-chip learning[J]. IEEE micro, 2018, 38(1):82-99.

[15] FURBER S B, GALLUPPI F, TEMPLE S, et al. The SpiNNaker project[J]. Proceedings of the IEEE,2014, 102(5):652-665.

[16] PAINKRAS E,PLANA L A, GARSIDE J, et al.SpiNNaker: a multi-core system-on-chip for massively-parallel neural net simulation[C]// Proceedings of the IEEE 2012 Custom Integrated Circuits Conference, San Jose, CA, 2012.

图形处理器电路设计仿真与测试技术研究

贺志容,张祥,胡勇

（武汉数字工程研究所　武汉　430205）

摘　要：根据图形处理器芯片的功能结构,提出了电路设计要求,给出了仿真波形图。基于芯片的电路仿真结果,并结合 93000 测试系统,给出了测试图形转换方法,转换生成了测试图形。完成了超大规模复杂芯片的功能测试,并给出了图形处理器的测试波形和数据结果。

关键词：图形处理器;功能;电路仿真;图形;测试

Research on Technology of Circuit -Simulation and Testing for Graphics Processing Unit

He Zhirong, Zhang Xiang, Hu Yong

（Wuhan Digital Engineering Institute, Wuhan, 430205）

Abstract: This paper presents requirements for circuit design based on the function al structure of GPU, and the waveform for circuit simulation. The converting method of patterns for testing is described based on the result of circuit simulation for GPU and 93000 testing system, to produce patterns for testing. The functional tests of VLSI of GPU are performed and the test waveform and data result are obtained.

Key words: GPU, function, circuit simulation, pattern, test

1　GPU 基本概念

1.1　GPU 功能结构

图形处理器(Graphics Processing Unit, GPU),又称显示核心、视觉处理器、显示芯片,是一种专门在个人电脑、工作站、游戏机和一些移动设备(如平板电脑、智能手机等)上做图像和图形相关运算工作的微处理器。

本文研究的某型号图形处理器采用 130 nm CMOS 工艺制造,集成度约为 1 000 万门;显示接口为视频图形阵列(VGA)接口和数字接口;支持 8 位、16 位和 32 位色色彩模式;图形模式下支持 640 px × 480 px、800 px × 600 px、1024 px × 768 px 分辨率,最大分辨率 1280 px × 1024 px;支持 ZOOM VIDEO 视频接口;支持双通道双屏显示;支持色彩空间转换(YUV 转 RGB);支持 VGA/VESA 标准;支持标准 PCI 协议读写;支持视频数据采集存储;支持 2D 图形加速,如 BitBLT、ROP、256 3-0p;可以用作 PCI 显卡的主处理芯片,完成操作系统界面显示和基本图形绘制及显示、视频采集回放等功能。该 GPU 的功能结构如图 1 所示。

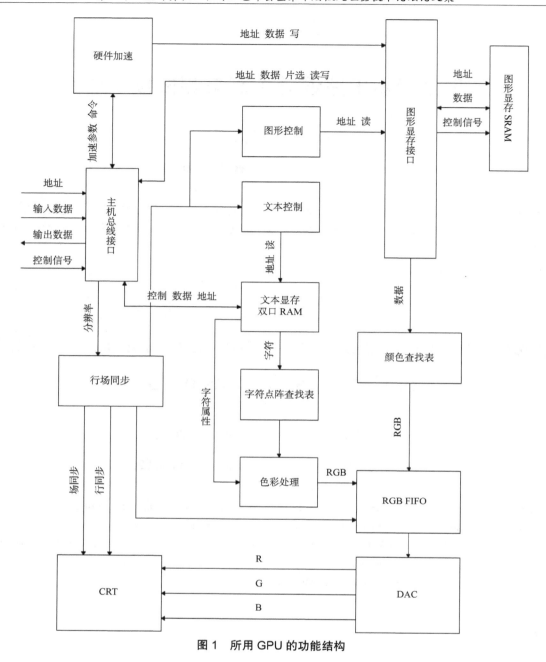

图1　所用 GPU 的功能结构

1.2　工作机制

主机总线接口模块收到来自 PCI 总线的读写操作命令,包括对寄存器的读写操作命令和对显示存储的读写操作命令。完成对寄存器的初始化后,基本图形模式能够正常输出显示。打开视频采集寄存器后,能够实时采集显示视频图像窗口。

2　GPU 电路设计及测试技术

正向设计 GPU 芯片时,首先根据技术指标和功能说明进行寄存器转换级(RTL)设计编写,前端设计结束后分别进行模块级和系统级仿真验证,保证设计的准确性;然后进行现场可编程门阵列(FPGA)原型验证、后端设计、后仿真等。芯片测试则可以基于仿真过程文件,产生的测试向量覆盖率高,功能针对性强,测试的可靠性和可控性高。基于仿真文件的芯片测试,也是芯片生产通用的测试方法。

2.1　GPU 关键模块电路设计要求

1）主机总线接口模块

主机总线接口模块可以要求主机通过 PCI 总线对 GPU 进行读写操作,读写时序满足 PCI 协议要求。方针是先对某些地址进行总线写操作,再对这些地址进行总线读操作,比对读写数据,若结果一致,则主机总线接口功能正确。整体电路仿真的功能覆盖率能达到 90%。

2）VGA 寄存器模块

VGA 寄存器模块按照地址列表来操作,结果能够正常读写和显示初始化。

3）视频采集模块

视频采集模块要求实现视频实时采集回放功能,采用多硬件图层设计。方针是以模拟视频输入数据作为激励,读取显示输出数据并与理想显示输出数据进行自动比对,若结果一致,则视频实时采集回放功能正确。

4）显示输出模块

显示输出模块要求实现 VGA 和低电压差分信号（LVDS）双屏显示,且通过寄存器可配置成拷贝模式和扩展模式。显示分辨率要求支持到 1280 px × 1024 px,色彩模式支持 16 位色。方针是通过寄存器配置显示模式,采集 VGA 接口和 LVDS 接口的数据和行场同步信号进行分析,若与 VESA 标准的波形一致,则显示输出功能正确。

2.2　基于 93000 测试系统的测试图形及时序生成

93000 集成电路测试系统是业界领先的测试系统,该系统提供了强大的测试能力,支持数字、模拟、混合信号和系统芯片（SOC）测试应用,支持各类仿真设计文件到系统所能识别的图形、时序文件转化,是完成 GPU 测试的有效平台。

基于 GPU 正向设计得到的仿真文件,能够充分针对 GPU 的内部功能实现测试,从仿真文件（*.vcd）生成时序文件（tim）、向量文件（binl）等 V93000 测试系统规定格式文件。图 2 为仿真图形转换示意图。

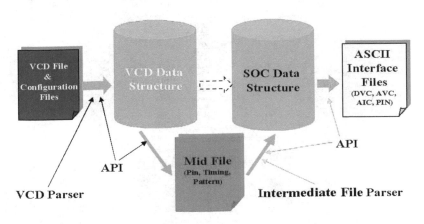

图 2　仿真图形转换示意图

利用 VCDTO93K 工具完成测试图形生成。文件转化需要的过程文件如下。

（1）管脚定义文件（pin configure）:用于给出芯片单 pin 或 pin 组的定义文件。

（2）方向配置文件（direction configure）:给出管脚或组的方向描述信息,包括 I/i。

（3）控制配置文件（control configure）:用于描述输入输出方向控制信号与被控制信号的一一对应关系。

（4）延时配置文件（delay configure）：用于给出管脚或信号组的延迟信息，以周期的百分比形式给出。

基于仿真文件以及上述 4 个相关文件（*.pin、*.dir、*.ctrl、*.delay），利用系统自带命令，完成仿真文件到 93000 测试系统可用时序（timing）和图形（pattern）文件的转换。

对于通过仿真文件得到的图形、时序文件与芯片的实际时序存在延时造成的差异，需要通过后期调整适配，得到真实的芯片时序和图形。

2.3 基于 93000 的 GPU 测试程序开发

GPU 测试程序是基于 93000 测试系统开发的。测试程序的主要组成文件如表 1 所示。

表 1 测试程序文件组成

类别 / 名称	标识	定义
测试流程文件（testflow）	*.tfl	测试项目
引脚及通道文件（pin configuration）	*.pin	被测芯片的信号与测试系统通道的关联信息
电平文件（level）	*.lvl	测试系统产生信号和接收信号的电平
时序文件（timing）	*.tim	测试系统信号波形和时序
向量文件（vector）	*.pmfl、*.binl 等	与被测芯片功能相关的测试码

3 GPU 电路仿真验证与测试结果

3.1 GPU 功能仿真验证结果

利用仿真平台，各关键电路模块的仿真验证结果如图 3 至图 7 所示。

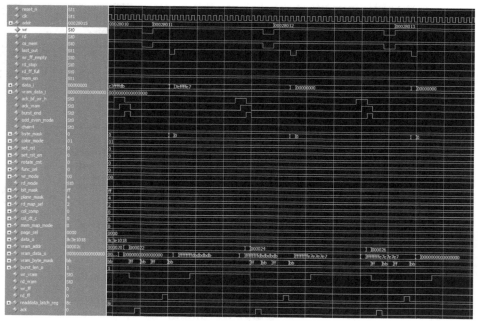

图 3 主机总线写时序图

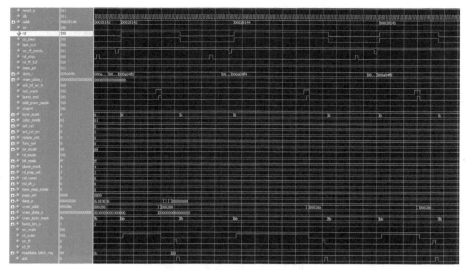

图 4　主机总线读时序图

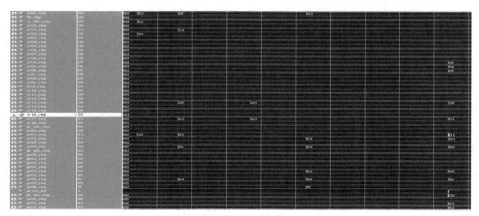

图 5　VGA 寄存器模块仿真图

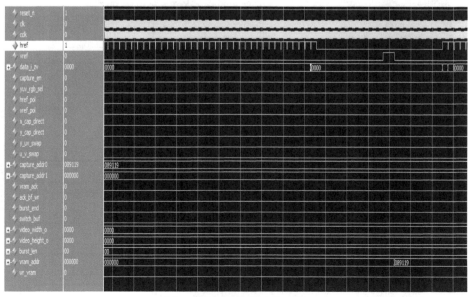

图 6　视频采集模块仿真图

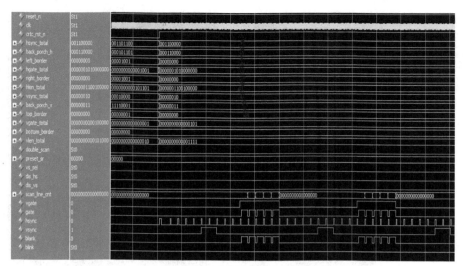

图 7　显示输出模块仿真图

对于 GPU 类芯片,显示输出模块的像素时钟信号(PXL_CLK)、行同步信号(HSYNC)、场同步信号(VSYNC)是重要的显示性能参数。行同步信号的作用是选择出显示面板上有效行信号区间,场同步信号的作用是选择出显示面板上的有效场信号区间。行场同步信号的共同作用,可选择出显示面板的有效视频区间。像素时钟频率与显示器的工作模式有关,分辨率越高,像素时钟信号的频率也越高;数字信号在像素时钟信号的作用下,按照一定的顺序,传输到显示面板中,使各电路按照一定的节拍协调地工作;输出模块在像素时钟的下降沿或上升沿到来时,才对数字信号进行读取,以确保读取数据的正确性。

3.2　GPU 功能测试结果

利用得到的仿真文件,在 93000 测试系统上完成转换后,得到对应的时序和波图形文件,编制测试项目进行测试。测试时序图和波形图如图 8 至图 12 所示。

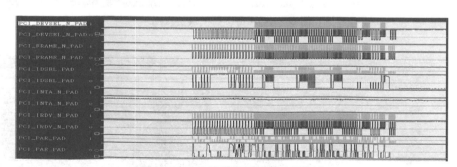

图 8　PCI 总线状态测试时序图(1)

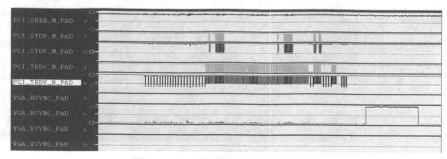

图 9　PCI 总线状态测试时序图(2)

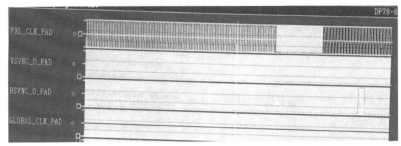

图 10   显示输出模块像素时钟测试波形图

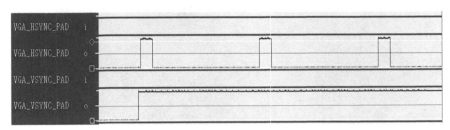

图 11   显示输出模块行、场同步信号测试波形图（1）

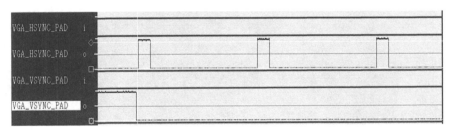

图 12   显示输出模块行、场同步信号测试波形图（2）

除了常规参数，如输入电平（VIL\VIH）、输出电平（VOL\VOH）、漏电流（IIL\IIH）、电源电流（ICC）、建立保持时间、传输延迟时间等。对于 GPU 类芯片，数据手册中对显示输出模块的像素时钟信号（PXL_CLK）、行同步信号（HSYNC）、场同步信号（VSYNC）信号的要求如表 2 所示。

表 2   数据手册所示像素时钟信号、行同步信号、场同步信号要求

序号	工作模式	像素时钟信号（PXL_CLK）频率（MHz）	行同步信号（HSYNC）周期（μs）	场同步信号（VSYNC）周期（ms）
1	640 px × 480 px 分辨率	25.175	31.8	16.7
2	800 px × 600 px 分辨率	50.000	20.8	13.9
3	1024 px × 768 px 分辨率	65.000	20.7	16.7
4	1280 px × 1024 px 分辨率	108.000	15.6	16.7

利用仿真文件转换后的图形文件，在 93000 测试系统下实际测到显示输出模块信号结果如表 3 所示。

表 3   像素时钟信号、行同步信号、场同步信号实际测量值

序号	工作模式	像素时钟信号（PXL_CLK）频率（MHz）	行同步信号（HSYNC）周期（μs）	场同步信号（VSYNC）周期（ms）
1	640 px × 480 px 分辨率	25.055 237	31.930	17.181 171
2	800px × 600 px 分辨率	50.100 630	20.822	14.097 995
3	1024 px × 768 px 分辨率	64.810 928	20.785	17.030 763
4	1280 px × 1024 px 分辨率	106.693 058	15.706	17.020 817

可以看出，GPU 芯片在基于仿真文件的测试系统图形控制下，能正常运转，满足了正常工作的所有条件，给出了理想的输出。

4　结论

通过电路仿真，结合测试机台的时序、图形转换方法，实现 GPU 芯片的功能测试，能够很好地复现芯片的功能，提高芯片的测试质量。

参考文献

[1] ADVANTEST. V930000 SoC series user traning [EB/OL]. [2020-03-16]. https://www.advantest.com/products/soc/v93000.html.

基于 RISC-V 的数字信号处理扩展指令集的设计与实现

万众，张光达，王涛，戴华东，徐实，何益百

（国防科技创新研究院　北京　100071）

摘　要：随着数字信号处理在图形、语音、音频、通信等领域应用复杂度的不断提高，在通用处理器上进行数字信号处理指令集的扩展十分必要。本文通过对数字信号处理领域尤其是特定应用场景，如生物、化学、电磁等场景的算法进行分析，引入单指令多数据技术，设计并实现了基于加速数字信号处理的 RISC-V 扩展指令集，扩展增加典型运算操作包括乘法、点积、乘加、饱和操作、舍入操作等，指令集数据位宽度包含 8 位、16 位、32 位，保证了运算的精度。通过使用 Synopsys VCS 与官方指令集模拟器（spike）及自编写脚本之间交叉验证的方法对扩展指令集进行验证。结果表明，基于 RISC-V 的系统芯片（SoC）平台的扩展指令集测试全部通过，该种扩展指令集的方法可行。

关键词：数字信号处理；指令集扩展；RISC-V；单指令多数据；处理器

Design and Implementation of Instructionset Extension for Digital Signal Processing (DSP) Based on RISC-V Instructions

Wan Zhong, Zhang Guangda, Wang Tao, Dai Huadong, Xu Shi, He Yibai

(National Innovation Institute of Defense Technology, Beijing, 100071)

Abstract：With the increased application complexity of digital signal processing in the filed of graphics, voice, audio and communication, it is necessary to extend the digital signal processing instructions based on the original instruction set architecture (ISA) in general-purpose processors. Through analyzing the algorithm of digital signal processing field and some other specific fields, such as chemistry, biology, electromagnetism and so on, this paper proposes a method of extended digital signal processing instructions based on the open-source RISC-V ISA with single instruction multiple data method. Typical instructions are incorporated into based RISCV ISA, such as multiply, dot product, saturation, rounding operation. There are three kinds of bit width, 8 bit, 16 bit, 32 bit. In the end, three platforms are used to evaluate the correctness of the extended instructions, which are Synopsys VCS, official RISC-V instruction set simulators (spike) and script written with Python, respectively. By comparing the results from different platforms, we concluded that all the instructions have been passed in the test. Thus, it is proved that the instruction extension method is effective and practical.

Key words：digital signal processing, instruction set architecture (ISA) extensions, RISC-V, single instruction multiple data (SIMD), processor

收稿日期：2020-08-02；修回日期：2020-09-14

基金项目：国家自然科学基金（61802427）

This work is supported by the National Natural Science Foundation of China (61802427).

通信作者：何益百（heyibai100@163.com）

1　引言

　　数字信号处理技术被广泛应用于图形、语音、音频、通信等领域。随着各种应用复杂度的提高,对处理器的性能也提出了越来越高的要求。使用专用的数字信号处理(DSP)芯片可以实现数字信号的快速处理。例如,TI 公司的 TMS320 系列 DSP 芯片通过采用专用的硬件设计,使大部分指令可以在一个周期内完成[1],但是面向 DSP 的开发成本较高。采用处理器核+DSP 的体系结构,是另一种加速数字信号处理的方式。例如 Integra 处理器使用 ARM Cortex-A8+DSP 的异构设计。该方式下处理器核与 DSP 核支持不同的指令集,开发环境独立,增加了软件开发的难度;同时,为了确保两个核之间的通信,也极大地增加了硬件设计复杂性。

　　当前,以通用处理器核为基础,并根据处理器应用场景的运算特征进行指令集扩展,成为平衡处理器通用性与专用性的一种有效途径,其降低了后续软硬件开发难度[2]。例如,ARMv5 和 ARMv7 架构中都面向数字信号处理算法扩展了相应的指令[3-4]。MIPS 指令集中扩展了专门的 DSP 模块。潘越等[5]对卫星通信终端处理器的指令集进行了优化研究,通过增加定点数运算指令,提高了对应数字信号处理算法的性能。

　　RISC-V 指令集是一个完全开放的、标准的、能够支持各种应用的全新指令集。该指令集设计简洁,指令编码规整、模块化,并且为用户提供预留空间以支持定制指令集扩展,满足处理器通用性需求的同时,又可以将处理器应用到专用领域。Melo 和 Barros[6] 在 RISC-V 指令集的基础上,扩展了向量运算指令,并完成了处理器设计。目前,RISC-V 指令集没有点积和乘累加等典型 DSP 运算类型的指令,并且主要针对数据位宽为 32 bit 或 64 bit 的数据进行处理,在数据位宽上缺少灵活性,也缺少对饱和、舍入等精度有效性处理操作指令的支持,因此其在数字信号处理领域的专用性不足。

　　本文利用 RISC-V 指令集规整的指令编码特性,设计并实现了一种用于加速数字信号处理的 RISC-V 扩展指令集。通过分析数字信号处理领域的典型算法,得到核心算法的主要运算类型,包括乘法、点积、乘加、饱和操作、舍入操作等,扩展增加典型运算指令并引入单指令多数据(SIMD)技术,扩展指令集数据位宽度包含 8 位、16 位、32 位,可解决现有 RISC-V 指令集在数字信号处理领域存在的运算类型、数据宽度灵活性以及数据结果精度保证等方面的不足,提升了处理器在数字信号处理领域的性能。

2　RISC-V 指令集相关工作

　　RISC-V 指令集架构是美国加州大学 Berkeley 分校提出的第五代 RISC 指令集架构[7]。该指令集包含一个精简的基础指令集和一系列可选的指令集,并留有用户扩展空间[8],用户可以根据自己的需要,扩展定制指令。基础指令集为整数指令集 RV32I 与 RV64I,分别提供 32 位与 64 位的地址空间。其他已完成的可选指令集包括乘除运算、原子操作、浮点运算、压缩指令等,正在开发中的指令集还包括位运算、事务存储以及向量计算等。

　　RISC-V 指令集的格式有 6 种,分别是 R、I、S、SB、U、UI 类。每条指令编码长度为 32 位。图 1 所示为寄存器 - 寄存器类型(R 类)指令的指令格式;图 2 所示为寄存器 - 立即数类型(I 类)指令的指令格式。各字段的作用:rs1 和 rs2 是源寄存器字段;rd 是目的寄存器字段,每个寄存器都由 5 位地址形式表示,源操作数与指令运算的结果都存入相应的寄存器中;imm 为立即数,可直接作为指令的操作数输入;funct 是功能码,用来定义指令的不同功能。RISC-V 指令集格式相对较为规整,源寄存器与目的寄存器及功能码都有固定的位置。opcode 区间为操作码字段,用于定义指令子集。

31　　　　25	24　　　20	19　　　15	14　12	11　　　7	6　　　0
funct7	rs2	rs1	funct3	rd	opcode

图 1　RISC-V 指令集中寄存器 - 寄存器类型指令的指令格式

31	20	19	15	14	12	11	7	6	0
imm[11:0]		rs1		funct3		rd		opcode	

图2 RISC-V 指令集中寄存器 - 立即数类型指令的指令格式

3 基于 RISC-V 的数字信号处理扩展指令集的设计

扩展指令集面向数字信号处理领域,其设计思路如图 3 所示。

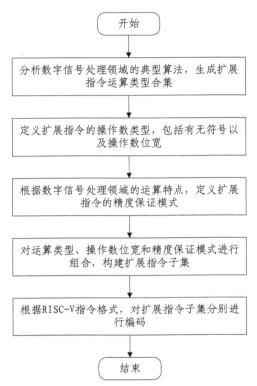

图3 基于 RISC-V 指令集加速数字信号处理扩展指令集构建方法的流程示意图

1)算法分析及操作集合生成

通过分析数字信号处理领域的典型算法,得到各核心算法的主要运算类型,对运算类型进行归类和整合,生成用于加速数字信号处理的操作集合。

BDTI(Berkeley Design Technology Int.)DSP 基准测试 [9],是一种介于过于简单的每秒百万条指令(MIPS)类指标和过于复杂的完全基于应用的指标之间的评价方法。该基准测试涵盖了实数块有限脉冲响应(FIR)、复数块 FIR、实数单样本 FIR、最小均方(LMS)自适应 FIR、IIR、向量点积、向量和、向量的最大值等 12 类数字信号处理运算,覆盖了绝大多数信号处理应用中的典型操作。

为了进一步提高扩展指令的有效性,我们也对该处理器可能使用的特定领域进行了分析。在这些领域中主要的应用包括数据预处理、降噪、线性估计、特征提取、目标分类、目标识别以及寻峰等。这些功能所对应的算法与计算类型如表 1 所示。

表 1 特定领域数字信号处理的功能及计算类型

功能	算法	计算类型
预处理	FIR、IIR 滤波	移位、乘法、乘加
	插值和抽取	打包、解包
	多项式最小二乘拟合	乘加、最小值
	快速傅里叶变换(FFT)	位倒序、蝶形运算、乘加
降噪	线性累加平均、加权平均	点积、除法
	特定滤波	乘加
	最小值跟踪噪声估计	乘加、最小值
线性估计	最小均方算法	乘减、最小值
特征提取	神经网络	点积
目标分类		乘加
目标识别		平均值、最大值
寻峰	导数法	多项式展开
	协方差法	点积、乘加
	对称零面积法	点积

根据 BDTI 基准测试以及特定领域的算法分析结果,我们定义了本次数字信号扩展指令的操作集合,包括乘法、点积、高位打包、低位打包、最大值、最小值、绝对值、并行加减、交叉加减、加、减、比较、平均值、算数右移、逻辑左移、逻辑右移以及乘加、乘减操作。

为满足不同运算在精度上的需求,我们将操作数类型分为有符号数和无符合数两类,并且在 RISC-V 中已有的 32 bit 和 64 bit 数据类型基础上,增加了 8 bit 和 16 bit 位宽数据类型。同时我们还引入了单指令多数据(Single Instruction Multiple Data, SIMD)技术,将操作数设置为 8×8 bit、4×16 bit 和 2×32 bit。增加处理器在不同应用场景下灵活性的同时,提升对数据的并行处理能力。针对数字信号处理过程中经常使用的精度处理,我们在定义操作集合时也考虑了饱和操作与舍入操作。饱和操作在音频数据和视频像素处理中应用普遍,当数据位宽超出其表示范围时,直接取所能表示的最大值或最小值,减少了取指译码的功耗开销,提高了运算速度[10]。舍入操作在运算结果受限于数据位宽超出其表示范围的情况时,采用 0 舍 1 入方式对数据结果进行截断,来保证运算结果的精确度与有效性。

2)扩展指令编码

根据 RISC-V 指令编码格式,opcode 区间定义了 4 组 custom 指令子集,分别为 custom-0、custom-1、custom-2、custom-3,可用于进行自定义指令扩展。我们利用这些 custom 子集来实现扩展指令编码。根据译码流程,按照扩展指令在三个粒度上的层次划分,遵循 RISC-V 指令集的编码格式,采用以下步骤实现扩展指令编码。

首先,区分扩展指令的三个子集,分别选择不同的 custom 指令子集,对扩展指令的 opcode 区间进行编码。通过选择 custom 指令子集,避免与 RISC-V 已经定义的指令形成冲突。

其次,根据每一个扩展指令子集的运算类型,在 funct7 中设计编码方式,确保覆盖扩展指令集的所有运算类型。

最后,根据扩展指令的数据类型和精度保证模式,包括操作数有无符号、运算结果是否进行饱和、舍入处理以及 SIMD 模式,在 funct7 和 funct3 选择特定的位进行编码表示。

表 2 为 8 位加法指令与并行加减的编码示意。其中, funct7[6: 2] 为编码运算类型,00000 表示 ADD 运

算,00010 表示并行加减 PASS;funct7[1:0] 用来区分指令集数据位宽度;11 表示数据位宽为 8;funct3[2:0] 用来区分是否有符号、是否饱和处理以及是否舍入处理。

表 2   数字信号处理扩展指令集编码列表(以 8 位加法指令集与并行加法为例)

31	27 26 25 24	20 19	15 14	12 11	0	
funct7	rs2	rs1	funct3	rd	opcode	R -type
00000 11	rs2	rs1	000	rd	000 1011	ADD8 rt, ra, rb
00000 11	rs2	rs1	010	rd	000 1011	ADDU8_S rt, ra, rb
00000 11	rs2	rs1	110	rd	000 1011	ADDS8_S rt, ra, rb
0001011	Rs2	Rs1	000	Rd	000 1011	PA S8 rt, ra, rb
0001011	Rs2	Rs1	110	Rd	000 1011	PASS8_Srt, ra, rb
0001011	Rs2	Rs1	010	Rd	000 1011	PAS U 8_S rt, ra, rb

3)扩展指令实现

在扩展指令实现时,参照指令位数 32 位、16 位、8 位,有无符号,是否饱和处理,是否舍入处理进行指令集扩展。我们完成了共计 120 余条指令的编码,如表 3 所示。

表 3   数字信号处理扩展指令集实现

类型	加 / 减	并行 / 交叉加减	平均值	逻辑左移、算数右移、逻辑右移	比较(等于、小于)	乘法	点积
32 位、16 位、8 位	√	√	√	√	√	√	√
有无符号	√	√	√	—	√	√	√
是否饱和处理	√	√	—	√	—	—	—
是否舍入处理	—	—	√	√	—	—	—
数量	18	18	6	36	9	6	6

类型	最大 / 最小值	绝对值	高位、低位打包	乘加	乘减	乘加(32 位)	乘减(32 位)
32 位、16 位、8 位	√	√	√	—	—	—	—
有无符号	√	—	—	√	√	√	√
是否饱和处理							
是否舍入处理							
数量	12	3	6	2	2	2	2

以 8 位有符号并行加减法,结果饱和处理(PASS8_S rt, ra, rb)为例,指令语法为 PASS8_S Rd, Rs1, Rs2。指令编码见表 3,该指令可以描述如下:

$$ra.B[1]=SAT.Q7(ra.B[1]+rb.B[1]) \tag{1}$$

$$ra.B[0]=SAT.Q7(ra.B[0]-rb.B[0]) \tag{2}$$

该指令将 ra 中每个半字的高 8 位有符号整数加上 rb 中对应半字的高 8 位有符号整数,结果写入 ra 中对应半字的高 8 位;将 ra 中每个半字的低 8 位有符号整数减去 rb 中对应半字的低 8 位有符号整数,结果写入 ra 中对应半字的低 8 位。如果结果超出 8 位有符号整数的表示范围($-2^7 \sim 2^7-1$),则对结果进行饱和处理。

4   扩展指令集的实现及验证

4.1   扩展指令集硬件实现

基于原处理器的设计,我们完成了扩展指令集的硬件实现。主要工作涉及宏定义修改、译码段、发射段以及执行段。

在宏定义部分,根据扩展指令集 opcode 的编码进行了补充定义。同时也对部分结构体和操作类型的枚举进行了修改。

在译码段部分,根据扩展指令集补充相应指令的解析,包括指令类型、功能部件、位宽模式等。

在发射段部分,主要针对操作数运算进行修改。

在执行段部分,根据扩展指令集增加相应的功能,整体上分为加法、移位、比较、打包、乘法等功能段。

4.2 扩展指令集验证

riscv-tests 是 RISC-V 官方提供的测试程序包,包含指令集测试(ISA)、debug 测试、benchmark 测试、matrix 测试等,可以完成对指令正确性的验证。在本文中,将生成的扩展测试激励作为指令集测试的一个子集,加入 riscv-tests,其测试流程如图 4 所示。程序主要调用由汇编语言编写的测试模块,在 riscv_test.h 头文件中定义了测试指令的位数、用户者级还是监管者级别、浮点指令、向量指令以及整数指令。从 RVTEST_CODE_BEGIN 开始执行,到 RVTEST_PASS 或者 RVTEST_FAIL,最后到 CODE_END 结束。如果正确,会继续执行下一条指令的测试,直到程序结束。如果错误,跳转至 RVTEST_FAIL。

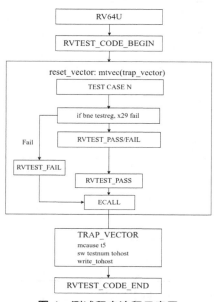

图 4　测试程序流程示意图

1)测试激励生成

参考该测试,我们使用 Python 语言编写出自动生成测试激励的脚本,包括随机测试、翻转测试、分支跳转预测、溢出测试、旁路测试、寄存器测试等。代码示例如下。

```
def main（）:
    insn = sys.argv[1]
    imm_op = ['srai', 'srli', 'slli']
    abs_op = ['abs']
if opcode in imm_op:
    insn_type = 'IMM'
elif opcode in abs_op:
    insn_type = 'R'
else:
```

```
insn_type = 'RR'
prefix = ' TEST_'+insn_type
gen_random_test（insn, prefix）
gen_flip_test（insn, prefix）
gen_flow_test（insn, prefix）
gen_sd_test（insn, prefix, insn_type）
gen_bypass_test（insn, prefix, insn_type）
gen_zero_test（insn, prefix, insn_type）
```

同时,通过脚本生成源操作数与目的操作数的值,以 ADDS8_S.s(有符号的 8 bit 加法操作,对结果进行饱和处理)为例,生成的测试结果如下。

```
# Test ADDS8_S instruction.
#include "riscv_test.h"
#include "test_macros.h"
RVTEST_RV64U
RVTEST_CODE_BEGIN
TEST_RR_OP（ 2, ADDS8_S, 0x33288080b3947f72, 0x0b20818c9e10597e, 0x2808b6d4158456f4）;
TEST_RR_OP（ 3, ADDS8_S, 0xa219e57f0e1a4280, 0x215db4159eb83696, 0x81bc317e70620c94）;
```

2)交叉验证

使用 Synopsys 的 VCS 仿真以及官方指令集模拟器(spike)对扩展指令进行交叉验证。

首先,使用 RISC-V 官方提供的工具链,将生成的测试激励放入 riscv-tests 中并命名为 rv64ux。基于 Synopsys 的 VCS 工具进行仿真。以 rv64ux 的 8 bit 加法测试程序 ADDS8_s.s 为例,输出执行结果如下。

```
0: reporter [Core Test] Preloading ELF: rv64ux-p-ADDS8_S.elf
80: reporter [Core Test] Loading Address: 0000000080000000, Length: 0000000000001804
80: reporter [Core Test] Loading Address: 0000000080002000, Length: 0000000000000048
13744950: reporter [Core Test] *** SUCCESS *** (tohost = 0)
```

然后,使用指令集模拟器 spike,复用 Python 脚本生成的测试用例,通过 riscv64-unknown-elf-gcc 工具对测试用例进行编译,生成可执行文件 test,启动 SoC 的 C 模拟器,执行测试程序命令。

```
riscv64-unknown-elf-g++ -o ADDS8_S
ADDS8_S.cc
    spike $PK ADD8
```

最后,在得到输出结果后,将指令集模拟器的结果与 Python 脚本输出的结果进行对比。

本章,采用 Python 脚本生成用于硬件设计仿真验证环境与指令集模拟器的测试激励,分别进行交叉验证,结果表明扩展指令集全部通过。

5 结论

本文基于 RISC-V 指令集,利用其规整的编码特性,设计并实现了可加速数字信号处理的扩展指令集,并使用 Synopsys VCS 与官方指令集模拟器 spike 及自编写脚本进行了交叉验证。结果表明,该方法在不显著增加处理器设计复杂度的同时,可灵活支持不同应用场景下的数据精度需求,同时提升处理器在数字信号处理领域的专用性。

参考文献

[1] 于靖涛, 王月猛, 孙莹. DSP 原理及应用技术研究综述 [J]. 电子世界, 2019(16): 87- 88.

[2] 吕雅帅, 沈立, 王志英, 等. 面向特定应用的指令集自动扩展 [J]. 计算机工程与科学, 2007, 29(6): 84-86.

[3] GROßSCHÄDL J, POSCH K C, TILLICH S. Architectural enhancements to support digital signal processing and public-key cryptography[C]//WISES. Austria: Graz University of Technology, 2004: 129-143.

[4] BOTROS L, KANNWISCHER M J, SCHWABE P. Memory-efficient high-speed implementation of kyber on Cortex-M4[C]// Lecture Notes in Computer Science (LNCS 11627). Switzerland: Springer International Publishing, 2019: 209-228.

[5] 潘越, 史府鑫, 李稚. 基于 RISC-V 的卫星通信终端处理器指令集优化研究 [C]// 第十六届卫星通信学术年会论文集. 北京: 中国通信协会, 2020: 247-255.

[6] MELO C A R, BARROS E. Oolong: a baseband processor extension to the RISC-V ISA[C]// 2016 IEEE 27th International Conference on Application-specific Systems, Architectures and Processors. NY: IEEE, 2016: 241-242.

[7] WATERMAN A, LEE Y, PATTERSON D A, et al. The RISC-V instruction set manual. Volume 1: user-level ISA, Version 2.0[R]. California Univ Berkeley Dept of Electrical Engineering and Computer Sciences, 2014.

[8] 侯鹏飞. RISC-V 处理器扩展专用密码指令研究与设计 [D]. 洛阳:战略支援部队信息工程大学, 2018.

[9] BIER J, LAPSLEY P, LEE E. Buyer's guide to DSP processors[R]. Technical Report, 1997.

[10] 卢结成, 成学斌, 丁丁, 等. 溢出并行检测低功耗饱和乘加单元的研究与实现 [J]. 小型微型计算机系统, 2005, 26(10): 1869-1872.

基于 Docker 的战术云资源池服务技术研究

王一凡,王中华,李亚晖

（ 中国航空工业集团公司西安航空计算技术研究所　西安　710065；

机载弹载计算机航空科技重点实验室　西安　710065 ）

摘　要：云计算因其 IT 基础设施使用灵活、成本低、使用效率高等特点,已经在民用界得到了广泛使用。面对现代作战环境存在的种种挑战,美国提出"战术云"概念,将云计算延伸到军事领域,旨在整合作战信息,汇聚作战资源,提高作战部队分布式任务的协同作战能力。与云计算相同,战术云实现的关键同样在于底层资源池的构建。本文从资源池入手,介绍了资源池的概念及其优点,对比分析了四种主流用于构建云计算资源池的服务器虚拟化技术,根据轻量级虚拟化技术 Docker 与服务器虚拟化的两种结合方式,提出了基于 Docker 构建的战术云资源池服务架构。该架构利用 Docker 容器封装多种机载资源并提供相应的服务,来屏蔽资源的异构性。资源容器与应用容器由容器集群管理系统统一调度和编排,提高战术云系统效率和资源利用率。

关键词：战术云；资源池；云计算；服务器虚拟化；Docker

Research on Technology of Tactical Cloud Resource Pool Service Based on Docker

Wang Yifan, Wang Zhonghua, Li Yahui

（ Xi'an Aeronautics Computing Technique Research Institute, AVIC, Xi'an, 710065; Aviation Key Laboratory of Science and Technology on Airborne and Missile-borne Computer, Xi'an, 710065 ）

Abstract: Cloud computing has been widely used in the civil industry because of its flexible IT infrastructure, low cost, and high efficiency. To face the challenges of modern combat environment, the United States propose the concept of "Tactical Cloud", which extends cloud computing to military field. The aiming of Tactical Cloud is to integrate combat information, gather combat resources, and improve the collaborative combat capabilities of combat forces for distributed tasks. The same as cloud computing, the key to the implementation of tactical cloud also lies in the construction of the underlying resource pool. Given that, this paper describes the concept and advantages of resource pool. Meanwhile, we compare and analyze four mainstream server virtualization technologies, which used to build cloud computing resource pools. Subsequently, combining server virtualization with Docker which represents a lightweight virtualization technology, this paper proposes an architecture of resource pool used for tactical cloud based on Docker, soas to shield the heterogeneity of different resources. This architecture uses Docker containers to encapsulate multiple airborne resources and provide corresponding services. Resource containers and application containers are uniformly scheduled and orchestrated by the contain-

收稿日期:2020-08-20;修回日期:2020-09-20

基金项目:装备发展部预先研究项目(41412050201)

This work is supported by Equipment Pre-Research Foundation of China (41412050201).

通信作者:王一凡(wangyf016@avic.com)

er cluster management system to improve the efficiency and resource utilization of the tactical cloud system.

Key words：tactical cloud, resource pool, cloud computing, server virtualization, Docker

在航空机载领域,多架战机及无人机相互配合、相互协作执行战斗任务的作战方式将成为未来空战的主要形式和发展趋势 [1]。多机系统协同作战相比单机系统具备可生存性更强、可扩展性更高、执行任务更高效等优势 [2]。为了实现跨平台的协同作战,让无人机、作战机组逻辑上成为一个整体,从整体上把握战场态势,就需要构建战术云体系架构 [3]。战术云本质上是将云计算服务理念融入空战环境,能够将作战资源服务化,以云服务模式来保证分布式战机集群协同作战任务的有效执行,因此构建战术云体系架构最首要的目标就是利用虚拟化技术对战机节点上各种计算资源、实体资源抽象,构建虚拟资源池,并对整合后的资源统一管理、按需分配,为实现"云作战"打下基础。然而面对复杂多变的空战环境,传统虚拟化技术难以充分利用有限的机载资源,也无法快速部署作战任务 [4]。因此本文考虑利用轻量级虚拟化技术 Docker,构建战术云底层资源池。

1　资源池

资源池(resource pool)是一种资源的形象化说法,是一组相同或具有相似属性资源的集合。资源池中维护的资源可以随时使用, 但不能随时地创建和释放,这些资源不专属于某个进程或系统。客户端向资源池请求资源, 并使用返回的资源进行相应的操作,当客户端使用完资源后,会把资源放回池中而不是释放或丢弃掉。

资源池化具有以下优点。

（1）灵活的分层组织结构,便于添加、删除、重组资源和按需分配资源。

（2）池间隔离,池内共享。一个资源池内部的资源分配变化不会影响其他不相关的资源池,而同一个资源池中各应用可以错峰交替地使用资源。

（3）提供访问控制权限。系统管理员可以为使用资源池的应用或开发者设置不同的角色以提供不同的访问权限。

（4）资源和硬件解耦。开发人员可以更多地考虑聚合后的计算能力,不必考虑单个主机的资源。

（5）系统可用性容错能力高。资源池化对单一资源的可靠性要求不高,倘若数百台机器有一部分出现问题,只要及时将应用迁移到别的资源上,就不会影响系统整体的稳定性。

在软件开发过程中,一些资源的创建和回收需要消耗大量时间,如数据库连接、socket 连接、线程资源等,而对这些资源请求的频率往往很高并且资源的总数较低。资源池作为一种设计模式,在系统运行一开始就将这些资源创建好,集中管理需要动态分配的资源。

云计算的核心思想也是资源池化 [5]。虚拟化作为实现云计算最重要的核心技术 [6],具有资源共享、资源定制、细粒度资源管理的特点,实现了物理资源的逻辑抽象和统一表示,成为实现云资源池化和按需服务的基础。云基础架构服务 IaaS 就是通过虚拟化技术,为个人或组织提供虚拟化计算资源,包括服务器、网络、操作系统和存储等。通过虚拟化技术可以提高云端底层资源的利用率,并能够根据用户业务需求的变化,快速、灵活地进行资源部署。

在战术云环境中,将位于不同战机平台的传感器、武器、雷达、作战指挥单元等资源进行虚拟化处理,构建具备分布式、弹性可扩展与按需使用特征的虚拟资源池,将原本人找资源、人等资源转变为资源服务化、资源等人,作战人员可以更为便捷地获取所需的机载资源,并根据特定作战需求进行资源动态分配,最大程度发挥战机集群的总体作战效能。

2 服务器虚拟化

服务器的虚拟化是指通过在硬件和操作系统之间引入虚拟化层,将服务器物理资源抽象成逻辑资源,让一台服务器变成若干台相互隔离的虚拟服务器[7]。服务器虚拟化与传统虚拟软件不同,它无须原生操作系统的支持,本身就具备了操作系统的功能,可直接安装运行在服务器上。不再受限于物理上的界限,服务器虚拟化使 CPU、内存、磁盘、I/O 等硬件均变成可动态管理的资源池,从而提高资源的利用率,简化系统管理,实现服务器整合,改善 IT 对业务变化的适应性。

目前,全球服务器虚拟化厂商包括虚拟化大厂 VMware,后起之秀 Microsoft,以及 Redhat、Citrix、华为、oracle 等。图 1 来自 2016 年 Gartner 的报告《x86 服务器虚拟化基础设施魔力象限》[8]。可以看到,在所有虚拟化主流产品中,位居领导者象限的分别是 VMware 和 Microsoft。

图 1   X86 虚拟化魔力象限

表 1 中列出了来自不同厂商的几种具有代表性的服务器虚拟化技术的主要优缺点。vSphere 最主要的优势在于它的虚拟化服务器有着目前业界最良好的稳定性以及丰富完备的功能,然而其高昂的价格让很多小企业都望而却步。由于均是微软自家的产品,Hyper-V 与 Windows 兼容性更好且性能接近物理机,但其在许多方面还有待改进,最明显的是第三方管理、应用和工具的缺失,并且自身不支持 USB 虚拟化和 USB 重定向。XenServer 是 Citrix 推出的开源服务器虚拟化平台,客户机需要修改 OS 内核代码以支持半虚拟化 Xen,在硬件虚拟化技术诞生后 Xen 也开始支持全虚拟化。FusionSphere 是华为开发的具有自主知识产权的云操作系统,由于华为拥有齐备的服务器、网络设备、存储设备等配套设施,所以 FusionSphere 的整体兼容性更好,但其目前仅支持 FusionCompute、VMware、KVM。

表 1   四种服务器虚拟化优缺点

虚拟化产品	优点	缺点
vSphere	架构健壮可靠,功能完备	价格高昂
Hyper-V	与 Windows 兼容性好	缺少容错和分布式资源管理; 不能直接访问物理机 USB 设备
XenServer	开源、稳定、半虚拟化性能高	操作复杂,维护成本较高; 全虚拟化需 CPU 支持
FusionSphere	生态健全,周边配套齐备	支持的业务类型有限

3　结合 Docker 的服务器虚拟化

3.1　Docker 简介

作为轻量级虚拟化的代表，Docker 是一个开源的应用容器引擎，其基于 go 语言开发并遵循 Apache2.0 协议开源 [9]。Docker 属于 LXC(Linux Container)的一种封装，是目前最流行的 LXC 解决方案。它提供简单易用的容器使用接口以及对资源精细化控制的能力，通过控制组 Cgroups 实现资源限制，通过命名空间 namespace 实现资源隔离，通过 AUFS 实现镜像分层管理。利用 Docker 容器，开发人员可以轻松打包应用程序的代码、配置和依赖关系，将其变成容易使用的构建块，从而实现环境一致性、运营效率、开发人员生产力和版本控制等诸多目标。Docker 容器可以帮助应用程序快速、可靠、一致地部署，并且不受部署环境的影响，让服务器基础设施效率更高。

目前与 Docker 容器相关的云计算主要分为两种类型：一种是传统的 IaaS 服务商提供虚拟机服务的同时也提供容器相关的服务，其架构如图 2(a)所示；另一种是在服务器操作系统上直接利用容器技术，对外提供容器云服务，也就是容器即服务(Container as a Service，CaaS)，其架构如图 2(b)所示。

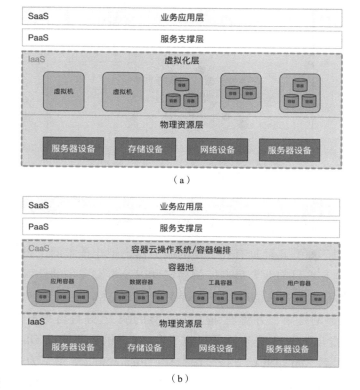

图 2　容器与云计算

（a）容器与虚拟机结合　（b）容器云

3.2　Docker 与 VM 结合

为了更充分地利用云服务器的资源，减少云服务器的成本，一方面要实施自动化解决方案，减少甚至消除人工流程，简化 IT 操作流程，降低运营开支；另一方面要实现自动缩放功能，随着需求的消退和流量的增加，自动按比例减少或增加资源的使用。

另一个有助于降低运营费用的技术解决方案是在云服务器虚拟机中部署容器，将容器作为传统虚拟化的扩展和补充。表 2 列出了云计算中心 Docker 与传统虚拟机各自特点的对比。通过将 Docker 容器和虚拟机联合部署,实现两者的优势互补,从而解决容器技术在资源隔离性和安全性方面的问题,以及云中虚拟机配置资源利用不充分、难以交付和部署的问题。同时,可将容器作为与虚拟机类似的业务直接提供给用户使用,极大地丰富应用开发和部署的场景。缺点是两层虚拟化会导致硬件性能有所损耗。

表 2　云计算中心两种虚拟化对比

	性能	资源粒度	隔离性	应用运行环境	大规模部署
Docker	接近原生	小、灵活	进程级隔离	容器封装运行时环境	简单、迅速
VM	性能损耗	大、固定	系统级隔离	需要烦琐的配置	复杂、很慢

3.3　容器云 CaaS

作为一种新型的云计算服务模型,CaaS 介于 IaaS 和 PaaS 之间,起到了屏蔽底层系统 IaaS、支撑并丰富上层应用平台 PaaS 的作用[10]。相对于 IaaS 和 PaaS 服务,CaaS 对底层的支持比 PaaS 更灵活,而对上层应用的操控又比 IaaS 更容易。CaaS 以容器作为基本资源,依托现有的 IaaS 平台,将底层的资源封装成一个大的容器资源池,开发人员只要把自己的应用部署到容器资源池中,不再需要关心资源的申请、管理以及与业务开发无关的事情。

CaaS 的本质是自动化编排基于容器技术构建的 IT 应用,使企业运维人员可以更快速地部署发布新的应用。Kubernetes 是目前最受欢迎的容器集群管理系统,是构建容器云的关键技术。目前,一些传统的 IaaS 服务商也开始提供容器云相关的服务,例如 AWS 在 2015 年正式发布的 EC2 容器服务 ECS(Elastic Container Service)、谷歌的 GKE(Google Kubernetes Engine)、腾讯云容器服务 TKE(Tencent Kubernetes Engine)以及阿里云 ACK(Ali Container service for Kubernetes)等。

4　基于容器的战术云资源池

在现有的战术云系统中,底层的异构资源通过传统虚拟机进行虚拟化,对战机编队搭载的各种物理设备进行抽象和封装,再通过调度管理层使各个模块之间相互协作相互配合。但不同于通用计算平台,机载嵌入式环境资源十分有限,传统虚拟机臃肿的客户操作系统建立在 Hypervisor 之上,不仅占用了大量机载嵌入式环境的磁盘空间,而且由于 Hypervisor 需要对系统指令进行二进制翻译也降低了系统资源的利用率。

另一方面,战机集群对作战指令的响应速度,以及对战场态势的计算能力都将影响整个战局,因此需要更为轻量、快速的解决方案,以提升在复杂多变的战场环境中任务执行的成功率。机载嵌入式环境另一个特点是资源的异构性,这种资源异构性带来了管理和使用的问题,因此构建资源池是在分布、自治的机载环境下提高资源服务质量的有效机制。

同时,传统的航电系统没有统一的软件架构,应用软件与硬件、操作系统和底层软件紧密耦合,系统功能升级、软件更新维护以及硬件器件更换都可能影响到整个航电系统。而发展迅猛的单项技术与大型复杂武器系统的长周期并不适应,往往陷入武器定型之日即落后之时的窘境。如何将应用系统与底层操作系统解耦,以获得快速升级的自由,是航电软件开发人员的多年追求。容器技术则为此提供了一个解决方案。

在军事领域,容器技术也一直是各国专家学者的关注点。美国海军提出"24 小时完成编译到作战"(Compile to Combat 24,C2C24)的构想,旨在快速提高美国海军部署作战能力以及软件快速交付能力;美国空军已经在 F-16 和 B-21 型战机上部署了 Kubernetes,利用容器加快战机新功能的开发和软件的迭代。

通过上述需求分析,为了解决战术云嵌入式环境以及机载资源的多源异构性带来的问题,以及提高机载软件的研发部署效率并实现 DevSecOps[11],本文提出利用 Docker 容器技术重构战术云框架底层的资源池,并通过资源服务化封装提供统一的标准化服务接口,从而向上层应用提供高效、可扩展、可重用的资源调用及资源管理服务。

目前,容器云总体架构自底向上不外乎由资源层、平台层与应用层组成。资源层位于平台底层,为平台提供容器封装的各种资源管理和调度的能力;平台层包括容器云平台的核心组件,包括集群监控、镜像仓库管理、负载均衡等;应用层最为接近用户,用于部署用户开发的业务应用,以及定制化的集群控制软件等。参考基本的容器云架构,基于 Docker 容器的战术云资源池服务架构如图 3 所示。机载环境底层基础设施包括机载计算机、传感器、导弹、雷达等异构资源,这些资源又可分为可虚拟化资源和不可虚拟化资源。可虚拟化资源指机载计算机、工作站等能够支持虚拟化技术的机载平台,可将这些具有相同特征的资源有效地整合在一起形成统一的虚拟资源池,例如虚拟计算资源池、虚拟网络资源池、虚拟存储资源池,对于这些资源可直接通过 Docker 按需配置资源;不可虚拟化资源指战机所搭载的传感器、雷达、导弹之类的物理设备资源,这些资源无法通过虚拟化技术抽象与分割,因此需要利用 Docker 容器对不可虚拟化资源进行服务化封装,对外提供标准化的 API 接口,从而形成容器资源池。

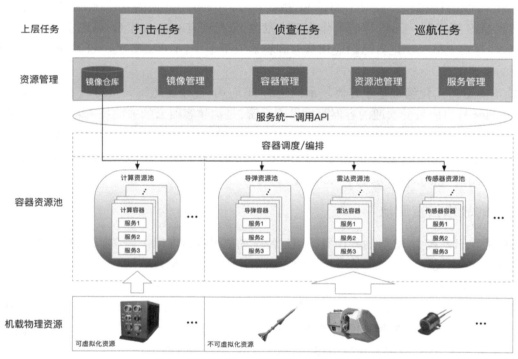

图 3   基于容器的战术云资源池服务架构

综合来看,机载程序与作战任务容器化是新一代机载系统发展的趋势。在战术云架构中,利用容器部署上层作战任务,作战任务根据作战需要在服务池中组合多个服务,从而调用不同的服务序列。服务池中的服务则是通过容器技术将底层机载资源服务化映射而来,并遵循统一的标准服务调用 API。如图 4 所示,容器池中管理和维护了资源容器和应用容器,其中资源容器分别提供服务 1、服务 2 和服务 4、服务 3,并映射到服务池中,应用容器通过服务组合并调用服务 1 到服务 4 的服务序列。

在逻辑上,战术云应用容器与资源容器分别处于架构顶层和底层;而实际上,由于上层任务和应用部署在容器中,与架构底层资源容器同处于容器池中,统一由容器集群管理系统进行调度和编排。这样不仅可以利用容器集群管理系统简化容器部署,实现机载应用程序、作战任务的自动化编排,还可以减少容器管理的开销。

嵌入式机载平台不同于通用计算平台和商用云计算平台,其所处的作战环境也更为恶劣,因此基于容器构建战术云资源池需要考虑以下几个问题。

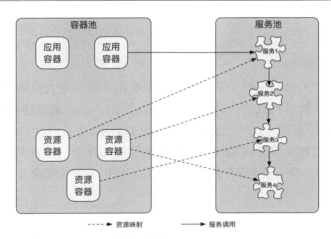

图4　资源映射及服务调用

1）机载计算机的异构性

在机载嵌入式领域应用较广的主要有 x86 和 Power PC 两种处理器,搭载 Linux、VxWorks、天脉等操作系统,在这些处理器架构异构和操作系统内核异构的机载计算机上部署和移植 Docker 是首要解决的问题。这种异构性也导致需要针对不同的处理器架构制作 Docker 镜像。

2）Docker 性能及安全性

为了满足机载任务对可靠性、实时性和安全性的高要求,需要对容器进行性能评估和安全性分析。在容器中运行计算密集型、IO 密集型等不同类型的任务,进行性能测试和评估,在实际作战前确定是否满足作战要求。为了验证 Docker 在嵌入式硬件环境的可行性,本文利用 UnixBench 对 Docker 容器进行性能测试分析。UnixBench 测试系统可测试多个方面的性能并得出一个综合得分,分值越高性能越优越。测试硬件环境为 FT2000 四核开发板,操作系统为麒麟 4.4.131 64 位操作系统。本文通过在嵌入式开发板上并发运行不同个数的测试程序,分别得到容器内和操作系统的综合得分,并以麒麟系统作为参照计算出相应的损耗比。具体测试结果如表 3 所示,可以看出 Docker 容器的系统综合性能损耗比为 10% 左右。

表3　UnixBench 性能测试对比

测试程序个数	容器内运行(单核/多核并发)	麒麟系统裸跑(单核/多核并发)	损耗比(单核/多核并发)
1	956.5/2582.2	1 094.5/2 798.5	−12.6%/−7.7%
2	850.9/1 350.7	980.2/1 513.9	−13.2%/−10.8%
3	785.6/1 214.1	851.3/1 348.3	−7.7%/−9.9%
4	743.3/918.7	825.3/960.7	−9.9%/−4.4%
5	655.6/784.3	710.6/885.6	−7.7%/−11.4%

同时按任务需要配置和裁剪 Docker 镜像,遵循最小安装原则,为任务提供最小的可运行环境,节约运行和存储空间。在安全性方面,与传统虚拟机相比,Docker 容器没有做到操作系统内核层面的隔离,因此可能存在资源隔离不彻底与资源限制不到位所导致的安全风险。Docker 镜像也存在被篡改或损坏的风险,可利用镜像数字签名等方式,以此来保证镜像的完整性。

3）容器集群网络

只有容器之间进行稳定的通信,才能保证机载资源的高效调度以及协同作战任务的有效执行。容器之间的通信方式主要有以下几种:通过容器 IP 访问,但容器重启后 IP 会发生变化;通过宿主机的 IP: Port 访问,这种方法无须配置但只能依靠监听在暴露出端口的进程来进行有限的通信;在运行容器时指定参数 link 来建立连接,使得源容器与被连接的容器进行单向通信;利用网络插件如 flannel,解决跨主机的 Docker 容器之间的连通性问题。

5 结论

　　资源池的构建,是在分布式战机集群上部署战术云系统的关键。本文分析介绍了资源池技术以及现有主流的服务器虚拟化技术,并针对机载嵌入式环境的特点,提出利用轻量级虚拟化 Docker 实现机载设备底层资源池化。该方案不仅能保证嵌入式环境有限资源的充分利用,而且通过 Docker 容器对异构机载资源进行服务化封装,并利用统一的标准服务调用接口更方便地使用和管理机载资源。未来将对此架构进一步分析,评估其在机载环境下的可行性,同时研究资源服务封装方式以及制定资源服务统一调用接口。

参考文献

[1] YAO Z X, LI M, CHEN Z J. Situation analysis method for multi-aircraft cooperated attack against multiple targets[J]. Systems engineering and electronics, 2008, 30(2):292-296.

[2] 蓝伟华, 喻蓉. 多机编队协同空战的概念及关键技术 [J]. 电光与控制, 2005(6):12-15.

[3] 程赛先. 美军战术云计算应用研究 [J]. 指挥控制与仿真, 2017, 39(6):134-142.

[4] 李荣宽, 贾婷婷, 汪敏, 等. 战术云环境服务支撑系统架构 [J]. 指挥信息系统与技术, 2017, 8(3):33-37.

[5] 赵华茗, 李春旺, 李宇, 等. 云计算及其应用的开源实现研究 [J]. 现代图书情报技术, 2009(9):1-6.

[6] XING Y, ZHAN Y. Virtualization and cloud computing[J]. Future wireless networks and information systems, 2012:305-312.

[7] 李双权, 王燕伟. 云计算中服务器虚拟化技术探讨 [J]. 邮电设计技术, 2011(10):27-33.

[8] BITTMAN T, DAWSON P, WARRILOW P. Gartner magic quadrant for x86 server virtualization infrastructure[R].[2016-08-03]. https://www.gartner.com/en/documents/3400418.

[9] MERKEL D. Docker: Lightweight Linux containers for consistent development and deployment[J]. Linux journal, 2014(Mar. TN.239):76-90.

[10] HUSSEIN M K , MOUSA M H , ALQARNI M A. A placement architecture for a container as a service (CaaS)in a Cloud environment[J]. Journal of cloud computing: advances, systems and applications, 2019, 8:7.

[11] BROWN J. DevSecOps: taking a DevOps approach to security[J]. Database & network journal, 2015, 45(2):17-18.

混合安全等级多核处理系统看门狗设计

段小虎，梁天，周青

（中国航空工业集团公司西安航空计算技术研究所　西安　710068）

摘　要：嵌入式计算领域广泛采用硬件看门狗来监控处理器的任务运行情况，传统的硬件看门狗只能监控单个处理器核的运行情况，而目前针对多核处理器设计的新型看门狗存在无法单独监控每个处理器核运行情况、不适用于混合安全等级任务系统的问题。针对这些问题，本文设计了一种新型看门狗系统，该看门狗系统可以实时监控多核处理器内每个处理器核的任务运行情况，并且在不同处理器核之间建立较强的故障隔离能力，能够确保低安全等级任务所在处理器核发生故障时，不影响到高安全等级任务的正常运行。实际应用表明，该看门狗系统功能齐备，兼容性好，适用于运行混合安全等级任务的多核处理系统，可在嵌入式计算领域中推广使用。

关键词：看门狗；多核处理器；混合安全等级；现场可编程门阵列

Design of Watchdog for Hybrid Security Level Multicore Processing System

Duan Xiaohu, Liang Tian, Zhou Qing

（Xi' an Aeronautics Computing Technique Research Institute, AVIC, Xi' an, 710068）

Abstract：In the field of embedded computing, hardware watchdog is widely used to monitor the operation of processor. The traditional hardware watchdog can only monitor the operation of a single processor core. However, the new watchdog designed for multi-core processor can not monitor the operation of each processor core independently, and it is not suitable for hybrid security level task system. In order to solve these problems, this paper designs a new watchdog system, which can monitor the task running of each processor core in the multi-core processor in real-time, and establish a strong fault isolation ability between different processor cores, to ensure that the breakdown of processor core with low security level tasks will not affect the normal operation of high security level tasks function. The practical application shows that the watchdog has complete functions and good compatibility. It is suitable for multi-core processing system running hybrid security level tasks, and can be widely used in the field of embedded computing.

Key words：watchdog, multi-core processor, hybrid security level, field programable gate array

1　引言

在高可靠嵌入式计算领域中，广泛使用硬件看门狗来对处理器的任务运行情况进行监控。硬件看门狗本质上是一个定时器电路。处理器运行的任务会定期对看门狗定时器进行计数重置操作，通常称之为"喂

收稿日期：2020-08-10；修回日期：2020-09-20
基金项目：航空科学基金项目-航空人工智能（2018ZC31003）
This work is supported by the Aeronautics Science Foundation- Aeronautics Artificial Intelligence Project (2018ZC31003).
通信作者：段小虎（duan.xiaohu@qq.com）

狗"操作。当处理器因为某些故障（例如程序指针错误进入了非程序区,或者软件分支陷入死循环等）无法继续正常运行其任务时,便无法定期进行"喂狗"操作,看门狗定时器不再被及时重置,会计数至定时终点,产生相应的输出信号,通常称为"狗叫"信号[1]。"狗叫"信号通常会对处理器产生高优先级的看门狗中断,或者直接引发处理器复位。硬件看门狗通过上述机制对处理器的任务运行情况进行监控,使处理器可以及时处理错误或者复位重启,从而保障嵌入式计算机不会长时间丧失功能[2-3]。

传统的硬件看门狗机制是基于单核处理器进行设计的,只能监控一个处理器核的任务运行情况,并不能对多核处理器中的多个处理器核的任务运行情况进行全面监控。近年来,随着多核处理器的使用日益广泛,从业人员开始研究应用于多核处理器的看门狗监控机制。这些新型设计的共同点是利用处理器核间通信,用一个硬件看门狗来对所有处理器核的运行情况进行监控,当任何一个处理器核死机或者无法正常进行核间通信时,看门狗就发出"狗叫"信号,中断或复位整个多核处理器[4-5]。这类新型设计存在两个问题:一是看门狗无法对每个处理器核的运行情况单独进行监控,无法掌握多核处理器内每个处理器核的任务运行状态;二是并不适用于运行混合安全等级任务的多核处理器,当运行低安全等级任务的处理器核发生故障时,会导致看门狗"狗叫",中断/复位整个多核处理器,进而影响到高安全等级任务的正常运行,这在混合安全等级的任务系统中是不可接受的。混合安全等级的任务系统要求不同安全等级任务之间存在故障隔离,低安全等级任务的故障不能影响到高安全等级任务的正常运行。基于上述行业背景,本文设计了一种适用于混合安全等级多核处理系统的看门狗,该看门狗可以解决当前多核处理系统看门狗设计存在的问题。

2 看门狗系统构成

本文采用硬件看门狗电路、多核处理器、各处理器核的存储空间以及相关联的各类信号,共同构成看门狗系统。硬件看门狗电路使用现场可编程门阵列（FPGA）进行实现。整个看门狗系统如图1所示。

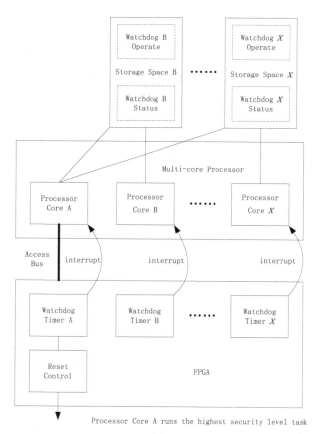

图1 看门狗系统

在该系统中,多核处理器内有 X 个处理器核,分别为处理器核 A、B、……、X。处理器核 A 运行最高安全等级的任务,其他处理器核运行较低安全等级的任务。FPGA 内实现硬件看门狗电路,包括 X 个看门狗定时器,分别为看门狗定时器 A、B、……、X,分别用于监控处理器核 A、B、……、X 的任务运行情况。此外,硬件看门狗电路中还包含复位控制电路,用于产生复位信号[6-7]。

仅处理器核 A 可以通过访问总线直接访问硬件看门狗电路,其他处理器核均不允许直接访问硬件看门狗电路。其他处理器核对自身对应的看门狗定时器的访问,可以通过处理器核 A 代理进行。处理器核 B、……、X 各自对应一段存储空间(存储空间 B、……、X),用于实现看门狗定时器的代理控制。处理器核 B、……、X 可以访问自身对应的存储空间,但不能访问其他处理器核对应的存储空间。处理器核 A 可以访问其他处理器核对应的存储空间。

3　看门狗控制方式

处理器核 A 可以直接访问自身对应的看门狗定时器 A,对其进行"喂狗"、定时时长配置、使能、禁止等操作。其他处理器核并不能直接访问自身对应的看门狗定时器,而是将所需进行的看门狗操作信息("喂狗"、定时时长配置、使能、禁止等)写入本处理器核对应的存储空间,并且写入看门狗操作心跳计数(每次需要进行看门狗操作时,心跳计数加 1,用于标记这是一次新的操作)。处理器核 A 定期查询存储空间 B、……、X,获取其他处理器核所需进行的看门狗操作信息及相应的操作心跳计数。当处理器核 A 监控到其他某处理器核的看门狗操作心跳计数更新时,按照该处理器核的看门狗操作信息,来对该处理器核所对应的看门狗定时器进行代理访问操作。

处理器核 A 除了定期代理其他处理器核的看门狗操作之外,还会定期获取各个看门狗定时器的当前状态(是否"狗叫",已"狗叫"次数等),并将看门狗定时器 B、……、X 的当前状态分别写入存储空间 B、……、X。这样,处理器核 B、……X 便可以从相对应的存储空间获知其的看门狗定时器的当前状态[8]。

通过上述方式,处理器核 A 可以直接访问自身对应的看门狗定时器 A,其他处理器核也可以间接访问自身所对应的看门狗定时器。每个处理器核的任务运行情况,都被相对应的看门狗定时器单独监控。此外,处理器核 A 还可以获知当前所有处理器核的运行情况。

需要额外说明的是,在本看门狗系统中,特定处理器核对特定地址空间的访问权限是通过多核处理器内部管理权限较高的配置程序限定的,无法被管理权限较低的操作系统或应用程序所更改。因此,即便处理器核 B、……、X 发生故障,向外界发起预期之外的访问,这些异常访问也至多只会访问到故障处理器核所对应的看门狗代理控制存储空间(不会访问到其他处理器核所对应的存储空间,也不会直接访问到硬件看门狗电路),也就无法对其他处理器核所对应的看门狗定时器造成预期之外的影响。这样,就在不同的处理器核之间,建立了有效的故障隔离,处理器核 B、……、X 发生的故障不会影响到其他处理器核所对应看门狗定时器的正常运行[9]。处理器核 A 发生故障时,可能影响到其他处理器核的看门狗定时器,但因为处理器核 A 所运行的任务是最高安全等级的,因此这并不违反混合安全等级任务系统中,低安全等级任务故障不能影响高安全等级任务的要求。

4　异常处理方式

当处理器核 A 之外的其他处理器核任务运行出现异常,未能及时进行"喂狗"操作时,相应的看门狗定时器会计数至终点,产生"狗叫"信号。当处理器核 A 任务运行出现异常,未能及时进行各类看门狗操作时,所有看门狗定时器都会计数至终点,产生"狗叫"信号。当看门狗"狗叫"时,有两种中断上报方式:方式一如图 1 所示,每个看门狗定时器将所对应的狗叫中断信号以处理器外部中断的方式,传递给对应的处理器核,每个处理器核仅接收自身对应的看门狗定时器的狗叫中断;方式二如图 2 所示,看门狗定时器 A 狗叫时,以处理器外部中断的方式,通知处理器核 A,而其他看门狗定时器"狗叫"时,是由处理器核 A 定期获知其"狗叫"状态后,通过核间中断通知相应的处理器核。当多核处理器内部的处理器核数较少,外部中断数量足够时,可以采用方式一进行看门狗"狗叫"中断上报;当多核处理器内部的处理器核数较多,外部中断数量不足时,可以采用方式二进行看门狗"狗叫"中断上报。

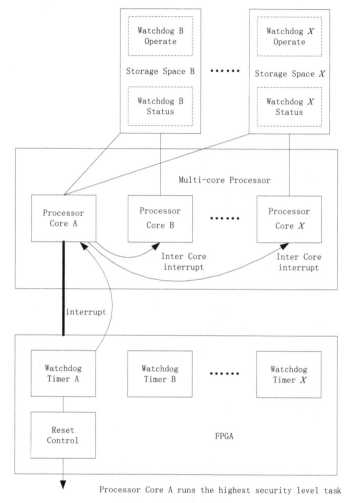

图 2   中断上报方式二

硬件看门狗电路内部的复位控制电路在两种情况下向外发起复位信号:①当运行最高安全等级任务的处理器核 A 出现异常,看门狗定时器 A 发生"狗叫"时,复位控制电路自动发起复位信号(也可设置为看门狗定时器 A 发生多次"狗叫"时才发起复位,以容忍一定程度的瞬态异常);②当处理器核 A 通过各看门狗定时器的状态获知其他处理器核已经严重异常,需要整个处理系统进行整体复位时,处理器核 A 主动命令复位控制电路发起复位信号。

5   实际应用及优势

本文所述的看门狗系统已经在多个项目的多核处理系统中进行了应用,与原有同类设计相比,本看门狗系统主要具有两大优势。第一大优势是,本看门狗系统可以提供更全面的监控能力,可以对多核处理器内每个处理器核的任务运行情况进行单独监控。第二大优势是,本看门狗系统限制了单个处理器核故障的影响范围,在不同处理器核之间建立了较强的故障隔离能力,使得运行低安全等级任务的处理器核发生故障时,不会影响到高安全等级任务的正常运行。该故障隔离能力主要有三项特性:①运行较低安全等级任务的处理器核 B、······、X 发生故障时,即便向外发出预期之外的访问,也不会影响到其他处理器核所对应的看门狗定时器的正常运行;②各看门狗定时器发生"狗叫"时,其中断仅通知到对应的处理器核,不会影响到其他处理器核的正常运行;③运行较低安全等级任务的处理器核 B、······、X 出现异常时,不会导致整个系统的复位,运行最高安全等级任务的处理器核 A 出现异常时,才会引起整个系统复位[10]。

因此,本看门狗系统尤其适用于运行混合安全等级任务的多核处理系统,在不同处理器核之间建立了较强的故障隔离能力,能够确保低安全等级任务所在处理器核发生故障时,不会影响到高安全等级任务的正常运行。

6 结论

本文以 FPGA、多核处理器、核间共享存储空间为平台,设计了一种新型的看门狗系统。该看门狗系统可以实时监控多核处理器内每个处理器核的任务运行情况,并且在不同处理器核之间建立了较强的故障隔离能力,能够确保低安全等级任务所在处理器核发生故障时,不会影响到高安全等级任务的正常运行。文中详细介绍了该看门狗系统的硬件组成结构、访问控制方式和异常处理方式。该看门狗设计已实际应用于多个项目,实测证明,该看门狗功能齐备、兼容性好,尤其适用于运行混合安全等级任务的多核处理系统,可在嵌入式计算领域中推广使用。

参考文献

[1] 刘博, 强凯, 詹思维. PowerPC 数据处理模块的看门狗设计 [J]. 航空计算技术, 2019, 49(2):109-111.

[2] 王大海. 基于 CPLD 技术的看门狗电路的设计 [J]. 信息化研究, 2002, 28(8):37-38.

[3] 吴允平, 李旺彪, 苏伟达, 等. 一种嵌入式系统的看门狗电路设计 [J]. 电子器件, 2010, 33(5):579-581.

[4] 李承阳, 李新志, 刘东名. 操作系统内核级实时看门狗监控装置及其监控方法: 中国, CN 201010110390[P]. 2010-10-11.

[5] 刘柯. 一种监控多核处理器系统核状态的方法 [J]. 西安邮电大学学报, 2009, 14(5):96-99.

[6] 顾雪芹, 石健伟, 谢思敏. 多核处理器故障处理方法及多核处理器: 中国, CN201010619927.5[P]. 2010-12-31.

[7] 黄国睿, 张平, 魏广博. 多核处理器的关键技术及其发展趋势 [J]. 计算机工程与设计, 2009(10):80-84.

[8] 陈小文, 陈书明, 鲁中海, 等. 多核处理器中混合分布式共享存储空间的实时划分技术 [J]. 计算机工程与科学, 2012, 34(7):54-59.

[9] 解文涛, 王锐. 基于分级容错技术的高完整计算机系统设计 [J]. 电光与控制, 2019, 26(10):106-110.

[10] 白鹭, 王建生, 沈华. 机载嵌入式系统中的多核处理架构研究与分析 [J]. 航空计算技术, 2016(5):127-130.

面向大规模多核处理器的低功耗片上光互连网络研究

刘飞阳 [1,2]，赵小冬 [1,2]，李亚晖 [1,2]，李慧 [3]

（1.航空工业西安航空计算技术研究所　西安　710068；2.机载/弹载计算机航空科技重点实验室

西安　710068；3.西安电子科技大学　西安　710065）

摘　要：多核处理器目前已广泛应用于高性能计算、智能计算、云计算等领域，未来在机载计算系统中也具有广阔的应用前景。随着半导体工艺水平的不断提高，多核处理器内部集成的核心数量和种类也在不断增加，但是功耗成为制约多核处理器规模和性能的主要因素，由此带来的暗硅效益成为多核处理器系统设计不能忽视的问题之一。片上网络技术能够实现处理核心之间的高速互连，它对多核处理器的性能和功耗均有重要影响，本文针对大规模多核处理器对内部高速低功耗数据通信的需要，提出一种低功耗可配置的片上光网络架构，以及一种波长感知路由算法和支持波长重用的波长分配算法，通过动态波长分配实现多核处理器中活跃核心之间的无阻塞互连，其优点在于可实现高带宽无阻塞光通信，减少所需的波长数目以降低功耗，对于提升多核处理器的性能和功耗效率有重要意义。

关键词：多核处理器；片上光网络；可配置结构；低功耗；路由和波长分配

Research on the Low-Power Optical Network on Chip (ONoC) for Large-Scale Multicore Processors

Liu Feiyang[1,2], Zhao Xiaodong[1,2], Li Yahui[1,2], Li Hui[3]

(1.Xi'an Aeronautics Computing Technique Research Institute, AVIC, Xi'an, 710068; 2.Aviation Key Laboratory of Science and Technology on Airborne and Missileborne Computer, Xi'an, 710068; 3.Xidian University, Xi'an, 710065)

Abstract：Multicore processors are widely used in high-performance computing, intelligent computing, cloud computing and other fields, and will also be used in airborne computing systems. The number and the kind of cores which can be integrated in a multicore processor chip are continuously increasing, due to the fast improvement of semiconductor manufacturing process. However, the power consumption is becoming the main constraint of multicore processors in the further improvement of scale and performance, and the dark-silicon effect becomes one of concerns that cannot be neglected in the design of multicore processor systems. Network on chip technology can provide a high-speed interconnection platform for the cores, and it has significant influence on the performance and power consumption of multicore processor. In this paper, a low-power and dynamic-reconfigurable optical network on chip architecture, as well as a wavelength-aware routing algorithm and a reusable wavelength allocation algorithm, are proposed for the future large-scale multicore processors. It can achieve non-blocking interconnection between all the active cores though the dynamic wavelength allocation. The

收稿日期：2020-08-10；修回日期：2020-09-20

基金项目：航空科学基金（2018ZC31002）；国家自然科学基金（61802290）

This work is supported by the Aviation Science Foundation (2018ZC31002), and the National Natural Science Foundation of China (61802290).

通信作者：刘飞阳（feiyang_liu2017@163.com）

advantages can be summarized as: high-bandwidth non-blocking optical communication, low power consumption, and the requirement of less optical wavelengths. The research in this paper is important for the performance improvement and power efficiency of large-scale multicore processors.

Key words: multicore processor, optical network on chip, reconfigurable architecture, low power, routing and wave-length allocation

0　引言

多核处理器通过在芯片内部集成众多的处理核心以及存储、互连等组件,具备强大的计算能力,目前已经成为高性能计算、智能计算、云计算、大数据、流处理等各种计算机应用领域的主要硬件载体。在机载计算机领域,未来新一代智能化微型化机载计算系统面临着多种新型高精度传感器信号处理、无人智能自主控制、跨域跨平台实时综合控制管理等方面的应用需求,多核处理器具有重要的研究价值和应用价值。随着半导体制造工艺水平的不断提高,多核处理器内部能够集成的处理核心数量和种类也在不断增加,例如我国计算能力最强大的"神威·太湖之光"超级计算机的 256 核高性能处理器芯片 SW26010,中科院计算所研制的多核神经网络智能专用处理器 DaDianNao,美国谷歌公司研制的用于加速 Alpha Go 围棋博弈人工智能系统的高性能智能处理器 TPU,Adapteva 公司研制的用于深度学习及自动驾驶的 1 024 核心 RISC 处理器 Epiphany-V[1],IBM 公司研制的包含 4 096 个神经元处理核心的 TrueNorth 类脑处理器 [2]。但是,高密度集成带来的功耗及散热问题,成为制约多核处理器规模和性能的主要因素。根据芯片的最大散热能力,每款多核处理器均对应一个最大功耗限制,即热设计功耗(Thermal Design Power, TDP)。给定热设计功耗,在 22 nm 工艺下多核处理器据估计仅 79% 的元器件能持续工作,而在 8 nm 工艺下该比例将下降到 50% 以下,该现象称为暗硅效应(dark silicon),即由于功耗限制芯片内的部分元件处于关断状态(dark)。暗硅效应是未来大规模多核处理器设计不能忽视的问题之一,需要在满足低功耗的基础上,实现最优的处理核心任务调度和通信管理。

多核处理器内部处理核心之间的高速数据通信,对于多核处理器的整体性能及功耗具有重要影响,特别是在采用多级分布式缓存的情况下。根据预测,未来多核处理器需要提供高达 10 TBps 的核间通信带宽,而片上通信网络的功耗将占到处理器总功耗的一半以上。由于机载计算机对实时性、可靠性、低功耗等方面都有很高要求,综合提升多核处理器的处理性能、通信带宽、运行功耗效率尤为关键。片上网络技术是面向多核处理器的轻量化分组交换网络,与传统共享总线相比,片上网络实现了处理核心之间的低时延、高带宽、并行化数据通信 [3],目前已广泛应用于 16~64 个处理核心的多核处理器中。但是当处理核心数量增加到 64 个以上时,采用存储 - 转发模式的电互连片上网络在传输时延、通信带宽、功耗等方面逐渐难以满足多核处理器的需要。借助近年来纳米硅光子器件及光电异质集成领域的最新进展,片上光互连网络技术快速发展起来,构建片上光互连网络所需的关键器件,包括激光源、调制器、波导、光交换单元、光检测器、波长分配器等,均能够实现与互补金属氧化物半导体(CMOS)电子器件在芯片内的异质集成 [4-5]。片上光互连网络根据通信方式的不同,可以分为基于固定波长路由的端到端全光互连网络、通信路径动态配置的光电混合网络 [6]两种类型。它与电互连结构相比具有极低的传输时延(可降低约 70%)、基于波分复用的无阻塞路由、数据带宽可达 10 Gbps、低功耗(理想情况可降低 4 倍)、低噪声干扰等方面的优势 [7]。Intel 公司在 2013 年就计划在未来新一代多核 / 众核处理器中采用片上光互连技术,并率先研制出 100 GBps 的光交换芯片;IBM 也在 2015 年推出了一款将光交换和处理器异质封装的原型处理器芯片。

本文针对未来大规模多核处理器在暗硅效应下的高带宽、低功耗核间通信问题,提出一种低功耗可配置的片上光互连网络以及一种波长感知的路由和波长分配算法,支持根据多核处理器中当前时刻处于活跃状态的处理核心分布情况,通过配置片上光互连网络中的光交换单元,构建活跃处理核心之间的无阻塞光传输网络,并减少光网络所需的波长数目,从而既能够实现多核处理器的低时延、高带宽核间数据通信,又可以通过尽可能多的关断空闲状态激光源、调制器、光交换单元等器件来降低功耗,对于提升多核处理器的性能和功耗效率具有重要意义。

本文的主要贡献包括以下三个方面。

(1)提出一种低功耗可配置的片上光互连网络,支持配置片上光互连网络中的光交换单元,根据活跃状态的处理核心分布,按需构建无阻塞光网络。

(2)提出一种波长感知的路由和波长分配算法,实现活跃状态处理核心的最短路径路由,减少光网络所需的波长数目,从而降低功耗。

(3)搭建了一个多核处理器片上通信网络仿真环境,支持对不同处理核心数目及不同活跃处理核心数目下的平均时延、网络吞吐、平均功耗、无阻塞路由所需的最小波长数目进行评估。

1　相关工作

由于多核处理器芯片的功耗限制和散热效率问题,暗硅效应成为未来大规模多核处理器芯片设计需要考虑的一个关键问题。以处理核心为粒度的功耗管理是目前多核处理器常用的低功耗技术之一,在同一时刻多核处理器中仅有部分处理核心正常工作,处理系统分配的计算任务,其余处理核心处于低功耗的关断状态,当一组活跃处理核心持续工作一段时间后将被替换关断,计算任务也将迁移到替换后的处理核心。而根据相关研究预测,当多核处理器的处理核心数量超过 64 时,活跃处理核心的数量将不超过一半。同时为了避免多核处理器芯片内形成"热点"区域,实现热量均衡分布,活跃处理核心需要尽可能均匀分布,以 64 个 Alpha 处理核心的多核处理器芯片为例,其热仿真结果如图 1 所示,其中白色单元为活跃处理核心。结果表明,活跃处理核心均匀分布与集中分布场景下的最高温度相差 10 ℃左右[8]。

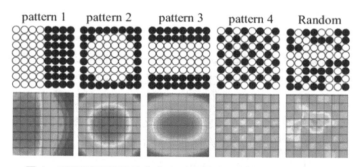

图 1　不同活跃处理核心分布对多核处理器热量分布的影响

总体而言,未来大规模多核处理器具备以下特点:活跃处理核心数量有限、处理核心在活跃状态和关断状态间动态切换、活跃处理核心均匀分布。这将对多核处理器的核间通信网络设计带来巨大影响,首先,由于同一时刻仅有部分活跃核心,核间通信网络将不需要为所有处理核心预留通信资源,包括通信链路、时隙、波长等;其次,由于处理核心在活跃状态和关断状态之间动态切换,核间通信网络也需要具备动态配置的能力;最后,由于活跃处理核心在多核处理器中均匀分布,导致核间通信网络的平均通信距离将相应增加,因此采用逐跳存储转发的传统片上网络会造成通信时延以及不同处理核心之间时延差别较大。

针对多核处理器在暗硅效应下的核间通信问题,Bokhari 等提出了一种感知暗硅效应的片上网络设计方案,它将多核处理器分割成多个相同的部分,并通过三维芯片集成技术将其部署在不同的物理层,对不同物理层采用基于动态电压和时钟频率配置的功耗管理策略,在保证系统正常运行的情况下降低功耗。Yang 等提出一种多核处理器中处理核心轮流分组工作的设计方案,它将处理核心阵列中相邻的四个划分为一组,不同组中对应位置的处理核心轮流切换到活跃状态,并由一个片上网络实现数据通信,从而降低多核处理器的功耗并实现热量均匀分布。Samih 等提出了一种优化多核处理器核间通信网络的设计方案,它针对活跃处理核心的分布,优化处理核心之间通信的路由算法,通过将多组通信路由降到尽可能少的路由节点并关断其余空闲的路由节点,来降低核间通信网络的功耗。此外,学术界还提出了多种低功耗片上网络设计方案,例如低功耗片上路由节点设计、缓存粒度的功耗管理、热量均衡路由算法等。但是相关研究均是基于电互连的片上网络,且无法有效解决暗硅效应给多核处理器的核间通信网络设计带来的三个问题,难以同时保证高性能数据传输和低功耗两个方面。本文针对大规模多核处理器对内部高速低功耗数据通信的需要,开展适应暗硅效应的低功耗可配置的片上光网络研究。

2　片上光互连网络技术

片上光互连网络是基于纳米光子器件和光电异质集成技术的新型芯片内通信网络,它可以与多核处理器的处理核心集成在芯片的不同物理层,实现低时延、高带宽、低功耗的核间通信。与基于存储转发的电互连片上网络相比,片上光互连网络可以通过波分复用实现处理核心之间的高速并行数据传输,并实现低时延低损耗的长距离点到点通信。本节主要介绍片上光互连网络的基本组成和数据传输机制。

2.1　基本组成

典型的片上光互连网络结构组成如图 2 所示,它主要包括激光源、硅波导、光耦合器、调制器、光路由单元、光检测器等。

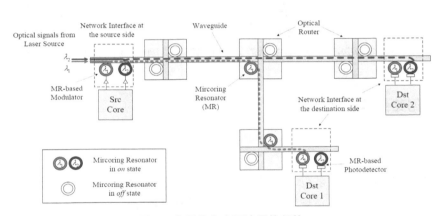

图 2　典型片上光互连网络架构

其中,激光源负责提供多个波长的光载波信号,它既可以通过将片外激光源的光信号通过耦合器引入实现,也可以采用 VCSEL 等最新的微型片上激光源来实现。片上激光源的优点在于能够灵活调整光强度来降低功耗。硅波导是光信号在片上的传输介质,它由硅质核心和二氧化硅包层组成,利用了两种材料折射率的不同来实现光信号传导。光耦合器利用硅波导的光学特性,将光信号从一个传输介质耦合到另一个传输介质。微环谐振器(microring resonator)是最常见的一种片上光耦合器,它是一个微型的环形波导,能够耦合特定谐振波长的光信号。微环谐振器的谐振波长由波导材料及微环尺寸决定,也可以通过电压、温度等方式微调。由于微环谐振器的波长选择特性及谐振波长可调特性,它又可以用来设计各种光开关、分光器、光交换单元、调制器等。如图 2 所示,可通过调节微环谐振器的谐振波长,在 on 状态和 off 状态切换。调制器负责将待传输的数字电信号转换成光信号,它既可以通过数字电信号直接调制片上激光源的方式实现('0' 关闭激光源,'1' 打开激光源),也可以通过微环谐振器耦合光信号的方式实现('0' 微环谐振器旁路光信号,'1' 控制微环谐振器偏离谐振波长),如图 2 所示。目前,基于微环谐振器的调制器已经可以达到单波长 10 GBps 以上的调制速率。目前,光路由单元也主要采用微环谐振器实现片上的光信号交换。如图 2 所示,不同波长的光信号通过耦合到光路由单元中的微环谐振器实现传输路径的变换,从而通过不同路径将数据传输到不同的目的节点。光检测器在目的节点吸收光信号并恢复所传输的数字电信号,主要采用 SiGe 等材料实现,目前灵敏度可达 26 dBm 以上。

2.2 数据传输机制

在数据传输机制方面,片上光互连网络可以分为基于固定波长路由的端到端全光互连网络[5, 7]和通信路径动态配置的光电混合网络[4,6]两种类型。

基于固定波长路由的端到端全光互连网络在每个源处理核心和每个目的处理核心之间通过波长路由建立独立的光传输路径,并确保光传输路径之间无相互重合,实现端到端的全光数据传输。它主要通过在片上光网络中的特定位置来部署特定谐振波长的微环谐振器来实现,如 Beux 等人提出的 ORNoC。基于固定波长路由的端到端全光互连网络的主要优点在于:低时延、高带宽。但是由于需要实现所有处理核心之间的无阻塞,它需要使用较多的微环谐振器和不同波长的光信号,例如 N 个处理核心之间的数据通信需要 N^2 个微环谐振器和 N 个不同波长的光信号,受限于片上光互连网络能够使用的最大波长数模,基于固定波长路由的端端全光互连网络目前仅能够应用在处理核心少于 64 的多核处理器上,或者作为骨干网络使用。

通信路径动态配置的光电混合网络通常由一个电控制网络和一个光传输网络组成,它可以根据源处理核心和目的处理核心之间的通信需求,利用电控制网络在光传输网络上动态地建立一条光传输路径,该光传输路径由一系列波导、光路由器组成,可传输动态分配的波长的光信号,最后在数据传输完成后回收光链路及波长资源。通信路径动态配置的光电混合网络的优点在于:传输路径动态分配可以提高光链路的利用率,可以减少需要使用的光波长数目,降低激光源的功耗,并降低不同波长光信号的串扰。由于通信路径动态配置的光电混合网络能够解决暗硅效应给多核处理器的核间通信网络设计带来的三个问题,本文重点研究该类片上光互连网络设计。

3 低功耗片上光网络结构设计

3.1 光网络结构设计

针对大规模多核处理器对高性能、低功耗核间数据通信的需求,本文提出一种低功耗可配置的片上光网络结构,如图 3 所示。该片上光网络在逻辑上分为三层:电处理核心层、光控制网络层、光传输网络层。

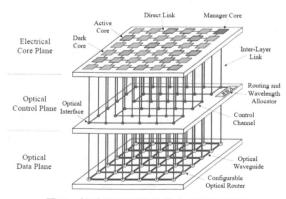

图3 低功耗可配置的片上光网络设计

电处理核心层为多核处理器的处理核心阵列,其中同一时刻的活跃处理核心既可以按照固定均匀分布组合的方式轮流工作,也可以按照动态随机任务调用唤醒的方式工作,其中一个处理核心用作系统管理,负责多核处理器的热量分布检测和处理核心活跃 - 关断状态管理。

光控制网络层实现对特定时间段内活跃处理核心之间无阻塞光传输网络的路由计算和波长分配,并完成对光传输网络中光路由单元的快速配置,它由路由及波长分配单元(RWA)和光控制环路组成。本文提出的光控制网络避免了典型片上光网络依赖电控制网络逐跳建立光传输路径的缺点,同时又针对在特定时间段内(数百秒内)活跃处理节点保持不变的特性,仅考虑在活跃处理节点切换时完成路由计算和波长分配,因此对双环路的光控制网络进行了简化,只需要单个 1 对多的光控制环路,根据路由及波长分配单元(RWA)的计算结果来快速配置光传输网络中光路由单元。RWA 的路由计算和波长分配算法将在第 4 章中详细介绍,它在物理实现上可部署在电处理核心层的管理核心。

　　光传输网络层实现多核处理器当前时刻任意活跃处理核心之间无阻塞数据通信,它由可配置的光路由单元和光波导链路组成,其中光路由单元的配置是根据路由及波长分配单元 RWA 计算出的任意活跃处理核心到其他活跃处理核心的光传输路径,以及为每个光传输路径分配的波长,对光路由单元中的微环谐振器的谐振波长进行调节,通过实现对特定波长光信号的耦合和旁路来实现路由。

3.2　可配置光路由单元设计

　　可配置的光路由单元是本文提出的低功耗片上光网络结构的核心元件。为了实现光波长路由,它由多组具有特定谐振波长并且可通过电压调节的微环谐振器构成,如图 4 所示。

　　图 4 为实现波长为 λ_i 的光信号路由的光路由单元,它包含了 16 个微环谐振器,其中 M1~M4 用于将源活跃处理节点的光信号无阻塞地注入光传输网络中,D1~D4 用于从光传输网络中将光信号最终无阻塞地发送给目的活跃处理节点,R1~R8 用于实现光信号在光传输网络相邻节点之间的路由。所有微环谐振器默认为非耦合状态,即谐振波长与光信号波长 λ_i 之间相差了一个 $\Delta\lambda$,如果需要将光信号从某个输入端口路由到另一个输出端口,只需按照图 4 中的配置表将对应的微环谐振器 Ri 调节到耦合状态,否则光信号将沿着波导继续传输。例如,当需要将光信号从源节点传输到北邻接的节点,需要将 M2 调节到耦合状态,当需要将东邻接节点的光信号传输到南邻接节点,则需要将 R4 调节到耦合状态。配置表中的“0”表示光信号直接沿着波导传输即可,无须调节任何微环谐振器,“-”表示不存在从输入反方向传输的情况。

　　当片上光网络需要使用 N 个波长进行光通信的时候,每个光路由单元内需要在图 4 中对应位置设置 N 个谐振波长不同的微环谐振器,因此光路由单元总共需要 16 N 个微环谐振器,不同波长微环谐振器的路由配置表均相同。

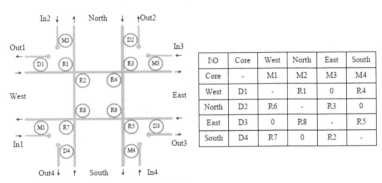

I/O	Core	West	North	East	South
Core	-	M1	M2	M3	M4
West	D1	-	R1	0	R4
North	D2	R6	-	R3	0
East	D3	0	R8	-	R5
South	D4	R7	0	R2	-

图 4　可配置光路由单元设计

4　路由及波长分配算法

　　本文提出一种波长感知的路由及波长分配算法,用于计算特定时间段内任意活跃处理核心之间无阻塞的最优光传输路径,该算法的主要设计原则是减少不同活跃处理节点之间光传输路径的重合链路,在无重合链路的基础上尽量选择最短路径路由,从而降低传输时延,并使用尽可能少的波长实现无阻塞通信,减少不同波长激光源的功率输出以及不同波长工作状态的微环谐振器，从而降低片上光网络的功耗。由于路由及波长分配是一个 NP-complete 问题，为了降低计算复杂度，本文将其分解成波长感知路由和支持复用的波长分配两步进行。

4.1　波长感知路由算法

波长感知路由算法将降低片上光传输网络中可能需要使用的最大波长数目作为优化路由计算的目标。由于片上光传输网络中任意一段波导链路被不同处理节点之间通信路径经过的次数，也标志着无阻塞通信时该波导链路需要分配的波长数目，波长感知路由算法将任意波导链路在路由计算过程中使用的次数作为该链路的权重，采用改进的 Dijkstra 算法来计算多核处理器所有活跃处理核心之间的最优路由。根据文献[3] 的仿真结果，由于通信阻塞主要发生在片上网络中央位置，算法的路由计算从位于网络正中央的活跃处理节点开始运行，最终计算得到的活跃处理节点间通信路径将最小化任意一段波导链路的使用次数。波长感知路由算法的伪代码如图 5 所示。

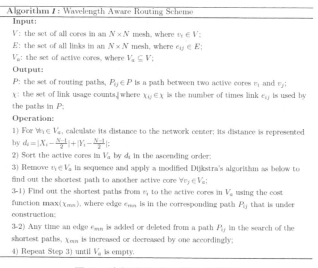

Algorithm 1: Wavelength Aware Routing Scheme

Input:
V: the set of all cores in an $N \times N$ mesh, where $v_i \in V$;
E: the set of all links in an $N \times N$ mesh, where $e_{ij} \in E$;
V_a: the set of active cores, where $V_a \subseteq V$;

Output:
P: the set of routing paths, $P_{ij} \in P$ is a path between two active cores v_i and v_j;
χ: the set of link usage counts, where $\chi_{ij} \in \chi$ is the number of times link e_{ij} is used by the paths in P;

Operation:
1) For $\forall v_i \in V_a$, calculate its distance to the network center; its distance is represented by $d_i = |X_i - \frac{N-1}{2}| + |Y_i - \frac{N-1}{2}|$;
2) Sort the active cores in V_a by d_i in the ascending order;
3) Remove $v_i \in V_a$ in sequence and apply a modified Dijkstra's algorithm as below to find out the shortest path to another active core $\forall v_j \in V_a$;
3-1) Find out the shortest paths from v_i to the active cores in V_a using the cost function $\max(\chi_{mn})$, where edge e_{mn} is in the corresponding path P_{ij} that is under construction;
3-2) Any time an edge e_{mn} is added or deleted from a path P_{ij} in the search of the shortest paths, χ_{mn} is increased or decreased by one accordingly;
4) Repeat Step 3) until V_a is empty.

图 5　波长感知路由算法伪代码

4.2　支持复用的波长分配算法

由于在整个片上光网络中存在通信路径多次相交的情况，单独一段波导的最大使用次数将小于最终波长分配需要的波长数目。本文支持复用的波长分配算法通过在不相交通信路径间复用相同波长，减少波长感知路由算法得到的通信路径集合所需的总波长数目。该算法初始从包含最大使用次数波导的所有通信路径开始，依次为其分配一个新的波长，并对分配过波长的通信路径使用的波导使用次数依次减1；在下一迭代周期中再次选择当前包含最大使用次数波导的所有通信路径，依次为其分配一个波长，但是需要遍历需获得波长的所有通信路径，检查是否相交，如果存在任一不相交的通信路径，则为其分配相同波长，否则分配一个新的波长；采用如上方法经过多次迭代，确保所有通信路径都分配到一个波长。支持复用的波长分配算法伪代码如图 6 所示。

经过波长感知路由算法和支持复用的波长分配算法，将为多核处理器的所有活跃处理节点在图 3 所示的光传输网络中建立无阻塞的光通信网络。经测试，该算法运行的时间开销仅为数十毫秒，能够满足暗硅效应下活跃处理核心数百毫秒切换一次的需求。

```
Algorithm 2 : Reusable Wavelength Allocation Scheme
Input:
  χ: the set of link usage times, where χ_ij ∈ χ;
  P: the set of routing paths, P_ij ∈ P is a path between two cores v_i and v_j;
Output:
  W: wavelength utilization matrix, where w_ijk ∈ W; w_ijk = 1 means λ_k is used in link
  e_ij; otherwise λ_k is free in link e_ij;
  Λ: the set of wavelength allocation for each path, λ_ij ∈ Λ is the wavelength allocated
  to path P_ij;
  N_λ: the number of required wavelengths in Dark-ONoC;
Operation:
  1) Initialize N_λ = 1, W_ijk = 0;
  2) Find the link e*_mn with the maximum χ_mn in χ; put any path P_ij that contains link
  e*_mn to P* and remove P* from P;
  3) For each path P_ij ∈ P*, allocate a wavelength as follows: 3-1) k = 1;
  3-2) For each P_ij, check if ∑_{e_mn ∈ P_ij} w_ijk == 0;
  3-3) If the condition is true, goto (3-4); else k = k + 1 goto (3-2);
  3-4) If k > N_λ, N_λ = N_λ + 1;
  3-5) Allocate wavelength λ_k to P_ij, λ_ij = λ_k; for each edge e_mn ∈ P_ij, set w_mnk = 1,
  χ_mn = χ_mn - 1;
  4) Repeat steps 2) to 3) until P becomes empty;
```

图 6 支持复用的波长分配算法伪代码

5 实验与结果

为了对本文所提出的低功耗片上光互连网络进行性能评估,我们开发了一个系统级的多核处理器片上通信网络仿真环境,该仿真环境基于 SystemC 语言开发,能够评估不同处理核心数目及不同活跃处理核心数目下的平均时延、网络吞吐、平均功耗、无阻塞路由所需的最小波长数目,相关参数配置与文献 [6] 等相同。同时本文还将其与二维 Mesh 拓扑结构的电互连片上网络 [3] 和典型片上光互连网络 [4] 进行对比,以上两种网络支持静态的 XY 维序路由算法和具备流量均衡能力的 DyXY 路由算法。其中平均时延是数据分组在网络中的端到端传输时延,网络吞吐是单位时间网络传输的数据量,平均功耗是数据分组在网络中传输的功率损耗。对传统的电片上网络而言,其平均功耗为分组经过单一跳路由器和电互连的平均功耗乘以传输路径的平均跳数;而对于光片上网络而言,其平均功耗包括激光源的光功耗,以及光电转换、MR 开关等器件的电功耗 [6]。其中光功耗主要受激光源的效率、波长数目、光电收发器的灵敏度、光传输路径中的信号损耗等因素影响;电功耗受光 - 电转换、电 - 光转换、调谐状态的 MR 数目等因素影响。本文仿真环境对不同片上互连结构和路由算法进行评估时,通过对网络传输路径中的时延、数据量、功耗等进行累加,最终获得相关性能指标。

仿真结果如图 7~10 所示,其中电互连片上网络标记为 ENoC、典型片上光网络标记为 ONoC,本文提出的低功耗片上光互连网络标记为 Dark-ONoC。仿真中多核处理器中处理核心的数目配置为 64 和 256 两组,对应的片上网络规模分别为 8 × 8 和 16 × 16。

图 7 为多核处理器在不同片上网络设计方案下的平均传输时延仿真结果,其中活跃处理核心的数目均配置为总核心数目的 25%,采用随机均匀分布。由于本文所提出的低功耗片上光互连网络 Dark-ONoC 能够为活跃处理核心提供无阻塞的端到端光通信,为了实现公平比较,在仿真中 ENoC 和 ONoC 的核间通信数据速率配置为 0.01 数据包 / 时钟周期,该数据速率下对应的片上网络中也将无通信阻塞。仿真结果表明,在无阻塞通信的情况下, Dark-ONoC 由于自适应的波长感知路由算法,平均时延比最短路径路由的 ONoC 稍大,但是与 ENoC 相比显著降低,当处理核心数目为 64 时,平均传输时延约降低 15%,而当处理核心数目增加到 256 时,平均传输时延降低了 52%。同时根据文献 [6] 等中的仿真结果,随着数据速率的增加,由于 ENoC 采用逐跳存储 - 转发的通信方式,而 ONoC 需要为核间通信动态建立传输路径,其通信时延将逐步增加直至网络饱和;而 Dark-ONoC 在活跃处理核心变换之前,数据将按照预先配置的路径和波长无阻塞传输,其通信时延将不会增加。

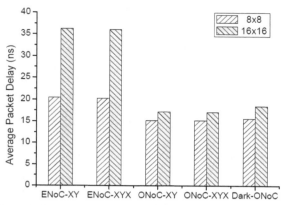

图7   多核处理器不同片上网络方案的平均传输时延分析

图 8 为多核处理器在不同片上网络设计方案下的最大网络吞吐仿真结果,由于假定 ONoC 在最优情况下也能实现无阻塞的光通信,其最大网络吞吐与 Dark-ONoC 相同,且随着处理核心数目增加,两种片上网络设计的总网络吞吐也相应增加。而采用逐跳存储 - 转发通信方式的 ENoC,由于传输能力有限及存在网络拥塞,最大网络吞吐远小于片上光互连。

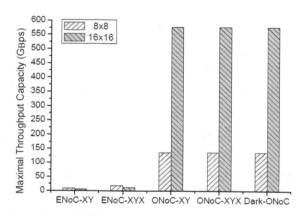

图8   多核处理器不同片上网络方案的最大网络吞吐分析

图 9 为多核处理器在不同片上网络设计方案下的平均功耗分析仿真结果,其中光功耗为激光源为保证光信号传输的功耗,主要与传输路径的长度有关;电功耗在 ENoC 中为片上路由单元的功耗,在 ONoC 中为电控制网络、调制器、光交换单元配置的功耗,而在 Dark-ONoC 中为调制器和光交换单元配置的功耗。ONoC 功耗计算的主要参数如表 1 所示。

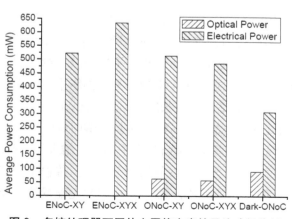

图9   多核处理器不同片上网络方案的平均功耗分析

表 1　ONoC 功耗计算参数设置

参数	数值	参数	数值
激光源效率	30%	波导传输	1.5 dB/cm
调制器	85 fJ/bit	波导交叉	0.15 dB
光电检测器	50 fJ/bit	波导弯曲	0.005 dB
接收器灵敏度	−26 dBm	MR 耦合	0.5 dB
MR 电压控制	0.26 μW	MR 通过	0.005 dB

　　ENoC 的功耗计算是对所经过路由器的平均功耗进行累加,其中单个路由器的平均功耗按 8.69 mW/ 分组计算 [6]。可以看到在图 9 中由于存在电控制网络,ONoC 相比 ENoC 在功耗上并无明显降低,而 Dark-ONoC 因为波长感知路由为非最短路径路由并且使用了光控制网络,造成光功耗稍高,但是其电功耗明显降低,总功耗仍然比其他片上网络设计方案降低了 25% 以上。

　　图 10 为多核处理器在不同数目活跃处理核心下所需的最小波长数目,可以看到当活跃处理核心较少时,ONoC 与 Dark-ONoC 中很少存在传输路径重合的现象,所需的波长数目也相差不大。但是当活跃处理核心增加时,ONoC 由于采用最小路径路由,大量核间通信的传输路径在网络中心位置发生重合,因此需要采用不同波长信号,而 Dark-ONoC 采用波长感知的路由算法,传输路径绕过网络中较繁忙的链路,可以显著降低所需的波长数目。而降低所需的波长数目,对于提升可扩展性具有重要作用 [6]。

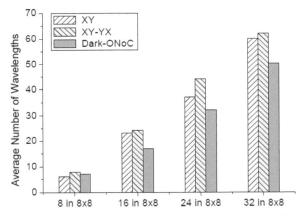

图 10　多核处理器在不同数目活跃核心下所需的波长数目

6　结论

　　本文针对大规模多核处理器在暗硅效应下对内部高速低功耗数据通信的需要,提出了一种低功耗可配置的片上光网络,以及一种波长感知的路由和波长分配算法,能够通过配置片上光互连网络中的光交换单元,根据活跃状态的处理核心分布,按需构建无阻塞光网络,并减少光网络所需的波长数目来降低功耗,实验结果表明该低功耗可配置的片上光网络具有低时延、高网络吞吐、低功耗的优点,对提升多核处理器的性能和功耗效率有重要意义。由于篇幅有限,本文的仿真验证仅仅采用了合成的数据模型,未来将进一步开展大规模多核处理器在实际应用场景的性能验证,包括详细分析不同通信数据量的性能,研究不同应用场景下多核缓存一致性问题,同时还将开展面向未来机载智能计算系统伯伊德(OODA)任务加速的多核智能计算处理器的互连结构研究。

参考文献

[1] OLOFSSON A. Epiphany-V: a 1024 processor 64-bit RISC system-on-chip [EB/OL]. [2016-10-6] https://arXiv:1610.01832, 1-15.

[2] TSAI W Y，BARCH D R，CASSIDY A，et al. Always-on speech recognition using TrueNorth, a reconfigurable, neurosynaptic processor[J]. IEEE transcations on computers, 2017, 66(6)：996-1007.

[3] LIU F Y，GU H X，YANG Y T. DTBR：A dynamic thermal balance routing algorithm for network-on-chip[J]. Computers electrical engineering, 2012, 38(2)：270-281.

[4] SHACHAM A，BERGMAN K，CARLONI L P. Photonic networks on chip for future generations of chip multiprocessors[J]. IEEE transcations on computers, 2008, 57(9)：996-1007.

[5] LYU C，BROWNING M，GRATZ P V，et al. LumiNOC：a power-efficient, high-performance, photonic network-on-chip[J]. IEEE transactions on computer-aided design and integrated circuits systems, 2014, 33(6)：826-838.

[6] LIU F Y，ZHANG H B，CHEN Y W，et al. Wavelength-reused hierarchical optical network on chip architecture for many-core processors[J]. IEEE transactions on sustainable computing, 2019, 4(2)：231-244.

[7] LI H，LIU F，GU H X，et al. A reliability-aware joint design method of application mapping and wavelength assignment for WDM-based silicon photonic interconnects on chip[J]. IEEE access, 2020, 8：73457-73474.

[8] TAYLOR M B. A landscape of the new dark silicon design regime[J]. IEEE micro magazine, 2013, 33(5)：8-19.

智能芯片综述与机载可行性分析

汪珩 [1],李鹏 [1,2],文鹏程 [1,2]

（1.中国航空工业集团公司西安航空计算技术研究所   西安   710065；

2.机载弹载计算机航空科技重点实验室   西安   710065）

摘要：近年来,在计算机领域,各类新概念与新技术层出不穷。其中,人工智能(AI)技术由于其强大的学习能力而在各领域都展现出了巨大的应用前景。而支撑人工智能算法的底层硬件,即智能芯片成为热门研究领域。智能芯片不仅在民用领域用途广泛,也为战斗机的智能感知与智能认知提供了可能性,甚至可能成为彻底改变未来作战模式的决定性因素。本文主要以机载智能芯片的可行性为出发点,介绍了智能芯片的基本概念与技术手段。对现今智能芯片的主要研究进展进行了梳理,并列举了几种典型的商用智能芯片。在此基础上,依据机载设备的各类约束,分析了现有商用智能芯片作为机载设备的可行性,指出了其在满足机载约束上仍存在的不足之处。针对这种情况,本文提出了三种可行的方案,结合现今相关行业的研究情况对各种方案的具体实现途径进行了列举。最后总结和展望了机载智能芯片的研究趋势。

关键词：人工智能芯片；机载电子产品；小型化；环境适应性；防腐蚀设计

Overview of AI Chip and Airborne Feasibility Analysis

Wang Heng[1], Li Peng[1,2], Wen Pengcheng[1,2]

（1.Xi'an Aeronautics Computing Technique Research Institute, AVIC, Xi'an, 710065；2.Aviation Key Laboratory of Science and Technology on Airborne and Missile-borne Computer, Xi'an, 710065）

Abstract：In recent years, in the computer field, various new concepts and new technologies are emerging one after another. Among them, artificial intelligence(AI)technology has shown great application prospects in various fields due to its strong learning ability. And the underlying hardware supporting artificial intelligence algorithms, namely AI chips, has become a hot research field. AI chips are not only widely used in the civilian field, but also provide the possibility for the intelligent perception and intelligent cognition of fighters, and may even become a decisive factor in completely changing the future combat model. This paper mainly takes the feasibility of airborne AI chips as a starting point, and introduces its basic concepts and technical methods. The main research progress of AI chips is sorted out, and several typical commercial AI chips are listed. On this basis, according to various constraints of airborne equipment, the feasibility of existing commercial AI chips as airborne equipment is analyzed, and the deficiencies that still exist in meeting airborne constraints are pointed out. In response to this situation, this paper proposes three feasible schemes, combining the current research situation of related industries to enumerate the specific realization ways of various schemes. Finally, this paper summarizes and forecasts the research trend of airborne AI chips.

Key words：AI chip；airborne electronics；miniaturization；environmental adaptability；corrosion preventive design

收稿日期:2020-08-10;修回日期:2020-09-20

基金项目:航空科技基金(2018ZC31003,2018ZC31002)

This work is supported by the Aviation Science Foundation (2018ZC31003, 2018ZC3100)

通信作者:汪珩(wangh039@avic.com)

随着人工智能（AI）技术快速走向战场，未来战争的特征将向高动态、强对抗的复杂环境演进。同时，由于"区域拒止"及"介入与反介入"成为未来战争重点，战场中机载设备可能将难以与后端或外部建立联系寻求支持。因此，在未来复杂战场环境下，就需要机载设备在执行任务的过程中，能够相对独立地对时刻变化的环境与态势进行实时感知和决策，为伯伊德循环（OODA）全任务链提供支持。然而，现有机载装备由于硬件平台自身的局限性，如架构、处理能力、体积功耗等因素，时效性和算力都不足以满足智能算法的运行需求，因此，考虑使用能够针对性支持人工智能计算且满足机载环境要求的处理器芯片尤为重要。

1　智能芯片概述

广义上的智能芯片即是能够运行人工智能算法的芯片，从这个角度来说，各类计算机芯片都能算作智能芯片。如今广泛使用的人工智能算法还是以深度神经网络为主。然而，深度神经网络中并不需要太多程序指令，却需要海量数据运算的计算需求，传统中央处理器（Central Processing Unit，CPU）的顺序处理指令的架构就使得其对深度神经网络运算的运行效率不高。因此 CPU 一般并不适合搭载深度神经网络算法。通常意义上，智能芯片指的是针对人工智能算法做了特殊加速设计的芯片，其一般为图形处理器（Graphics Processing Unit，GPU）、现场可编程门阵列（Field Programmable Gate Array，FPGA）、全定制集成电路（Application Specific Integrated Circuit，ASIC）。

1.1　基于 GPU 的智能芯片

GPU 最初只是作为在个人电脑、工作站或是移动设备上进行图像绘制的微处理器出现的。然而，由于其能够对大量数据进行并行计算，而这刚好符合深度学习的特点，因此其最先被引入深度学习领域。2011年在谷歌（Google）大脑首次使用 GPU 便取得了惊人的效果，12 颗 GPU 的运算能力就相当于 2 000 颗 CPU，自此各人工智能实验室均开始使用 GPU 加速深度神经网络。GPU 的典型特点是单指令、多数据处理，擅长处理大量类型统一的数据。在深度神经网络的训练阶段，需要大量的数据对网络各个节点进行训练，并且这个过程可以并行运行，使得 GPU 在进行相应计算时具有很大优势。但在推理阶段，由于数据往往是单条输入的，其效率可能并不高。

1.2　基于 FPGA 的智能芯片

FPGA 是集成了大量存储器和门电路的芯片，可以通过烧入配置文件改变各门电路与存储器的连线以实现特定功能。相较于 GPU，PFGA 的结构使其一般适用于多指令、单数据流的任务。同时，由于缺少内存控制与读写，因此其运行速度快、延迟低、功耗低。这些特性与深度神经网络推理阶段的单输入、网络结构和权重固定的特点相匹配，因此 FPGA 在深度神经网络的推理端具有明显优势。FPGA 的劣势在于：由于使用硬件实现软件算法，因此在实现复杂算法上难度较大，同时相比于其他类型智能芯片，FPGA 运算量较小，且价格昂贵。

1.3　基于 ASIC 的智能芯片

ASIC 是高度定制的专用芯片，因此面向智能计算时，其性能可以远高于 FPGA 和 GPU。ASIC 的特点是大量的研发投入，但如果出货量不能保证，其单位成本可能很高，同时由于芯片的功能在流片后难以改变，一旦智能计算相关技术发生改变，其前期投入将难以收回，因此 ASIC 用作智能芯片需要面临巨大的市场风险。但反过来，如果能保证出货量，其在高性能的前提下亦可能做到单颗成本远低于 FPGA。

2 智能芯片国内外研究现状

作为人工智能核心的底层硬件,智能芯片已经是业界研究的重点。各大公司和研究机构都期望能够通过研发更好的架构,使得智能算法在计算速度和性能上得到提升。国外厂商由于在 CPU、GPU 等芯片领域发展较早,技术先进且成熟,已经形成市场规模,因此在智能芯片研发中亦占据了很大优势,包括英伟达、英特尔、IBM 等相关产业巨头,以及像 Google 这样的大型科技公司。国内公司虽然未与国外公司一样形成市场规模,但在如今国内的大环境下,AI 应用遍布股票交易、商品推荐、安防以及无人驾驶等众多领域,因而也催生了众多人工智能芯片初创企业,包括地平线、深鉴科技、中科寒武纪等,同时,其他公司如华为等也在发力智能芯片,一些研究机构如清华大学也对智能芯片有着深入研究。

2.1 国外芯片研究现状

英伟达(Nvidia)是最早涉及智能计算的智能芯片公司,其早在 2006 年就推出了统一计算设备架构 CUDA(Compute Unified Device Architecture)以及对应的 G80 平台,第一次让 GPU 具有可编程性。这使得 GPU 的核心流式处理器(Streaming Processors,SPs)具有处理像素、顶点、图形渲染等能力,又同时具备通用的单精度浮点处理能力,Nvidia 称之为 GPGPU(General Purpose GPU)。基于 CUDA 的 GPU 最初用于通用计算,但其对于人工神经网络的计算有着很好的适应性。2011 年,谷歌大脑利用 12 片 GPU 代替 2 000 片 CPU,在一周内使神经网络学会了识别猫。2012 年,多伦多大学的 Alex 和 Hinton 用 GPU 加速的神经网络 AlexNet,在 ImageNet 图像识别比赛中夺得冠军,自此英伟达的 GPU 成为各个研究机构用来训练神经网络的加速工具。2017 年,英伟达提出了 Volta 架构,以及架构中作为深度神经网络运算核心的 Volta tensor core。其主要原理是通过定制的数据通路从而在极小区域和能量成本下提升浮点计算的吞吐量,针对的是人工神经网络中重要的矩阵运算,一次运行即可在 $4 \times 4 \times 4$ 的矩阵处理阵列中完成 $A=B \times C+D$ 的运算,其中 A、B、C、D 是 4×4 的矩阵。2018 年 8 月,英伟达推出了 Turing 架构,其中升级了深度神经网络运算核心 Turing tensor core,使其能够接受量化的推理运算。2020 年 8 月,其推出了 Ampere 架构,通过在每个计算单元里设计更多的运算核和张量核(tensor core),配合 7 nm 工艺,使得其相较 Turing 架构功耗降低一半,性能增加 50%,总能耗比提高 3 倍。

英特尔旗下的两家人工智能创业公司 Nervana 和 Movidius 主要面向特定场景研发全定制的智能芯片。Nervana 推出了专为深度学习定制的 The Nervana Engine,其通过使用一项叫作 High Bandwidth Memory 的新型内存技术,使得芯片本身具有高容量和高速度(32 GB 片上存储和 8 TB/s 的内存访问速度)的特性。Movidius 则专注于开发高性能处理视觉处理芯片,其以 SPARC 处理器作为主控制器,加上专门的数字信号处理(DSP)处理器和硬件加速电路来处理视觉和图像信号。

Google 于 2016 年推出了张量处理单元(Tensor Processing Unit,TPU),同年,基于 TPU 的人工智能系统 AlphaGo 以总分 4:1 打败围棋世界冠军李世石,引起轰动。TPU 是 Google 自研的 ASIC 芯片,其核心使用了脉动阵列(systolic array),这与传统 CPU、GPU 的架构截然不同。传统 CPU、GPU 的架构如图 1 上半部分所示,其中,MEMORY 为存储单元,PE 为运算处理单元,数据读入处理后即写回存储单元,由于数据存取的速度往往大大低于数据处理的速度,整个系统的处理能力很大程度受限于访存的能力。而对于脉动架构(图 1 中下半部分),第一个数据进入第一个 PE 后,经处理被传递到第二个 PE,然后第二个数据进入第一个 PE 进行处理,因此,数据从进入第一个 PE 开始到最后返回存储单元,可以经过多次处理。这使得 TPU 可以在较小带宽的条件下实现较高的吞吐率。

除此之外,国外还有很多优秀的芯片研究,由于机载智能芯片还是以国产芯片作为主要考虑对象,考虑到国产化和可靠性问题,本文不再赘述。

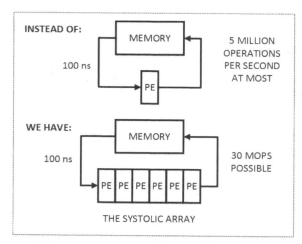

图 1　传统 CPU/GPU 架构与脉动阵列的比较

2.2　国内芯片研究现状

寒武纪是国内第一个成功流片并拥有成熟产品的 AI 芯片公司,其成立于 2016 年,主要基于中科院计算所于 2014 年提出的 DianNao 架构。DianNao 的核心是通过在针对神经网络计算的运算单元间增加局部存储,使其可以捕捉深度神经网络的数据局部性并由此克服内存带宽的限制。在此后推出的 DaDianNao 架构,通过将 DianNao 架构中处理神经网络的大嵌入式神经网络处理器(NPU)单元拆分为小的 NPU 单元,再通过合理布局布线,大幅缩小了布线需要的面积,最终的面积减小 28.5%,而性能与之前的设计相同。同时,利用神经网络的可分性, DaDianNao 具有更好的可扩展性。而作为克服嵌入式应用中内存带宽限制的另一种方法,2015 年中科院发表于 ISCA 上的 ShiDianNao 架构,揭示了一种通过加速器和传感器的直连来绕过内存的方法,并将此思想应用于视觉传感器上。而之后发表的 PuDianNao 架构,则基于多种机器算法的类似运算操作,将芯片的应用领域做了扩展。

地平线科技主要针对前端场景,如车载设备、摄像头等业务。其提出了 BPU 架构,基于感知、决策和规划,分为高斯、伯努利和贝叶斯三代 BPU。BPU 的架构如图 2 所示,它是一款典型的异构多指令多数据的系统。架构中心处理器是完整的系统,存储器架构设计进行了特别优化,能使数据自由传递,进行多种计算,让不同部件同时运转起来,提高 AI 运算的效率。

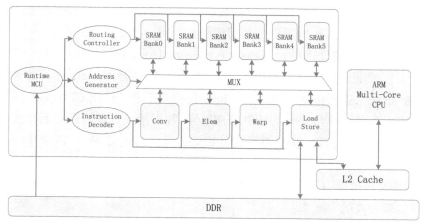

图 2　地平线 BPU 架构

深鉴科技在 FPGA2017 上提出了一种 ESE 架构,针对使用长短记忆网络(Long Short-Term Memory,

LSTM)进行语音识别的场景,通过深度压缩、专用编译器和 ESE 专用处理器架构,使得其在终端 FPGA 就能取得比 Pascal Titan X GPU 高 3 倍的性能,同时功耗也能降低 3.5 倍。2017 年 10 月,深鉴科技推出了针对卷积神经网络的亚里士多德架构和专为 DNN/RNN 网络而设计的笛卡尔架构。相对 TitanX GPU,其拥有 13 倍的性能提升和 3 000 倍的能效比。

华为推出的智能芯片采用了传统的 ARM 核加 AI 加速核心的模式。其 AI 加速核心即达芬奇核心。达芬奇核心通过将乘加器(MAC)进行组织,使其在针对人工神经网络的卷积等运算时,能够按照三维立方的形式支持矩阵运算,在不需要矩阵运算时,也可用于标量计算。而对于不同规模的芯片,则通过放置不同数量的达芬奇核心来满足横向的策略。

清华大学微电子所的清微智能也推出了自己的可重构芯片 Thinker[1]。Thinker 的算力核心(PE array)是粗粒度可重构阵列(Coarse Grained Reconfigurable Array,CGRA)结构。通过对 PE array 功能的指令级动态配置,实现 PE 阵列不同部分执行不同运算的异构并行计算能力。同时通过特殊的数据重排模块,以较小的带宽实现了对各可重构部分数据的供给。针对传统加速器对混合神经网络中非核心运算的效率不高的问题,该架构在保持卷积核矩阵乘累加性能的基础上,通过硬件复用和重新配置,高效支持混合神经网络的其他运算部分。

2.3　现有智能芯片典型产品介绍

智能芯片根据使用场景的不同,分为在个人电脑/服务器端使用的高性能芯片和在移动终端或是其他嵌入式设备上使用的边缘计算芯片。前者往往用于深度神经网络的训练阶段,也可用于推理,后者一般仅作推理使用。

2.3.1　高性能智能芯片介绍

高性能智能芯片拥有极高的算力,用以支撑人工神经网络训练过程中庞大的数据输入和网络权重迭代,但同时产生较高的功耗。典型芯片包括华为的 Ascend 910、寒武纪的思元 270 等。

华为的 Ascend 910 是基于达芬奇核心打造的智能芯片,除了达芬奇核心外,其也集成了多个 CPU、DVPP 和任务调度器(task scheduler),具有自我管理能力,可以充分发挥其高算力的优势。其在 int8 下的性能达到 512 TOPS,16 位浮点数(fp16)下的性能达到 256 TFLOPS。最大功耗为 310 W。

寒武纪的思元 270 则是寒武纪公司基于 MLU v2 架构推出的数据中心级智能芯片。相对于以上几款芯片,其在 int8 下的典型性能稍低,仅为 128 TOPS。但其功耗也较低,最大热设计功耗仅为 70 W。

为云端设计的高性能智能芯片虽然性能强劲,但其功耗过高,不适合机载嵌入式环境。相比之下,体积小且功耗低的边缘计算芯片更符合机载设备的要求。

2.3.2　边缘计算智能芯片介绍

随着 AIoT 即 AI 加物联网(IoT)概念不断被重视,各个芯片公司相继推出了为智能终端打造的边缘计算芯片。这些芯片尺寸较小,典型功耗只有几瓦,但仍保有一定的算力,相较于传统的智能芯片,其性能功耗比很高,能够充分满足嵌入式环境的需要。边缘计算芯片产品众多,典型产品包括华为的 Asecend 310、地平线科技的征程/旭日系列芯片、清华的 Thinker 可重构神经网络芯片等。

Ascend 310 作为华为针对边缘计算推出的典型芯片,使用了 12 nm 的工艺。其典型功耗仅为 7 W,但能够实现半精度浮点数(fp16)下 8 TFLOPS 的算力,或是八位整数精度(int8)下 16 TOPS 的算力。并且集成了单通道全高清视频解码器。

地平线科技的征程 2.0 是面向车载 L3/L4 级别自动驾驶的智能芯片,由台积电代工生产。其支持最大 4K@30 frame/s 的视频信号输入,支持 4 路视频同时输入和实时处理,可实现 20 种不同类型物体的像素级语义分割;同时还可以实现三维的车辆检测,识别场景中的深度信息,进行距离的识别和判断。基于该芯片的

Matrix 1.0 平台还可以进行人骨骼识别,判断行人朝向,预测行人运动轨迹。旭日 1.0 则是面向摄像头的视觉处理芯片,其能基于地平线的深度学习算法实现大规模的人脸识别等应用,可广泛应用于各种智慧终端。

清华大学推出的 Thinker 是拥有极低功耗的边缘计算芯片,支持低位宽网络高能效计算的可重构架构。Thinker 包括神经网络通用计算芯片 Thinker-Ⅱ和语音识别芯片 Thinker-S。Thinker-Ⅱ 芯片运行在 200 MHz 时,其功耗仅为 10 mW; Thinker-S 芯片的最低功耗达到 141 μW,其峰值能效达到 90 TOPS/W。超低功耗意味着其能在电池供电或自供电设备中长期使用,因此存在不小的应用潜力。

3 机载设备对智能芯片的需求迫切

随着人工智能技术快速走向战场,未来战争的特征将向高动态、强对抗的复杂电磁环境演进。同时,由于"区域拒止"及"介入与反介入"成为未来战争重点,战场中机载设备可能将难以与后端或外部建立联系,寻求支持。

高度复杂的战场环境使得机载设备面临两大困难。

第一,由于高动态、强对抗,在敌我博弈中,态势变化将非常迅速,战场信息量呈几何数量激增,传统的信息处理方法面对海量信息可能十分艰难,常规的前后端协同作战模式反而将使得反应时间和决策开销增大,在未来战争中,这些代价将变得不可承受。

第二,在电磁受限、拒止条件下,数据通路将无法确保实时性,可能出现严重延迟,同时,数据信息也可能丢失或者存在欺骗,严重时控制链路可能发生中断,与后端系统失去联系。传统协同作战系统无法保证系统安全性和任务成功率。

因此,在未来复杂战场环境中,就需要机载设备在执行任务的过程中,能够相对独立地对时刻变化的环境与态势进行实时感知和决策,不断优化自身的行为,灵活自主、高度适应地为 OODA 全任务链提供支持,包括环境感知、目标意图、任务规划、行为决策等,以保证任务的成功率,这就需要高效的智能算法为其进行支撑。然而,现有机载装备由于硬件平台自身局限性,如架构、处理能力、体积功耗等因素,时效和算力都不足以满足智能算法的运行需求,因此,考虑使用能够针对性支持人工智能计算且满足机载环境要求的处理器芯片尤为重要。

4 现有商用智能芯片作为机载设备的可行性

现有的各类边缘计算芯片已经能够充分满足嵌入式环境的运行要求,其体积很小,一般长宽高多在 50 mm 以下,同时又能保有极高的能耗比,功耗小于 10 W 但典型算力一般可以达到 1 TOPS 以上。然而,机载智能芯片对各类约束的要求比商用边缘芯片高出很多,几乎所有商用芯片都无法达到机载要求。

4.1 性能需求上可能不足

性能需求是机载智能设备的根本。如前文所述,智能设备可能需要在高动态、强对抗、通信受阻的条件下完成 OODA 中的各类任务,因此,在支撑相关核心算法时,必须保证智能处理器能够快速准确地给出结果,这就对智能芯片的算力提出了要求。以国产某型智能计算卡为例,其在作战环境下的模拟测试结果为 12~16 frame/s,在高速变化的战场环境中,由于目标运动速度很快,该帧率在对输入图片采样时可能遗漏某些高速运动的目标,导致重大危险发生。

4.2 环境适应性远达不到要求

商用的边缘计算芯片往往针对各类商用移动终端设计,对环境适应性的考虑欠佳,然而对于机载设备,环境适应性往往是需要考虑的首要问题 [2]。依据美国空军总部对其沿海基地的装备故障调查显示,环境引起的设备失效占到总数的 52%,这其中包括温度(40%)、振动(27%)、湿度(19%)和沙尘盐雾霉菌等(14%)[3]。

对于机载设备,其要求的军工级工作温度在 -55~125 ℃范围内,然而,市面上大多数边缘计算产品,其工作温度范围仅在商用级(0 ℃~70 ℃),少数芯片能够达到工业级(-40 ℃~85 ℃),如华为生产的 Atlas 200;也有少量专为车载设计的边缘计算芯片能够达到车载级(-40 ℃~105 ℃),如地平线机器人生产的旭日、征程系列芯片。但总体来说,这些芯片离机载还有一段距离。

抗振设计也是机载设备环境适应性的硬性指标[4]。战斗机强大的机械应力很容易使设备受到损坏,而各种机械应力中,振动应力是导致设备故障的主要因素,其损坏率是冲击所造成损坏率的 4 倍左右。但对于商用边缘计算设备而言,其面向的智能终端主要是不容易受到剧烈振动的可穿戴设备,或是固定放置的监控摄像头与移动智能小站。因此制造商在制造芯片时,基本上没有或只是少量引入了抗振设计,边缘计算芯片抗振能力差,无法直接用作机载设备。

除此之外,酸蚀霉菌盐雾等极端恶劣条件[3]以及机载设备可能面临的复杂电磁场[5]也是商用边缘计算芯片很少考虑的因素。一些长期固定放置的智能设备,例如华为基于 Atlas 200 设计的悬挂于高压线上的无人巡视设备,为使其在悬挂后缺少维护的情况下能够保证 5 年以上的使用年限,有限地考虑了地面条件下的酸蚀环境。然而,绝大多数边缘计算芯片都没有相应设计,这也为边缘计算芯片上机带来了不小的阻力。

5 机载智能芯片的可行性方案

由于商用智能芯片仍不能满足机载智能设备的约束要求,在未来战争智能化的背景下,必须寻找解决途径,为机载智能设备创造条件。简单来讲,可以从以下三个方面入手。

5.1 自行研制满足机载条件的专用智能芯片

自行研制智能芯片是各种方法中最理想、最可靠的一种。自研芯片能够充分考虑机载设备和各类约束,完全满足机载任务的各个场景需求。从研究方法上看,可以分为自行设计 ASIC 和利用 FPGA 进行芯片设计两种方法。

为机载智能设备设计专用处理器能够尽可能保证其高性能、低功耗、小体积,对智能芯片的各项指标做到最优化。然而,其问题在于投入成本高,风险大,同时需要充足的技术储备,大部分军工企业可能难以达到要求。即使正常流片,也可能在将来面临因智能算法更新换代而导致已设计芯片被淘汰的风险。已搭载的机载智能设备也可能需要更换,外围电路甚至系统结构都有可能被推翻并重新设计。

利用 FPGA 进行芯片设计是智能芯片设计的另一方法。相比于 ASIC,使用 FPGA 制造的成本大大降低。同时,由于 FPGA 可重编程的设计,在未来智能算法进行快速迭代时,只需对 FPGA 进行重编程即可满足要求,不需要重新设计外围硬件电路,也不需要改变机载设备系统的各种结构。同时,FPGA 相关技术已经成熟应用于各类机载设备中,如机载设备上常用的赛灵思 690T,在传感器图像预处理、各种机载通用计算中发挥着重要的作用,因此无论是在软件还是硬件上都有成熟的技术支持,能够支撑智能芯片的研发投产。FPGA 在功耗上可能相比于 AISC 更高,同时尺寸和性能也不如后者出色。

5.2 在现有商用智能芯片中寻找满足条件的芯片

现有的商用智能芯片虽然不能满足机载需求,但通过筛查或是企业间深度合作的方式,也有可能找到满足机载要求的器件[6]。

一些智能芯片本身已经有限地考虑到了环境适应性因素。以地平线科技生产的旭日/征程系列芯片为例,作为专业的车载智能芯片,其在设计时就明确考虑到了较宽的工作温度范围(-40 ℃~105 ℃)。同时,车辆本身存在机械振动,因此该芯片也考虑了物理振动因素对芯片本身的影响。在此基础上,通过对购入的芯片进行二次筛选,就有可能选出能够满足军工级工作温度要求和机载抗振要求的芯片。

另外,企业间深度合作也是获取满足约束要求的芯片的可行办法。一些智能芯片的普通商业版本虽然远远达不到机载设备要求,但通过与相关生产厂商高度合作,明确机载需求,可以让智能芯片厂商对智能芯片进行定制化生产,在定制化智能芯片中使用抗恶劣技术或使用军工级器件。同时,可以在与企业深度合作过程中,请求智能芯片厂商开放智能芯片中的核心处理单元的相关技术或外部信号定义,借用相关技术进行芯片制造或者利用其核心处理单元进行二次开发。

5.3 利用外围设计弥补芯片本身的不足

虽然智能芯片本身可能无法满足机载设备的约束条件,但通过各类外围设计仍可以弥补芯片本身存在的各类不足。总体来说,可以使用两种方法来达到此目的。

第一,通过特殊的外部工艺,降低局部环境的恶劣度,满足芯片本身的条件[7]。例如,大部分智能芯片都无法承受各类酸蚀盐雾环境,但是通过对芯片设计三防工艺层,即使智能芯片没有抵抗恶劣环境的能力,也能保证其作为机载设备的可靠性。另一个例子是对设备机箱进行特殊热设计,通过结构排布,使得芯片的工作温度范围达到车载或工业级要求,从而使相应芯片得以使用[8]。对于复杂的电磁环境,则可以通过在各个模块间使用金属屏蔽板相互屏蔽,并在单元内部使用小金属,再配以合理布局的印制板与滤波、接地等手段,使得信号泄露和白噪声降到最低[9]。

第二,还可以通过配置其他构件,使得整体系统满足约束条件。例如在抗振实验中,芯片本身的抗振性能可能并不高。因此,为降低智能芯片的振动损坏率,一方面可以在设计智能芯片的外围电路板时,就通过控制印制板尺寸,以及增设加固肋条来增加防振能力。同时,还可以对系统或整机配置合适的隔振器,使系统实际承受的机械应力低于允许的极限值。

6 结论

机载设备智能化是未来战争的重要方向,而智能芯片是支撑智能化的核心器件。由于人工智能相关概念出现较晚,相关技术还处在探索和快速迭代的阶段,因此机载智能芯片的研究仍处于起步阶段。为推动机载智能芯片发展,笔者认为还需从各个角度展开研究和探索,即不放弃已有商用智能芯片向机载智能芯片转化的各种机会,也需要夯实自身技术,探索自行研制机载智能芯片的机会。同时,还需开展智能算法相关研究,一方面服务现有智能芯片,优化其各项性能,另一方面积极探索最新智能算法,为适配下一代智能芯片做准备。

参考文献

[1] YIN S Y, et al. A high energy efficient reconfigurable hybrid neural network processor for deep learning applications[J].IEEE journal of solid-state circuits, 2018, 53(4):968-982.
[2] 王武. 军用电子设备环境适应性研究 [D]. 成都:电子科技大学,2005.
[3] 林琳. 机载电子产品的环境适应性研究 [J]. 电子产品可靠性与环境试验, 2006(4):34-37.
[4] 刘范川, 任建锋, 刘世刚. 机载电子设备隔振系统固有频率的确定 [J]. 电讯技术, 2007(3):195-198.
[5] 钟科. 复杂电磁场对机载设备的干扰研究 [D]. 西安:西安电子科技大学,2012.
[6] 岳朝生. 机载电子设备工艺系统可靠性分析 [J]. 航空精密制造技术, 1994, 30(6):12-15.
[7] 杨万均. 某军用雷达环境适应性研究 [D]. 重庆:重庆大学, 2004.
[8] 贾少愚. 一种机载电子设备的热设计仿真与试验研究 [J]. 现代雷达, 2015, 37(7):73-75.
[9] 张晓丹. 机载电子设备的模块化设计及工艺研究 [J]. 电讯技术, 2002(3):73-75.

电源完整性对高速串行总线影响分析

刘婷婷

（航空工业西安航空计算技术研究所　西安　710065）

摘　要：高速串行总线解决了数据高速传输的问题，但是其传输链路的物理实现、驱动接收的滤波以及供电系统的稳定都直接影响信号的正确传输。本文主要研究了供电系统的稳定对于高速串行总线的影响，通过等效计算、建模仿真等方法研究了电源噪声是如何影响高速信号质量的，接着通过对无源滤波进行深入分析，确定了适合于高速链路供电的滤波方法，通过优化高速接口的供电质量，提高了高速串行总线的眼图质量．

关键词：高速串行总线；电源完整性；仿真；噪声；眼图

Analysis of the Influence of Power Integrity on High Speed Serial Bus

Liu Tingting

（Avic Computing Technique Research，Xi'an，710065）

Abstract：The high-speed serial bus solves the problem of high-speed data transmission, but the physical realization of the transmission link, the filter of driving and receiving and the stability of power supply system all affect the correct transmission of the signal. This paper studies the influence of power supply system stability on high-speed serial bus, and how the power supply noise affects the quality of high-speed signal by means of equivalent calculation, modeling and simulation, and then through the analysis of passive filter, determines the filter method suitable for high-speed link power supply, and the eye diagram quality of high-speed serial bus is improved by optimizing the power supply quality of high-speed interface.

Key words：high-speed serial bus, power integrity, simulation, noise, eye diagram

　　在高速实时嵌入式处理系统中，随着前端传感器采样频率的提高、采样深度的增加，要求嵌入式计算机在提供高性能处理能力的同时，能够提供高速、稳定的数据传输能力。高速串行通信由于其传输速度高、板子空间占用少、可降低干扰、减少端接电路、没有 Skew 等优点，已经广泛应用于嵌入式处理系统中。虽然串行总线解决了信号高速传输的问题，同时也由于信号的有效时间以及幅度很小，极易受到噪声的干扰从而影响信号的正确传输。高速串行接口的供电电源与高速信号直接相关，电源与信号质量相互制约，电源噪声会严重影响信号的正确传输。本文将从电源与信号相互影响的机理出发，通过使用三维电磁场与电路仿真的结合，分析根因及找出解决方法。同时进一步深入研究电源滤波的优化方法，最终给出适合于高速链路供电

收稿日期：2020-08-10；修回日期：2020-08-10
通信作者：刘婷婷（55946372@qq.com）

的滤波解决方案,从而指导高速串行链路的设计,提高信号质量,保证数据的正确传输。

1　电源噪声与信号质量的相互影响

　　众所周知,板级电源噪声主要是由负载芯片工作电流变化引起的,当负载芯片处于休眠状态时,电源噪声非常小,当负载芯片开始工作时,电源噪声急剧增大。本文首先分析负载电流变化如何引起电源噪声变化,而电源噪声变化又是如何引起信号质量的变化。

　　实际电源设计如图 1 所示,其中包含供电端、传输通道以及负载芯片端,通过对物理结构的分析可知,供电端可以简单等效成理想电源与等效电感和电阻的串联,传输通道由其材料特性可以等效为电感和电阻的串联,负载芯片端可以简化等效为兆欧级电阻。将上述元件合并后可得到等效电路,如图 1 所示。

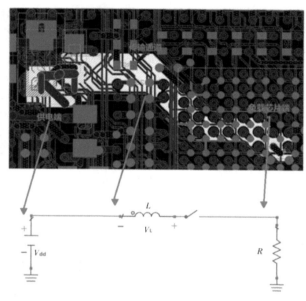

图 1　供电链路简化图

　　当信号端口输出高电平时,图 1 中的开关相当于关闭;I/O 端口输出低电平时,图 1 中的开关相当于打开[1]。从图 1 所示的电路可以推导出电感上的电压变化如式(1)。由此可知,电感上的电压波动幅值随着电感值的增加而增大。由此可知负载电压的波动与供电链路的寄生参数有直接关系。

$$v_{\mathrm{L\,max}} = \Delta v = \frac{L \times V_{\mathrm{dd}}}{R t_{\mathrm{r}}}(1 - e^{-t_{\mathrm{r}}/(L/R)}) \tag{1}$$

式中,L 为电感的感值,V_{dd} 为供电电压值,R 为负载等效电阻,t_{r} 为电感电压的上升时间。

　　由于电源内部传输通道、滤波电容、I/O 芯片的寄生参数众多等复杂情况的存在,不能简单地依靠计算来获取电源纹波的变化。为了进一步验证这一结果,本文以一个简单互补金属氧化物半导体(CMOS)电路为例,通过三维电磁场软件计算寄生参数,并建立其供电以及信号链路的协同仿真电路,如图 2 所示。

　　基于图 2 的电路进行了一组仿真对比分析,假设供电链路上没有寄生参数存在时,供电链路上虽然电流变化了,但是由于电源直接与供电端口相连,电源电压保持 3.3 V,无纹波。当供电链路上存在寄生参数时,电源纹波变大为 300 mV-vpp,并且波动与信号波动同步。同时由于信号输出高电平时上管打开,供电电源与输出信号通过上管相连,信号的高电平直接反映了电源的波动[2]。因此当电源无纹波时(图 3(a)),信号波形如图 3(b)所示;当电源纹波变大(图 3(c))时,信号的过冲明显变大,信号质量也随之恶劣,如图 3(d)所示。

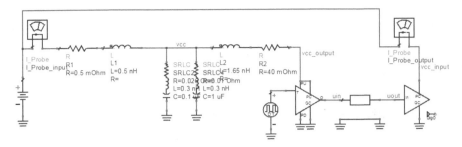

图 2　供电 / 信号协同仿真电路

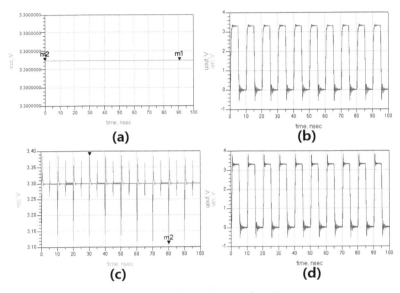

图 3　供电 / 信号协同仿真结果

根据理论计算以及仿真分析结果可以清楚地看到,信号的波动引起电源纹波的产生,同时电源纹波又导致信号质量变差。对于高速串行接口而言,由于接口的数量较少,负载电流较低,相应电源纹波也较低,非常容易被忽略。但是高速串行总线的摆幅较小,电源的微小波动都会影响信号的传输。为了证明这一点,本文根据实际的 3.125 GBps 高速串行通道建立如图 4 所示的电路,其中包括电源、驱动器、传输线、连接器、接收器。

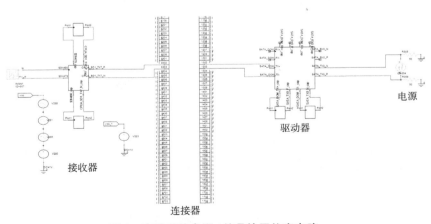

图 4　高速总线电源 / 信号协同仿真电路

这里给出两个供电电源,一个为理想的 1.0 V 的直流电源;另一个为模拟实际的噪声情况在 1.0 V 上叠加了时域幅度 60 mV-vpp 的噪声(频谱分量为:50 MHz/10 mV,100 MHz/10 mV,1 GHz/20 mV),噪声的波形对比如图 5 所示。在此激励下高速串行的仿真结果如图 6 所示。可以直观地看出,当电源波动时眼图有了严重的恶化,眼宽由 289.5028 ps 变为 265.0436 ps,眼高由 420.2672 mV 变为 338.6638 mV。高速串行总线的波动引起了电源波动,电源的多种噪声叠加导致了高速信号的恶化。信号的波动不能减小,这是传输的目的,因此只能从电源滤波的角度来进行优化设计,提高传输性能。

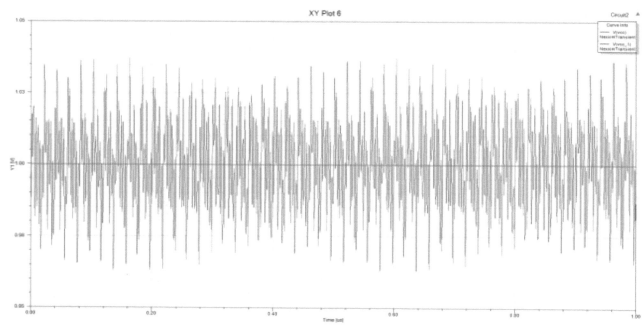

图 5　电源噪声仿真结果

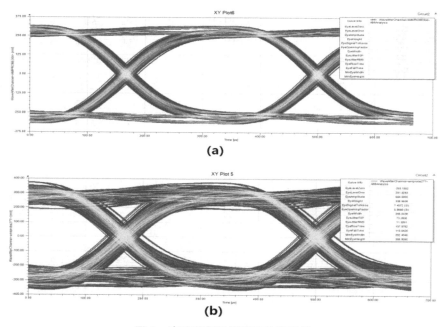

(a)

(b)

图 6　高速串行总线眼图仿真结果
（a）理想电源　（b）供电电源（有噪声）

2 高速串行总线供电优化

高速串行接口的供电电流通常较小、精度要求较高,板级电源通常采用线性电源加无源滤波的形式进行设计。此处无源滤波的目标是构成低通滤波器,起到通直流隔交流的作用,但在实际电路中由于设计需求以及各种器件的寄生参数的影响,导致滤波电路的设计变得非常复杂,本节将详细介绍此类滤波电路的原理以及设计方法。

2.1 电阻、电感、磁珠以及电容特性

板级无源滤波电路主要是由电阻、电感、磁珠以及电容这几种分立器件组成。通常的电路设计都是根据其理想值计算滤波器的特性,但在实际的应用中,这些分立元件都存在寄生参数[3],并且直接影响了滤波效果,各分立元件的特点以及寄生参数如表 1 所示。

表 1 电阻、电感、磁珠及电容特性对比

元件类型	特性	寄生参数	实际曲线
电阻	由电阻体构成,存在较小的寄生参数	在 1~5 GHz 有谐振点	
电感	是储能元件,应用范围小于 50 MHz	存在寄生电容与寄生电阻	
磁珠	磁珠是一种耗散装置,更适应高频	可等效为可变电阻与电感的并联	
电容	隔直、耦合、旁路	可等效为电阻、电感与电容的串联	

2.2 滤波电路详细分析

1）RC 滤波器

理想的 RC 低通滤波器如图 7（a）所示，电阻、电容都是理想值，因此表现出的滤波特性也是理想状态，如图 7（b）所示。但是实际应用中，如 2.1 节所述，R、C 分立元件一定会有寄生参数，从而滤波器所表现出的特征也会有所不同。本文将把实际的元件模型带入滤波电路，如图 7（c）所示，其幅频特性曲线如图 7（d）所示。可以看出通带内基本一致，但是阻带内差别就非常大，理想的 RC 滤波器高频全部截止，但是实际的 RC 电路相当于一个带阻滤波器，滤波频段为几百 kHz~ 几十 MHz[4]。

RC 滤波电路中，R 值越大截止频率越低、滤波带宽越大；但是在 R 值增大的同时还会带来新的问题，由于电阻器本身就是耗能的元件，一定会有功耗以及压降，当电压比较小、电流比较大的时候，必须要考虑输出的功耗以及压降。

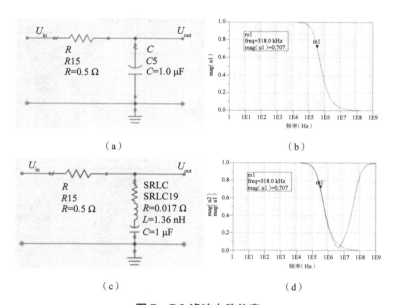

图 7 RC 滤波电路仿真

2）LC 滤波器

理想的 LC 滤波器如图 8（a）所示，其幅频特性曲线如图 8（b）所示。由于 L、C 分立元件存在寄生参数，如 2.1 节所述，把实际的元件模型带入之后的电路如图 8（c）所示，其幅频特性曲线如图 8（d）所示。可以看出通带内基本一致，谐振部分基本一致，但是阻带内差别就非常大，理想的 LC 滤波器高频全部截止，但是实际的 LC 电路相当于一个带阻滤波器，滤波频段为几百 kHz~ 几百 MHz。由于实际器件设计印制电路板（PCB）存在走线、过孔等寄生参数，实际使用的滤波频段一般不超过 50 MHz。电感同样存在内阻，需要考虑功耗以及压降。

LC 滤波器还有一类特殊的使用方式，就是直接给电感并联一个电阻如图 8（e）所示。这样的设计能够减小直流阻抗、提高通流能力，但滤波能力就介于 RC 与 LC 滤波之间（如图 8（f）所示）。并联电阻的阻值越大，这种电路的滤波能力越接近 LC 滤波；并联电阻的值越小，其滤波能力越接近 RC 滤波。

3）磁珠滤波

典型的磁珠滤波电路如图 9（a）所示。磁珠滤波电路的简化模型是电阻与电感的并联，但是实际电阻是高频的大电阻，这里仅用简化模型进行仿真。磁珠的优点是高频阻抗较大、直流电阻较小，其组成的滤波的幅频特性曲线如图 9（b）所示，蓝色曲线标示理想电容模型，红色曲线标示实际电容模型，磁珠的带阻的宽度更宽，能到 GHz 的频段，同样由于 PCB 走线的寄生效应，磁珠的滤波频段一般在几十到几百赫兹。磁珠同

第二十四届计算机工程与工艺年会暨第十届微处理器技术论坛论文集　　　　251

样存在内阻,需要考虑功耗以及压降。

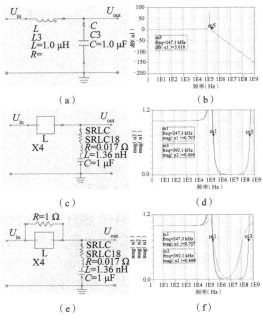

图 8　LC 滤波电路仿真

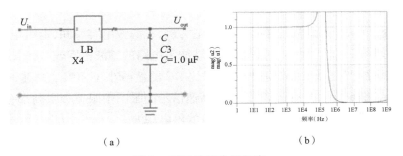

图 9　磁珠滤波电路仿真

2.3　电阻、电感、磁珠以及电容特性

　　上述各种滤波电路都有各自的优缺点,针对各种应用场景需要均衡设计。本文根据元件手册做了简单的统计,见表 2。四种滤波电路的幅频特性曲线如图 10 所示,按滤波带宽从小到大依次为 RC 滤波、RL 并联滤波、LC 滤波、磁珠滤波。工程设计时,可针对滤波频段、通流、压降等要求,选择最适合的电路。

表 2　几种滤波优缺点对比

滤波类型	直流阻抗(Ω)	额定电流	滤波频段
RC 滤波	0.01~10	100 mA~5 A	~20 MHz
LC 滤波	0.1~100	10 mA ~50 A	~50 MHz
磁珠滤波	0.001~2	100 mA~6 A	~1 GHz

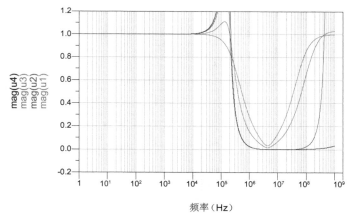

图 10　四种滤波结果对比

　　针对高速串行接口供电的特点,噪声频段较宽(50 kHz~500 MHz),供电电压幅度较低(1.0 V),电源纹波要求较高(10 mV),供电电流较小(50 mA)。对照表 2 可以看出,最佳的设计为磁珠滤波电路。

　　选定电路形式之后,可以通过优化电容选型及数量进一步优化滤波效果。滤波电容的优化一般采用行业流行的频域目标阻抗法进行分析,即根据负载电压的幅值、电压纹波要求、负载电流大小来计算电源滤波网络的目标阻抗,以此为基准调整滤波电容的值及个数,使得电源滤波网络的阻抗均小于目标阻抗[5]。至此电源优化完成。

3　测试验证

　　通过上述分析研究,以某产品的高速串行接口供电为例,在滤波电容相同、走线相同的基础上,将电阻更换为磁珠,其滤波曲线如图 11(b)所示。可以看出磁珠滤波电路的滤波范围较宽,阻带内衰减较大。在滤波电路不同的情况下,磁珠滤波电路电源纹波测试结果比 RC 滤波减小了 40%。高速信号波形的测试结果如图 12 所示。可以看出与图 6 所示的仿真结果一致,高速信号的眼图中眼宽和眼高都有了明显的优化。至此可以看出磁珠滤波电路非常适用于高速串行链路接口的供电滤波。

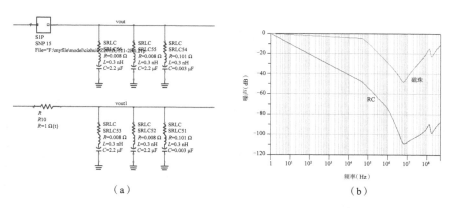

图 11　RC 与磁珠滤波特性仿真对比

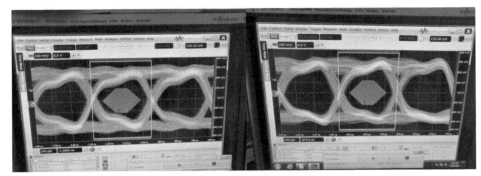

图 12　RC 滤波与磁珠滤波实测眼图对比

4　结论

高速电路满足了目前高速数据大吞吐量的需求,但其设计难度同时也困扰着设计者。本文关注高速电路中供电滤波设计,从供电与高速信号相互影响的机理出发,步步深入,最终找到了解决高速电路中电源噪声影响问题的方案,有效地指导实际应用,为高速串行总线设计提供了新思路。高速电路设计中,对各个设计细节,如无源链路、驱动接收器的内部滤波、供电滤波、信号的串扰等都应进行综合分析,只有对高速串行链路进行精细化设计,才能提供高质量的数据。

参考文献

[1] 张木水,李玉山. 信号完整性分析与设计 [M]. 北京:电子工业出版社,2010.

[2] SWAMINATHAN M, ENGIN A E. 芯片及系统的电源完整性建模与设计 [M] . 李玉山,张木水,等译. 北京:电子工业出版社,2008.

[3] 王雪坤. 高速电路设计中的信号完整性分析 [D]. 苏州:苏州大学,2013.

[4] JOHNSON H,GRAHAM M. 高速数字设计 [M]. 沈立、朱来文,陈宏伟,等,译. 北京:电子工业出版社,2004.

[5] 平瑞,马艳娥. 电子电路仿真技术在电子应用开发中的作用 [J]. 电子技术与软件工程, 2017(23):86-86.

QFN 器件焊接可靠性分析和验证

李龙,刘丙金,王东,毛飘

（西安航空计算技术研究所　西安　710065）

摘　要：电子装联过程中,每个环节都有着至关重要的作用。方形扁平无引脚(QFN)器件以其独特的优势广泛地应用于电子领域内,其可靠性也备受广大电子装联部门的关注。本文对 QFN 器件虚焊的影响因素进行介绍,并对焊接工艺、主要材料、设备和环境等多方面进行了分析和研究。通过将生产中各个环节加以管控,确保 QFN 器件的焊接可靠性得到有效的提高。

关键词：QFN;虚焊;焊接可靠性;焊膏;回流焊接

Abstract：Every link in the electronic assembly process plays a vital role. QFN components are widely used in the electronic field with their unique advantages, and their reliability is also concerned by the majority of electronic assembly departments. This paper introduces the influencing factors of the solderability of QFN components, and analyzes and studies welding process, main materials, equipment, environment, etc. The welding rebability of QFN components can be effectively improved by controlling all links in production.

Key words：QFN,cold solder,solderability,solder paste,reflow

1　引言

方形扁平无引脚(Quad Flat Non-lead，QFN)器件一般为矩形,是一种无引脚封装器件,具有体积小、质量轻、电性能和散热性能优良等优点。因此,其在电子行业内得到广泛的应用。然而与扁平式封装(QFP)相比, QFN 封装的引脚有其特殊性,在焊接后 QFN 封装底部的焊点不可见,这往往给工作中如何判定焊接是否合格带来了一定的难度。在某产品上的一款 QFN 器件在用户使用过程中,出现多次报故,从报故的 QFN 器件焊点外观看,并无异常现象,如图1所示。从封装尺寸来看,该 QFN 器件的封装尺寸较小;在材料方面,该 QFN 器件为塑料材质、质量较轻。相比产品上的其他带引脚陶瓷芯片载体(CLCC)器件,本该可靠性更高的塑封 QFN 器件却多次出现虚焊问题。因此,关于 QFN 焊接可靠性的研究是很有必要的,焊接可靠性的问题应该从物料、设计和生产等影响因素方面进行分析和改进。

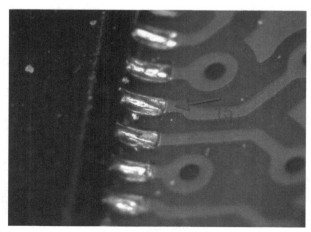

图1　故障器件示意图

2 影响因素

2.1 材料

2.1.1 元器件

在元器件方面,涉及的影响因素为 QFN 器件引脚的可焊性,由于 QFN 器件底部引脚在焊接后无法用目视检查,因此 QFN 器件引脚的可焊性对焊接质量起着决定性作用,而这一点往往被大家忽视。引脚的可焊性通常是比较棘手的问题,必须通过相应的检测设备来检测。图 2、图 3 所示的 QFN 器件可焊性问题(未浸润、脱浸润)是按照《微电子器件试验方法和程序》(GJB 548B—2005)[6] 中器件的可焊性测试程序进行判定的结果。

图 2　未浸润示例图

图 3　脱浸润示例图

对于 QFN 器件的可焊性问题,除了传递、存储不当等因素导致器件可焊端子氧化引起的可焊性不良外,在生产过程中操作不当也存在影响其可焊性的可能,如裸手触摸焊盘导致汗渍、污渍污染器件。例如图 4、图 5 所示的是 QFN 器件表面的扫描电子显微镜(SEM)图像和能谱分析(EDS)分析结果。结果显示,器具表面上的氧元素含量过高,而且器件焊盘表面还污染了 Na、Mg、Si 元素,这些都会对焊接质量产生不可评估的影响。由此可见,器件的可焊性应该是各个生产厂家关注的重点,应该建立相应的可焊性检验规则以及形成生产过程防护的管控要求。

图 4　SEM 图像

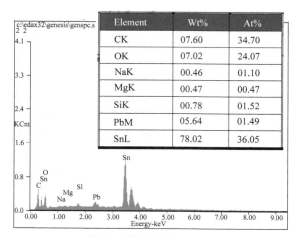

Element	Wt%	At%
CK	07.60	34.70
OK	07.02	24.07
NaK	00.46	01.10
MgK	00.47	00.47
SiK	00.78	01.52
PbM	05.64	01.49
SnL	78.02	36.05

图 5　EDS 结果

2.1.2　印制板

印制板的可焊性与元器件可焊性类似,因此应该对传递、存储、操作等环节加强管控。传递过程中应该使用真空包装,以避免受潮。对于存储环境和时间,应该制定相应的制度进行管理,避免超期储存影响焊盘的可焊性。此外,在生产过程中,应该避免裸手触摸印制板的焊盘,避免污染。

2.1.3　焊膏

焊膏作为实现 QFN 器件可焊端子和印制板焊盘焊接的重要材料,其品质尤为重要,因此要对运输过程、存储环境、存储时间、使用要求等严格把控。在焊膏使用前,应该进行相应的搅拌,以保证焊膏内的助焊剂、溶剂、金属颗粒充分混合,同时也使焊膏在相应的黏度下有利于焊膏印刷。焊膏的搅拌一般是要求焊膏在搅拌后成为流状物,如图 6 所示,而这往往跟操作人员的经验相关,不能定量分析,如果需要更进一步优化搅拌时间可以通过黏度计测量焊膏的黏度,通常为基准黏度的 ±15% 为宜。

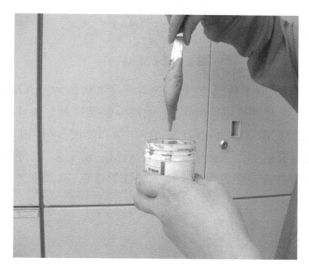

图 6　焊膏照片状态

2.2　设计因素

2.2.1　焊盘尺寸

如果印制板的焊盘尺寸过小,器件引脚与焊盘的接触面积就会相应减小,而且影响某些 QFN 器件侧面焊盘的填充高度,这必然会降低元器件引脚与焊盘之间的焊接强度。当印制板上的焊盘内跨距尺寸较大时,会出现元器件引脚与焊盘不能全部接触的情况。焊盘设计可以根据《表面贴装设计与焊盘图形标准通用要求》(IPC-7351B)[5] 的要求：焊盘外沿距离脚尖 0.2 ~0.4 mm、焊盘内沿与器件脚跟平齐等。

2.3 焊接工艺

2.3.1 烘烤

塑封器件在上线生产前往往会经历几道检查环节,如果在传递、筛选、存储等前端环节均没有使用密封包装进行保护,那么在正式装配前的烘烤就显得尤为关键,烘烤可以参照 J-STD-033《潮湿 / 再流焊敏感表面贴装器件的操作、包装、运输和使用》(IPC/JEDEC-J-STD-033C)[1] 中的要求进行。

2.3.2 焊膏印刷

1）钢网设计

为了实现焊膏良好的转移,良好的钢网开孔设计是前提。根据《模板设计指导》(IPC-7525B)[2] 中要求：钢网的宽厚比大于 1.5、面积比大于 0.66。除了此类的通用要求外,在《底部端子元器件(BTC)设计和组装工艺的实施》(IPC-7093)[3] 中有 0.8 mm 间距及以下的元器件钢网开孔的宽度为 50% 的引脚间距、散热焊盘开孔面积占散热焊盘面积的 50%~80% 等要求。其中散热焊盘位置的钢网开孔尤为重要,如果开孔尺寸与焊盘按照 1：1 进行开孔,首先不利于回流焊接过程溶剂挥发进而导致空洞产生,其次散热焊盘上过多的焊膏会导致焊膏在溶化阶段器件漂浮在焊锡之上进而导致两侧的信号焊盘没有形成可靠的焊接,如图 7 所示。

图 7　QFN 焊接示意图

2）印刷过程

为了实现有效以及良好的印刷质量,除了钢网设计本身外,在焊膏印刷过程中也需要有良好的印刷工艺作保证。印刷机的设备参数,如刮刀角度、刮刀压力、刮刀速度、脱模速度等因素对印刷质量都有影响。

2.3.3 元件贴装

元件的贴装精度往往由贴片机来保证,不建议采用手工贴装的方式对器件进行贴装,尤其是对于间距较小的 QFN 器件。针对有铅焊接工艺,贴装偏移不超过焊盘尺寸 25% 时,在回流焊接过程中由于焊膏本身自校正功能,器件会进行自动对准。

2.3.4 回流焊接

回流焊接通常是根据焊膏手册中推荐的温度曲线实施的,而手册推荐的温度曲线往往是一个比较宽泛的范围。为了确定最佳的回流焊接温度曲线,在正式焊接前应该制作相应的测温板来模拟产品回流焊接时的温度。回流炉的温度和链条速度应该尽可能使热容量不同的元器件均满足其各自焊接工艺窗口。

3 试验验证

3.1 试验所需材料

试验选用的 QFN 封装尺寸为 6 mm × 6 mm,引脚间距为 0.5 mm,焊盘镀层材料为 Sn63Pb37;印制板采用 FR4 基材,尺寸 96 mm × 174 mm,厚度 2 mm;印制板的焊盘镀层为 Sn63Pb37;钢网厚度为 0.12 mm。

3.2　加工过程

3.2.1　焊前准备

（1）器件烘烤。HI-8425PCT 为塑封潮湿敏感器件,为避免回流焊接过程中产生的"爆米花"效应,将塑封器件在 125 ℃条件下进行烘烤 48 h。

（2）焊膏准备。焊膏在冰箱内存储的环境为 5~10 ℃,为避免焊膏开盖后形成水汽凝结,从而导致焊膏受潮,焊膏从冰箱取出后需在室温中静置 4h 达到室温。

3.2.2　焊膏印刷和 SPI 检测

焊膏在印刷前应保证黏度适中,助焊剂和锡球等成分混合均匀,使用搅拌机在规定的时间内进行充分搅拌,使其成为流状物。在焊膏印刷后进行焊膏检查(SPI),确保焊膏的体积、面积、高度、偏移均符合焊接要求。

3.2.3　表面贴装

试验所使用的器件是引脚间距为 0.5 mm 的 QFN 器件,该间距较小,为保证贴装精度,贴装过程使用高精度贴片机进行贴装。

3.2.4　回流焊接

在焊接前使用测温板对回流焊接温度进行确认,在 QFN 的测温点处应布置两个热电偶,印制板上的其余测温点应选在印制板的最低温度处,并对其进行监控。

3.3　可靠性验证

为验证 QFN 焊点的可靠性,在焊接完成后对试验件进行温度循环试验。

温度循环试验条件:温度循环温度为 -55° C 到 +100° C 之间,温度变化速率为 10 ℃ /min,当达到每一温度的极值时,保持 15 min,共进行 200 个循环,温度曲线如图 8 所示。

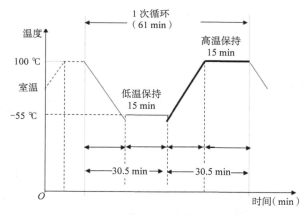

图 8　温度循环示意图

3.4　试验结果

经过 200 次温度循环试验后,进行试验的 QFN 焊点均未出现裂纹,焊接可靠性通过验证。

4　结论

通过分析 QFN 器件发生焊接可靠性故障的影响因素以及开展试验验证,可知看似简单的 QFN 器件,其设计、生产环节中每一个细枝末节都会对其焊接可靠性产生重大影响。因此各个工序都必须做到有法可依,严格控制设计、工艺和操作等问题,尤其是不能忽略元器件本身带来的不可控因素。

参考文献

[1] 国际电子工业联合协会. 潮湿/再流焊敏感表面贴装器件的操作、包装、运输和使用：IPC-JEDEC-J-STD-033[S]. 班诺克本, 美国：IPC, 2012.
[2] 国际电子工业联合协会. 模板设计导则：IPC-7525B[S]. 班诺克本, 美国：IPC, 2011.
[3] 国际电子工业联合协会. 底部端子元器件（BTC）设计和组装工艺的实施：IPC-7093[S]：班诺克本, 美国：IPC, 2011.
[4] 国际电子工业联合协会. 电子组件可接受性：IPC-610 H[S]：班诺克本, 美国：IPC, 2020.
[5] 国际电子工业联合协会. 表面贴装设计与焊盘图形标准通用要求：IPC-7351B[S]. 班诺克本, 美国：IPC, 2020.
[6] 中国人民解放军总装各部. 微电子器件试验方法和程序：GJB 548B—2005[S]. 北京：中国标准出版社, 2005.

一种离散量接口电路片内集成雷击防护设计

蒲石,郎静,谢运祥,邵刚

（1.西安翔腾微电子科技有限公司　西安　710068;2.集成电路与微系统设计航空科技重点实验室（航空工业计算所）　西安　710068）

摘　要: 航电系统在全天候应用中随时面临着雷电的威胁。离散量接口电路是航电系统的核心机载计算机与机载机电设备交互的重要接口,它在航空器遭遇雷击时受到的最大威胁是由雷电所携带强电磁场在机内线缆上产生的雷击间接效应。在实际应用中,传统的电路板上外置防护器件的方案并不能有效保护其后级的离散量接口芯片。本文首先简单介绍了雷击防护设计的应用场景和测试标准,然后设计了一种片内集成的雷击防护结构,利用工艺整合的方式设计了该结构中的限流电阻和晶闸管（SCR）的制作工艺,通过工艺参数优化设计了限流电阻和SCR的结构及关键参数,并设计和优化了该保护结构的版图。对实际流片芯片的相关测试结果证明,该结构可以满足DO-160 G标准中"雷击感应瞬态敏感度"3级防护标准的要求,有效提高了航空装备整机和系统的安全性和可靠性。

关键词: 离散量;接口芯片;雷击间接效应;片内集成雷击防护;DO-160

An on Chip Integrated Lightning Protect Design for Discrete Signal Interface circuit

Pu Shi, Lang Jing, Xie Yunxiang, Shao Gang

（1.Xi'an Xiangteng Microelectronics Technology CO. LTD, Xi'an, 710068;2.Aviation Key Laboratory of Science and Technology on Integrated Circuit and Micro-System Design（AVIC Computing Technique Research Institute）, Xi'an, 710068）

Abstract: The all-weather working avionics are facing the threat of lightning strikes at any time. Discrete signal interface circuit is important interface between airborne computer and airborne electro-mechanical equipment. The most severe threat to discrete signal interface circuit is the lightning induced effect that caused by lightning electromagnetic pulse on airborne wires or cables. The traditional methods of placing all protective elements outside the circuit board can not effectively protect secondary chips in practical applications. In this paper, the outline of application environment and the testing standard are given at the beginning. Then an on chip protecting structure is designed to avoid damage caused by lightning induced effect. The process flow is designed using process integration for the main devices in this structure. Then the structures and the parameters of current limiting resistors and SCR are designed, as well as the layout of this structure. At last, the discrete input chip contained this structure has been fabricated and tested. The test results show that this structure can fully meet the requirements of "Lightning Induced Transient Susceptibility" level 3 in DO-160G, and thus greatly increas-

收稿日期:2020-08-10;修回日期:2020-9-10

基金项目:陕西省重点研发计划项目 (908025003046)

This work is supported by the Key Project of Shaanxi Provincial research and Development (908025003046).

通讯作者:蒲石 (simon.pu@foxmail.com)

es the safety and reliability of airborne systems and equipment.

Key words：discrete signal，input chip，lightning induced effect，on chip lightning protect；DO-160

雷电环境是全天候使用的飞行器经常面临的恶劣环境之一。飞行器所搭载的航电设备在雷电环境中面临着严峻的考验。雷电环境对飞行器影响最大的是其产生的间接效应，即雷电所释放的强烈电磁场在飞行器内部电缆或线路上感应出瞬态高电压和大电流脉冲，使机载设备端口受到该脉冲的冲击而引发的设备暂时 / 永久损伤。

目前飞行器的雷击防护认证已经成为其适航认证的一个重要组成部分 [1]。因此在飞行器设计阶段，就要对其搭载的电子设备进行雷击间接效应试验。通常飞行器会在"整机 - 系统 - 子系统 - 电路板"这四个层面分别采取防护措施 [2-4]。目前大量研究关注电路板级雷电防护所使用的各种分立防护器件 [5-11]。但从实际应用效果来看，每年仍然会发生多起因雷电造成机载航电设备失效的重大航空安全事故，这说明依赖分立防护器件的传统方案依然存在可靠性问题。本文认为有必要将原有的四层防护体系拓展为"整机 - 系统 - 子系统 - 电路板 - 芯片内"五个层面的防护体系，通过增加芯片内部的防护结构去弥补原体系中缺乏芯片自身防护能力的不足，给整机和系统提供足够的安全冗余。

1　雷电感应瞬态敏感度测试简介

在设计雷击防护结构之前需要详细了解芯片的应用环境及所面临的威胁。下面对离散量接口芯片所面临的应用环境做一简单介绍。

现代飞行器的性能严重依赖于先进航电设备，为保障机载设备的安全，1980 年美国航空无线电技术委员会（ RTCA ）制定了《 机载设备的环境条件和测试程序 》(DO-160)，为机载设备定义了一系列最低性能环境试验条件和相应的测试方法。该标准目前已成为机载设备环境适应性测试的国际通用标准，目前已更新至 (DO-160G) 版本 [12]。其中航空电子设备的雷击间接效应防护试验由 DO-160G 的第 22 章"雷电感应瞬态敏感度"相关内容所规定。它提供的试验方法和程序用于验证设备耐受一组代表雷电感应效应的瞬态试验信号的能力。对于机载航电设备的接口集成电路而言，需要接受"插脚注入试验"，这是将瞬态信号直接加载到被测试设备的指定信号输入端口的测试方式，是一种破坏性容差试验。所使用的瞬态信号具有飞行器内部设备中实测得到的瞬态波形的典型特征。通常采用的波形如图 1 所示。

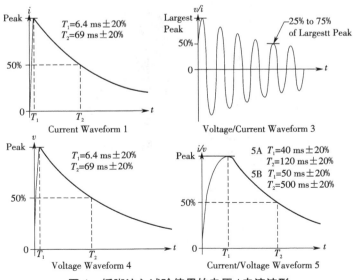

图 1　插脚注入试验使用的电压 / 电流波形

这四种波形针对不同材料所制作的飞机:电压波形 3/ 电流波形 3(简称波形 3/3,下同)以及波形 4/1 适用于设备安装于全金属机身、金属框架覆盖复合蒙皮机身和蒙皮表面已覆盖金属丝网或金属薄膜的碳纤维复合材料机身之中的情形;波形 3/3、波形 5/5(包括 5A 和 5B)适用于设备安装于碳纤维等复合材料机身之中的情形。

针对机载设备在航空器中所处的位置,DO-160G 将设备对雷击间接效应防护能力的要求分为五个等级,如表 1 所示。

表 1　插脚注入试验信号设定等级

Level	Waveform (VOS(V)/ISC(A), 0%~+10%)		
	3/3	4/1	5/5
1	100/4	50/10	50/50
2	250/10	125/25	125/125
3	600/24	300/60	300/300
4	1 500/60	750/150	750/750
5	3 200/128	1 600/320	1 600/1 600

对于离散量接口芯片而言,其作为机电系统与机载电脑的接口,通常安装于飞机内部适度暴露的区域。依照 DO-160G 的要求,该区域内部安装的设备对雷击间接效应防护的水平必须达到表 1 中的 3 级标准,即芯片与线缆连接的离散量输入端口需要满足该标准。

2　片内集成雷击防护结构设计

结合图 1 和表 1 的相关内容,我们可以看出雷击间接效应的特点:相比于常见的人体放电模式(HBM)的静电释放(ESD)事件,雷击间接效应模型的内阻普遍很小,仅 1~25 Ω,这导致其放电电流极大;ESD 事件放电时间仅几十纳秒,而雷击间接效应放电时间至少数十微秒,使其所携带能量远大于 ESD 事件,尤其是波形 5B/5B 所携带能量是 HBM 2 kV 的 2 000 倍以上。在这种情形下,集成电路内置的 ESD 防护结构根本不足以保护芯片内部电路。图 2 即为因雷击间接效应失效的芯片端口照片。

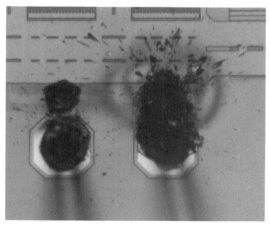

图 2　因雷击间接效应失效的芯片端口照片

结合离散量接口电路的端口特性,本文采用了图 3 所示的保护结构。在该结构中,端口处使用的限流电阻是一个 10 kΩ 的片内集成电阻,通过该电阻削弱雷击间接效应的能量,从而在其后级可以使用较小面积的保护器件并集成于片内以保护内部电路。

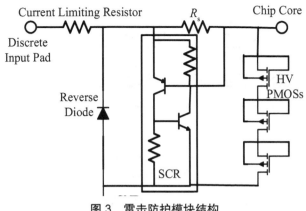

图3 雷击防护模块结构

保护器件采用了导通效率较高的晶闸管 SCR 以降低整体结构的面积。另外在 SCR 后级增加了 R_s 和串联的高电压 P 沟道金属氧化物半导体（ HV PMOS ）管，通过从 SCR 的寄生 PNP 基极抽取电流以提高 SCR 的触发速度，同时可以通过设定 HV PMOS 的数量来设置 SCR 的触发电压。由于 SCR 反向导通能力较差，因此增加了反向二极管以对应反向电流下的保护。

整个结构最核心的是限流电阻的设计。下面对限流电阻的参数设计做一简单讨论。

在限流电阻设计中需要重点关注波形 3/3 及波形 5B/5B，因为波形 3/3 的电压最高，而波形 5B/5B 的能量最大。

对于波形 5B/5B 来说，10 kΩ 电阻在 3 级标准下所通过的峰值电流为

$$I_{\text{peak.W5B}}=330/10000=0.033 \text{ A} \tag{1}$$

则限流电阻上产生的总热量为

$$Q = \int_0^\infty I^2(t)\cdot Rdt \approx 178 \text{ mJ} \tag{2}$$

这些热量在电阻上的升温由下式决定：

$$Q=C_{\text{Si}}M\Delta T=C_{\text{S}}\rho_{\text{Si}}V\Delta T \tag{3}$$

式中：C_{Si} 是硅的比热容，为 700 J/（ kg · K ）；M 是该限流电阻的质量；ρ_{Si} 是硅的密度，为 2 328.3 kg/m³；V 是限流电阻体积；ΔT 是限流电阻升高的温度。已知铝和硅的熔点分别为 660 ℃ 和 1 415 ℃，为稳妥起见，器件的局部最高温度不宜超过 527℃（ 800 K ），即是说 ΔT 不应超过 500 ℃。因此由式（ 3 ）结合电阻的工艺条件可以推算电阻所需要的最小尺寸。

波形 3/3 最高电压达到 660 V，作为保护结构最前级的限流电阻耐压必须超过 660 V。为此该结构选取国产工艺线的 700 V BCD 工艺实现。

在该工艺中，可以选择三种电阻：金属电阻、扩散电阻和多晶硅电阻。金属电阻一般仅为阻值小、精度高的电阻，并不适合用于作为限流电阻这种大阻值电阻；扩散电阻与衬底之间构成了一个寄生二极管，该寄生二极管不能满足耐压需求；多晶硅电阻是被制作在厚度为 1.1 μm 的场氧化层之上，可以满足耐压需求。在该工艺中，多晶硅表面覆盖了多层二氧化硅的层间绝缘介质，二氧化硅的热导率仅为 7.6 W/（ m · K ），是硅外延层的 1/20，这表明散热设计不良的多晶硅电阻在多次雷击的环境下极有可能因散热不良而烧毁。

本文提出的结构所用的限流电阻的结构如图 4 所示。为提高限流电阻的散热能力，在限流电阻上方加入了浮空的 Metal1 和 Metal2，两层金属通过 VIA2 互联，该结构可以起到散热片的作用，将电阻产生的热量导出至芯片表面。

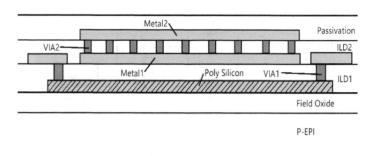

图 4　限流电阻结构示意图

以式（3）所推算的结果及图 4 结构为基础,利用器件仿真软件 Silvaco 进行热力学仿真分析,仿真波形采用能量最高的 5B/5B 波形。

通过调整工艺库,改变 10 kΩ 多晶硅电阻的尺寸,计算得到不同尺寸下的电流密度,利用热力学仿真功能得到电阻的升温情况,从而确定限流电阻的最终尺寸。

对于厚度为 0.85 μm 的多晶电阻,由式（3）可推知其总面积应该不小于 4 400 μm²。在所选工艺库中高阻多晶硅电阻类型为 rpolyh,设 rpolyh 电阻的宽度为 25 μm,此时工艺库中所给出电阻面积为 25 μm × 400 μm × 3 = 30 000 μm²,在波形 5B 冲击下电阻上平均每微米所受峰值电流 I_{peak}=1.2 mA。据此用 Silvaco 仿真所得到的波形 5B 冲击下限流电阻内部温度分布如图 5 所示。仿真结果表明,在室温（27℃或 300 K）环境中,电阻受到波形 5B 等级 3 的雷击电流冲击时,其局部温度最高将升高到 449℃（722K）。

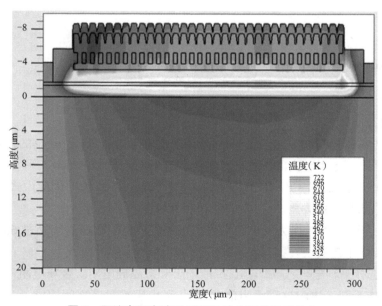

图 5　限流电阻在波形 5B/5B 冲击下的温度分布

由以上分析可知,限流电阻的面积需要设计得非常大才能耐受雷击间接效应产生的电压和电流。

对于限流电阻后级的 SCR 及反向二极管而言,波形 3/3 产生的最大峰值电流为

$$I_{peak,w3}=660/10000=0.066 \text{ A} \tag{4}$$

此时 SCR 中寄生 NPN 管的 PN 结及反向二极管的 PN 结最小结周长不低于 30 μm 即可满足需求。

最终得到的片内集成雷击防护结构如图 6 所示。其中,区域 1 为离散量信号输入压焊块（PAD）,区域 2 为限流电阻,区域 3 为反向二极管,区域 4 为 SCR,区域 5 为 HV PMOS。

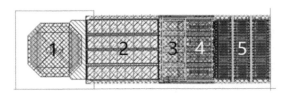

图 6　雷击防护结构整体版图

3　测试结果及分析

采用该雷击防护结构的离散量接口芯片在流片封装完成后于航空工业航天飞行器雷电防护实验室完成了雷击间接效应试验。各个波形测试结果如图 7 所示,图中上方波形为雷击间接效应产生的电压波形,下方为离散量端口电流。

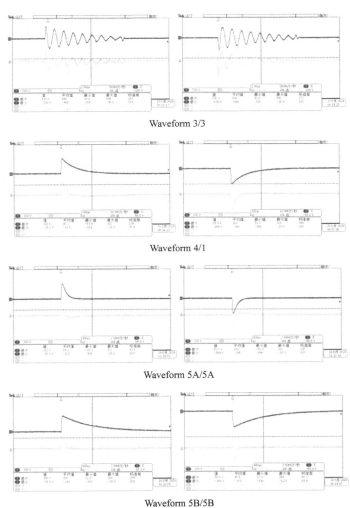

Waveform 3/3

Waveform 4/1

Waveform 5A/5A

Waveform 5B/5B

图 7　雷电感应瞬态敏感度实测波形图

从图 7 中可见,本文所设计结构可以有效抑制雷击间接效应所产生的高能浪涌。在雷击间接效应试验完成之后对被测芯片的端口 I-V 曲线和芯片功能进行了复测及开帽目检,对比试验前的芯片端口 I-V 曲线无任何变化,芯片功能正常,芯片内部未见损伤。据此可以确认本文所设计的雷击防护结构是成功的。

4　结论

　　本文设计了一种针对离散量接口电路的片内集成雷击防护结构,该结构采用限流电阻和 SCR 为主要器件。对采用该结构的芯片实测结果表明,该结构可以满足 DO-160G 中"雷电感应瞬态敏感度"管脚注入试验等级 3 的要求。采用该结构可以有效提升飞行器机电系统遭受雷击时的安全冗余,保障飞行器全天候应用的可靠性。

参考文献

[1] FAA.Aircraft electrical and electronic system lightning protection：AC 20-136B[S]. USA：FAA, 2011.

[2] PLUMER J A. A design guide for lightning protection of aircraft [C]// 1979 IEEE International Symposium on Electromagnetic Compatibility. USA：IEEE, 1979：77-84.

[3] FISHER F A, PLUMER J A. Lightning protection of aircraft [M]. USA：NASA, 1977：91-96.

[4] MOIR I, SEABRIDGE A, JUKES M. Civil avionics system[M]. USA：John Willey & Sons Ltd, 2013：243.

[5] CELAYA J, SAHA S, WYSOCKI P, et al. Effects of lightning injection on Power-MOSFETs [C]// Annual Conference of the Prognostics and Health Management Society 2009. USA：PHM Society , 2009：1-10.

[6] MCCREARY C A, LAIL B A. Lightning transient suppression circuit design for avionics equipment [C]// 2012 IEEE International Symposium on Electromagnetic Compatibility. USA：IEEE, 2012：93-98.

[7] CHEUNG W, DAY D, TAMMEN T, et al. New concept for lightning surge protection of avionics using 4H-SiC current limiter [C]// 2013 IEEE International Symposium on Electromagnetic Compatibility. USA：IEEE, 2013：793-798.

[8] FRANK M. Design of transient voltage suppressors for digital inputs of avionics devices in indirect lightning tests according to ED–14/DO-160 [C]// 2013 IEEE International Symposium on Electromagnetic Compatibility. USA：IEEE, 2013：833- 836.

[9] RIMAL H P, FABA A. Lightning indirect effect protection in avionic environment [C]// 2017 IEEE 3rd International Forum on Research and Technologies for Society and Industry（RTSI）. USA：IEEE, 2017：1-5.

[10] FABA A, RIMAL H P. Robust lightning indirect effect protection in avionic diagnostics：combining inductive blocking devices with metal oxide varistors[J]. IEEE trans on industrial electronics, 2018, 65（8）：6457-6467.

[11] KASHYAP A S, SANDVIK P, MCMAHON J, et al. Silicon carbide transient voltage suppressor for next generation lightning protection[C]// 2014 IEEE Workshop on Wide Bandgap Power Devices and Applications. USA：IEEE, 2014：147-150.

[12] RTCA.Environmental conditions and test procedures for airborne equipment：DO-160G[S]. USA：RTCA, 2010.

一种非乱序存储的数据交织加固技术

王丹宁，刘胜，李振涛

（国防科技大学计算机学院　长沙　410073）

摘　要：存储加固引入交织可以提高存储可靠性。交织可以把原始数据序列打乱，减弱交织前后数据序列的相关性，从而降低数据多连续位错误对存储的影响，有利于提高系统纠错能力。由于将原始数据打乱，交织也带来了存储数据信息乱序的问题，从而影响硬件调试时的数据访问，降低调试效率。针对交织带来的存储信息乱序这一问题，本文提出了一种非乱序存储的数据交织加固技术，通过改进原来的交织编解码过程，将交织融入编解码模块来解决存储信息乱序问题。验证结果表明，该技术不但能充分利用交织的优势，纠正连续多位错误，还能保证存储数据顺序与原始数据顺序相同。

关键词：交织；解交织；交织编码；非乱序存储；存储加固

A Data Interleaving and Reinforcement Technology for Non-Out-of-Order Storage

Wang Danning, Liu Sheng, Li Zhentao

（College of Computing, National University of Defense Technology, Changsha, 410073）

Abstract：Storage reinforcement introduces interleaving to improve storage reliability. Interleaving can disrupt the original data sequence and weaken the correlation of the data sequence before and after the interleaving, thereby reducing the impact of multiple consecutive bit errors of the data on the storage, and improving the system's error correction capability. Because the original data is disordered, interleaving also brings the problem of disorder of stored data information, which affects data access during hardware debugging and reduces debugging efficiency. To solve the problem of stored information disorder caused by interleaving, this paper proposes a data interleaving reinforcement technology for non-out-of-order storage. By improving the original interleaving encoding and decoding process, interleaving is integrated into the encoding and decoding module to solve the problem of stored information disorder . The verification results show that the technology can not only make full use of the advantages of interleaving to correct consecutive multi-bit errors, but also ensure that the stored data sequence is the same as the original data sequence.

Key words：interleave, de-interleave, interleaved encoding, non-out-of-order storage, storage reinforcement

1　引言

在目前的大多电子系统中，静态随机访问存储器（SRAMs）是必不可少的一部分，广泛应用于嵌入式专

收稿日期：2020-08-20；修回日期：2020-09-20

基金项目：英美装备军民融合理论实践与新态势项目（JC15-08-11）

This work is supported by the Practice and New Trends of Military-civilian Fusion Theory of British and American Equipment （JC15-08-11）.

通信作者：刘胜（liusheng83@nudt.edu.cn）

用集成电路中[1]，SRAM存储的可靠性对电子系统至关重要[2]。在深亚微米体系下，中子引发的软错误会导致多个物理相邻的存储元发生翻转，即多单元翻转（Multiple Cell Upsets，MCU）[3]，严重时可能导致系统崩溃。通过观察发现，发生软错误的多个存储元是物理相近的[4]。为了减轻软错误带来的影响，存储器多采用纠错码（Error Correction Codes，ECCs）来对存储器进行加固[5]。人们发明了汉明码、循环码、卷积码等编码技术对存储器进行加固，但这些技术仅在检测和校正单个差错和不太长的差错串时才有效，当产生连续多个误码时，汉明码、循环码、卷积码就不能满足所需的纠错需求，于是有了交织技术的出现[6]。在发送的数据进行编码后，通过交织将原来的顺序打乱写入存储，这样当数据产生连续错误时，由于接收端要先进行解交织，连续错误就会被打散，有利于解码模块进行纠错[7]。针对汉明码、循环码、卷积码，在无突发干扰时，交织技术对三种典型的信道纠错编码性能影响不大；有突发干扰时，交织技术通过改造信道却不增加冗余，有效提高了三种典型的信道纠错编码性能[6]。因此，可在编码中融入交织来解决连续多位错误，从而对存储进行加固。然而，交织也带来了存储信息乱序的问题。

针对交织带来的存储信息乱序的问题，本文提出了一种非乱序存储的数据交织加固技术，通过改进原来的交织编解码问题，将交织融入编解码模块来解决存储信息乱序问题。最后的验证结果表明，该技术不但能充分利用交织的优势，纠正连续多位错误，还能保证存储数据顺序与原始数据顺序相同。

本文首先在第1给出引言，然后在第2节提出当前交织编解码原理及其存在的问题，接着在第3节提出非乱序交织编解码设计过程，在第4节给出验证和评估分析结果，最后在第5节做总结。

2　交织编解码原理

2.1　当前交织编解码原理

常用的交织方法有分组交织、卷积交织和随机交织[6]。本论文主要依据分组交织，分组交织的原理是将待交织的输入数据均匀分成多个码字。码字表示进行过纠检错编码的数据，由数据位和校验位构成，以可以纠一检二的Hsiao码为例，n位码由k位数据位和$n-k$位校验位组成，如图1所示。

假设要进行分组交织的数据能均匀分成n个m位码字，则该数据可构成一个m行n列的交织矩阵，如图2所示。其中，n为交织深度，m为交织约束长度或宽度。交织的过程为按列写入，按行读出。待交织数据以$1,2,\cdots,m,m+1,m+2,\cdots,2m,\cdots(n-1)m+1,(n-1)m+2,\cdots,nm$的顺序进入交织矩阵，再以$1,m+1,\cdots,(n-1)m+1,2,m+2,\cdots,(n-1)m+2,\cdots,m,2m,\cdots,nm$的顺序从交织矩阵中读出，这样就完成了对$nm$个输入数据的交织深度为$n$、交织约束宽度为$m$的分组交织。作为交织过程的逆过程，解交织的过程为按行写入，按列读出，待解交织的数据以$1,m+1,\cdots,(n-1)m+1,2,m+2,\cdots,(n-1)m+2,\cdots,m,2m,\cdots,nm$的顺序进入交织矩阵，再以$1,2,\cdots,m,m+1,m+2,\cdots,2m,\cdots(n-1)m+1,(n-1)m+2,\cdots,nm$的顺序从$m$行$n$列的交织矩阵中读出，这样就完成了逆交织，恢复成为交织前的数据。

check bit（n-k bits）	data bit（n bits）

图1　码字形式

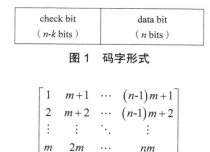

图2　交织矩阵

利用交织对存储进行加固的主要过程如图3所示。当需要将数据写入存储时，先将待写入存储的数据分组,并对每组数据用编码模块进行纠检错编码,如纠一检二码、纠一检二纠相邻码等;然后以分组数为交织深度、编码后的数据位数作为交织约束宽度,对编码后的数据进行交织,每组码字为交织矩阵的一列,将交织结果写入存储;当从存储读出码字后,将其按行写入交织矩阵进行解交织,然后分组进行解码,输出解码结果。

图3　交织编解码过程

编码模块如图4所示。

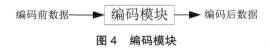

图4　编码模块

解码模块如图5所示。其中,可纠错误类型表示错误为可以纠正的错误,解码后的数据表示正确的数据,可纠错误比特位置表示当为可纠错时的出错比特位置,不可纠错误类型表示错误不可被纠正。

图5　解码模块

若数据有24位,要通过交织编解码来对存储进行加固,若编码模块可对6位数据进行纠一检二编码,校验位数为2位,则可将原数据分成4组,每组数据位数为6位分别进行编码,编码后每组数据为8位,共32位。然后对编码后数据进行深度为4、约束宽度为8的交织后写入存储。这32位数据可表示如式(1)。

$$X=(x_0,x_1,x_2,x_3,\cdots,x_{29},x_{30},x_{31})\tag{1}$$

交织时,将X按列写入8×4的交织矩阵中,如式(2)。

$$\begin{bmatrix} x_0 & x_8 & x_{16} & x_{24} \\ x_1 & x_9 & x_{17} & x_{25} \\ x_2 & x_{10} & x_{18} & x_{26} \\ x_3 & x_{11} & x_{19} & x_{27} \\ x_4 & x_{12} & x_{20} & x_{28} \\ x_5 & x_{13} & x_{21} & x_{29} \\ x_6 & x_{14} & x_{22} & x_{30} \\ x_7 & x_{15} & x_{23} & x_{31} \end{bmatrix}\tag{2}$$

按行读出的交织结果如下。

$$X' = (x_0, x_8, x_{16}, x_{24}, \cdots, x_{15}, x_{23}, x_{31}) \tag{3}$$

将交织结果 **X'** 存入存储器中。若此时产生一个连续 4 位错误,错误位的下标分别为 0、8、16、24,使得存储信息变为 **X''**,表示如下。

$$X'' = (\overline{x}_0, \overline{x}_8, \overline{x}_{16}, \overline{x}_{24}, x_1, \cdots, x_{15}, x_{23}, x_{31}) \tag{4}$$

在进行读操作时,将其从存储读出后,先进行解交织,即将其按行写入 8×4 的交织矩阵中,如式(5)。

$$
\begin{bmatrix}
\overline{x}_0 & \overline{x}_8 & \overline{x}_{16} & \overline{x}_{24} \\
x_1 & x_9 & x_{17} & x_{25} \\
x_2 & x_{10} & x_{18} & x_{26} \\
x_3 & x_{11} & x_{19} & x_{27} \\
x_4 & x_{12} & x_{20} & x_{28} \\
x_5 & x_{13} & x_{21} & x_{29} \\
x_6 & x_{14} & x_{22} & x_{30} \\
x_7 & x_{15} & x_{23} & x_{31}
\end{bmatrix} \tag{5}
$$

按列读出的解交织结果如下。

$$X'' = (\overline{x}_0, x_1, \ldots, \overline{x}_8, \cdots, \overline{x}_{24}, \cdots, x_{31}) \tag{6}$$

可见,经过交织矩阵与解交织矩阵的变换后,原来 **X'** 的连续 4 位错,就变成了 **X''** 中的随机独立差错,通过每 8 位进行纠一检二的纠错,可以分别将 4 位错纠正。所以,交织结合纠检错编码可以纠正连续多位错。

2.2　当前交织编解码存在的问题

从上节的交织编码的例子可以看出,由于进行了交织,当交织结果存入存储器后,存储信息是乱序存放的,也就是说,当前用交织编解码进行存储加固存在存储数据乱序问题,这虽然对芯片本身不造成影响,但在进行硬件调试时,数据信息乱序会给硬件调试时的数据访问带来不便,进而影响硬件调试,降低硬件调试效率。所以,将存储信息调整为正确的顺序是有必要的。为了既能发挥交织纠正连续多位错的优势,又能确保存储信息的正常顺序,本文设计了一种非乱序存储的数据交织加固技术,下文对其进行具体介绍。

3　非乱序交织编解码设计

3.1　非乱序交织编解码过程

本文对交织编解码过程进行了改进,提出非乱序交织编解码过程,如图 6 所示。与之前的交织编解码过程相比,本交织编解码过程将交织融入编解码过程,提出非乱序交织编码和非乱序交织解码。

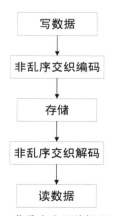

图 6　非乱序交织编解码过程

3.2　非乱序交织编码模块和非乱序交织解码模块

通过对原交织编解码过程进行分析不难看出,导致存储数据乱序的主要原因是交织,若要让数据恢复成正常的顺序,就需对其解交织。所以,可以在将数据存入存储前,对其进行一次交织、一次解交织操作,就可使得存入存储器的数据顺序不发生改变。于是,本文提出了非乱序交织编码模块,将原先的编码模块与交织融合到一起,采用逆交织、编码、交织的方法来保证存入存储的数据为正常的顺序,非乱序交织编码模块如图7所示。

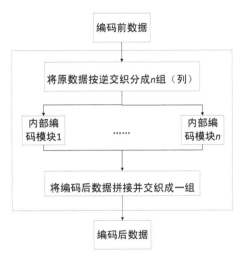

图 7　非乱序交织编码模块

如图 7 所示,在数据存入存储前,先对其进行逆交织,按行写入交织矩阵,然后读出的每一列作为一组,对每组分别进行纠检错编码,如纠一检二、纠一检二纠相邻等,然后将编码后的数据进行拼接,进行交织,将交织结果存入存储器。解交织和交织的交织深度相同,根据输入数据位数 d 和内部编码模块输入的数据位数 k 来确定交织深度 n,确定方法为 $n=d/k$;交织约束宽度不同,解交织为 $m=d/n$,交织为 $m=k+r$,r 为内部编码模块输入的数据位数为 k 时的校验位数。

作为编码模块的逆过程,非乱序交织解码模块将解码过程与交织融合,采用交织、解码、逆交织的顺序,就可以对存储读出的数据进行解码纠错,非乱序解码模块如图 8 所示。

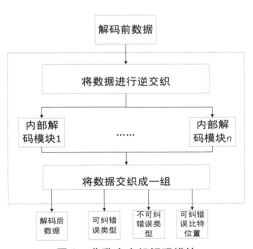

图 8　非乱序交织解码模块

若待写入存储的数据 Y 为 32 位,进行深度为 4 的交织,则每个编码模块需要对 8 位数据进行编码,假设进行纠一检二编码,每 8 位数据需要 5 位校验位。待写入存储的数据 Y 可由式(7)表示。

$$Y=(y_0,y_1,y_2,\cdots,y_{29},y_{30},y_{31}) \tag{7}$$

对数据 Y 进行交织深度为 4、交织约束宽度为 8 的逆交织,即将其按行写入 8×4 的交织矩阵中,在交织矩阵中的表示如式(8)所示。

$$\begin{bmatrix} y_0 & y_1 & y_2 & y_3 \\ y_4 & y_5 & y_6 & y_7 \\ y_8 & y_9 & y_{10} & y_{11} \\ y_{12} & y_{13} & y_{14} & y_{15} \\ y_{16} & y_{17} & y_{18} & y_{19} \\ y_{20} & y_{21} & y_{22} & y_{23} \\ y_{24} & y_{25} & y_{26} & y_{27} \\ y_{28} & y_{29} & y_{30} & y_{31} \end{bmatrix} \tag{8}$$

按列读出时,每一列数据为一组,分别进入内部编码模块进行编码,每列数据加上校验位的编码结果如式(9)所示。其中,$r_1\sim r_5$ 表示交织矩阵第一列的 8 位数的校验位,其他三列以此类推。

$$\begin{bmatrix} y_0 & y_1 & y_2 & y_3 \\ y_4 & y_5 & y_6 & y_7 \\ y_8 & y_9 & y_{10} & y_{11} \\ y_{12} & y_{13} & y_{14} & y_{15} \\ y_{16} & y_{17} & y_{18} & y_{19} \\ y_{20} & y_{21} & y_{22} & y_{23} \\ y_{24} & y_{25} & y_{26} & y_{27} \\ y_{28} & y_{29} & y_{30} & y_{31} \\ \boxed{r_1} & \boxed{r_6} & \boxed{r_{11}} & \boxed{r_{16}} \\ \boxed{r_2} & \boxed{r_7} & \boxed{r_{12}} & \boxed{r_{17}} \\ \boxed{r_3} & \boxed{r_8} & \boxed{r_{13}} & \boxed{r_{18}} \\ \boxed{r_4} & \boxed{r_9} & \boxed{r_{14}} & \boxed{r_{19}} \\ \boxed{r_5} & \boxed{r_{10}} & \boxed{r_{15}} & \boxed{r_{20}} \end{bmatrix} \tag{9}$$

在编码后进行交织,交织矩阵深度仍为 4,但交织约束宽度变为 8+5=13 位,13×4 的交织矩阵如式(10)所示。

$$\begin{bmatrix} y_0 & y_1 & y_2 & y_3 \\ y_4 & y_5 & y_6 & y_7 \\ y_8 & y_9 & y_{10} & y_{11} \\ y_{12} & y_{13} & y_{14} & y_{15} \\ y_{16} & y_{17} & y_{18} & y_{19} \\ y_{20} & y_{21} & y_{22} & y_{23} \\ y_{24} & y_{25} & y_{26} & y_{27} \\ y_{28} & y_{29} & y_{30} & y_{31} \\ r_1 & r_6 & r_{11} & r_{16} \\ r_2 & r_7 & r_{12} & r_{17} \\ r_3 & r_8 & r_{13} & r_{18} \\ r_4 & r_9 & r_{14} & r_{19} \\ r_5 & r_{10} & r_{15} & r_{20} \end{bmatrix} \tag{10}$$

按行读出交织结果 Y' 如(11)所示。

$$Y' = (y_0, y_1, y_2, \cdots, r_1, r_6, \cdots, r_{15}, r_{20}) \tag{11}$$

将交织结果 Y' 存入存储器中。可以看出,此时存入存储的数据位的顺序同待写入存储的数据相同。假设在存储器中产生连续的 4 位错误,其下标为 0、1、2、3,使得存储信息变为 Y'',可表示成式(12)。

$$Y'' = (\bar{y}_0, \bar{y}_1, \bar{y}_2, \bar{y}_3, \cdots, r_{10}, r_{15}, r_{20}) \tag{12}$$

将 Y'' 其作为读数据从存储器读出后进行交织深度为 4、交织约束宽度为 13 的逆交织,交织矩阵如式(13)所示。

$$
\begin{bmatrix}
\boxed{\bar{y}_0} & \boxed{\bar{y}_1} & \boxed{\bar{y}_2} & \boxed{\bar{y}_3} \\
y_4 & y_5 & y_6 & y_7 \\
y_8 & y_9 & y_{10} & y_{11} \\
y_{12} & y_{13} & y_{14} & y_{15} \\
y_{16} & y_{17} & y_{18} & y_{19} \\
y_{20} & y_{21} & y_{22} & y_{23} \\
y_{24} & y_{25} & y_{26} & y_{27} \\
y_{28} & y_{29} & y_{30} & y_{31} \\
r_1 & r_6 & r_{11} & r_{16} \\
r_2 & r_7 & r_{12} & r_{17} \\
r_3 & r_8 & r_{13} & r_{18} \\
r_4 & r_9 & r_{14} & r_{19} \\
r_5 & r_{10} & r_{15} & r_{20}
\end{bmatrix} \tag{13}
$$

按列读出逆交织结果 Y''' 如(14)所示。

$$
\begin{aligned}
Y''' = (&\bar{y}_0, y_4, y_8, \cdots r_1, r_2, r_3, r_4, r_5, \bar{y}_1, y_5, y_9, \cdots r_6, r_7, r_8, r_9, r_{10}, \\
&\bar{y}_2, y_6, y_{10}, \cdots r_{11}, r_{12}, r_{13}, r_{14}, r_{15}, \bar{y}_3, y_7, y_{11}, \cdots r_{16}, r_{17}, r_{18}, r_{19}, r_{20})
\end{aligned} \tag{14}
$$

每一列为一组,对每组数据进行纠一检二解码,由于每组均产生了一位错,为可纠错,用 4 个解码模块对各列进行解码,4 个错误均可以得到纠正,所以解码后的没有校验位的数据 Y'''' 如式(15)所示。

$$
\begin{aligned}
Y'''' = (&y_0, y_4, \cdots y_{24}, y_{28}, y_1, y_5, \cdots y_{25}, y_{29}, \\
&y_2, y_6, \cdots y_{26}, y_{30}, y_3, y_7, \cdots y_{27}, y_{31})
\end{aligned} \tag{15}
$$

对解码后的数据进行交织深度为 4、交织约束宽度为 8 的交织,交织矩阵如式(16)所示。

$$
\begin{bmatrix}
y_0 & y_1 & y_2 & y_3 \\
y_4 & y_5 & y_6 & y_7 \\
y_8 & y_9 & y_{10} & y_{11} \\
y_{12} & y_{13} & y_{14} & y_{15} \\
y_{16} & y_{17} & y_{18} & y_{19} \\
y_{20} & y_{21} & y_{22} & y_{23} \\
y_{24} & y_{25} & y_{26} & y_{27} \\
y_{28} & y_{29} & y_{30} & y_{31}
\end{bmatrix} \tag{16}
$$

按行读出的交织结果 Y''''' 如式(17)所示。

$$Y''''' = (y_0, y_1, y_2, \cdots y_{29}, y_{30}, y_{31}) \tag{17}$$

由于错误得到纠正,所以 $Y''''' = Y$。

可见,经过交织矩阵与解交织矩阵的变换后,原来 X' 的连续 4 位错也得到了纠正,而且存储器的数据信息也没有乱序。所以,非乱序交织编解码过程既能发挥交织纠正连续多位错的优势,又能确保存储信息的正常顺序。

4 验证和评估分析

4.1 验证平台的搭建

本节基于验证需求,搭建了一个层次化且高效的验证平台。此验证平台中包含随机激励、约束、黄金模型以及断言表达式等,目的是实现自动产生带约束的激励并自动地进行比对验证。

本节验证环境是 Linux 下的 Nc-Verilog,验证程序用 SystemVerilog 编写。本次验证的原始数据位数为 32 位,交织深度为 4,每 8 位数据位需要 5 位校验位数,共需要 4×5=20 位校验位数。验证平台的搭建主要完成两个方面。

1)定义功能点和激励,验证纠错后的数据和参考模型中正确的数据是否一致。由于验证中的激励主要是不断地在不同地址的数据中的不同位置加入连续多位错,激励类型比较单一,所以本次的测试用例由加过约束条件后的 rand 类型变量自动产生,提高了效率。在进行功能点验证时,由 5 个 rand 类型变量来控制错误的插入, rand 类型变量 is_add_err 表示是否要插入错误, rand 类型变量 whichbit_1、whichbit_2、whichbit_3 和 whichbit_4 分别表示是否给连续 4 位错的第 1/2/3/4 位插入错误,因此会有如下几种出错情况:无错或有 1/2/3/4 位错。然后每次通过比较存储返回数据与黄金存储模型 golden_ram 中的数据是否一致就可以知道错误是否得到纠正。

2)搭建的验证平台如图 9 所示,待测设计(DUT) 的周围即为验证平台,验证平台通过生成激励同时捕捉响应。主要步骤包括:定义激励、将激励添加到待测设计、捕捉待测设计的响应、检查结果是否正确。

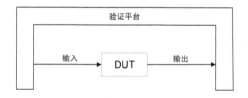

图 9 验证平台与待测设计示意图

4.2 验证结果

非乱序交织编码前与存入存储器时的数据比较的仿真波形如图 10 所示。由图 10 可知,在 TimeA=131 120 000 时刻,存储使能 ME 和存储写使能 WE 均有效,此时,非乱序交织编码前的数据 data_before_enc 为 c1B08c88,非乱序交织编码后的数据 data_after_enc 为 97BE9_c1B08c88,待写入存储的数据 D 为 97BE9_c1B08c88。从数据对比可以看出,非乱序交织编解码前后的数据顺序没有发生改变,从而写入存储的数据顺序也没有发生改变。

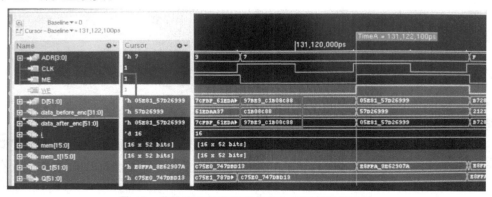

图 10 非乱序交织编码前与存入存储时数据比较

功能点的验证仿真波形如图 11 所示。

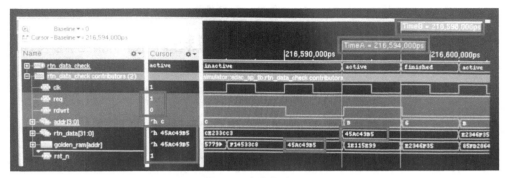

图 11 功能点验证

从图 11 中可以看出,TimeA 和 TimeB 都处于时钟上升沿,TimeB 比 TimeA 快了一个时钟周期即快了一拍,用 TimeB = 216 598 000 ps 为基准表示当前时刻,用 TimeA 表示上一拍。断言在时钟上升沿需满足:
$(req\&\&! rdwrt)|=>(rtn\_data==\$past(golden\_ram[addr],1))$。由上式可知,此时 $|=>$ 的左边,$req=1$,$rdwrt=0$,所以满足先行算子表达式;而 $|=>$ 的右边,在 TimeB 时刻 $rtn\_data=45Ac49B5$,$\$past(,1)$ 表示前一拍,而此时 $addr='h\ c$,$golden\_ram['h\ c]$ 前一拍的值即 TimeA 时刻的值即也等于 45Ac49B5,所以此时 $rtn\_data ==\$past(golden\_ram[addr],1)$ 成立,即后续算子表达式成立,至此整个断言表达式成立,因此功能点的断言成功,验证完成。

由验证结果可知,一方面,非乱序交织编解码前后的数据顺序没有发生改变,从而写入存储的数据顺序也没有发生改变;另一方面验证纠错后的数据和参考模型中正确的数据一致。因此,非乱序交织编解码过程既能发挥交织纠正连续多位错的优势,又能确保数据顺序不被打乱,与原交织编解码相比,非乱序交织编解码仅增加了一次交织和一次解交织。

5 结论

存储加固引入交织可提高存储可靠性,交织会带来存储数据信息乱序的问题,进而影响硬件调试时的数据访问,降低硬件调试效率。本文提出一种非乱序存储的数据交织加固技术,通过对原交织编解码过程、编解码模块进行改进,提出了非乱序交织编解码过程和非乱序交织编解码模块,不但能充分利用交织的优势,还可将存储数据转换成非乱序。

参考文献

[1] IBE E, TANIGUCHI H, YAHAGI Y, et al. Impact of scaling on neutron- induced soft error in SRAMs from A 250 nm to A 22 nm design rule[J]. IEEE transactions on electron devices, 2010, 57(7): 1527- 1538.

[2] BAUMANN R. Soft errors in advanced computer systems[J]. IEEE design & test of computers, 2005, 22(3): 258-266.

[3] JUN H, LEE Y. Single error ccorrection, double error detection and double adjacent error correction with no mis-correction code[J]. IEICE electronics express, 2013, 10(20): 1-6.

[4] SATOH S, TOSAKA Y, WENDER S A. Geometric effect of multiple-bit soft errors induced by cosmic ray neutrons on DRAM's[J]. IEEE electron device lett, 2000, 21(6): 310-312.

[5] CHEN C L, HSIAO M Y. Error-correcting codes for semiconductor memory applications: a state-of-the-art review[J]. Reliable computer systems, 1992, 28(2): 771-786.

[6] 赵兵,王桁,郭道省. 交织技术对信道编码的性能影响研究 [J]. 通信技术,2018,51(10): 2305-2308.

[7] 张善旭. 一种块交织的交织及解交织方法 [J]. 信息通信,2013,26(7): 35-36.

基于硬件仿真加速器的 PCIE 功耗评估流程优化研究

周海亮,罗莉,周理,荀长庆,铁俊波,潘国腾,张剑锋,乐大珩

（国防科技大学计算机学院　长沙　410073）

摘　要：高精确度的功耗评估是 PPA（Performane-Power-Aera）中的重要一环。本文提出了一种"试探测试＋基准测试＋压力测试"的三步评估流程,充分利用动态功耗与翻转率近似正比的特性,解决了环境中带 PCIE 等动态外设时无法直接采用 ATC（Accelerated-Toggle-Counter）分析流程的难题;为弥补仿真加速平台在测试激励上与真实芯片间的差距,本文提出并采用了目标待测设计（DUT）的精细切割评估策略。本文在如何巧妙构建测试激励上,通过比对数据,提供了一系列指导性的示范。以某国产自主可控芯片 SUPER-1 芯片的 PCIE 部件为例,采用本文所提供的功耗评估流程,最终的功耗评估精度达 90%。本文研究结果表明,受诸多因素影响,科学的功耗评估结果应该是一较小的功耗范围。

关键词：功耗评估;动态功耗;翻转率;峰值功耗

Research on Optimization of PCIE Power Estimation Flow Based on Hardware Simulation Accelerator

Zhou Hailiang, Luo Li, Zhou Li, Xun Changqing, Tie Junbo, Pan Guoteng,

Zhang Jianfeng, Yue Daheng

（College of Computer, National University of Defense Technology, Changsha, 410073）

Abstract：High accuracy power estimation is crucial for PPA（Performance-Power-Area）. ATC（Accelerated-Toggle-Counter）analysis provided a real-time solution to capture toggle of the aimed DUT. This paper proposes the "tentative test + referenced test + exhaustive test" three-step power estimation flow. It can overcome, by utilizing the geometric proportion between dynamic power and toggle, the shortcoming of ATC when adapted to DUT（Design Under Test）with dynamic IO device such as PCIE. Fine-grained DUT partition strategy is proposed and adopted in this paper to flatten the gap of the test bench scale between emulation and Si-chip. Some demonstrations about how to provide proper test benches are also provided based on comparison datum. The strategies proposed in this paper are applied to the power estimation of domestic PCIE modules of CPU SUPER-1 with the accuracy of more than 90%. The results shows that a scientific estimation peak power should be within a narrow power range due to all kinds of factors.

Key words：power estimation, dynamic power, toggle, peak pow

收稿日期:2020-6-10;修回日期:2020-6-25

基金项目:核高基项目（2017ZX01028-103-002）

1　背景介绍

功耗、性能、面积（Performance Power and Area，PPA），是集成电路设计的三个重要考核指标[1]。功耗对于集成电路，尤其是嵌入式芯片至关重要[2]。

目前，主要的功耗分析方法分正向计算[3-4]与反向推演两种。其中，正向计算方法中，通过某种方法获得目标场景的翻转率信息，然后通过 PowerArtist、Joules、PTPX 等专用功耗计算软件计算出具体功耗值；反向推演则是根据已有芯片的实际功耗值及待测设计（Design Under Test，DUT）的多种详细设计信息，通过等比推演的方式推算出 DUT 的功耗值。在正向计算方法中，翻转率可以通过设定经验值来获得，也可以通过捕获目标场景所对应的波形计算获得。这几类方法各有所长，业内均有采用[5]。

目前，芯片设计领域一种常见的耗评估方法流程为：编译时通过管理软件在所需评估功耗的模块中插入 toggle 计数器，仿真开始时，或将所有时钟周期的 toggle 导出然后离线处理或通过在线实时处理的方式，确定峰值功耗位置，然后重启测试并运行至相同时刻，将波形数据导出并送给 PTPX 等软件进行功耗计算。本文将该方法定义为加速切换计数器（Accelerated-Toggle-Counter，ATC）分析，其思想就是利用硬件仿真资源取代软件进行 toggle 计算，理论上可获得整个仿真时间内的翻转率曲线，方便设计者根据功耗目标需求甄别、确定目标功耗所对应的场景（即时间点）。ATC 虽然具有强大的峰值功耗定位能力，但若要获得峰值功耗所需波形，需在仿真过程中多次暂停时钟以导出波形，或采用"第一遍运行定位、第二遍运行导出波形"的方式，但这要求前后两次运行时的 trace 完全一致。然而，一旦环境中带有真实的 PCIE 外设，此两条件均无法满足，因此无法直接将 ATC 用于评估 PCIE 部件的峰值功耗，需探索一套新的适配评估流程。

本文主要研究如何优化上述功耗评估流程，使其当挂载 PCIE 等动态外设时，能更准确地捕捉峰值功耗场景，并通过优化采样策略、场景敏化策略等，提高功耗评估精度。

2　行为驱动的 DUT 初级切割及其对应的 ATC 适配运用

2.1　在线处理策略

ATC 推荐的是通过各种方式将各时钟周期的 toggle 值导出至服务器，然后通过脚本离线处理或人工确认的方式，确定峰值功耗位置。该离线处理方式效率低，因此本文首先提出并实现了一种在线处理方式，在线处理主要有两个功能："功耗毛刺"的剔除；采用类似冒泡算法定位峰值功耗场景。

直接根据 toggle 判定峰值功耗并不科学，因为在仿真过程中，翻转率会出现如图 1（a）所示的"功耗毛刺"。在实际电路中，由于寄生电容、封装电容、主板电容等的存在，这些"功耗毛刺"对功耗的影响将被打平。因此，无论是峰值功耗还是平均功耗，均是一定时间范围内的平均功耗，区别在于在多大时间范围内取平均。

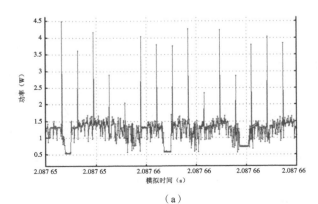

（a）

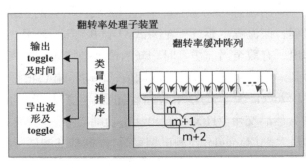

（b）

图 1　"功耗毛刺"及 toggle 在线处理

为此,需提供一套对 toggle 进行在线取平均、并确定最大平均功耗的处理机制。本文实现了一套如图 1(b)所示的解决方法。在该方法中,需要有一组对 toggle 按先进先出的方式进行移位管理的缓存区域,并对任意连续的 m 个 toggle 求平均值,然后将平均 toggle 送入在线处理装置中,采用类似冒泡算法的方式,记录整个运行过程中的最大平均 toggle 及对应的时间。

2.2　ATC 适配运行

图 2 为将 SUPER-1 芯片部分设计作为功耗评估对象,采用 ATC 流程所获得的 toggle 与对应波形所计算出的功耗变化关系示意图。图中横坐标表示 ATC 所收集到的最大 toggle,正方形块表示对应波形根据 PTPX 计算得到的静态功耗,菱形块表示对应波形根据 PTPX 计算得到的动态功耗。需特意说明的是,出于对制造工艺、系统功耗等信息的保密,本文对所有功耗数据大小均做了处理,仅保留了相对大小关系,但依然能客观反映本文研究内容。

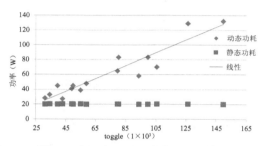

图 2　功耗随 toggle 变化关系示意图

功耗可以分为三大块。

(1)Leakage power,主要取决于源漏间的漏电流大小,其计算表达式为 $P_{Leakage}=V_{DD}\times L_{Leakage}$;

(2)Internal power[6](短路功耗),即上下 PMOS 与 NMOS 同时导通时的功耗,其计算表达式为 $P_{Internal}\propto V_{DD}^2\times A\times f\times W_{MOS}$;

(3)Switch power(Net power)(开关功耗)[7],与 toggle、电压、负载电容等相关,其计算表达式为 $P_{switch}=C_L\times V_{DD}^2\times A\times f$。

其中,V_{DD} 为工作电压、$P_{Leakage}$ 为各种漏电流、C_L 为负载电容、f 为翻转率、A 为器件的翻转功耗。

静态功耗主要指 Leakage power,动态功耗则包含 Internal power 与 Switch power。静态功耗与 DUT 所处状态无关,因此图 2 中正方形块所示静态功耗并不随翻转率增大而变化;而动态功耗与 DUT 所处状态密切相关,图 2 中菱形块所示动态功耗整体上随翻转率等比增大,但两者并非严格的线性增长关系,原因是动态功耗除了与翻转率相关,还受负载电容等的影响,在不同的处理器状态发生翻转的逻辑门不同,对应的负载电容、一次翻转所消耗的功耗也不尽相同。

利用动态功耗与翻转率近似成线性增大的关系,本文对于 PCIE 部件采用了图 3 所示的 ATC 适配测试流程。该流程主要分三轮测试:①试探测试,利用上一节中所介绍的 toggle 在线机制,采用冒泡算法,实时打印出所有截至当前仿真时刻新的最大平均 toggle 值,根据测试激励的行为,决定试探时间长短,试探结束后,得到一个最大平均 toggle 的阈值;②基准测试,根据测试激励的行为,当测试达到一定规模,且新出现的最大平均 toggle 大于试探测试所获得的预期值时,导出 toggle 值及对应的波形数据(本文中将其定义为一个基准点),然后交由 PTPX 计算出动态功耗与静态功耗;③压力测试,将测试持续尽可能长的时间,获得尽可能大的最大平均 toggle,当测试结束后,根据基准测试所获得的基准 toggle、基准功耗以及压力测试过程中所获得的最新 toggle 值,动态功耗采用等比换算、静态功耗不变的方式,推算得到最终的峰值功耗,即 $P_{peak}=P_{static\_ref}+\left(\dfrac{Toggle_{exh}}{Toggle_{ref}}\right)\times P_{dynamic\_ref}$。其中,$P_{peak}$ 表示最终的峰值功耗,P_{static_ref} 为基准点所对应的静态功耗,$P_{dynamic\_ref}$ 为基准点所对应的静态功耗,$Toggle_{exh}$ 为压力测试所获得的最大平均 toggle,$Toggle_{ref}$ 为基准点所对应的平均 toggle。

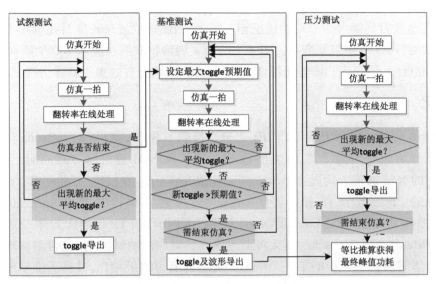

图 3　ATC 适配测试流程示意图

利用上述 ATC 适配测试流程,对 SUPER-1 芯片中的 PCIE 部件进行了系统级的功耗评估。环境中在 PCIE0 与 PCIE1 均挂上 SATA 盘,然后在 SATA 盘中启动 IOzone 测试,本文将该测试激励(包含测试环境)用 tb_1 表示。由此获得的峰值功耗如图 4 中的第 2 列与第 3 列所示,其分别对应两次不同的压力测试(带上 PCIE 设备后,任意两次仿真无法获得完全一致的波形文件)。图 4 中的第 1 列为机台测试所反馈的峰值功耗。机台测试无法直接获得各部件功耗,但可将 PCIE 部件打开前后功耗相减来获得 PCIE 部件的功耗。而且在为了尽可能减少 L2 级缓存对 PCIE 操作相应所带来的影响,环境中仅上电 x 个 L2 级缓存及所对应的和核,x 的取值受片上网络(NOC)下面访存通道的最大访存带宽和 L2 级缓存与 NOC 之间的访存带宽的影响。为减小成组数据传输(DMA)给访存通道带来的影响,NOC 下只保留一个访存通道,并行运行多个访存密集型程序,提高单独访存通道的利用率。

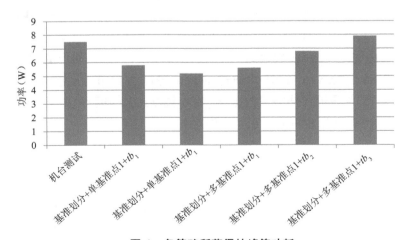

图 4　各策略所获得的峰值功耗

将图 4 中的第 2、3 列与第 1 列进行对比能发现:先后两次测试所获得的波形虽然翻转率基本相同,但算出看来的功耗略有差距;评估出来的功耗与机台测试的峰值功耗有较大差距,精确度仅 70% 左右。

仔细分析该流程,不难发现其有一处并不严谨之处,即最终动态功耗是采用等比换算得来的。但如上文所述,动态功耗与翻转率并非严格的等比关系。为尽可能消除该影响,需使有效负载电容尽量平均化。这可以通过两方面来实现:一方面,计算峰值功耗时,选取的波形长度一般在数百至数万个周期,当芯片满负荷工作时,数百与数千甚至数万周期内的平均功耗值相差不大,因此选取波形长度时在可接受范围内尽量大;另一方面,在基准测试时,可选取多组基准点。图 4 中的第 4 列为将波形长度从 300 个周期增大到 2 000 个周期且选取了三个基准点时,所得到的峰值功耗情况,可见多点平均能有效提供高评估精度。

3 激励场景优化

2.2 节中评估峰值功耗时在 PCIE0 与 PCIE1 上分别挂载了 SATA 盘进行了 IOzone 测试,结果表明压力不足。本节对测试环境进一步做了如下改进:① 通过以太网 SSH 登录的方式同时运行多个测试激励;② PCIE0 与 PCIE1 的 X16 通道上均通过 switch 同时挂载 SATA 盘、发报机、万兆网卡,SATA 盘上运行 IOzone、计算密集型的 Linpack,访存密集型的 stream(包含复杂调度场景的 spec2007、多线程通信的 omp2012),发报机循环发送多种不同规则的报文,万兆以太网卡用 FTP 传输大文件;③ PCIE0 与 PCIE1 的 X1 通道上挂载 NVMe 盘测试 Linpack。本文将上述修改所对应的测试激励(包含测试环境)用 tb_2 表示。tb_2 所对应的功耗评估结果如图 4 中的第 4 列所示。与之前所得结果相比,其精确度从约 70% 提高到了约 90%,这主要得益于:① FTP 进行大数据传输充分利用了 DMA,发报机上不同报文发送策略,能创建较大的报文发送密度;② 通过 switch 挂在多个 PCIE 设备并同时进行测试,能最大限度提高了 PCIE 部件控制逻辑及数据通道的利用率。

4 精细切割

第 2.2 节与第 3 章中评估 2 个 PCIE 部件功耗时,将两个部件总 toggle 当成一个整体进行在线处理。由于硬件仿真加速器在测试规模上与真实芯片之间存在巨大差异,硬件仿真加速器上功耗评估时可能存在无法敏化出两个 PCIE 部件同时高负荷工作的场景。因此,本节在在线处理 toggle 时仅考虑一个 PCIE 通道,总的 PCIE 功耗直接将结果乘以 2。

为此,相比第 3 章,在测试场景上做如下调整:① ATC 仅监测 PCIE0 部件;② PCIE0 的 X16 与 X1 通道上均通过 switch 同时挂载 SATA 盘、发报机、万兆网卡,SATA 盘上运行 IOzone、计算密集型的 Linpack,访存密集型的 stream(包含复杂调度场景的 spec2007、多线程通信的 omp2012)发报机循环发送多种不同规则的报文,万兆以太网卡用 FTP 传输大文件;③ PCIE1 的 X16 与 X1 通道上挂载 NVMe 盘测试 Linpack。

本文将上述修改所对应的测试激励(包含测试环境)用 tb_3 表示。tb_3 所对应的功耗评估结果如图 4 中的第 5 列所示。由于将 PCIE0 上的 X16 与 X1 均通过 switch,确保了 PCIE0 足够繁忙,在此基础上将 PCIE1 翻转率按照 PCIE0 计算,因此与之前评估结果相比,tb_3 有小幅度提升,甚至稍高于机台测试结果(当然,由于机台数据为推算结果,机台测试结果也可能存在一定误差)。

5 结论

ATC 虽提供了一套实时抓取目标 DUT 翻转率的机制,但若要获得较高的评估精度,不仅需要增加一套 toggle 在线实时处理机制,通过对 toggle 取平均来消除"功耗毛刺",采用冒泡算法以便及时找到新的峰值功耗场景,而且考虑到峰值功耗场景出现时机的不确定性、PCIE 等动态外设在测试过程中不能随意停顿时钟,因此需要将 PCIE 操作影响不可替代的设计部分单独搭建测试场景进行评估,且在基准测试的基础上,利用动态功耗与翻转率近似成比例的关系,在压力测试阶段通过等比换算获得最终峰值功耗。在此过程中,需采用"平均法"来消除负载电容的影响;注意测试激励的构建,通过线程绑定,设定访问地址范围,多线程、多程序并行执行,通过 switch 同时挂接多个 pcie 外设等方式,尽可能提高测试场景复杂性。最终评估出来的峰值功耗准确率达 90% 以上。需特意说明,功耗评估是一个不断求准但永不可能 100% 精准的过程,不仅在波形获取方面存在诸多不确定因素,在后期功耗计算时同样存在诸多影响功耗评估精度的因素,同时还受环境温度、散热等诸多因素的影响,因此功耗评估不同于功能验证,科学的功耗评估结果应该是一个具有较小变化功耗范围。

参考文献

[1] 袁博. 集成电路设计中乘法器的低功耗算法与实现技术研究 [D]. 西安:西安电子科技大学,2013.

[2] 王晓凤. 一款双核 SoC 芯片的低功耗设计与验证 [D]. 长沙:国防科学技术大学,2015.

[3] 尹远,黄嵩人. 基于 ASIC 的功耗评估与优化设计 [J]. 电子产品世界,2019,20(4):6-40.

[4] 黄海生. 在 ASIC 设计中的功耗分析与优化设计 [J]. 半导体技术,2001,15(7):12-23.

[5] 于立波. 芯片设计中的功耗估计与优化技术 [J]. 中国集成电路,2010,38(6):1-10.

[6] 严石. 面向 DSP 的时钟门控技术的优化与设计 [D]. 南京:东南大学,2016.

[7] 杨玲. 基于电路级的低功耗关键技术研究 [D]. 上海:上海交通大学,2010.

海洋环境下机载计算机结构件的防护技术研究与应用

李文刚，刘谦文，王立志

（航空工业计算所　西安　710068）

摘　要：为保证机载计算机结构件满足海洋环境试验指标，本文首先根据当前海洋环境下飞机腐蚀防护技术发展现状及结构件特点选择了研究内容；接着通过试验研究得到可以满足海洋环境指标的材料、表面处理方法、喷漆类型选择推荐表及聚四氟乙烯涂覆应用推荐表；最后根据海洋环境下机载计算机结构件防护技术发展趋势，得到机载构件外场维护能力存在的短板。本文研究结果对机载结构件表面防护类型的选择有一定的指导意义。

关键词：海洋环境；结构件；腐蚀防护；表面处理

Research and Application of Protection Technology of Airborne Computer Components in Marine Environment

Li Wengang，Liu Qianwen，Wang Lizhi

（AVIC Computing Technique Research Institute，Xi'an，710068）

Abstract：In order to ensure that the airborne computer components can satisfy the of marine environment al test，this paper selects the research content based on the current development status of aircraft corrosion protection technology in the marine environ ment and the characteristic of the components. The materials，surface treatment methods，and recommended tables for surface painting type selection and PTFE coating application are obtained through the test. The deficiencies of maintenance capabilities in filed are concluded based on the development tend of protection of airborne computer components in the marine environment. The research results of this paper have certain guiding significance for the selection of surface protection types airborne computer components.

Key words：marine environment，airborne computer components，corrosion protection，surface treatmet

　　海洋环境下，机载计算机遭受的盐雾、飞溅海水、霉菌、高温辐射、高温水蒸气以及持续的干／湿交替循环环境的侵蚀对机载计算机结构件造成很大的腐蚀危害，直接影响舰载机的飞行安全[1]。

　　随着机载计算机在海洋环境下的广泛使用，产品承受的海洋环境验证指标也越来越高，为保证产品结构件中应用的材料及表面处理工艺具有可靠、稳定的三防性能，需要对机载计算机结构件海洋环境下的腐蚀与防护技术进行研究。

收稿日期：2020-08-20；修回日期：2020-09-17

1 海环境下的飞机腐蚀与防护技术发展现状

1.1 选用综合性能优良的耐蚀材料

选择海洋环境下工作的材料时,应全面综合材料强度、耐蚀性、轻量化、经济性等指标,在满足战术性指标的前提下,尽可能选用耐腐蚀性好的材料。必须在设计、选材、工艺及生产等环节就把腐蚀控制纳入耐久性设计[2]。

1.2 表面防护和保护涂层技术

1)表面防护技术

采用镀层、覆盖层或沉积层,提高零件的耐蚀性、耐磨性、装饰性、导电性等,常见的表面防护技术应用如表1所示。

表1 常见的表面防护技术应用

材料	常见表面防护类型
铝合金	导电氧化,化学镀镍、铬、硫酸阳极化等
低碳钢、弹簧钢等	镀锌钝化、镀镉钝化
不锈钢	钝化

2)保护涂层技术

通过对材料表面进行喷漆、喷铝、喷锌、涂达克罗、纳米涂覆等方式,依靠结构件表面喷涂的附着物,提高其耐蚀性。

1.3 使用缓蚀剂隔离侵蚀环境

缓蚀剂依靠其较强渗透性,可以进入极小的缝隙和孔内,将零件表面的水分及盐分置换出来,并覆盖上一层具有防腐作用的膜层。将缓蚀剂喷洒在容易凝露的区域,特别是结构连接处,可大幅提高结构的抗腐蚀性能,消除防护的薄弱环节。

1.4 舰上腐蚀维护维修技术

目前常见的腐蚀修复技术包括清洗剂清洗、缓蚀剂喷涂、电刷镀、电刷阳极化、去腐蚀产物膏处理、冷喷涂等。可用上述方法在舰上进行腐蚀快速修复。

综合海洋环境下的飞机腐蚀与防护技术发展现状以及机载计算机结构件特点,选择结构件表面防护及保护涂层技术是本文的研究内容。

2 防护技术研究

2.1 防护性能指标

机载设备一般工作在相对湿度不大于70%,偶尔受少量湿气、盐雾和燃料废气影响的环境下[3]。针对机载计算机结构件的产品特点,对选取的研究材料采用不同的防护技术进行防护。防护后的研究材料须满足的性能标准如下。

(1)满足《军用装备实验室环境试验方法 第9部分:湿热试验》(GJB 150.9A—2009)中240 h要求。

(2)满足《军用装备实验室环境试验方法 第10部分:霉菌试验》(GJB 150.10A—2009)中2类菌种+短柄帚菌。典型环境下84 d,外观耐霉菌等级优于或等于1级,功能、性能满足要求。

（3）机载设备满足《军用装备实验室环境试验方法 第 11 部分：盐雾试验》（GJB 150.11A—2009）中的 96 h 酸性盐雾试验要求。

（4）满足《军用装备实验室环境试验方法 第 28 部分：酸性大气试验》（GJB 150.28A—2009），在经受酸性大气环境（喷雾 2 h、贮存 22 h 为一个循环，循环次数为 3 次）后，外观涂层符合要求。

2.2　选择研究材料

基于产品需求及常用航空材料特点，重点从耐蚀性及其强度两个方面选择了 2A97（铝锂合金，耐蚀性超好）、7075（超硬铝，强度高）、022Cr17Ni12Mo2（不锈钢材料，耐腐蚀性优良）、05Cr17Ni4Cu4Nb（沉淀硬化不锈钢，耐腐蚀性好，强度较高）、0Cr17Ni7Al（弹性模量大、耐蚀性好），以及当前产品的结构件常用的 6061、1Cr18Ni9Ti、30CrMnSiA 等作为研究对象。

2.3　表面防护技术研究

此次研究针对不同的材料分别进行导电氧化（Ct.Ocd）、阳极氧化（Et.ACS）、钝化（Ct.P）、喷铝、喷锌、涂达克罗、纳米涂覆等处理，通过测试得到可以满足海洋环境指标的材料及其表面处理方法，如表 2 所示。

表 2　材料及表面处理方法推荐表

序号	材料	推荐表面处理方式	使用环境建议
1	6061（锻铝合金）	Ct.Ocd、Et.A（S）	结构强度中等、耐蚀性较高的环境
2	2A97（铝锂合金）	Ct.Ocd、Et.A（S）	结构强度和耐蚀性要求高的环境
3	7075（超硬铝）	Et.A（S）	强度要求高，耐蚀性一般的环境
4	022Cr17Ni12Mo2	Ct.P	耐蚀性要求高
5	0Cr17Ni7Al	喷锌、喷铝、涂达克罗	弹性结构件
6	05Cr17Ni4Cu4Nb	电抛光 +Ct.P、Ct.P+ 纳米涂覆	强度和耐蚀性要求较高
7	1Cr18Ni9Ti	电抛光 +Ct.P	耐蚀性要求较高
8	1Cr17Ni2	Ct.P+ 纳米涂覆、喷锌、涂达克罗	可以用 17-4 不锈钢替代
9	30CrMnSiA	镀镉 - 钛、镀硬铬（30 μm 以上）	较重要的承力件
10	65Mn	镀镉 - 钛、镀镉	弹性件，可以用 17-7PH 不锈钢替代

测试结果表明 6061 锻铝合金，2A97 铝锂合金、022Cr17Ni12Mo2（316 L）奥氏体不锈钢都有良好的三防性能。这些材料只需要进行最基本的表面处理就能适应各自特性状态下工作的腐蚀环境，且耐腐蚀性能比较稳定。表面防护性能测试中试件的腐蚀状况如图 1 所示。

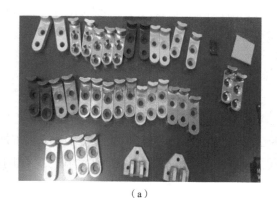
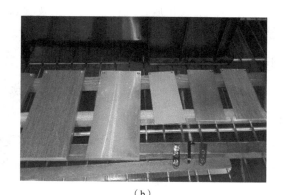

（a）　　　　　　　　　　　　　　　　　　（b）

图 1　表面防护性能测试中试件的腐蚀状况

（a）湿热试验后部分试件的外观情况中　（b）192 h 盐雾试验后的部分试件的腐蚀情况

2.4 保护涂层技术研究

2.4.1 表面喷漆

由于海洋环境非常严苛,(氟)聚氨酯无光磁漆已无法满足性能要求。针对机载计算机结构件外观及选材特点,选择表面涂覆高耐候性海防漆,通过测试得到可以满足海洋环境指标的材料、表面处理方法及喷漆类型,如表3所示。

表 3 表面喷漆类型选择推荐表

材料	表面处理	底漆	面漆	推荐优先级
6061	阳极氧化	QH-15 防腐环氧底漆	QFS-15 耐候聚氨酯磁漆	1
6061	化学氧化	QH-15 防腐环氧底漆	QFS-15 耐候聚氨酯磁漆	2
LY12-CZ	阳极氧化	QH-15 防腐环氧底漆	QFS-15 耐候聚氨酯磁漆	1
LY12-CZ	化学氧化	QH-15 防腐环氧底漆	QFS-15 耐候聚氨酯磁漆	2
45 号钢及不锈钢	磷化 / 钝化	H06-1011H 防腐环氧底漆	QFS-15 耐候聚氨酯磁漆	1
45 号钢及不锈钢	磷化 / 钝化	QH-15 防腐环氧底漆	QFS-15 耐候聚氨酯磁漆	2

2.4.2 表面涂覆聚四氟乙烯

基于之前产品的结构件测试结果及使用中遇到的外观磨损的情况,对有相对摩擦的零件表面进行涂覆聚四氟乙烯材料处理,增强其耐磨及腐蚀性能。典型应用如表4所示。

表 4 聚四氟乙烯涂覆应用推荐表

材料	表面处理	涂层	推荐优先级
LD2-M	阳极氧化	聚四氟乙烯	1
LD2-M	化学氧化	聚四氟乙烯	2

3 海洋环境下的防护技术发展趋势

(1)为满足各机型高性能和长寿命的设计要求,在论证、设计、选材、制造和维护的全寿命周期内应贯彻并体现积极的腐蚀预防与控制理念,从以修理为主的被动应对向系统防护工程学转变[4]。

(2)发展新型表面处理工艺,如发展硼酸阳极氧化、微弧氧化、低温气动喷涂导电铜涂层等技术。

(3)防护涂层向环保型、柔韧性、多功能体系等方向发展,如开发高性能水基环氧底漆、聚氨酯弹性底漆、无毒缓蚀底漆、自底漆面漆、抗雨腐蚀涂层等技术。

(4)研发新型腐蚀维护及维修技术,如研发缓蚀清洗技术、高速火焰喷涂、原位腐蚀损伤修复、冷镀锌涂料(紧固件镀锌层修复)、铝合金局部氧化膏、飞机脱水防锈剂等技术。

由于当前机载计算机结构件的腐蚀修复技术及外场维护技术的应用还未普及,且厂家对产品交付后的维修及维护工作认识不足,导致产品维修及维护技术能力存在短板,需要加强腐蚀维修、维护技术研究与应用。

4 结论

(1)对于机载计算机结构件,应从设计、选材、制造和维护方面开展腐蚀与防护综合技术体系研究,体现积极的腐蚀预防与控制理念。

(2)测试结果表明 6061 锻铝合金、2A97 铝锂合金、022Cr17Ni12Mo2(316L)奥氏体不锈钢都有良好的三防性能,只需要进行最基本的表面处理就能适应各自特性状态下工作的腐蚀环境,且耐腐蚀性能比较稳定。

(3)基于机载计算机结构件需求特点,对结构材料及表面防护和涂层技术进行了研究和验证,得出了材料及其表面处理、表面涂覆方法推荐表,对于产品设计及实际工程应用有一定的指导意义。

参考文献

[1] 沈军,魏荣俊,边英杰. 直升机在海洋气候环境下的腐蚀防护对策研究 [J]. 装备环境工程. 2017,3(14):71-74.

[2] 郁大照,张代国,王琳. 南海海洋环境下机载电子设备的腐蚀及外场防护对策 [J]. 装备环境工程,2019,7(16):8-12.

[3] 胡凌霄. 直升机的外场腐蚀防护技术分析 [J]. 科技创新导报,2018,4(18):17-18.

[4] 陈勇,孙熙,贾晓. 海军飞机腐蚀防护与控制标准解析 [J]. 航空标准化与质量,2017(5):12-15.

[5] 齐祥安. 机电产品设计与腐蚀防护设计的关系 [J]. 现代涂装,2016,2(19):29-34.

[6] 王克红,张林嘉. 海航飞机腐蚀及全寿命控制 [J]. 装备制造技术,2018(10):122-124.

[7] 王小三. 浅析直升机的外场腐蚀防护 [J]. 科技创新导报,2015,3(8):96.

[8] 陈群志,房振乾,康献海. 军用飞机外场腐蚀防护方法研究 [J]. 装备环境工程,2011,8(2):72-76.

高性能 FPGA 的辐射发射及其屏蔽抑制

王霞 [1,2,3]，郑龙飞 [1,2,3]，王蒙军 [1,2,3]，张红丽 [4]，吴建飞 [4]

（1.河北工业大学电子信息工程学院　天津　300401；2.电子材料与器件天津市重点实验室　天津　300401；3.天津先进技术研究院　天津　300401；4.国防科技大学电子科学学院　长沙　410073）

摘　要：随着半导体技术的不断发展，集成电路的电路速度、集成密度和 I/O 端口数量已大大增加，FPGA 的小型化、高密度集成会引发电磁兼容性问题。电磁屏蔽是抑制电磁辐射最有效的方法，选择高效的电磁屏蔽材料可以取得良好的屏蔽效果。而目前电磁屏蔽材料在 FPGA 上的应用较少，因此本文选取了一款具有代表性的高性能 FPGA 作为研究对象，通过近场扫描测试来研究不同程序状态下的电磁辐射发射问题；针对芯片的特点，选取两种当前新型的电磁屏蔽材料，针对 FPGA 的辐射发射问题进行屏蔽抑制，并通过实验进一步验证分析。结果表明，不同状态下 FPGA 的辐射发射结果会不同，两种屏蔽材料均能够起到电磁屏蔽作用的同时又有各自的特性。

关键词：FPGA；辐射发射；近场扫描；电磁屏蔽材料；电磁辐射抑制

Radiation Emission and Shielding Suppression of High-performance FPGA

Wang Xia[1,2,3], Zheng Longfei[1,2,3], Wang Mengjun[1,2,3], Zhang Hongli[4], Wu Jianfei[4]

（1.College of Electronic Information Engineering, Hebei University of Technology, Tianjin, 300401; 2.Tianjin Key Laboratory of Electronic Materials and Devices, Tianjin, 300401; 3.Tianjin Advanced Technology Research Institute, Tianjin 300401; 4.School of Electronic Science, National University of Defense Technology, Changsha, 410073）

Abstract: With the continuous development of semiconductor technology, the circuit speed, integration density and the number of I/O ports of integrated circuits have greatly increased. The miniaturization and high-density integration of FPGAs will cause electromagnetic compatibility problems. Electromagnetic shielding is the most effective way to suppress the electromagnetic radiation. Choosing efficient electromagnetic shielding materials can achieve good shielding effects. At present, electromagnetic shielding materials are rarely used in FPGA, so this paper selects a representative high-performance FPGA as the research object, and researches the electromagnetic radiation emission problems in different program states through near-field scanning test. According to the characteristics of the chip, two current new electromagnetic shielding materials are selected to suppress the radiation emission of FPGA. The verification and analysis are performed through experiments. The results show that the radiation emission of the FPGA under different conditions will be different, and the two shielding materials can play the role of electromagnetic shielding with their own characteristics.

Key words: FPGA, radiation emission, near field scan, electromagnetic shielding material, electromagnetic radiation

收稿日期：2020-08-10；修回日期：2020-09-20
通信作者：吴建飞（wujianfei990243@126.com）

suppression

随着物联网、汽车电子、机器人、无人驾驶技术的兴起,现场可编程门阵列(Field Programmable Gate Array, FPGA)的应用领域不断扩大,促使着 FPGA 的快速发展。FPGA 的电路速度、集成密度和 I / O 端口数量的大量增加,是导致其产生电磁辐射的重要因素[1]。FPGA 的高密度、高速度、动态可重构性、多元化等发展特点和发展方向会导致其面临的电磁辐射问题更加复杂,而抑制电磁辐射以满足集成电路电磁辐射标准一直是必不可少的环节[2]。

目前国际电工委员会已经发布了针对集成电路电磁发射的测试标准 IEC 61967[3]。马来西亚大学电磁兼容中心使用千兆赫兹横向电磁(GTEM)小室测试 FPGA 芯片的电磁辐射,研究了芯片位置对辐射的影响[4],但是并没有对于芯片表面的电磁辐射分布进行研究分析。对于电磁屏蔽方法,使用金属屏蔽层[5]或者屏蔽盒[6]是常见的处理方案,是封装级屏蔽的主流趋势之一。金属屏蔽材料具有良好的屏蔽效能,并且稳定、可靠,可以对芯片提供额外的物理保护[7],但是同样存在着明显的缺点,即封装成本以及由于连接焊盘而导致的空间损失,使得金属类的屏蔽解决方案并不完美。

本文选取了两种不同的电磁屏蔽材料:一种是由纳米金属材料复合而成的新型高分子屏蔽材料;另一种是由聚氨酯海绵通过化学镀工艺制造的电磁屏蔽材料。将这两种新型材料应用到 FPGA 的电磁辐射屏蔽研究中,按照 IEC61967-1 和 IEC61967-3 标准,选择表面扫描方法进行测试,观察 FPGA 不同状态下以及屏蔽前后的电磁辐射发射结果。

1　芯片介绍

本文选择的研究对象是 Xilinx 的 KINTEX-7(7K325T)芯片,其采用体硅 28 nm HKMG 工艺和 900 引线 Flip-Chip BGA(FCBGA)封装工艺,外形如图 1 所示。该芯片是一款高性能高性价比 SRAM 型 FPGA,具有现场可编程特性,集成了功能强大、可以灵活配置组合的可编程资源,提供了丰富的布线资源,适用于实现复杂、高速的数字逻辑电路。

图 1　FPGA 芯片

FPGA 有着丰富的引脚和复杂的结构。为了满足可重构的特性,FPGA 被设计成了一个岛状的逻辑块矩阵电路,每个逻辑块里又有很多个相同的子逻辑块,每个子逻辑块中有要实现任意电路的各种元素。布线资源连通 FPGA 内部的所有单元,而连线的长度和工艺决定着信号在连线上的驱动能力和传输速度,所以其走线延迟会比较大,从而导致 FPGA 的工作频率也会相对较低。由于布线资源连通 FPGA 内部的整个逻辑块电路,因此预估 FPGA 整个芯片表面都会产生相应的电磁辐射。图 2 展示了所用 FPGA 的模块分布图,电磁辐射问题主要集中在活动量较大的信息存储控制模块和 I/O 端口部分。

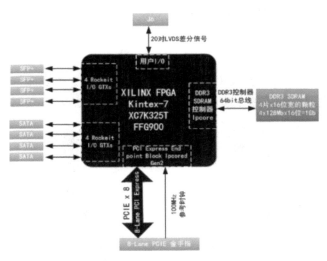

图2　FPGA 功能模块分布图

2　电磁屏蔽材料

芯片的封装不仅具有电磁屏蔽的效果,还有物理保护的作用[8]。但是由于芯片内部电路的电磁辐射以及外界复杂的电磁环境,只有一个封装的屏蔽层可能无法为芯片提供足够的保护[9]。如果在芯片表面继续使用传统的电磁屏蔽,将占用很大的空间,与目前的小型化和高集成度的发展趋势不符。本文所选用的 FPGA 芯片周围有丰富的元器件,针对其高集成度的特点,选取了两种新型的电磁屏蔽材料。

一种电磁屏蔽材料由导电无纺布、导电纳米碳铜等材料复合而成,如图3(a)所示,是新型的高分子导电屏蔽材料。其在具有良好屏蔽效能的同时,还可替代传统的金属屏蔽罩盖,从而实现芯片的轻薄化发展。在屏蔽材料将电磁辐射转化为热能的情况下,屏蔽罩良好的热扩散性依旧能够很好地扩散芯片的热能,保证 FPGA 的正常运行[10]。

另一种电磁屏蔽材料是全方位导电海绵,是由聚氨醋海绵通过化学镀工艺制造而成,如图3(b)所示,是具有优异导电性能的电磁屏蔽材料[11]。该材料采用的化学镀工艺可以完整地保留海绵基材本身的筋条结构稳定性和韧性。该材料极好的高压缩和高回弹性能使其具有优异的抗冲击效能,能够对 FPGA 的航天航空等多方面的应用带来有效的改善和帮助。化学镀技术能够更好地渗透海绵深层,其镀层结合力更好、更均匀,使产品的电磁屏蔽性能更好。

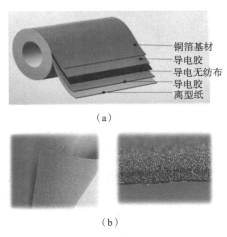

（a）

（b）

图3　所用的2种屏蔽材料

（a）高分子导电屏蔽材料　（b）导电海绵屏蔽材料

在相同的测试环境和设置下,保持其他参数不变,对比分析两种电磁屏蔽材料在 FPGA 上的应用效果。

3　测试设置

在集成电路电磁发射测试系列标准(IEC 61967)中,IEC61967-3 为表面扫描法,其采用表面扫描仪,可以精确测试集成电路辐射发射而形成的表面电场和磁场分布。图 4 展示了表面扫描测试所需要的仪器。

图 4　测试软硬件配置图

在本文中,选择 KINTEX -7 系列芯片作为表面扫描测试的待测设备。在测试过程中电磁环境的限值要求是 6 dB,所以整个测试在屏蔽室中进行,以确保在电磁辐射发射扫描测试的过程中不会有其他辐射源产生干扰。由于 FPGA 测试板形状不规则,为了确保测试的安全性和标准性,使用绝缘胶带将待测设备水平放置并固定在表面扫描仪的测试台上,并做好仪器的防静电设置。

选择 ICR HV-100-27 磁场探头作为测试探头。为了保证测试结果的准确性,根据测试芯片的尺寸、晶振频率等,进行软件的参数设置,如表 1 所示,其他配置由软件自动配置。

表 1　参数设置图

参数	单位	值
Scan range	mm	$31 \times 31 \times 0$
Probe height	mm	3
Test step	mm	1
Test point	/	32×32
Test center frequency	MHz	500.25
Frequency span	MHz	999.5
RBW	kHz	50
delay	ms	800
Residence time	ms	800

4　测试结果分析

4.1　不同状态下的测试

所有测试设置工作准备充足后,为了排除测试过程中其他辐射源的干扰,在 FPGA 非工作状态下,测试屏蔽室中测试环境的底噪,验证测试环境中有无其他的干扰源,来保证测试结果的准确性。

FPGA 的可重构特性为研究芯片级电磁辐射提供了多样性,可以通过配置不同的程序而不是更改其封装参数来进行电磁辐射的研究。对多种程序状态下的 FPGA 进行扫描测试,测试结果如图 5 所示。

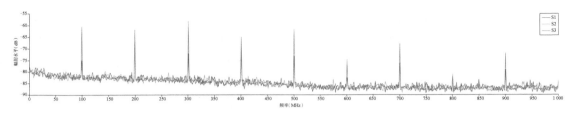

图 5　不同状态下的测试频谱图

图 5 中，S1 为 FPGA 正常通电状态下的测试结果，S2 为 FPGA 运行自我检测程序状态下的测试结果，S3 为 FPGA 运行先进先出（FIFO）程序状态下的结果。频谱图表明，辐射峰值出现在 FPGA 的晶振频率及其倍频部分，为了更好地分析不同状态下 FPGA 的辐射发射，对测试结果进行数据分析。

图 6 显示了在晶振频率及其倍频点处，FPGA 在三种状态下对应的辐射发射结果，以及 FPGA 在烧录程序前后的辐射发射差值。通过对比分析可知，在运行 FIFO 传输程序状态下，FPGA 的电磁辐射发射情况较为严重、问题明显。因此选择针对在该状态下的 FPGA 进行电磁辐射的屏蔽抑制分析。

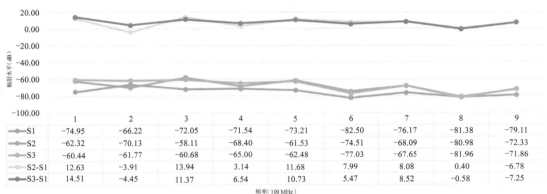

	1	2	3	4	5	6	7	8	9
S1	−74.95	−66.22	−72.05	−71.54	−73.21	−82.50	−76.17	−81.38	−79.11
S2	−62.32	−70.13	−58.11	−68.40	−61.53	−74.51	−68.09	−80.98	−72.33
S3	−60.44	−61.77	−60.68	−65.00	−62.48	−77.03	−67.65	−81.96	−71.86
S2-S1	12.63	−3.91	13.94	3.14	11.68	7.99	8.08	0.40	−6.78
S3-S1	14.51	−4.45	11.37	6.54	10.73	5.47	8.52	−0.58	−7.25

频率（100 MHz）

图 6　频谱分析图

4.2　电磁屏蔽抑制分析

为了能够更好地研究电磁屏蔽材料对 FPGA 辐射发射的抑制作用，在运行 FIFO 传输程序的状态下，选择两种不同的屏蔽材料对待测芯片进行辐射发射抑制。通过近场扫描测试，将 FPGA 屏蔽前后的测试结果进行对比分析，对比两种电磁屏蔽材料的屏蔽效能。

由金属材料复合成的屏蔽罩具有优秀的电磁辐射吸收能力，同时具有轻薄、柔性好的特点。如图 7 所示，屏蔽罩材料可以与芯片更好地贴合。图 8 显示了施加导电海绵的 FPGA，该屏蔽材料的高压缩特点和回弹性能有助于 FPGA 在更复杂的环境下的应用。

图 7 施加屏蔽罩的 FPGA　　　　　**图 8　施加导电海绵的 FPGA**

　　经过近场表面扫描测试,在屏蔽前所测得芯片辐射值的范围为 −69.5 ～−55.4 dBm,在采用屏蔽罩和导电海绵屏蔽材料后测得的辐射范围分别为 −79.4 ～−58.8 dBm 和 −79.2 ～−58.1 dBm。为了更直观地比较并判断FPGA 屏蔽前后的差别,将三组测试结果放在同一参考系中做对比,将辐射发射色阶变化的参考数值设置为 −79.4 ～−55.4 dBm,结果如图 9 所示。

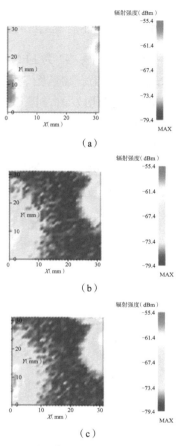

图 9　屏蔽前后的辐射发射对比图
(a)屏蔽前　(b)加屏蔽罩　(c)加导电海绵

　　图 9(a)表示的是 FPGA 屏蔽前的测试结果,图 9(b)和图 9(c)分别表示采用屏蔽罩和导电海绵后的测试结果。测试芯片辐射发射的整体趋势没有发生变化,两种电磁屏蔽材料都起到了屏蔽电磁辐射的效果。

　　通过比较测试结果,可知屏蔽罩的屏蔽效能要略优于导电海绵,前者的屏蔽增益最高处可达到 10 dBm左右,体现了金属材料优秀的电磁辐射屏蔽能力,这也是金属屏蔽层成为目前主流屏蔽材料的原因之一。随着 FPGA 紧密结合需求进行多元化发展,除了需要屏蔽材料具备良好的屏蔽效能外,还应该有助于多领域的应用。导电海绵的特性就突出了其功能性,其压缩性和回弹性能够对芯片起到额外的保护。

5　结论

　　本文选取了 Xilinx 的 KINTEX-7 系列 28 nm 高性能芯片作为研究对象,以集成电路电磁辐射测试标准为依据,在不同状态下对 FPGA 进行了近场表面扫描测试,选取了电磁辐射较为严重的状态进行研究。在该状态下,针对其高集成度的特点,选取了两种新型的电磁屏蔽材料对 FPGA 芯片进行辐射发射屏蔽。金属材料能够更有效地屏蔽电磁波的辐射发射,实验结果也验证了这一点,含有金属复合材料的屏蔽罩的屏蔽效能略优于导电海绵屏蔽材料。由于电磁屏蔽材料的屏蔽机理是将吸收的电磁波转化为热能,后续可以针对屏蔽材料的厚度对屏蔽的影响、电磁波与热能间的转换等方面进行进一步研究。

参考文献

[1] TAN D，YU J，HEE D，et al. Improved RF isolation using carbon nanotube fence-wall for 3-D integrated circuits and packaging[J]. IEEE microwave and wireless components letters, 2015, 25(6)：355-357.

[2] CHENG Y C, et al. Design of the multifunction IC-EMC test board with off-board probes for evaluating a mircocontroller[C]. Proceedings of 2015 Asia-Pacific Symposium on Electromagnetic Compatibility.Piscatway, NJ：IEEE, 2015：223-226.

[3] STEINECKE T, BISCHOFF M, BRANDL F, et al. Generic IC EMC test specification[C]. Proceedings of Electromagnetic Compatibility.Piscatway, NJ：IEEE, 2012：5-8.

[4] CHUA K, JENU M Z M, FONG C, et al. Characterizations of FPGA chip electromagnetic emissions based on GTEM cell measurements[C]. Proceedings of 2012 Asia-Pacific Symposium on Electromagnetic Compatibility.Piscatway, NJ：IEEE, 2012：978-982.

[5] SIVASAMY R, MURUGASAMY L, KANAGASABAI M, et al. A low-profile paper substrate-based dual-band FSS for GSM shielding[J]. IEEE transactions on electromagnetic compatibility, 2016, 58(2)：611-614.

[6] PIRHADI A, BAHRAMI H, NASRI J. Wideband high directive aperture coupled microstrip antenna design by using a FSS superstrate layer[J]. IEEE transactions on antennas & propagation, 2012, 60(4)：2101-2106.

[7] WEI X, LI Y, ZHANG J, et al. The Application of high impedance surface for noise reduction inside the package[C]. Proceedings of 2014 IEEE International Symposium on Electromagnetic Compatibility. Piscatway, NJ：IEEE, 2014：428-432.

[8] SUDO T. Electromagnetic interference（ EMI ）of system-on package（ SOP ）[J]. IEEE transactions on advanced packaging, 2004, 27(2)：304-314.

[9] PAUL C R. Introduction to electromagnetic compatibility[J]. IEEE review, 2006, 38(7)：1-12.

[10] QIAN L, JIAO X, JING L, et al. Modeling absorbing materials for EMI mitigation[C]. Proceedings of IEEE International Symposium on Electromagnetic Compatibility.Piscatway, NJ：IEEE, 2015：1548-1552.

[11] 刘晚平. 一种具有屏蔽性能的导电海绵：中国，CN202020060536.3[P]. 2020-01-11.

基于多层神经网络的军事文本知识抽取方法研究

李宝峰,高广生,黎铁军

（国防科技大学计算机学院　长沙　410073）

摘　要:随着信息技术发展,各行业、各领域的信息在大数据时代也随之呈爆炸式增长,依靠过去的人工作业模式从海量的文本信息中发掘知识显然已不可能满足今天的知识获取要求。本文从现实应用需求出发,比较了目前中文文本信息获取的一般方法和主流技术路线,结合军事文本特点提出了对军事文本进行知识抽取的思路。实验结果验证了通过基于多层神经网络的带有条件随机场的双向长短时记忆模型的可行性,其能有效提高军事文本知识抽取自动化程度,同时也表明所提出的标注策略能显著提升军事文本知识抽取的效果。

关键词:中文文本信息获取;军事信息;知识抽取;命名实体识别;深度学习

Research on the Method for Extracting the Military Knowledge from Chinese Text Based on Multi-layer Neural Network Model

Li Baofeng, Gao Guangsheng, Li Tiejun

（College of Computer, National University of Defense Technology, Changsha, 410073）

Abstract: With the development of information technology, the information is growing explosively in all industries and fields, and it is impossible to satisfy the demands of professional user for obtaining the knowledge from the tremendous amount of information by the previous manual operation. For the real needs, this paper proposes the new method for extracting the knowledge from Chinese military text based on researching the general methods and mainstream technical means for obtaining knowledge from Chinese text. The experimental results verify the feasibility of the model of bi-directional long short-term memory with conditional random field based on multi-layer neural network, which can improve the level of automation of knowledge extraction from military text.The results show that the proposed annotation strategy can greatly improve the effect of military text knowledge extraction.

Key words: Chinese text information extraction, military information, knowledge extraction, named entity recognition, deep learning

人类通过亲身体验、观察、学习和思考所在世界中各种客观现象而获得和归纳总结所得出的事实（facts）、概念（concepts）、规则或原则（rules & principles）的集合可被视为和称作"知识"。区别于其他物种,人类的心智具有获取、处理和表示"知识"的能力和特征,而如何通过计算机技术以及使用便于计算机处理的方式学习、处理和表示各种各样的"知识"则正是人工智能技术实现的核心目标之一。

信息剧增和对有关知识有效发掘利用的技术手段相对落后是大数据时代当下的突出矛盾,从海量信息中发掘出能为我们所用的"知识"是现在知识抽取领域的研究重点。由于军事领域的文本具有专业性强、保密要求高的特殊性,对军事文本进行知识抽取相较于通用领域的一般文本的知识抽取难度更大。首先,一般途径可获得的高质量的军事文本数量非常有限;其次,有限文本中的知识的组织结构化程度普遍较低。种种原因导致仅有的军事文本中的绝大部分信息最终无法被抽取成为"知识"。

本文从中文军事文本出发,剖析了中文文本特点与军事文本知识抽取的难点所在,对知识抽取的内容和关键技术进行了介绍,比较了现有的文本知识抽取方法,重点对军事文本知识抽取中的命名实体识别的方法进行研究,提出了基于多层神经网络的带有条件随机场的双向长短时记忆模型,并用其对军事文本中的命名实体进行识别,研究相关知识抽取方法和标注策略,在一定程度上提升了军事文本命名实体识别的准确率和知识抽取流程的自动化程度。

1 中文军事文本

1.1 中文文本语言特点

与英文相比,中文在语言的表达上有自身的特点和特殊性。

(1)在中文表达中,词语边界模糊。在中文文本的完整的、连续的文字段落和句子中,不同含义的字词依次连接存在,词与词、字与字之间并没有间隔或可以作断句划分的标志信息,而英文文本中在词与词之间一般使用空格作为分隔符或使用大小写字母对不同的可以单独表达语义的单词进行区分。

(2)中文的词义、字义往往需要联系同一文本的上下文才能得以获得其表达的真正含义。在中文文本中,一词多义的现象非常普遍,同一词语/名词/实体在不同的语境下的含义/属性/类型都可能存在差异。例如,"南海"在"康南海"中为人名("康有为"的别称),而"南海"在"海军南海舰队"中则指代"南中国海"的区域名称。

(3)在中文的语言和文字表达中,词语的嵌套现象严重,特别是在地名、机构名称、组织名称的表达中比较普遍。例如,"中国人民解放军国防科技大学计算机学院"这一机构名中就嵌套了"中国人民解放军""国防科技大学""计算机学院"等多个机构名。

(4)使用简化用语的情况较多,而且与英文的文本和表达中使用单词的首字母进行简化不同,中文语言的简化表达方式的规律性并不强。例如,"国防科技大学"常被简称为"国防科大""国科大","国防大学"常被简称为"国大","中国科学技术大学"简称"中科大","中国科学院大学"被简称为"中科院大学","华东师范大学""华南师范大学""华中师范大学"都使用"华师"这一同一简称进行简化表达和指代。

1.2 军事文本的语料特殊性

正式的军事文书具有统一的格式和书写规范,内容准确、简明扼要是其基本特点,但由于使用场景、使用对象不同等原因,其相关用语在日常的表达中时常存在差异,不同军兵种也有各自不同特点的表达,例如陆军的作战单元"×× 集团军 ×× 合成旅 ×× 合成营 ×× 连",海军舰艇部队的作战单元"×× 舰队 ×× 支队 ×× 舰",空军航空兵部队的作战单元"×× 师 ×× 大队 ×× 中队"等。另外,由于可公开获得的军事文书较少,因而高质量的军事文本和数据集十分有限,这也在一定程度上增加了验证、比较和评估不同的军事文本知识抽取方法效果的难度。

2 知识抽取内容

知识抽取主要包括命名实体识别、关系抽取和属性抽取[1],其中命名实体识别为本文的研究重点。

2.1　命名实体识别

命名实体识别(Named Entity Recognition，NER)是指从语料中识别出具有特定意义的命名实体(named entity)的技术流程。其中，命名实体在相关学术研究中也被称为实体。在军事领域，命名实体可以是战术战法、组织机构、职务、部队代号番号、武器装备等的专用词汇。

命名实体识别一直是知识抽取研究的重点，而随着计算机算力的提升，早期的基于模板(词典驱动和模式匹配)的方法已逐步被基于机器学习和深度学习的方法替代。

2.2　关系抽取

关系抽取(Relation Extraction，RE)是指从所处理的文本中获得命名实体之间的语义关系。在命名实体抽取中，一般会对原始的语料中的一些命名实体进行标记，但是构建知识图谱要实现将不同的离散的命名实体关联，还需要从语料中获得所识别的不同命名实体之间的关联信息，关系抽取技术的目的就在于此。

关系抽取在早期主要通过人工根据语义和语法构造特定的触发词、依存句法的规则等对不同命名实体之间的关联关系进行识别和获取。该方法基于专家人工制定的规则，有较高的识别准确率，在小规模数据集上容易实现，可以为特定领域定制，但由于规则构造需要有相当的相关领域的专业知识，而且人工制定命名实体之间的关系规则工作量巨大，适应丰富的语言表达形式的程度有限，迁移扩展到其他领域有一定难度。

近年，通过人工制定规则完成关系抽取的方法逐渐被深度学习的方法替代，在实际应用中常采用融合多种抽取技术的方式进行关系抽取 [2]。

2.3　属性抽取

属性抽取的目的在于从语料数据中抽取目标命名实体的属性内容。但命名实体的属性可以看作是连接命名实体与属性值的关系，因此属性抽取在实际应用中往往被转化为关系抽取问题。

3　知识抽取关键技术

3.1　分词处理

词是最小的能够被单独或组合使用的语言单位。与英语等以空格作为分隔符的语言不同，现代汉语沿袭了古汉语传统，词与词之间具有连续、无分隔符的特点。因此，如何对中文语料文本中的词句进行分割和处理是文本知识抽取的重要研究内容，也是完成对文本中有关命名实体标注的关键。

对中文语料进行分词在目前的主流技术方法中的基本原理主要包括基于字符串匹配、基于统计和基于机器学习等 [3]。目前自然语言领域研究中通用领域已经比较成熟的中文分词系统有中科院计算机所研发的汉语词法分析系统(Institute of Computing Technology, Chinese Lexical Analysis System, ICTCLAS)、基于 Lucene API 研发的分词系统 IKAnalyzer、斯坦福大学自然语言处理研究小组研发的语法解析工具 Stanza 等。此外，宾夕法尼亚大学开发的 NLTK(Natural Language Toolkit)和百度工程师发起的非官方开源项目 jieba[4] 及北京理工大学的 NLPIR(Natural Language Processing & Information Retrieval sharing platform)也都是自然语言研究相关领域当下比较流行和常用的工具。

对于军事文本的分词任务来说，现在专门针对能准确对带有军语(军事专业词汇、军事专业用语)的文本进行处理的专用分词工具仍未出现，因而处理军事领域的文本数据时往往需要有相关领域具有军事背景知识的行业专家参与，通过通用领域的成熟的分词工具与人工作业相结合的方式对一些特定的词汇进行标注和处理，本文在分词处理中使用了目前流行的中文分词工具 jieba 完成对军事文本初步的分词处理。

3.2 文本标注

由于军事领域的特殊性,通用领域的标注集和语料并不能满足军事文本知识抽取的需求,因此在使用监督学习模型对军事文本进行知识抽取时需要准确标注军事类命名实体以构造专用的知识抽取语料库、训练集。

本文以航母装备信息的文本为例,充分考虑编码运行速度、标注工作量等因素,在综合性能较好的 BIO(Begin-Inside-Outside)标注方法[5]的基础上针对军事文本中装备信息特点增加了武器装备(EQU)的命名实体类别并完成了对于军事文本的命名实体标注任务,示例见表 1。

表 1 本文提出的基于 BIO 标注模式扩展的军事装备信息命名实体标注方法

标 注	含 义
B-PER	军事文本中人员命名实体词组的起始字
I-PER	军事文本中人员命名实体词组的非起始字
B-LOG	军事文本中地理位置命名实体词组的起始字
I-LOG	军事文本中地理位置命名实体词组的非起始字
B-ORG	军事文本中组织机构命名实体词组的起始字
I-ORG	军事文本中组织机构命名实体词组的非起始字
B-EQU	军事文本中武器装备命名实体词组的起始字
I-EQU	军事文本中武器装备命名实体词组的非起始字
O	军事文本中不属于任何命名实体的字句

所完成的命名实体标注集的规模见表 2。

表 2 命名实体标注规模

标注集	通用领域	军事专项领域	总计
Train_data	2 220 533 字符	108969 字符	2 329 502 字符
Test_data	177 231 字符		286 200 字符

3.3 多层神经网络模型

将文本信息转化为序列标注(sequence labeling)的问题是自然语言处理中进行信息抽取和挖掘深层语义信息的主要方法。

在解决序列标注问题中,待标注序列的前后关系是研究的重点,而标注序列的前后关系可以通过使用双向长短时记忆模型(Bidirectional LSTM,BiLSTM)获得[6-8]。双向长短时记忆模型借助存储单元的结构来保存较长的依赖关系,并且通过输入门、输出门和遗忘门来调整之前状态对当前存储单元状态的影响。

然而,双向长短时记忆模型缺乏在整句层面的特征分析,所以需要引入条件随机场(Conditional Random Fields,CRF)。条件随机场将序列标注的重点放在句子级别上,根据特征模板来进行标注,通过隐马尔科夫模型(Hidden Markov Model,HMM)中的 Viterbi 解码算法来获得最优解。但条件随机场存在提取特征困难、适用性不够广的问题,因此可以将条件随机场和双向长短时记忆模型组合成新的多层神经网络模型。

基于多层神经网络模型的带有条件随机场的双向长短时记忆模型(图 1)结合了双向长短时记忆模型和条件随机场的各自特点和优势。

(1)双向长短时记忆模型可以有效地保存整句的前后信息,实现对句子中的特征信息的提取。

(2)条件随机场可以利用上下文信息进行具有较高准确率的序列标注。

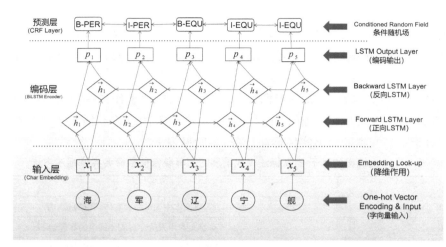

图1   带有条件随机场的双向长短时记忆网络的模型结构

在本课题所进行的命名实体识别的处理中,会将双向长短时记忆模型前后向的隐藏态结果进行结合,所生成双向长短时记忆模型的输出会成为条件随机场的输入,形成带有条件随机场的双向长短时记忆网络的结构。

4   实验结果与分析

4.1   实验设计

4.1.1   实验一

在使用基于多层神经网络的带有条件随机场的双向长短时记忆模型的方法对命名实体进行识别,完成军事文本知识抽取的效果验证实验中,以句子为单位将测试的文本输入网络模型的程序中,BIO 标注集以空行作为句子与句子的分隔。其中,完成标注的训练数据 Train_data 合共 2 329 502 个字符,其被分割为52 224 个语意连贯的句子,训练模型以 32 个句子为一批次(batch)来处理,每一轮(epoch)训练处理 1 632批;测试数据 Test_data 合共 286 200 个字符,被分割为 6 187 个语义连贯的句子,其中标注了的 4 类命名实体共计 9 977 个。训练模型的主要参数见表 3。

表 3   训练命名实体识别模型的主要参数

批处理数目	batch_size=32
迭代次数	epoch=32
学习率	learning rate=0.001
梯度渐变量	gradient clipping=5.0
缓解过拟合参数	dropout keep_prob=0.5
LSTM 隐层状态	hidden_dim=300
BIO 标签数目	num_tags=9
优化器	optimizer=Adam(自适应矩估计优化器)

4.1.2   实验二

为了更好地比较不同标注方式对军事文本知识抽取效果的影响,本文设计实验分别对基于 BIO 模式的通用领域标注集和在通用领域标注集的基础上改造和扩展的军事信息专用标注集进行对照,比较其在提升用于军事文本信息中的命名实体识别性能上的差异。其中,使用不同的标注方式完成训练的两个模型分别记为"Dataset_A"和"Dataset_B"。

4.2　评价指标

对于基于多层神经网络的带有条件随机场的双向长短时记忆模型对军事文本命名实体识别的方法的效果验证,本课题设计的实验主要有如下几个指标。

1)正确率

$$正确率(precision)=\frac{识别出的正确命名实体数(correct)}{识别出的命名实体数(found)}$$

2)召回率

$$召回率(recall)=\frac{识别出的正确命名实体数(correct)}{样本中的命名实体数(tokens)}$$

3)F_1值

$$F_1=\frac{2\times 正确率(precision)\times 召回率(recall)}{正确率(precision)+召回率(recall)}$$

其中,正确率和召回率的取值都在0和1之间,数值越接近1,正确率和召回率就越高。当正确率和召回率出现矛盾的时候,需要引入其加权调和平均数F_1,F_1值越高说明模型方法越有效。

4.3　实验结果分析

4.3.1　多层神经网络对于军事文本的命名实体识别效果

模型训练过程中总体和四个类别的命名实体识别正确率(precision)、召回率(recall)和F_1值随迭代次数(epoch)变化的曲线如图2至图6所示。

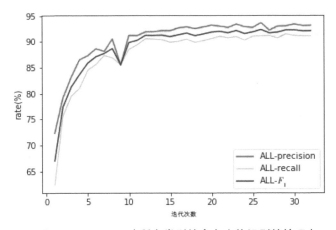

图2　ALL-Result(所有类别的命名实体识别的情况)

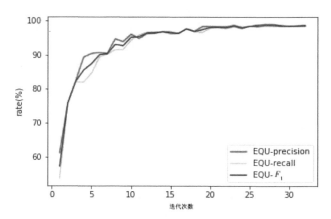

图 3　EQU-Result（武器装备类的命名实体识别的情况）

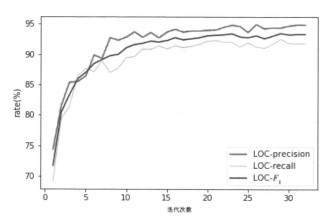

图 4　LOC-Result（地理位置类的命名实体识别的情况）

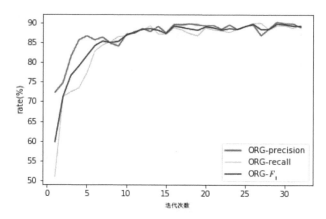

图 5　ORG-Result（机构组织类的命名实体识别的情况）

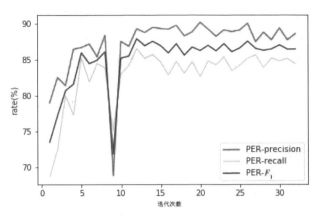

图 6   PER-Result(人员信息类的命名实体识别的情况)

通过比较,我们可以发现在经过 32 轮(epoch)迭代之后,用于军事文本命名实体识别的基于多层神经网络的带有条件随机场的双向长短时记忆模型所得到的正确率(precision)、召回率(recall)和 F_1 值均相对稳定在 90% 左右。首先是对武器装备类(EQU)的命名实体的识别效果最好,能达到 95% 以上;其次是对地名类(LOC)实体的识别效果,大约在 90%~95% 左右的识别水平;再次是对组织机构类(ORG)命名实体的识别效果,大约在 85%~90% 左右的识别水平;最后,对人名类(PER)的识别效果最差,仅仅只有 85% 左右。

4.3.2   军事文本知识抽取与标注策略

使用同一基于多层神经网络的带有条件随机场的双向长短时记忆模型对不同标注策略完成的标注集进行比较,结果见表 4。其中, tokens 是 Test_data 中标注的命名实体总数,found 是模型返回的命名实体总数,cottect 是正确识别的命名实体总数。

表 4   不同标注策略的命名实体识别效果 1

Dataset	tokens	found	correct
Dataset_A	9 977	9 879	6 665
Dataset_B	9 977	9 760	9 090

对于总体和分类别的命名实体抽取情况,两种标注策略完成标注的数据集的正确率(precision)、召回率(recall)、F_1 值和返回的命名实体数(found)的结果见表 5。

表 5   不同标注策略的命名实体识别效果 2

实体类别	类别标记	数据集	precision	recall	F_1	found
武器装备	EQU	Dataset_A	30.52%	7.84%	12.47%	521
		Dataset_B	98.66%	98.32%	98.49%	2 022
地名	LOC	Dataset_A	82.35%	83.50%	82.92%	3 915
		Dataset_B	94.84%	91.82%	93.30%	3 738
组织机构	ORG	Dataset_A	64.37%	77.36%	70.27%	2 352
		Dataset_B	88.88%	89.47%	89.18%	1 970
人名	PER	Dataset_A	57.20%	83.00%	67.73%	3 091
		Dataset_B	88.62%	84.46%	86.49%	2 030
总计	ALL	Dataset_A	67.47%	66.80%	67.13%	9 879
		Dataset_B	93.14%	91.11%	92.11%	9 760

由表 5 可知,基于改造的标注策略完成标注和训练的命名实体识别模型在正确率(precision)、召回率

（recall）和 F_1 值都有显著的提升，其中武器准备类的命名实体的提升最为明显；从所识别的命名实体的数量来看，准确识别的武器装备类命名实体数量大大增加，而所有类别中的命名实体、人员信息类实体、地理位置类命名实体和组织机构类命名实体的识别结果减少，其中"Dataset_B"所识别的人员信息类的命名实体在数量上只有"Dataset_A"识别出的同类的人员信息类命名实体的三分之二。

鉴于数据集"Dataset_A"和"Dataset_B"在实验中呈现的差异，我们使用同一含有航母装备信息语料的文本进行了进一步的实验，其结果分别记为"原始标注策略"和"优化标注策略"，识别效果如图7和图8所示。

```
PER: ['周恩来', '陈毅', '李富春', '周恩来', '尤金·伊利', 'Eugene Ely', '柯蒂
斯', '格里高利', '凤翔', '塔兰托', '康德罗加', '雷达', '利比亚苏-', '尼米兹',
'尼米兹', '马拉巴尔']
LOC: ['北京', '长沙贺龙体育中心', '美国', '伊利', '美国', '英', '美', '日本',
'日本', '英国', '珠港', '日本', '珠港', '英国', '英国', '珠港', '英国', '洛杉
矶', '萨克拉门托', '佛罗里达', '火海', '美国', '利比亚海', '锡德拉湾', '利比
亚', '锡德拉湾', '利比亚', '美国', '锡德拉湾', '锡德拉湾', '利比亚', '锡德拉
湾', '利比亚', '锡德拉湾', '海湾', '海湾', '波斯湾', '美国', '波斯湾', '美',
'伊拉克', '西太平洋', '阿拉伯海峡']
ORG: ['中共中央', '国务院', '国家计委', '中国科学院', '中国科学院', '中国队',
'英国海军', '英国海军', '海军', '英国海军', '英国海军', '英国海军', '美国海
军', '海军', '海军', '英国海军', '日本海军', '美国海军', '美国海军',
'美国海军主力舰队', '美国海军', '美国海军', '苏-', 'VF-41"黑骑牌"中队', '美军
舰队', '美国海军尼米兹', 'Kitsap Bremerton海军基地码头区普吉湾海军造船厂']
EQU: [' 宾夕法尼亚" 号', '"皇家方舟"号', '"皇家方舟"号', ' 皇家方舟"号', '0
利" 号', '"百眼巨人"号', '"兰利" 号', '"凤翔" 号', '0 号航空母舰',
'" 凤翔" 号', '0空母舰', '0王" 号战列舰', '"罗斯福" 号航空母舰', '"企业"号',
'0子战飞机', '响尾蛇"导弹', '"不死鸟"导弹', '"尼米兹"号', '"不死鸟"导弹', '"福
莱斯特"号', '尼米兹"号', '巡洋舰驱逐舰', '"尼米兹"号', 'F-14A"雄猫"战斗机',
'"环礁"空空导弹', '"响尾蛇"空空导弹', '苏-22发射导弹', '"尼米兹"号', '"小
鹰"号', '"尼米兹"号', '林肯"号', '0号航空母舰', '0舰']
Please input your sentence:
```

图 7　原始标注策略的军事文本命名实体识别效果

```
PER: ['周恩来', '陈毅', '李富春', '周恩来', '尤金·伊利']
LOC: ['北京', '长沙贺龙体育中心', '美国', '美国', '英美', '日本', '英国', '珍珠
港', '珍珠港', '英国', '英国', '珍珠港', '日本', '佛罗里达', '美国', '利比亚海
岸', '锡德拉湾', '利比亚', '锡德拉湾', '利比亚', '美国', '锡德拉湾', '锡德拉湾',
'利比亚', '锡德拉湾', '锡德拉湾', '波斯湾', '波斯湾', '美国', '波斯湾', '伊拉克',
'n海军基地码头区普吉湾海军造船厂', '西太平洋', '阿拉伯海峡']
ORG: ['中共中央', '国务院', '国家计委', '中国科学院', '中国科学院', '中国队', '英
国海军', '英国海军', '英国海军', '英国海军', '英国海军', '美国海军', '日本帝国海
军', '英国海军', '日本海军航空母舰编队', '美国海军', '美国海军', '美
国海军', '美国海军', '美国海军', 'VF-41"黑骑牌"中队', '美军舰队', '美军', '美国海
军', '尼米兹号航空母舰战斗群']
EQU: ['"柯蒂斯" 双翼机', '' 伯明翰" 号', '" 宾夕法尼亚" 号', '上尉格里高利', '战
列舰', '"皇家方舟"号', '"皇家方舟"号', '" 水上飞机母舰"', '" 皇家方舟"号', '"暴怒"
号', '"百眼巨人"号', '"兰利" 号', '"百眼巨人"号', '"兰利"号', '"凤翔" 号', '"凤
翔" 号', '纯正血统', '"凤翔" 号', '"竞技神" 号航空母舰', '"竞技
神" 号航空母舰', '"企业"号', '" 威尔士亲王" 号战列舰', '"鬼怪"喷气战斗机', '"罗斯福" 号航空母
舰', '"企业"号', '"企业" 号航母', ' 鸥" 陆上垂直/ 短距起降飞机', '"海鹞"垂直/ 短
距起降舰载机', '"无敌"号', '尼米兹级', '提康德罗加级', '导弹驱逐舰', '(伯克级)',
'(佩里级)', '攻击型核潜艇(洛杉矶级)', '萨克拉门托级快速战斗支', 'EA-6B"徘徊者"电子
战飞机', 'F-14"雄猫"战斗机', '"雄猫少', '"麻雀"导弹', '"响尾蛇"导弹', '"不死鸟"导
弹', '"尼米兹"号', '"不死鸟"导弹', 'EA-6B电子战飞机', 'F-14战斗机', 'A-7"海盗"攻
击机', '"福莱斯特"号', '"尼米兹"号', '巡洋舰驱逐舰', '"尼米兹"号航母', '苏-22战斗
机', 'E-2A"鹰眼"预警机', '利比亚战斗机', 'F-14A"雄猫"战斗机', 'F-14A接近利比亚
苏-22', '苏-22', 'F-14A', 'AA-2"环礁"空空导弹', 'F-14A', 'AIM-9"响尾蛇"空空导
弹', '苏-22', '苏-22发射导弹', '苏-22', '"尼米兹"号', '"小鹰"号航母', '"尼米
兹"号', '尼米兹号', '"尼米兹"号', '"林肯"号航母', '尼米兹号航空母舰']
Please input your sentence:
```

图 8　优化标注策略的军事文本命名实体识别效果

通过比较，我们可以发现以下 4 点。

（1）基于优化标注策略完成训练的多层神经网络模型将不少非命名实体识别为命名实体，其中命名实体名称识别不全的数目比基于旧标注策略完成训练的模型少。

（2）基于优化标注策略完成训练的多层神经网络模型所误识别的命名实体类别的数目比基于旧标注策略完成训练的模型少。

（3）基于优化标注策略完成训练的多层神经网络模型没有识别出的 B 标签较基于旧标注策略完成训练的模型少（B 标签标识的是命名实体名称的首字，没有识别出 B 标签的实体以"O"代替首字）。

（4）基于优化标注策略完成训练的多层神经网络模型正确识别的命名实体数目明显多于基于旧标注策略完成训练的模型所能识别出的数目,特别是与航母密切相关的武器装备类（EQU）实体。

5 结论

本文以大数据时代下海量数据涌现与处理能力有限的实际问题为背景,针对军事文本的特殊性和特点,综合运用和优化已有的知识抽取方法的理论和实践成果,使用基于多层神经网络的带有条件随机场的双向长短时记忆模型（BiLSTM-CRF）和优化的标注策略对军事文本进行了知识抽取尝试,并通过实验验证了所提出的方法对军事文本的命名实体识别的有效性。下一步的工作重点一方面是通过继续训练现使用的模型继续提升其对军事文本命名实体识别的效果,另一方面是组合不同的神经网络对于提升包括命名实体识别、关系抽取和属性抽取在内的军事文本知识抽取的准确率和速度进行新的尝试,再就是改进用于有监督模型的训练集的数据标注策略及其标注的自动化水平。

参考文献

[1] ZHU G, IGLESIAS C A.Exploiting semantic similarity for named entity disambiguation in knowledge graphs [J]. Expert systems with applications, 2018,101:8-24.

[2] ZHOU P, XU J M, et al. Distant supervision for relation extraction with hierarchical selective attention[J]. Neural networks: the official journal of the international neural network society, 2018.

[3] PALACE. 中文分词原理及工具 [EB/OL]. [2020-03-16]. https://www.cnblogs.com/palace/p/9629614.html.

[4] JIEBA. 结巴中文分词 [EB/OL]. [2020-01-20]. https://github.com/fxsjy/jieba.

[5] MOUNTAIN BLUE. 序列标注方法的异同 [EB/OL]. [2020-04-18]. https://zhuanlan.zhihu.com/p/147537898.

[6] DEMM868.用 Bi-GRU+Attention 和字向量做端到端的中文关系抽取 [EB/OL]. [2019-08-27]. https://blog.csdn.net/demm868/article/details/103052329.

[7] KATUS T, Müller, MATTHIAS M. Working memory delay period activity marks a domain-unspecific attention mechanism[J]. Neuroimage, 2016, 128:149-157.

[8] LI Z, YANG J, GOU X, et al. Recurrent neural networks with segment attention and entity description for relation extraction from clinical texts[J]. Artificial intelligence in medicine,2019,97:9-18.

基于 HXDSP 的众核虚拟平台设计

蔡恒雨 [1,2]，郑启龙 [1,2]，宁成明 [1,2]

（1. 中国科学技术大学计算机科学与技术学院　合肥　230026；2. 高性能计算安徽省重点实验室　合肥　230026）

摘　要：随着数字信号处理技术的快速发展，通信、雷达、信号处理等领域的算法复杂度日益增大，单核数字信号处理器（DSP）已经无法满足计算能力和存储资源需求。在此背景下，使用国产双核处理器魂芯数字信号处理器（HXDSP），设计多核的 HXDSP 虚拟平台，实现单板卡和多板卡仿真平台，提供计算能力更高的分布式计算系统具有重要意义。HXDSP 众核虚拟平台采用 SystemC 语言进行设计，实现了 RapidIO 数据交换协议和 Ethernet 数据交换协议，实现多 HXDSP 芯片之间的数据传输和通信，并设计存储器模块扩展虚拟平台的存储空间。通过实验验证本文设计的 RapidIO 和 Ethernet 数据交换模型，其数据传输速率符合相关协议标准的规定，同时可以对各 HXDSP 芯片的执行进行一定的同步控制。HXDSP 众核虚拟平台的设计，为实际硬件系统的设计和生产，提供了一定的指导意义。

关键词：HXDSP；虚拟平台；SystemC；RapidIO；Ethernet；同步控制

Design of Multi-Core Virtual Platform Based on HXDSP

Cai Hengyu，Zheng Qilong，Ning Chengming

（1.School of Computer Science，University of Science and Technology of China，Hefei，230026；2.AnHui Province Key Laboratory of High Performance Computing，Hefei，230026）

Abstract：With the rapid development of digital signal processing technology，the complexity of algorithms in the fields of communications，radar and signal processing is increasing，and single core digital signal processors（DSP）can not meet the computing power and storage resource requirements. Under this background，it is important to use the domestic dual core processor（HXDSP），to design a multi core HXDSP virtual platform，provide a single board and multi board simulation platform，and provide a distributed computing system with higher computing power. The HXDSP multi core virtual platform is designed with SystemC language to implement RapidIO data exchange protocol and Ethernet data exchange protocol realize data transmission and communication between multiple HXDSP chips，and memory modules are designed to expand the storage space of the virtual platform. Through experiments，the data exchange model of RapidIO and Ethernet designed in this paper is verified，and its data transmission rate conforms to the provisions of relevant protocol standards. At the same time，the execution of each HXDSP chip can be controlled synchronously. The design of the HXDSP multi core virtual platform has a certain guiding meaning for the design and production of actual hardware systems.

Key words：HXDSP，virtual platform，SystemC，RapidIO，Ethernet，synchronous control

收稿日期：2020-08-10；修回日期：2020-09-20

基金项目：核高基项目（2012ZX01034-001-001）

This work is supported by the National Nuclear High Base Major Project(2012ZX01034-001-001)

通信作者：蔡恒雨（chy520@mail.ustc.edu.cn）

数字信号处理器（DSP）作为一种高性能计算设备，从诞生之初到现在得到了快速的发展。从单核 DSP 发展到多核 DSP，比较典型的有美国德州仪器公司（TI）的 TMS230[1] 系列和亚德诺（ADI）的 TS201S[2] 等。

HXDSP 系列数字信号处理器，是由中国电子科技集团公司第三十八研究所（简称"电科 38 所"）研制的一款具有完全自主知识产权的国产 DSP 芯片，它是在 BWDSP[3] 单核 DSP 基础上设计的首款双核 DSP 产品。HXDSP 可以实现高性能计算，在视频处理、图像处理、电子对抗和雷达信号处理 [4] 等领域得到广泛应用，同时有利于提升国产 DSP 芯片的竞争力。

由于单核计算设备无法完成大规模的计算任务，业内逐渐发展出多核设备和分布式系统。数据通信和网络互联技术发挥重要作用，实现了多种计算设备之间的互联。目前流行的数据通信协议有 RapidIO 标准 [5] 和 Ethernet 标准 [6] 等。RapidIO 协议作为一种嵌入式系统的互联标准，广泛用于现场可编辑门阵列（FPGA）、DSP 等设备之间的相互连接。Ethernet 作为一种通信协议标准，通过软件方式来处理协议。轻量级以太网（LWIP）[7] 协议栈是 Ethernet 的一种实现，具有良好的可移植性。英伟达为了使图形处理器（GPU）之间可以快速通信，设计了高速互联标准 NVlink[8]，并提出了多 GPU 互联框架 NCCL。分布式系统的设计步骤中，通常要先进行仿真建模 [9]，之后再进行具体设计生产。SystemC[10] 语言作为一种仿真建模语言，适合分布式虚拟平台的仿真建模。

HXDSP 芯片具有较强的计算能力，适合处理计算密集型任务。面对更为复杂的计算任务时，可能会出现计算资源和存储资源不足的问题。故本文设计了 HXDSP 众核虚拟平台，通过 RapidIO 和 Ethernet 交换模型进行数据通信，实现各计算设备之间的数据交互，并提供了一定的同步控制功能 [11]。HXDSP 众核虚拟平台提供了并行度更高的计算能力和更大的存储空间，可以完成更复杂的任务，并且有利于探索未来的高性能网络互连技术。本文的组织如下：第一部分介绍 HXDSP 体系结构和数据通信协议；第二部分介绍 HXDSP 虚拟平台的整体设计和实现；第三部分介绍 HXDSP 虚拟平台的相关实验，并加以分析；第四部分是总结，并指出未来的工作方向。

1 HXDSP 体系结构和数据通信协议

1.1 HXDSP 体系结构

HXDSP1042 型芯片是电科 38 所研制的 32 位 DSP 处理器，其内部集成了 2 个新一代处理器核 eC104+，具有核间直接通信机制，其体系结构如图 1 所示。HXDSP 拥有丰富的外设接口，支持 RapidIO 标准，具有以太网接口，可以和多种类型的设备进行互联。HXDSP 芯片的指令系统支持 SIMD[12] 和 VLIW 类型的操作，具有多个指令发射槽。

HXDSP 具有丰富的外设接口，较高的位宽和计算能力，基于 HXDSP 开发众核虚拟平台可提高并行计算能力，可以更好地为高性能计算和深度学习应用提供服务 [13]。

1.2 RapidIO 协议

RapidIO 协议是一种嵌入式系统的数据通信标准，主要用于 DSP 芯片之间、FPGA 芯片之间、板卡和板卡之间的互联。由于其具有通信成本低、传输速率快等特点，目前已经广泛用于嵌入式系统的互联。

RapidIO 的体系结构自上而下，分别是逻辑层、传输层和物理层。数据通信主要是通过传输相应的数据包来完成相应的事务，分为请求包和响应包。不同的数据包结构不同，具有相似的路由转发机制。发送方发送数据包后，经过交换模型到达接收方，接收方判断是否需要发送响应数据包。

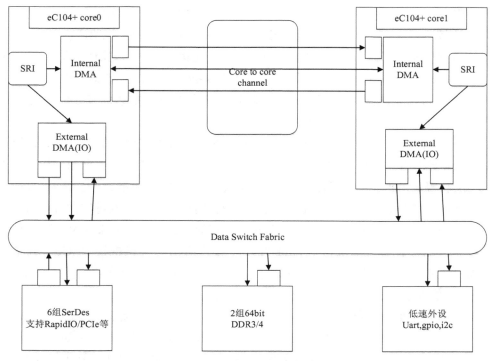

图 1　HXDSP 体系结构图

1.3　Ethernet 协议

Ethernet 是一种通用的数据传输网络,从经典以太网发展到交换式以太网。以太网标准定义了数据链路层和物理层,其核心是一个交换机,通常具有存储转发和直通转发等工作模式。LWIP 协议栈作为 Ethernet 的一种实现方式,成功植入 HXDSP 中。

以太网在数据链路层的数据包结构为 MAC 帧,其结构如图 2 所示,其中有两个字节表示长度 / 类型。本设计中媒体访问控制(MAC)帧采用 DIX II 标准,考虑数据链路层建模,忽略前导码和帧起始标志位。

图 2　以太网 MAC 帧结构

1.4　SystemC 语言

模块(module)是 SystemC 语言最基本的单位,模块内部包括端口、内部信号、进程和内部数据等,各个模块之间通过端口和信号进行连接和通讯。本设计中使用 SystemC 语言提供的 SC_METHOD 进程,时钟信号在时钟上升沿驱动,不使用 wait( )函数。

本文中主要进行事务级建模,tlm_generic_payload 是数据载体,tlm_initiator_socket 和 tlm_target_socket 是数据传输端口,nb_transport_fw 和 nb_transport_bw 函数进行 payload 的传输。

2　HXDSP 虚拟平台的设计和实现

2.1　HXDSP 虚拟平台整体架构

　　HXDSP 虚拟平台单板卡结构如图 3 所示,包含 2 个 HXDSP,指定了 4 个 eC104+ 核。数据交换模型包括 RapidIO 交换模型和以太网交换模型,外部存储器模块可以是 DDR 或者其他存储模块。HXDSP 众核虚拟平台的基础结构是单板卡结构,通过级联形成更大的众核虚拟平台。

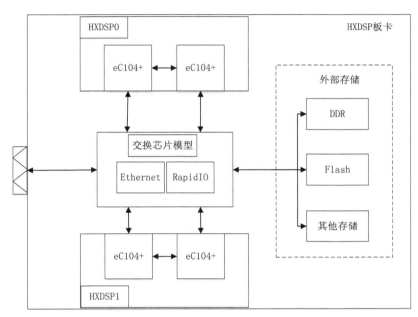

图 3　HXDSP 虚拟平台架构图

　　HXDSP 芯片主要作为计算设备和控制信号发送设备,当某个 eC104+ 核计算完成后,可以通过交换模型向其他的 eC104+ 核发送信号。由于交换模型的存在,可以对各个 eC104+ 核的工作进行同步协调。HXDSP 芯片内部的两个 eC104+ 核具有核间直接存储器访问(DMA)通信机制,配合虚拟平台的数据交换模型,可以实现双重数据通信。设核间通信带宽为 dma,经数据交换模型的带宽为 $switch$,则传输数据量为 $flow$,需要的时间 $time$ 满足式(1)。

$$time = \frac{2 \times flow}{2 \times dma + switch} \qquad (1)$$

2.2　RapidIO 交换模型设计

　　基于 HXDSP 设计的 RapidIO 交换模型,采用全双工模式。该模型主要包含相应的输入和输出缓存队列,用来对接收和发送的数据包进行缓存。设计了相应的路由表结构,用来对数据包进行路由转发。交换模型中每个端口都有路由表,在一定程度上可以灵活配置,使不同端口具有不同的转发规则。

　　RapidIO 交换模型具有静态和动态路由配置模式,静态配置通过 I²C 接口直接配置,动态配置是通过 RapidIO 系统初始化枚举探测实现,采用深度优先搜索算法[14]。本文基于 SystemC 的时钟驱动建模,提出了一种基于时钟信号的非递归探测枚举算法。

　　算法 1(Algorithm1)主要描述了 RapidIO 系统动态初始化算法。本文中驱动信号都是在时钟信号上升沿,故借助栈结构将常用的递归搜索算法修改为非递归算法。本算法可以指定任意 eC104+ 核为枚举设备,表明本算法具有一定的灵活性。假设该系统中有 $N/2$ 个 HXDSP 芯片即 N 个 eC104+ 核和 M 个 RapidIO 交换模型,其中 N 为 4 的整数倍, N 和 M 的关系近似为 $N \approx 3 \times M$。则主机到各终端设备路径长度近似为 $\log_4 N$,时间复杂度为 $O(N\log_4 N)$。

Algorithm 1 RapidIO enumeration function

Input: clock signal
Output: system topology

```
1:  response_init=true
2:  response_finish=false
3:  read_information(0x68)
4:  if response_0x68==true then
5:      response_0x68=false
6:      write_information(0x68)
7:      read_information(0x68)
8:      read_information(0x18)
9:  end if
10: if response_0x18==true then
11:     response_0x18=false
12:     read_information(0x1c)
13: end if
14: if response_0x1c==true then
15:     response_0x1c=false
16:     read_information(0x10)
17: end if
18: if response_0x10==true then
19:     response_0x10=false
20:     read_information(0x10)
21:     if read device is dsp then
22:         write_information(0x60)
23:         set a device id for the dsp
24:         response_switch=true
25:     else
26:         write_information(0x13c)
27:         read_information(0x14)
28:     end if
29: end if
30: if response_0x14==true then
31:     response_0x14=false
32:     Set routing information of enumerated devices
33:     enumerate every port of switch and push to stack
34:     response_switch=true
35: end if
36: if response_switch==true then
37:     response_switch=false
38:     if stack is not empty then
39:         pop data from stack
40:         create payload from data
41:         if stack is empty then
42:             response_finish=true
43:         else
44:             read_information(0x68)
45:         end if
46:     end if
47: end if
```

2.3　Ethernet 交换模型设计

HXDSP 芯片植入了 LWIP 协议栈,同时具有以太网接口,设计了全双工模式的以太网数据交换模型。两种数据交换模型的主要区别如下。

（1）Ethernet 交换模型只有一个转发表,而 RapidIO 交换模型每个端口一个转发表。

（2）RapidIO 数据包以设备 ID 作为转发标志,而 Ethernet 以 MAC 地址作为转发标志。

（3）RapidIO 的设备 ID 是通过系统初始化枚举分配,而 Ethernet 的 MAC 地址信息是固定的。

（4）RapidIO 交换模型设计了默认端口，而 Ethernet 交换模型没有默认端口。

基于 LWIP 协议栈的实现中，其数据链路层采用了 pbuf 结构体，被封装在 tlm_generic_payload 中作为数据负载部分。HXDSP 端的 LWIP 发送如算法 2（Algorithm2），Ethernet 转发函数伪代码如算法 3（Algorithm3）。

Ethernet 交换模型还具有组播和广播功能，广播 MAC 帧的目标 MAC 地址为 0xFFFFFFFFFFFF。二层交换模型的组播功能，实际上是通过对 MAC 帧的解析，发现其中的设备加入组或者离开组信息实现的。为了配合组播功能，组播转发表中设计了时间戳标记，可以定时向多播组中的设备问询，该设备是否还存在于多播组中。

Algorithm 2 HXDSP side data packet sending

Input: input parameters phead
Output: output result flag
1: pbuf * p_now=phead
2: bool flag=true
3: tlm_generic_payload* payload
4: **for** p_now!=null **do**
5: 　(*payload).set_data_ptr(p_now)
6: 　flag=nb_transport_fw(payload)
7: 　**if** flag==false **then**
8: 　　**return** flag
9: 　**end if**
10: 　p_now=(*p_now).next
11: **end for**
12: **return** flag

Algorithm 3 Routing function of Ethernet

Input: input parameters payload
Output: output result flag
1: pbuf * p_now
2: bool flag=true
3: **while** true **do**
4: 　**if** mac_address register is reseted **then**
5: 　　// this is a new pbuf chain
6: 　　p_now=(*payload).get_data_ptr()
7: 　　mac_frame=(*p_now).payload
8: 　　sour_mac,dest_mac=get_mac(mac_frame)
9: 　　update_routing_table()
10: 　　set_mac_address_register(dest_mac)
11: 　　port=routing_table.get_port(dest_mac)
12: 　　transport(payload,port)
13: 　**else**
14: 　　dest_mac=get_value(mac_address_register)
15: 　　port=routing_table.get_port(dest_mac)
16: 　　transport(payload,port)
17: 　**end if**
18: 　**if** len==tot_len **then**
19: 　　// represent the last transmission unit of the pbuf chain
20: 　　reset(mac_address_register)
21: 　　break
22: 　**else**
23: 　　continue
24: 　**end if**
25: **end while**
26: **return** flag

2.4　存储器模型设计

Soclib 中的存储器模型通过 32 位整型数组阵列来表示，其中每一个存储段 bank 用一个数组来表示。当接收到读写信号时，分别加入相应的命令队列中，然后根据优先级从命令队列中取出命令，并执行数据读写。对于读写地址的确定，通过 bank 号和 bank 内偏移地址共同确定，如读写地址为 *rw_address*，bank 的大

小为 *bank_size*,则最终 bank 号 *bank_number* 和 bank 内偏移地址 *bank_offset* 的计算如式(2)和式(3)所示。虚拟平台设计的 DDR 存储器模型的位宽为 *band_width* 位,其时钟频率为 *frequence*,则存储器模型的传输带宽 *data_speed* 满足式(4)。

$$bank\_number = \lfloor rw\_address / ban\_size \rfloor \tag{2}$$

$$bank\_offset = rw\_address\%bank\_size \tag{3}$$

$$data\_speed = band\_width \times frequence \tag{4}$$

存储器模型的工作通过一种状态转移机制来控制,即当存储器空闲时,从接收命令队列中取出命令执行,如果存储器忙,命令会在命令队列中等待调用。由于命令缓存队列大小有限,通过提供不同的响应信号,一定程度上可以限制访存的流量。

2.5　HXDSP 虚拟平台工作流程

HXDSP 虚拟平台当中有一个 Top.cpp 文件,该文件是最顶层文件,其中定义了整个系统的拓扑结构。Top.cpp 文件定义了 eC104+ 核、交换模型和外部存储器模型的数量,以及时钟信号,并将各个模块相连接,同时绑定相应的时钟信号。HXDSP 众核虚拟平台的整体工作流程如图 4 所示。

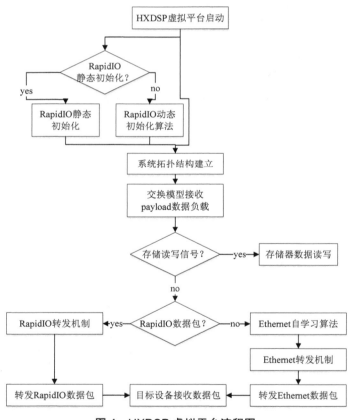

图 4　HXDSP 虚拟平台流程图

HXDSP 虚拟平台启动后,首先需要执行系统初始化,主要是 RapidIO 初始化,Ethernet 默认采用自学习算法学习路由信息。

2.6　HXDSP 虚拟平台应用分析

HXDSP 众核虚拟平台,其互联拓扑结构可以视为四叉树型,如图 5 所示。NVlink 主要用于 GPU 之间,采用 ring-base 通信逻辑。

当计算任务中需要广播类型操作,设数据量为 N,带宽为 B,系统中有 $K/2$ 个 HXDSP 芯片,即 K 个 eC104+ 核,GPU 数量也为 K 个。则 HXDSP 虚拟平台传输数据需要时间 $time^1$,而 NVlink 互联需要时间 $time^2$。如果将数据量分为 S 份,每次发送 N/S 数据量,则发送总数据量为 N 时分别需要时间 $time^3$ 和 $time^4$,分别满足式(5)、(6)、(7)和(8)。

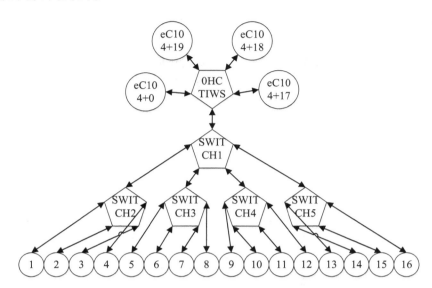

图 5　HXDSP 众核平台拓扑结构图

$$time^1=(N/B) \times \log_4 K \tag{5}$$

$$time^2=(K-1) \times (N/B) \tag{6}$$

$$time^3=S \times (N/S/B)+(N/S) \times \log_4 K \tag{7}$$

$$time^4=N \times (S+K-2)/(S \times B) \tag{8}$$

从上述公式中可以看出,针对广播类型的任务,在带宽相等的条件下,虚拟平台的数据传输性能应该优于 NVlink 互联。

深度学习模型中,卷积运算和全连接运算等都需要张量乘法,可以将其转化为矩阵乘法实现。虚拟平台提供了并行计算能力,在此基础上实现深度学习模型的数据并行和模型并行策略。

3　实验结果与分析

3.1　HXDSP 虚拟平台初始化测试

HXDSP 众核虚拟平台初始化主要测试 RapidIO 系统的动态初始化算法能否正常工作,故设计了不同的系统拓扑结构,测试结果如表 1 所示。

表 1　RapidIO 初始化数据包数量

eC104+ 核数	RapidIO 交换模型数	数据包数
6	3	106
8	2	132
11	3	182
17	5	338
20	6	428

续表

eC104+ 核数	RapidIO 交换模型数	数据包数
23	7	520
23	7	526

从表 1 中第 6 条和第 7 条数据可以看出,在相同交换模型数量和 eC104+ 核数量的情况下,系统拓扑结构的不同导致系统初始化的数据包数量不同。因为采用深度优先探测算法,当指定的初始枚举节点越靠近边界,初始化所需要的数据包数量相对更多。

设计了如图 6 所示的众核平台系统拓扑结构,测试初始化后各个交换模型的路由信息是否正确。其中 eC104+ 核中的数字为设备标识,并非设备 ID,与交换模型相连的箭头中数字代表交换模型端口号。生成的转发表信息如表 2 所示。

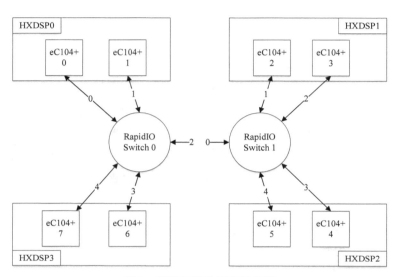

图 6   系统初始化拓扑结构图

表 2   系统初始化路由信息

枚举核标号	交换模型标号	路由表信息 / 默认端口
0	0	0 1 2 2 2 2 3 4 /0
0	1	0 0 1 2 3 4 -1 -1 /0
2	0	2 0 1 3 4 -1 -1 -1 /1
2	1	1 0 0 0 0 2 3 4 /2
7	0	4 0 1 2 2 2 2 3 /4
7	1	0 0 0 1 2 3 4 -1 /0

以表 2 中第 3 条数据分析,枚举核标号为 2。生成的 0 号交换模型的路由信息中,共有 8 个值,其下标 0~7 代表的是目标设备 ID,而值代表的是设备 ID 对应的端口号。通过设计默认路由端口,将设备 ID 对应的端口号不存在的数据包通过默认端口转发,此设计思路借鉴了网络层中默认端口原理。通过指定不同的 eC104+ 枚举核,形成的路由信息表也不相同,但本质上都可以描述整个系统的拓扑结构。

上述实验结果表明,本文的 RapidIO 交换模型可以正确实现系统动态初始化,具有一定的灵活性。

3.2   RapidIO 交换模型测试

对 RapidIO 标准的数据传输速率进行测试,将发送 eC104+ 核与交换模型的频率统一设置为 2 MHz,接收 eC104+ 核的频率设置为 500 MHz（最大工作频率）。设置一个时钟周期发送一个完整的 RapidIO 数据包，RapidIO 系统的传输速率测试结果如表 3 所示。

表 3　RapidIO 传输速率测试表

数据包长度（字节）	传输速率（GBps）
40	0.640
56	0.896
132	2.112
198	3.168
276	4.416

表 3 中第 1 条和第 2 条数据的传输速率分别是 0.640 Gbps 和 0.896 Gbps，而 RapidIO 标准的传输速率最低是 1.25 GBps。传输速率较低是因为采用的数据包长度较小，分别是 40 字节和 56 字节，无法充分利用带宽和信道资源。表 3 中最后一条测试数据中，数据包长度为 276 字节，带宽和信道资源得到充分利用，传输速率为 4.416 GBps，达到 RapidIO 标准规定。

CPS1848 是一款 RapidIO 交换芯片，其数据传输速率可以达到 1.25 GBps、2.5 GBps 和 3.125 GBps。HXDSP 虚拟平台中，RapidIO 系统的数据传输速率最高可以达到 4.416 GBps，符合 RapidIO 协议标准。

3.3　Ethernet 交换模型测试

为了验证 Ethernet 交换模型的自学习算法，使用图 6 所示的系统拓扑结构展开实验，测试所有 eC104+ 核都发送 LWIP 数据包后，整个系统中各 Ethernet 交换模型的转发表信息如表 4 所示。

表 4　Ethernet 交换模型路由信息表

Target MAC	eC104+	Switch0 port	Switch1 port
02:02:03:04:05:0A	0	0	0
02:02:03:04:05:0B	1	1	0
02:02:03:04:05:0C	6	3	0
02:02:03:04:05:0E	7	4	0
02:02:03:04:05:0F	2	2	1
02:02:03:04:05:10	3	2	2
02:02:03:04:05:1A	4	2	3
02:02:03:04:05:1B	5	2	4

表 4 中为每个核配置 MAC 地址。自学习算法收到数据包，解析源 MAC 并更新路由表。实验数据表明，Ethernet 交换模型可以正确实现自学习算法。

设置 HXDSP 的工作频率为 500 MHz，读取双字共 64 bit，理论上最大数据发送速率可以达到 16 GBps。设置 Ethernet 交换模型的工作频率为 2 MHz，则系统的数据传输速率测试结果如表 5 所示。

表 5　Ethernet 数据传输速率测试

数据包长度（字节）	传输速率（GBps）
84	1.344
128	2.048
288	4.608
484	7.744
520	8.320
784	12.544

表 5 中的数据传输速率,是以 MAC 帧数据作为传输数据单位计算的,完整的 tlm_generic_payload 和 pbuf 都有额外的字段消耗,数据传输速率达不到理论峰值 16 GBps。实验结果表明,Ethernet 系统中的数据传输速率可以达到 12 GBps。

Ethernet 交换模型的广播功能测试,数据包数量如表 6 所示。eC104+ 核数量 ec_number,交换模型数量 et_number,传输数据包数量 pk_number 如式(9)。

$$pk\_number = ec\_number + et\_number - 1 \tag{9}$$

表 6   交换模型广播数据包数量

eC104+ 核数	Ethernet 交换模型数	广播数据包数
6	3	8
8	2	9
11	3	13
17	5	21
20	6	25
23	7	29
23	7	29

实验证明 Ethernet 交换模型可以正确实现广播功能和地址解析协议(ARP)。

3.4　系统延迟性测试

HXDSP 虚拟平台工作后,对数据传输产生的延迟时间进行测试,测试结果如表 7 所示。

表 7   虚拟平台传输时延测试表

eC104+ 数量	Switch 模型数	数据包数	传播时延微秒
6	3	128	183
11	3	237	345
17	5	354	623
20	6	354	768
23	7	450	1 126
23	7	450	1 230

设传播时延是 t_com,发送时延是 t_send,接收时延是 t_recv,而传输时延是 t_trans,满足式(10)的关系。系统工作频率在 2 MHz 时,数据发送位宽为 256 bit,大约 9 个时钟周期发送一个完整的数据包。

$$t\_trans = t\_com + t\_send + t\_recv \tag{10}$$

表 7 中使用的数据包长度是 276 字节,数据部分为 256 字节。式(11)可知有效传输率近似为 92.75%,其中 E 是数据传输效率,valid_data 是数据负载部分,total_data 是数据包长度。以太网数据包支持 1 500 字节,其有效传输率通常比 RapidIO 协议高,但整体协议效率大致相同。当系统中传输相同数量的数据包,复杂的系统拓扑结构所需要的时间更长。

$$E = (valid\_data / total\_data) \times 100\% \tag{11}$$

3.5　系统同步机制测试

本文所设计的交换模型,可以提供一定的同步功能。第一种方式是各个 eC104+ 核在执行过程中等待其他 eC104+ 核发送的某些信号,由交换模型直接转发其他核发送的信号;第二种方式是由交换模型对各 eC104+ 核发送的信号进行收集,当达到一定条件后,由交换模型向 eC104+ 核发送信号。

RapidIO 系统动态初始化阶段,当 eC104+ 枚举核发送读寄存器请求信息后,等到相应的响应信息后继续执行接下来的逻辑,表明第一种同步机制正确。

3.6 可扩展性分析和实验总结

HXDSP 芯片的 eC104+ 核可达到 30 GOPS 计算能力,单个芯片可以达到 60 GOPS,峰值定点乘累加能力为 32 GMACS。通过合理的设计计算和通信的流水线,最大程度地发挥 HXDSP 众核虚拟平台的计算能力,可以完成较大规模的并行计算任务。

本设计中的交换模型除了实现单板卡内数据通信,还能实现单板卡间的通信,形成多板卡系统,具有较好的可扩展性。ARM 公司发布了自研的 48 核 ARMv8 服务器芯片,拥有低功耗和高性能的优势,可以实现多维快速傅里叶变换(FFT)运算。文献 [15] 研究 HXDSP 如何高效地实现矩阵乘法,文献 [16] 研究如何设计移位器优化运算和传输过程,本文可以在上述基础上研究如何利用众核虚拟平台进行优化。

综合上述实验结果,本文所设计的 HXDSP 众核虚拟平台,正确实现了多 HXDSP 芯片之间的相互通信。设计的 RapidIO 交换模型和 Ethernet 交换模型均可以正常工作,数据传输速率符合相关协议标准。

4 结论

本文以 HXDSP 处理器为原型,利用其所提供的相关外设接口,使用 SystemC 语言设计了众核虚拟平台。该虚拟平台采用了 RapidIO 和 Ethernet 协议,分别设计了 RapidIO 和 Ethernet 交换模型实现 HXDSP 之间的快速通信。针对 RapidIO 系统动态初始化,设计了一种时钟信号驱动的非递归探测算法。交换模型加强了 eC104+ 核之间的通信能力,同时提供了通信同步机制,使虚拟平台具有协调各芯片计算任务的能力,增强了虚拟平台的可用性。众核虚拟平台的设计和实现,增强了计算能力和存储能力,为硬件板卡系统的生产提供了指导,对其他的 DSP 板卡平台的设计也具有一定的借鉴意义。

HXDSP 众核虚拟平台主要针对 HXDSP 系列芯片,未来考虑对其可移植性进行扩充,使其可以适用于其他的硬件系统。数据交换模型中目前使用的调度算法主要是优先级或者时间调度算法,可以考虑实现更复杂的调度算法,以适应不同任务的需求。在此基础上,考虑基于 HXDSP 众核虚拟平台的异构计算系统和框架的开发。

参考文献

[1] WANG Q , DAI YJ , LI CC , et al. Integrated suspending and rotating controller based on TMS320F28377D for magnetically suspended rotor[C]. Proceedings of the 37th Chinese Control Conference. Wuhan:CCC,2018:5094-5097.

[2] 周滨, 谢晓霞, 傅其祥, 等.基于多 DSP 的高速通用并行处理系统研究与设计 [J]. 电子设计工程, 2012(17):181-185.

[3] 邓文齐. 基于 BWDSP 的众核深度学习加速器的研究 [D]. 合肥:中国科学技术大学, 2018

[4] ARNAUDON M, BARBARESCO F, YANG L. Riemannian medians and means with applications to radar signal processing[J]. IEEE journal of selected topics in signal processing, 2013, 7(4):595-604.

[5] YANG C. Design and implementation of switch unit in communication system based on rapidIO bus[J]. Computer & digital engineering, 2014, 42(6): 1003-1010.

[6] GIULIO C, ALESSANDRO S, ALESSANDRO M, et al. Full-Fledged 10Base-T ethernet underwater optical wireless communication system[J]. IEEE journal on selected areas in communications, 2018, 36(1):194-202.

[7] LOPEZ-PEREZ D, LING J, KIM B H, et al. LWIP and Wi-Fi boost flow control[C]. 2017 IEEE Wireless Communications and Networking Conference(WCNC).Piscataway,NJ: IEEE, 2017.

[8] GOWANLOCK M , KARSIN B. A hybrid CPU/GPU approach for optimizing sorting throughput[J]. Parallel computing, 2019, 85(7):45-55.

[9] 石旭东, 王若文, 王家林, 等. 飞机 ARINC429 数据传输串扰过程建模与仿真 [J]. 系统仿真学报. 2018, 30(2):482-488

[10] 李挥, 陈曦. SystemC 电子系统级设计 [M]. 北京:科学出版社, 2010.

[11] 唐波, 孙超, 彭力. 一种简单的基于事件触发的时间同步算法 [J]. 小型微型计算机系统. 2018, 39(4):668-671.

[12] HONG G，KANG S，KIM C S，et al. Efficient parallel join processing exploiting SIMD in multi-thread environments[J]. ICE transactions on information and systems，2018，E101.D（3）:659-667.

[13] 王俊，郑彤，雷鹏，等. 深度学习在雷达中的研究综述 [J]. 雷达学报. 2018，7（4）:5-21.

[14] ALEXANDRE B. A depth-first search algorithm for computing pseudo-closed sets[J]. Discrete applied mathematics，2018，249（11）:28-35.

[15] 刘余福，郎文辉，贾光帅. HXDSP 平台上矩阵乘法的实现与性能分析 [J]. 计算机工程. 2019，45（4）:25-29.

[16] 叶鸿，顾乃杰，林传文，等. 一种基于 HXDSP 的移位器查找表技术 [J]. 北京航空航天大学学报. 2019，45（10）: 2044-2050.

基于机器学习方法的高速信道建模研究

何静，李晋文，杨安毅

（国防科技大学计算机学院计算机所　长沙）

摘　要：随着高速信道的传输速率变高，传输距离变长，结构复杂度变高，信道建模也变得复杂且艰难。本文将目前比较火的机器学习方法与高速信道结合起来，提出了一个新颖的方法。本文利用采集的大量模拟数据，采用深度神经网络（Deep Neural Network, DNN）与循环神经网络（Recurrent Neural Networks, RNN）方法对信道建模，模型一旦训练成功就可预测信号眼图，并且评判高速信道的性能，提高了计算效率。另外，在高速信道中，信号严重的干扰和衰弱问题会限制传输距离和传输速率，这会给测试和信息采集带来困难。为了恢复理想信号，高速串行链路通常包含复杂的均衡模块，本文采用最小均方算法（Least Mean Square，LMS）[1]，可以有效地消除干扰，减小误码率，提高传输速率。

关键词：高速信道；DNN；RNN；眼图；机器学习；均衡；LMS

1　引言

随着人们对高速、高集成度的需求越来越大，高速有效地传输信号成为人们关注的焦点。为了评估和分析高速信道设计，人们通常使用眼图。眼图是评价高速电路设计质量的重要手段。在寻找新的数值技术以提高生成眼图过程的计算效率方面做了许多努力。

目前，机器学习已经成为处理大量数据的强大分析工具。在本文中，我们使用机器学习中的神经网络算法 DNN 与 RNN，将现有的时域波形作为输入，并在剩余需要的时间步长中对时域波形进行预测。换句话说，训练 DNN/RNN 代替电路模拟器，生成足够的时域序列，形成眼图。一旦神经网络模型得到训练，预测就可以通过推理进行，而不需要特定的领域知识。这种神经网络模型节省了复杂和昂贵的电路模拟，高速通道的建模和计算效率也显著提高。机器学习方法为信号完整性分析提供了大量的机会。当有新的数据可用时，可以逐步改进信道模型。

高速信道中传输的高速信号受到信道的非理想性影响而产生严重衰减和失真即码间干扰，使得接收端 RX 的眼图变小，为了消除码间干扰恢复理想信号，高速串行链路通常包含复杂的均衡模块，本文采用基于最小均方误差准则的最小均方算法来消除码间干扰，使眼图张得更大，提高均衡性能，优化该信道。

2　高速信道

近些年，随着云计算、大数据分析、物联网和互联网的快速发展，人们对高速有效地传输信号的需求越来越高。并行数据传输和串行数据传输是数据传输的两大基本方式，而传统的并行数据接口已经无法满足高速传输信息的要求，因为并行信号虽然能够同时传输多路数据，但也需要更多的线缆及连接器，这就大大增加了通信成本和板级系统复杂度，并行信号传输过程的信号耦合与干扰也极大地限制了其传输距离和速度，如今传统并行接口的速度已经达到了一个瓶颈，取而代之的是速度更快的串行接口，于是 SerDes 技术成为了高速串行接口的主流。SerDes 是英文 SERIALIZER（串行器）/DESERIALIZER（解串器）的简称，如图 1 所示。即在发送端多路低速并行信号被转换成高速串行信号，经过传输媒体，最后在接收端将高速串行信号重新转换成低速并行信号。SerDes 可以实现远距离高速数据传输，而这是使用宽并行总线也不可能实现的。

　　SerDes 益处良多,因为它使传输带宽得到最大化利用,并且降低了传输信道与引脚数目等硬件开销,从而有效缩减了传输成本,也减小了 PCB 板级系统布线的复杂性。而今,SerDes 在众多领域被广泛使用,例如通信、电信、视频、工业等 [1]。

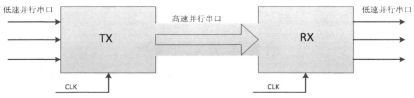

低速并行串口　　　　　　　　　高速并行串口　　　　　　　　　低速并行串口

TX　　　　　　RX

CLK　　　　　　CLK

图 1　SerDes 串行通信技术示意图

　　随着通信速率的提高,传输信道的高频损耗、反射、串扰、码间干扰等对通信系统的限制也越来越严重,严重影响通信的可靠性。随着传输距离变长,传输速率变快,长线传输系统的接收端的数据得不到及时处理和反馈。为了补偿由于衰减、反射和串扰引起的信号衰减,并改善信道性能,通常采用均衡技术 [1]。而 LMS 自适应均衡算法,可以有效地加快数据处理速度,消除干扰,减小误码率,可以使传输距离延长,传输速率得到提高。所以在长线传输中,接收端的均衡技术研究就至关重要了。现有均衡算法过于复杂,计算速度慢,并不能满足长线传输快速计算、实时处理信号的要求。所以采用 LMS 算法,简单快速,均衡效果好。

3　学习方法

3.1　神经网络学习方法

3.1.1　DNN

　　机器学习本质上就是一种对问题真实模型的逼近。机器学习算法主要是指通过数学及统计方法最优化求解问题的步骤和过程。针对不同数据和不同模型需求,选择和使用适当的机器学习算法可以更高效地解决一些实际问题。

　　神经网络是模拟生物神经系统。神经网络中最基本的成分是神经元模型。一直沿用至今的是这个 M-P 神经元模型,如图 2 所示,在这个神经元模型中,神经元接收来自 n 个其他神经元的输入信号,这些输入信号通过带权重的连接进行传递,神经元接收到的总输入值将与神经元的阈值进行比较,然后通过激活函数处理以产生神经元的输出。把许多个这样的神经元按一定的层次结果连接起来,就得到了神经网络 [2]。

$$y = f\left(\sum_{i=1}^{n} w_i x_i + b\right)$$

神经元

图 2　M-P 神经元模型

　　如图 3 所示,深度神经网络由输入层、隐藏层和输出层连接节点组成。结合图 2 和图 3 所示,神经元节点将第 h-1 层连接到第 h 层,W 和 b 为权重和偏差,f 为激活函数。

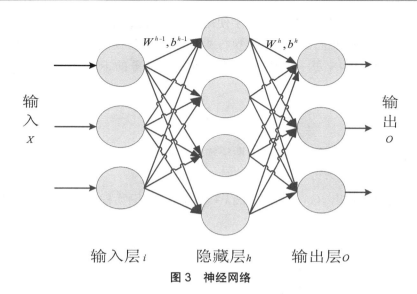

图 3　神经网络

$$h_i = X^{h-1} \cdot W^{h-1} \tag{1}$$
$$h_0 = f(h_i + b^{h-1}) \tag{2}$$
$$e_i = y_i - \hat{y}_i \tag{3}$$

公式（1）是隐藏层 h 的输入 h_i 等于隐藏层 X^{h-1} 的输出与权重 W^{h-1} 的乘积。公式（2）是隐藏层 h 的输出 h_0 等于隐藏层 h 的输入 h_i 与偏差 b^{h-1} 的和通过激活函数 f 作用的值。公式（3）是真实值 y_i 与预测值 $\hat{y}_i$ 的偏差。神经网络算法实质上就是优化权重和偏差项，通过迭代更新定义的权值，使预测值与真实值的差值最小。

3.1.2　RNN

循环神经网络又被称为时间递归神经网络。传统神经网络，每一个时间步隐含层神经元之间没有连接。但 RNN 中每一个时间步的隐藏层输入由当前时间步的输入和上一时间步的隐含层输出共同决定，因此历史数据的影响不会消失，而是会继续存在。

每一个 RNN 单元都包括输入部分，隐藏层部分和输出部分。RNN 单元的数量等于时间步数量，前一个 RNN 单元的隐藏层部分连接到下一个 RNN 单元的隐藏层，然后输出预测数据[3]。

每一个时间步的 RNN 单元的具体结构如图 4 所示。

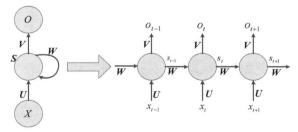

图 4　RNN

输入层：输入为 $\boldsymbol{X}_t = (x_t^1, x_t^2, \cdots, x_t^n)$，输入层节点数为 n。

隐藏层：隐藏层节点数可以自己设定，暂定为 m，隐藏层输入数据为 $\boldsymbol{S}_t = \boldsymbol{X}_t \cdot \boldsymbol{U} + \boldsymbol{S}_{t-1} \cdot \boldsymbol{W}$。

输出层：输出层节点数为 r，输出层输入为 $\boldsymbol{O}_t = \boldsymbol{S}_t \cdot \boldsymbol{V}$。

图 4 中 $\boldsymbol{W}$ 为连接相邻时间步隐藏层的权重矩阵，维度为 $m \times m$；$\boldsymbol{U}$ 为连接输入层与隐藏层的权重矩阵，维度为 $n \times m$；$\boldsymbol{V}$ 为连接隐藏层到输出层的权重矩阵，维度为 $m \times r$。

RNN 不像传统的深度神经网络,在不同的层使用不同的参数,循环神经网络在所有步骤中共享参数(U、V、W)。这反映一个事实,我们在每一步上执行相同的任务,仅仅是输入不同。这个机制极大减少了我们需要学习的参数的数量。RNN 每一步都有输出,但是根据任务的不同,这个是可以根据用户需求来调整的。

3.2 LMS 自适应算法原理

LMS 算法[1, 4]所采用的规则是使均衡器的期望输出值和实际输出值之间的均方误差最小化的准则,即理想信号与滤波器输出之差的平方的期望值最小。

如图 5 所示,第 k 时刻的输出 $y(k) = \sum_{i=0}^{N-1} w_i(k)x(k-i)$,其中 $w(k)$ 为权系数,N 为滤波器阶数,抽头系数在

k 时刻权重为 $\boldsymbol{W}(k) = (w_0(k), w_1(k), \cdots, w_{N-1}(k))^T$,均衡器输入矢量信号为 $\boldsymbol{X}(k) = (x(k), x(k-1), \cdots, x(k-N+1))^T$,则输出信号 $y(k)$ 的计算公式如下:

$$y(k) = \sum_{i=0}^{N-1} w_i(k)x(k-i) = \boldsymbol{W}^T(k)\boldsymbol{X}(k) \qquad (4)$$

误差序列 $e(k) = d(k) - y(k)$,其中 $d(k)$ 是期望信号,按照均方误差准则所定义的目标函数如下:

$$F[e^2(k)] = E[e^2(k)] = E[d^2(k) - 2d(k)y(k) + y^2(k)] \qquad (5)$$

所以按照自适应判决反馈均衡器系数矢量变化与矢量估计的方向之间的关系,可以写出算法的公式如下:

$$w(k+1) = w(k) + u * e(k) * x(k) \qquad (6)$$

LMS 算法的一个重要特点是将其期望值 $d(k)$ 近似用瞬时值 $x(k)$ 代替。算法步长为 u,步长因子 u 是设计自适应数字滤波器需要考虑的重要因素。在收敛的范围内,一般来说 u 越小,收敛速度越低,但是滤波性能提高;u 越大,收敛速度越高,若 u 太大,收敛将变得不明显,收敛过程将出现振荡,甚至造成计算溢出。

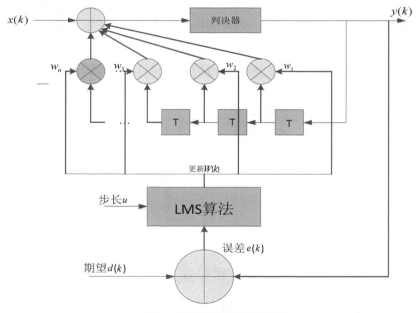

图 5   LMS 自适应算法均衡

自适应均衡器,主要处理过程按照功能主要分为滤波、求误差和权值更新三个计算过程。在自适应状态下,首先自动调用调节滤波器系数的自适应训练步骤,然后利用滤波系数加权延迟线上各信号来产生输出信号,将输出信号与期望信号相比,所得的误差通过一定的自适应控制算法再来调整权值,以保证滤波器处在

最佳状态。

4 实验

4.1 用神经网络仿真信道

系统的设置如图 6 所示。我们使用当前时间步的 V_{TX} 来预测当前时间步的 V_{RX}。

图 6 数据测量设置

本文我们利用 ADS(Advanced Design System)模型采集 6 300 个时间步长,开发环境是基于 Anaconda,通过 DNN 算法,使用 Python 语言[5]实现。其中 6 200 个时间步长用来训练, 100 个时间步长用来预测。输入节点 100 个,隐藏层节点 50 个,输出节点 100 个,训练次数 400 次,激活函数使用的是 $\tanh(x) = \dfrac{\sinh(x)}{\cosh(x)} = \dfrac{e^x - e^{-x}}{e^x + e^{-x}}$,实验结果如图 7 所示,可以看出预测值与实际输出值几乎吻合。同样的数据用

RNN 神经网络算法,输入节点 100 个,隐藏层节点 50 个,输出节点 100 个,训练次数仅 100 次,测试结果如图 8 所示,比较图 7 和图 8 可以看出 RNN 的算法明显优于 DNN,结果更加准确。由于高速信道后续的输出与之前的输入相关,比较符合 RNN 的特性,所以对高速信道模型来说,RNN 算法效果优于 DNN。图 9 是预测输出眼图,输入电压在 -0.5~0.5 V,由于信道损耗,输出值在 -0.1~ 0.1 V。

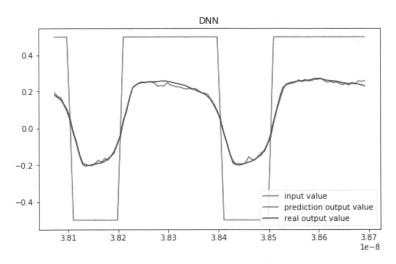

图 7 DNN 预测值与实际输出值

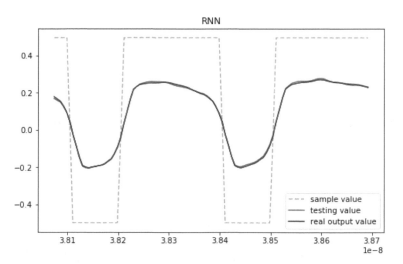

图 8　RNN 预测值与实际输出值

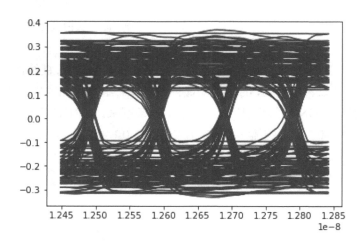

图 9　输出眼图

4.2　用 LMS 算法实现均衡

　　由于信道损耗引起信号失真,我们采用 LMS 最小均方差均衡算法实现,提高均衡效果。同样是用 Python 语言,将 RX 端的输出信号作为 LMS 算法的输入 $y(k)$,将 TX 端的标准信号作为 LMS 的期望值 $d(k)$,通过公式(6)实现均衡算法,本文使用的 u 值为 0.2。实验结果如图 10 所示,表明未经 LMS 均衡之前的幅值大概在 -0.1~0.1 V,经过 LMS 均衡后,眼图的幅值大概在 -0.4~0.4V,效果明显改善。

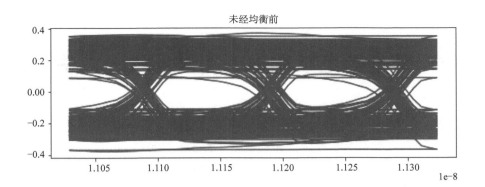

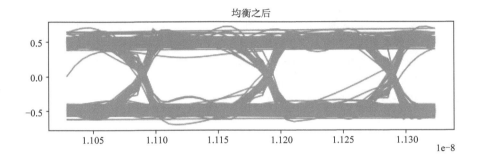

图 10　LMS 均衡之前的眼图与 LMS 均衡之后的眼图

5　结论

在本文中,我们采取了不同的路径,并提出了利用现有的仿真数据解决高速信道仿真效率问题。在已有数据的基础上,建立了基于学习的模型。一旦训练完成,我们就获得了一个合理的模型来表征高速通道的性能指标——眼图。该方法不需要复杂的电路模拟,也不需要大量的领域知识。在现代计算机硬件上,模型训练可以很快完成,一旦训练结束,就可以高效地进行预测。

从功能上介绍 LMS 均衡算法,然后对具体的算法进行分析并用 Python 编写相应的均衡算法,最后对这些均衡算法进行验证。从仿真对比的角度说明该均衡算法的有效性。

参考文献

[1] 史航. 高速 SerDes 信号和均衡技术研究 [D]. 杭州:浙江大学,2015.

[2] 周志华. 机器学习 [M]. 北京:清华大学出版社, 2016.

[3] MANTCHS. 循环神经网络(RNN)的 TensorFlow 实现 [EB/OL]. [2020-08-15].https://blog.csdn.net/weixin_41510260/article/details/99635435.

[4] 赵高荣. 高速并行链路中均衡技术的研究与设计 [D]. 西安:西安电子科技大学, 2019.

[5] MATTHES E. Python 编程从入门到实践 [M]. 北京:人民邮电出版社, 2016.

航母装备信息系统知识图谱的构建方法

高广生，黎铁军，田毅龙

（国防科技大学计算机学院　长沙　410073）

摘　要：以图的形式将各类数据融合为一体的知识图谱可有效帮助知识需求者从带有复杂相互关系的信息中高效获得目标知识。本课题从军事需求实际出发，结合信息技术发展带来的新挑战与新机遇，以构建航母装备信息基础知识的信息系统为研究目标，提出了具体的有关知识图谱的构建思路和实现流程，对于人工智能技术在军事领域的应用进行了新尝试。所提出的航母装备信息知识图谱的构建方法对于军事领域中其他信息的基础知识图谱的架构设计和实现流程具有指导性的参考价值，已完成构建的基础知识图谱亦可进一步扩充以供国防工业部门、军事研究机构、指挥决策机关及参谋人员使用，应用于情报分析、辅助决策等方面的智能化指挥信息系统。

关键词：军事装备；知识图谱；中文文本信息获取；深度学习；信息系统

Construction Method of Knowledge Graph of Aircraft Carrier Information System

Gao Guangsheng, Li Tiejun, Tian Yilong

（College of Computer, National University of Defense Technology, Changsha, 410073）

Abstract：As one of popular technologies for organizing information, the KG(Knowledge Graph)integrating all kinds of data in the form of graph can help the demander obtain the knowledge from the information with complex relationships effectively. For the high requirement of confidentiality in the relevant information of the military and the specialty of military terms and Chinese language, the methods for construction of military KG presented many different characteristics compared to the methods for construction of civil KG in Chinese. This paper made a new attempt on the application of AI(Artificial Intelligence)technology in the domain of military, and put forward a method for construction of the basic KG in Chinese for the equipment information of aircraft carrier. The construction method and architecture of KG which were given in this paper have considerable value in the construction of different KG in military field, and the basic Knowledge Graph constructed can be developed to the IMS(Information Management System)serving the work of the related organization and person with more function.

Key words：military equipment; knowledge graph; chinese text information extraction; deep learning; neutral network model; information system

知识图谱作为一种研究数据之间关联关系和知识结构化表示的新兴技术，具有结构灵活、关系清晰、可视化程度高的突出特点和优势，可有效帮助信息和知识需求者快速从海量的带有复杂相互关系的数据中获得目标信息[1-3]。

目前，知识图谱技术在个性化推荐、智能问答、智能客服等领域已得到比较广泛的应用，其在提升知识查询的精度以及可扩展性方面展现出了巨大的优势。但是现有的知识图谱产品更多还是出现在商业应用和民用及其他通用领域,而在专业性较强的军事等特殊专用领域的研究和应用仍然是个空白。在现代复杂的战场环境中,通过构建军事领域专用的知识图谱对军事信息进行组织能大大提升作战指挥和行动的效率,它对于作战指挥、辅助决策具有相当的现实意义,特别是军事装备信息的知识图谱相较于其他信息组织和呈现方法与技术能更为有力地支持参谋人员进行情报研判、目标分析、行动筹划和作战部署等专门的业务工作。

　　本课题以大数据时代下海量数据涌现与处理能力有限的实际矛盾为背景,将人工智能技术与军事装备信息相结合,对航空母舰装备的知识图谱的构建进行了新的尝试和实践,综合运用和优化现有的理论和技术成果,实现了知识图谱技术在军事信息组织和管理方面的应用创新。

1 "知识图谱"的内涵与应用

1.1 "知识图谱"的内涵

　　知识图谱因谷歌(Google)公司于2012年推出的Google Knowledge Graph而正式得名,虽然学术界的专家学者和工业界的技术厂商围绕"知识图谱"进行了大量的研究并对其有各自不同的理解和定义,但至今仍没有出现完全一致的表述和公认的"标准定义"。

　　如果从知识图谱概念提出者谷歌公司的产品所带有的特征和应用情况(见图1 谷歌知识图谱的技术架构)来看,我们综合后可以以这样的方式描述"知识图谱"—— 一种通过结构化、语义化的处理将信息转化为知识并加以应用语义网络的新一代知识库技术,"知识图谱"以"图(graph)"的形式表示带有不同属性的"实体"及不同"实体"之间的关联和关系。

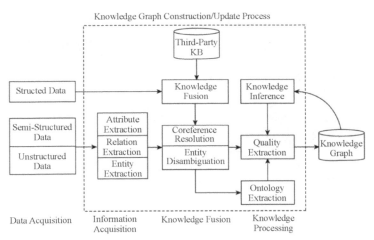

图1　谷歌知识图谱(google knowledge graph)的技术架构[4]

　　国内最早将知识图谱引入搜索引擎的互联网企业是搜狗,其代表产品是其2012年推出的搜狗"知立方"。2013年百度正式推出"百度'知心'"是百度下一代搜索引擎的雏形,其构想是通过知识图谱技术将散落在互联网上碎片化的知识整合起来形成搜索结果反馈给用户,"百度教育""百度游戏""百度医疗"是"百度'知心'"目前开放的三个行业产品[5]。

　　除此以外,一些面向特殊领域的知识图谱近年在相对比较成熟的通用知识图谱产品的基础上衍生。

1.2 "知识图谱"的军事应用

　　从以"知识图谱"为概念的技术在军事领域及与军事相关的国防安全领域的发展和应用来看,美国一直走在前列。美国国防高级研究计划局(Defense Advanced Research Project Agency,DARPA)为从根源上阻断恐怖袭击于 2002 年启动进行了 TIA(Total Information Awareness)项目 [6-8]。

TIA 主要分为三个模块：①构建大规模的反恐数据库的体系结构；②提出从数据中挖掘、提炼和融合目标信息的新方法；③通过构建知识图谱对数据库中的数据进行分析及关联，并从中获得目标情报。

TIA 通过从非结构化的数据中抽取人、地点、组织和事件之间的关系及其关联的信息，从而实现对恐怖分子的关系、行踪、活动等进行关联分析和建模，在应对恐怖活动方面发挥了重要作用。从 TIA 项目的技术流程来看，其思想今天被我们命名为"知识图谱"。

知识图谱是信息关联分析的有效工具和手段，世界各个信息技术强国的国防和安全领域的部门均已构建或已起步积极研发满足本系统需求的"知识图谱"或"准知识图谱"。而与商用和民用的通用和专用知识图谱构建和应用进行比较，军事领域由于其自身特殊性，国内外目前为满足部分具体的、特定的需求已研发了一些可用的专用知识图谱，大规模的成熟的军事领域通用和专用知识图谱仍然寥寥无几。

2 知识图谱系统架构

2.1 "知识"来源

根据知识组织的方式，我们可以将用于知识图谱构建的"知识"来源划分为以下三大类。

（1）以 Freebase、DBpedia、Wikidata 为代表的大规模知识库。该类知识库包含了大量的实体关系和实体描述，并采用 RDF(Resource Description Framework)三元组的形式对知识进行存储和组织，知识质量比较高，其数据可以作为知识图谱的知识来源而直接用于知识图谱的构建。

（2）以百度百科、维基百科(Wikipedia)为代表的在线百科网站(图 2)。百科网站是以众包的方法由互联网使用者共同参与完成编辑的大规模知识库，其中也有被称为"信息模块"或"信息盒子"的"信息盒(info-box)"模块采用结构化的形式展现了"词条"的关键信息，它可作为"命名实体"的属性和属性值。百科网站词条网页以结构化或半结构化的形式存储和组织的知识可用于知识图谱的构建，可有效地转化为知识图谱的知识来源。

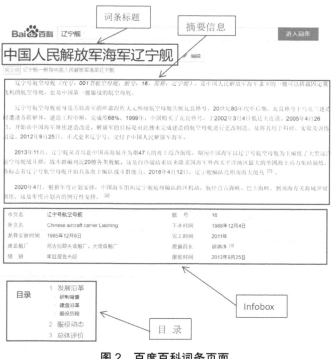

图 2 百度百科词条页面

（3）互联网网页文本。在互联网中的海量网站和网页文本中的"知识量"在数量规模上远超任何一个现有的知识库,而且实时更新的网页数据为知识的时效性提供了保证。但互联网网页的知识的组织形式并不统一,如何从互联网网页海量的非结构化知识中获得高质量的知识是科研工作者当下致力解决的一个问题,目前部分科研机构已开发出满足其对特定"知识"获取需求的信息抽取系统。

2.2 "知识"获取

知识获取是知识图谱构建中的关键环节,其中主要包括命名实体识别、关系抽取和属性抽取 [9-11]。

2.2.1 命名实体识别

命名实体识别（Named Entity Recognition，NER）是指从语料中识别出具有特定意义的"命名实体（named entity）"的技术流程,它是知识图谱构建工作中至关重要的一步。其中,"命名实体"与"实体"同义。

在军事领域,"命名实体"可以是战术战法、组织机构、职务、部队代号番号、武器装备等专用词汇。在航母装备的信息中,"命名实体"可以是装备名称（舰型/舰名）、人员信息（舰长/舰员）、驻地/母港、舰载武器、舰载机型、任务名称和代号等。

命名实体识别一直是自然语言处理研究的重点,主流的技术路线随着计算机算力提升目前已从早期的基于模板（词典驱动和模式匹配）的方法走向基于机器学习和深度学习的方法。

2.2.2 关系抽取

关系抽取（Relation Extraction，RE）是指从所处理的文本中获得命名实体之间的语义关系。在命名实体抽取中,一般会对原始语料中的一些命名实体进行标记,但是构建知识图谱要实现将不同的离散的命名实体关联起来,还需要从语料中获得所识别的不同命名实体之间的关联信息,关系抽取技术的目的就在于此。

关系抽取在早期主要通过人工根据语义和语法构造例如特定的触发词、依存句法的规则对不同命名实体之间的关联关系进行识别和获取。该方法基于专家人工制定的规则,识别上有较高的准确率,在小规模数据集上容易实现,可以为特定领域定制,但由于规则构造需要有相当的相关领域的专业知识,而且人工制定命名实体之间的关系规则工作量巨大,适应丰富的语言表达形式的程度有限,迁移扩展到其他领域有一定难度。

近年,通过人工制定规则完成关系抽取的方法逐渐被深度学习的方法替代,在实际应用中常采用融合多种抽取技术的方式进行关系抽取。

2.2.3 属性抽取

属性抽取的目的在于从语料数据中抽取目标命名实体的属性内容。但命名实体的属性可以看作是连接命名实体与属性值的关系,因此属性抽取在实际应用中往往被转化为关系抽取问题。

2.3 "知识"存储

知识图谱是一种基于图的数据结构,由结点和边组成,从其构建的应用来看,可以被视为一种图结构的"语义网（semantic web）"。由于大量的关联关系存在于知识图谱中,因而其并不适合于转换成关系数据库形式存储。知识图谱是基于图的数据结构,它的存储方式主要有两种形式:RDF存储格式和图数据库。其中,基于图数据库的知识图谱存储方法是目前知识图谱构建中实现"知识"存储的主流技术路线。

如图3所示,图数据库通过图（graph）来进行建模,以结点表示命名实体,以边表示不同命名实体之间的关系,从而可以更加自然地描述知识图谱中不同命名实体之间的关系,可有效地避免模型转换的代价。图数据库增强了关系表达,能提供完善的图查询语言,支持各种图挖掘算法。采用图数据库存储知识图谱,能有效利用图数据库中以关联数据为中心的数据表达、存储和查询。

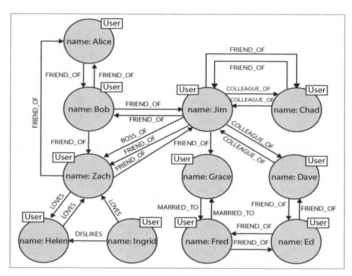

图 3   图数据库关系表示示例 [12]

2.4   构建流程

目前,"自底向上""自顶向下"是知识图谱构建的两种基本思路。知识获取、知识融合、知识加工和知识更新是知识图谱构建的主要四个步骤,但具体的构建流程会因为数据来源的不同而产生一定的差异。

从比较成熟的通用领域知识图谱产品的构建方法和构建思路来看,其知识图谱构建的实现主要是基于已有的结构化知识,但对于半结构化和非结构化的知识还并没有非常成熟的、通用的处理工具和方法。对于军事领域的知识图谱构建来说,军事领域的结构化知识和数据相对更为稀缺,即使在开放的数据源中也难以获得足够的满足知识图谱构建需求的数据和知识,而且完成半结构化和非结构化的军事领域知识除了需要具备较强的相关技术的工程能力,还需要具备一定的军事领域的专业知识。

对比几种公开的可用于知识图谱的"知识"来源数据,我们发现通过"众包"形式的百科网站词条网页的"知识量"相较于一般的知识库更大,其结构化程度相较于一般的互联网网页文本更高,比较适合作为一般的军事装备信息基础知识图谱构建的"知识"来源。

3   关键技术

3.1   军事语料处理

对于军事领域的语料而言,正式的文书有统一的格式和书写规范,其具有内容准确、简明扼要的特点,但可被用于军事语料库构建的可公开的正式的军事文书并不多,而相关用语在日常的表达中往往因为使用习惯等原因存在差异,不同军兵种也有各自不同特点的表达,例如陆军的作战单元"××集团军××合成旅××合成营××连"、海军舰艇部队的作战单元"××舰队××支队××舰"、空军航空兵部队的作战单元"××师××大队××中队"等。

考虑到航母装备信息特点,本论文提出了用于知识图谱获得"知识"所需的语料库和标注集的构建方法,对通用领域的命名实体标注集进行了扩充,对航母及与其相关的命名实体之间的关联关系类型进行了定义,如表1、表2所示。

表 1   基于 BIO 标注模式扩展的航母装备信息命名实体标注方法

标注	含义
B-PER	当前字在人员命名实体词组的起始位置

标注	含义
I-PER	当前字在人员命名实体词组的非起始位置
B-LOG	当前字在地理位置命名实体词组的起始位置
I-LOG	当前字在地理位置命名实体词组的非起始位置
B-ORG	当前字在组织机构命名实体词组的起始位置
I-ORG	当前字在组织机构命名实体词组的非起始位置
B-EQU	当前字在武器装备命名实体词组的起始位置
I-EQU	当前字在武器装备命名实体词组的非起始位置
O	当前字不属于任何命名实体

由于目前能准确对带有军语(军事专业词汇、军事专业用语)的文本进行处理的专用分词工具仍未出现,因而处理军事领域的文本数据时往往需要具有相关领域军事背景知识的行业专家参与,通过通用领域的成熟的分词工具和与人工作业相结合的方式对一些特定的词汇进行标注和处理。

表 2 　航母装备信息关系类别分类定义示例

关系类型	标号	关系类型	标号	关系类型	标号
命名实体名称	0	隶属机构	9	航母动力	18
指挥员	1	配属舰艇	10	舷 号	19
所属国家	2	配属武器	11	舰名出处	20
建造船厂	3	配属部队	12	国 籍	21
母 港	4	舰艇舰型	13	设计和研发机构	22
驻 地	5	舰载机	14	设备生产厂家	23
任务地域	6	舰载雷达	15		
隶属海军	7	舰载火力	16		
隶属舰队	8	航母设备	17		

3.2 　基于 BiLSTM-CRF 的命名实体识别

将命名实体识别转化为序列标注(sequence labeling)的问题是自然语言处理中进行信息抽取和挖掘深层语义信息的主要方法。在解决序列标注问题中,待标注序列的前后关系是研究的重点,而标注序列的前后关系,现在一般的主流方法是通过使用双向长短时记忆模型(Bidirectional LSTM,BiLSTM)获得[13-14]。

BiLSTM(图 4)借助存储单元的结构来保存较长的依赖关系,并且通过输入门、输出门和遗忘门来调整之前状态对当前存储单元状态的影响。然而,BiLSTM 缺乏在整句层面的特征分析,所以需要借助条件随机场(Conditional Random Fields,CRF)的帮助。CRF 将序列标注的重点放在句子级别上,根据特征模板来进行标注,通过隐马尔科夫模型(Hidden Markov Model,HMM)中的 Viterbi 解码算法来获得最优解。然而 CRF 存在提取特征困难、适用性不够广的问题,因此可以将 CRF 和 LSTM 结合起来,这样在保证可以提取足够的整句特征的同时,使用有效的序列标注方法完成标注。

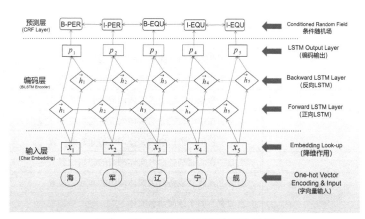

图 4　BiLSTM-CRF 模型系统框架

BiLSTM- CRF 结合了 BiLSTM 和 CRF 各自的特点和优势：

（1）BiLSTM 可以有效地保存整句的前后信息，实现对句子中特征信息的提取；

（2）CRF 可以利用上下文信息进行具有较高准确率的序列标注。

在本课题所进行的命名实体识别的处理中，会将 BiLSTM 前后向的隐藏态结果进行结合，所生成 BiLSTM 的输出会成为 CRF 的输入，形成 BiLSTM- CRF 的结构，识别的效果如图 5 所示。

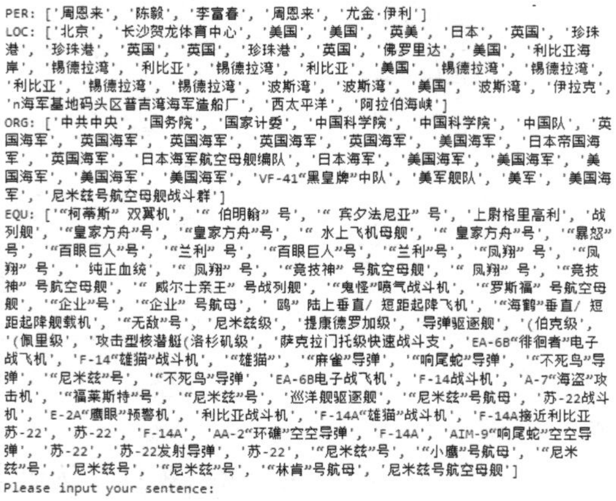

```
PER: ['周恩来', '陈毅', '李富春', '周恩来', '尤金·伊利']
LOC: ['北京', '长沙贺龙体育中心', '美国', '美国', '英美', '日本', '英国', '珍珠港', '珍珠港', '英国', '英国', '珍珠港', '英国', '佛罗里达', '美国', '利比亚海岸', '锡德拉湾', '利比亚', '锡德拉湾', '利比亚', '美国', '锡德拉湾', '锡德拉湾', '利比亚', '锡德拉湾', '锡德拉湾', '波斯湾', '波斯湾', '美国', '波斯湾', '伊拉克', 'n海军基地码头区普吉湾海军造船厂', '西太平洋', '阿拉伯海峡']
ORG: ['中共中央', '国务院', '国家计委', '中国科学院', '中国科学院', '中国队', '英国海军', '英国海军', '英国海军', '英国海军', '英国海军', '美国海军', '日本帝国海军', '英国海军', '日本海军航空母舰编队', '日本海军', '美国海军', '美国海军', '美国海军', '美国海军', '美国海军', 'VF-41“黑皇牌”中队', '美军舰队', '美军', '美国海军', '尼米兹号航空母舰战斗群']
EQU: ['“柯蒂斯” 双翼机', '“ 伯明翰” 号', '“ 宾夕法尼亚” 号', '上尉格里高利', '战列舰', '“皇家方舟”号', '“皇家方舟”号', '“ 水上飞机母舰', '“ 皇家方舟”号', '“暴怒”号', '“百眼巨人”号', '“兰利” 号', '“百眼巨人”号', '“兰利”号', '“凤翔” 号', '“凤翔” 号', ' 纯正血统', '“ 凤翔” 号', '“竞技神” 号航空母舰', '“ 凤翔” 号', '“竞技神” 号航空母舰', '“ 威尔士亲王” 号战列舰', '“鬼怪”喷气战斗机', '“罗斯福” 号航空母舰', '“企业”号', '“企业” 号航母', ' 鸥” 陆上垂直/ 短距起降飞机', '“海鹞”垂直/ 短距起降舰载机', '“无敌”号', '尼米兹级', '提康德罗加级', '导弹驱逐舰', '(伯克级', '(佩里级', '攻击型核潜艇(洛杉矶级', '萨克拉门托级快速战斗支', 'EA-6B“徘徊者”电子战飞机', 'F-14“雄猫”战斗机', '“雄猫”', '“麻雀”导弹', '“响尾蛇”导弹', '“不死鸟”导弹', '“尼米兹”号', '“不死鸟”导弹', 'EA-6B电子战飞机', 'F-14战斗机', 'A-7“海盗”攻击机', '“福莱斯特”号', '“尼米兹”号', '巡洋舰驱逐舰', '“尼米兹”号航母', '苏-22战斗机', 'E-2A“鹰眼”预警机', '利比亚战斗机', 'F-14A“雄猫”战斗机', 'F-14A接近利比亚苏-22', '苏-22', 'F-14A', 'AA-2“环礁”空空导弹', 'F-14A', 'AIM-9“响尾蛇”空空导弹', '苏-22', '苏-22发射导弹', '苏-22', '“尼米兹”号', '“小鹰”号航母', '“尼米兹”号', '尼米兹号', '“尼米兹”号', '“林肯”号航母', '尼米兹号航空母舰']
Please input your sentence:
```

图 5　航母装备信息命名实体识别效果示例

3.3　基于 Bi-GRU+Attention 的关系抽取

Bi-GRU+Attention 模型（图 6）源于 BiLSTM+Attention 模型和基于注意力机制的关系抽取模型[15]。

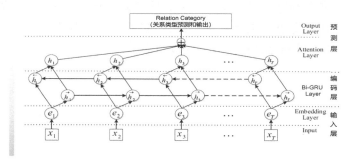

图 6　Bi-GRU+Attention 模型的总体系统框架

Bi-GRU+Attention 模型的基本原理是使用双向门控循环单元神经网络(Bi-directional Gated Recurrent Unit networks，Bi-GRU)模型对文本的上下文进行学习，学习所输入文本的深层次语义特征，再通过注意力机制突出重要特征，舍弃冗余的无用信息，最后通过分类器完成关系的抽取，从而实现准确获取所输入的文本信息中不同命名实体关系的目标。

注意力机制源于人类大脑所特有的信号处理机制，利用有限的注意力资源从大量信息中快速筛选出高价值信息，从而极大地提高了信息处理的效率与准确性。以文本阅读为例，人类在对文本进行阅读时往往通过特定的段落、语句、字词获得能理解和把握文本整体内容的关键信息。注意力机制(attention mechanism)模型的概念最早于 20 世纪 90 年代在视觉图像领域的研究中被提出，最近几年随着深度学习的推进而被广泛应用到各个领域的研究中。

对比 BiLSTM+Attention 模型，Bi-GRU 相较于 BiLSTM 进一步减少了网络训练的时间，而将 Attention 机制与 Bi-GRU 结合，则能进一步提高模型对文本关键信息的识别和获取能力，并显著提高信息的提取质量。

本论文的研究针对中文特点，以中文字向量(character embedding)作为输入，并在 Bi-GRU 的基础上引入注意力机制，在预测层设置字与句子的双重 Attention 层完成关系抽取的任务，效果如图 7 所示。

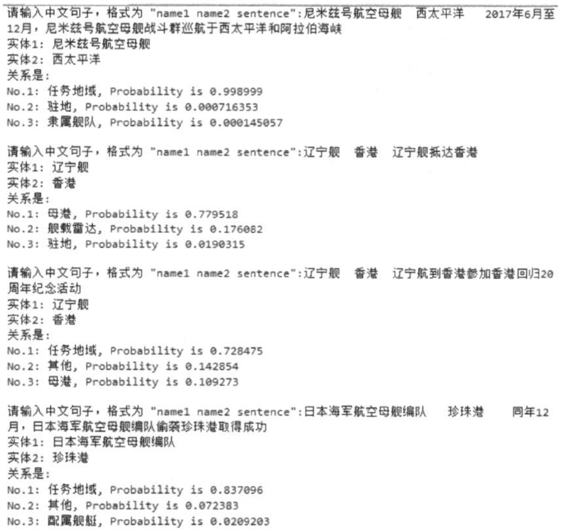
```
请输入中文句子，格式为 "name1 name2 sentence":尼米兹号航空母舰　西太平洋　2017年6月至12月，尼米兹号航空母舰战斗群巡航于西太平洋和阿拉伯海峡
实体1: 尼米兹号航空母舰
实体2: 西太平洋
关系是:
No.1: 任务地域, Probability is 0.998999
No.2: 驻地, Probability is 0.000716353
No.3: 隶属舰队, Probability is 0.000145057

请输入中文句子，格式为 "name1 name2 sentence":辽宁舰　香港　辽宁舰抵达香港
实体1: 辽宁舰
实体2: 香港
关系是:
No.1: 母港, Probability is 0.779518
No.2: 舰载雷达, Probability is 0.176082
No.3: 驻地, Probability is 0.0190315

请输入中文句子，格式为 "name1 name2 sentence":辽宁舰　香港　辽宁航到香港參加香港回归20周年纪念活动
实体1: 辽宁舰
实体2: 香港
关系是:
No.1: 任务地域, Probability is 0.728475
No.2: 其他, Probability is 0.142854
No.3: 母港, Probability is 0.109273

请输入中文句子，格式为 "name1 name2 sentence":日本海军航空母舰编队　珍珠港　同年12月，日本海军航空母舰编队偷袭珍珠港取得成功
实体1: 日本海军航空母舰编队
实体2: 珍珠港
关系是:
No.1: 任务地域, Probability is 0.837096
No.2: 其他, Probability is 0.072383
No.3: 配属舰艇, Probability is 0.0209203
```

图 7　基于 Bi-GRU+Attention 模型的航母装备信息命名实体间关系抽取效果

4　系统实现

4.1　方案设计

基于知识图谱的航母装备信息系统的基础知识图谱构建如图 8 所示，本课题的实现方案如下。

(1)语料和数据获取。通过爬虫的方法获取互联网上不限于中文百科的关于航母装备信息的语料和数据。

(2)数据处理。对军事语料中航母装备相关的命名实体进行标注，对有关关系类别进行定义，完成有关模型的训练数据的准备。

(3)模型训练。使用基于中文百科知识词条中相关信息和数据构造的命名实体识别、关系抽取训练数据集对 BiLSTM-CRF 模型和 Bi-GRU+Attention 模型进行训练。

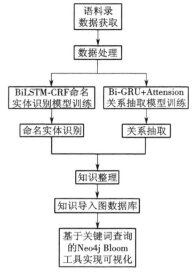

图 8　知识存储和可视化方案设计

（4）知识获取。分别使用 BiLSTM-CRF 模型和 Bi-GRU+Attention 模型完成对基于中文百科知识词条中相关信息和数据完成有关的命名实体识别和关系抽取工作。

（5）在完成对航母装备信息中的命名实体和关系的识别和抽取后，对获取的文本中的目标信息进行分类整理，编辑 CSV 文件。

（6）使用 Cypher 语言将 CSV 文件导入图数据 Neo4j 中，对"知识"进行存储和管理，并使用 Neo4j Bloom 实现知识图谱的可视化。

4.2　功能实现和效果

本课题所构建的航母装备信息基础知识图谱的效果和功能如下。

1. 现役航母装备的整体情况查询

本课题构建的知识图谱通过 Neo4j Bloom 实现可视化，并可通过其查询现役航母装备信息中现役 21 艘航母的舰名、8 个舰艇所属国、9 种型号的航母舰型及其分别对应的动力系统、武器系统、电子系统及驻地和母港，如图 9 和图 10 所示

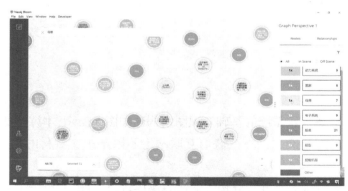

图 9　在检索框中输入"母港"的状态

图 10　知识图谱放大演示

2. 现役航母装备相关具体信息的检索和查询

在 Neo4j Bloom 的视窗中可以根据舰名、舰型、动力系统、武器系统、电子系统、驻地和母港等检索词实现对该类别具体命名实体的具体信息的查询。

1）输入关键词"舰型"，可分别看到现役航母中的 8 种型号的航母，如图 11 所示。

图 11　在检索框输入"舰型"的效果演示

2）选中指定"舰型"后，可查看该型航母的基本信息，如图 12 所示。

图 12　"尼米兹级"航母基本信息

3）该型航母的关联结点（命名实体）和关系类型情况，如图 13、如图 14 所示。

图 13 "尼米兹级"航母关联关系类别信息

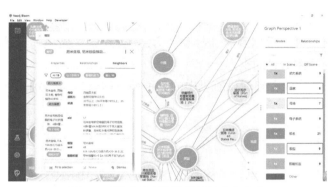

图 14 "尼米兹级"航母关联命名实体

5　结论

我国拥有 300 万平方公里的"蓝色国土"和四通八达的海上航线,加强国防实力,建设强大人民海军对于维护国家的安全和利益、人民的劳动成果与世界和平都至关重要,通过构建有关军事装备的知识图谱提高我军信息化水平对于实现新时代强军目标非常关键。本研究根据军事应用需求,在通用领域知识图谱建设的已有理论成果上提出了基于知识图谱的航母装备信息系统的构建思路和方法,初步完成了有关基础知识图谱的构建。下一步的工作重点在于进一步探索知识图谱构建的自动化方法,对已完成构建的基础知识图谱进行扩充,并根据现代战争特点、部队条令条例、作战指挥流程、战场环境各要素和单位的具体任务要求,将军事装备信息的知识图谱进一步细化,将其与军事活动各方面更多的信息进行更深度的统一、融合,提升知识图谱的事理推理能力,构造功能更强大、可用性更高、适用面更广的航母装备信息系统,提升其对于各级参谋人员筹划和决策的辅助和支持,为战服务。

参考文献

[1] SINGHAL A. Introducing the knowledge graph:things,not strings [EB/OL]. [2012]http://googleblog.blogspot.com/2012/05/introducing-knowledge-graph-things-not.html.

[2] MERVIS J. Agencies rally to tackle big data[J]. Science,2012,336(6077):22.

[3] GOOGLE. Knowledge Graph [EB/OL]. [2020-07-26]. http://developer.google.com/knowledge-graph.

[4] LIU Q,LI Y,YANG D H,et al. Knowledge graph construction techniques[J]. Journal of computer research and development,2016,53(3):582-600.

[5] 王海峰,李莹,吴甜,等. 大规模知识图谱研究及应用 [J]. 中国计算机学会通讯,2018,14(1):47-53.

[6] KINLEY L.TIA:terrorism information awareness or totally inappropriate[J]. Econtent,2003,26(10):7-9.

[7] WANG R,ALLEN T,HARRIS W,et al. An information product approach for total information awareness[J]. SSRN electronic

journal，2003：1-17.

[8] STROSSEN N. Suspected terrorists one and all：reclaiming basic civil liberties in the total information awareness age[J]. Chemistry letters，2003，28（11）：1197-1198.

[9] CARMEL D，CHANG M W，GABRILOVICH E，et al. ERD'14: entity recognition and disambiguation challenge[J]. ACM sigir forum, 2014,48（2）：63-77.

[10] ZHANG K，ZHU Y W，GAO W J, et al. An approach for named entity disambiguation with knowledge graph[C]// 2018 International Conference on Audio, Language and Image Processing (ICALIP).2018：138-143.

[11] ZHU G G，IGLESIAS C A. Exploiting semantic similarity for named entity disambiguation in knowledge graphs[J]. Expert systems with application,2018,101：8-24.

[12] MANTOU. 越来越火的图数据库究竟是什么？ [EB/OL]. [2019-10-12]. https：//www.cnblogs.com/mantoudev/p/10414495. html.

[13] KATUS T M, Matthias M. Working memory delay period activity marks a domain-unspecific attention mechanism[J]. Neuroimage，2016，128：149-157.

[14] LI Z, YANG J S, GOU X, et al. Recurrent neural networks with segment attention and entity description for relation extraction from clinical texts[J]. Artificial intelligence in medicine，2019，97：9-18.

[15] ZHOU P，XU J M，QI Z Y，et al. Distant supervision for relation extraction with hierarchical selective attention[J]. Neural networks，2018,8：240-247.

一种基于系统结点状态的任务调度策略

宋振龙,李琼,谢徐超,任静,魏登萍

（国防科技大学计算机学院　长沙　410073）

摘　要：在超级计算中,任务调度策略通过对大量并行计算任务的高效调度以更好地发挥超级计算机系统的整体性能。然而,传统的任务调度算法在调度任务时并没有考虑超级计算系统中各部件的健康状态。因此,当超级计算机系统处于故障多发期时,现有任务调度算法很难最大限度的发挥超级计算机系统的可用性能。本文首先通过实验发现,当任务调度策略中不考虑结点健康状态时,超级计算机系统的产能会非常低下。为解决该问题,本文提出了一种基于系统结点状态的任务调度策略,可以在超级计算系统的故障多发期更好地提高系统性能产出和资源利用率。实验表明,本文提出的任务调度策略可以提升 227% 的性能产出和 242% 的资源利用率。此外,该任务调度策略可以更好地规划超级计算机系统的维护周期,提升系统维护效率。

关键词：超级计算；并行任务；任务调度；计算系统

A Node State Guided Task Scheduling Strategy

Song Zhenlong，Li Qiong，Xie Xuchao，Ren Jing，Wei Dengping

（College of Computer，National University of Defense Technology，Changsha，410073）

Abstract：In super computing，task scheduling strategies can significantly improve the overall performance of supercomputers by efficiently reordering parallel tasks. However，traditional task scheduling algorithms take no account of the health information of each component in supercomputer systems. Asaresult，leveraging the performance of supercomputer systems is difficult，especially during the period of frequent component failures. Our experimental studies show that the utilization of supercomputer systems can be terribly inefficient if tasks are scheduled without considering node states. In this paper，we propose a node state guided task scheduling strategy to improve the utilization efficiency of supercomputer systems. Experimental results show that our design can improve overall performance and resource utilization by up to 227% and 242% respectively. Besides，the proposed task scheduling strategy can further contribute to making better maintenance plan and improving maintenance efficiency.

Key words：super computing，parallel task，task scheduling，computing system

1　引言

当前,超级计算机已经成为科技创新的重要支撑平台,被广泛应用于石油勘探、航空航天、生物信息、药物设计、气候气象、海洋模拟、新能源新材料、基础科学研究等众多领域。仅我们国内,在天津、广州、无锡、长沙、深圳、济南等就有 6 家已经建成并运营的国家级超级计算中心,以及上海超级计算中心、吕梁超级计算中心等区域性超级计算中心,这些超级计算系统为国家经济建设做出了重要贡献。

收稿日期:2020-08-10;修回日期:2020-09-20
基金项目:国家重点研发计划 2018YFB0204301

高性能计算中任务调度一般由资源管理系统负责,对于发挥系统的性能起着非常重要的作用。资源管理系统根据一定的规则来调度作业和分配资源。当前有多种算法,从分析问题的角度看,主要可以分为以下两种。一是以系统利用率为核心考量的调度方法,着重关注系统资源的利用率,如先来先服务(First Come First Serve, FCFS)[1]和回填调度(backfilling)[2]等策略;二是以任务公平性为核心考量的调度方法,如 Sabin[3-5]、Arabnejad 等[6],研究者着重关注用户作业在系统的公平调度问题。在某种程度上讲这些策略和方法其实都可以在一定程度上提升系统的效率,只不过考量的重点有所不同。但是这些调度策略默认机器状态是完好的,缺乏结合机器现状的调度策略。当前随着智能化运维和监控技术的发展,系统中各部件的工作状态对于资源管理系统是可察觉或可预测的,如果系统的任务调度策略能够基于系统状态进行灵活动态调度,将较大幅度提升系统单位时间的产出。尤其是对于处于生命周期中后期的系统,这种策略的改进效果将更为明显。

在超算系统中,一般情况下随着时间的增长,部分器件会逐渐老化,造成相应的性能下降,但是并不一定造成系统致命的问题,如网络重传造成延迟增大、带宽降低;内存错误造成访存性能下降等。以往发生这种问题时,都需要对相应的硬件进行更换,但是当发现问题时,往往有业务在故障点上运行,更换硬件往往需要取消当前的作业,甚至还要取消物理位置相邻结点的作业(有时更换硬件需要对 2 个以上结点进行关电处理),这些操作都会较为明显地降低系统的产能和资源利用率。因此当超算系统达到一定的故障率时,任务调度系统需要将系统的状态信息作为调度策略的考虑因素,本文提出了一种基于系统结点状态信息的任务调度策略,实验表明这种策略可以较好地提升超算系统的产出和资源利用率。

2　超算系统的故障统计分析

作者对当前运行的几大超算中心的计算机系统的故障率进行了统计分析,发现随着系统运营时间增长,系统的故障率呈现明显的上升趋势。天津超算系统运行时间已经有 8 年,广州超算系统已有 5 年,长沙超算和吕梁超算系统运行时间也有 5 年多;根据统计结果分析,随着时间的推移,系统中各部件的不稳定性呈上升趋势,并且这些不稳定部件给系统作业带来两方面的影响。

(1)部件老化,性能下降。例如 CPU 性能下降,计算能力仅为标称的 30%~90%,造成任务完成时间大幅延长;网络误码率提升造成带宽降低,延迟增加;内存误码率故障造成内存带宽下降等。

(2)部件失效造成运行的任务失效,例如 CPU 错误导致运算错误从而造成任务错误;结点内存两位错造成结点死机,进而导致业务无法继续运行;网络故障造成通信断开、MPI 通信错误等,这些都造成运行其上的作业无法继续执行。需要重新对任务进行调度,严重降低了系统的产能和资源利用率。

超大规模系统的故障率一般呈现一定的随机性,但是从时间的发展来看,故障率随着时间的增长缓慢增加。例如天津超算系统更换的内存 2017 年 943 根,2018 年 956 根,2019 年超过 1 000 根。广州超算系统2017 年光纤故障 487 根,2018 年 653 根,2019 年 805 根,2020 年上半年的光纤故障已经超过 500 根。其他类型的故障呈现相似的变化趋势。显然随着故障率的上升,系统的任务完成情况必然受到影响,在故障率达到一定程度时,任务调度策略在进行任务调度时,如果能够将任务分配到不受这些故障影响的资源上,显然会得到更好的效果。

另外一个方面,我们进一步分析这些故障设备发现,截至这些故障设备被更换掉时,大约 80% 的设备依然可以为系统提供服务能力。

超算系统中的故障是分类的,对于系统的影响程度也是分等级的。超算系统中计算结点常见的故障主要有内存、网络和 CPU 故障。主要表现为计算错误或者异常导致任务失败;计算能效变低,导致计算速度下降,任务完成时间延长,网络通信异常导致任务失败,或者通信效率下降,造成任务完成时间延长。在某超算系统中发现有 73 个计算结点,这些结点在参与运行大规模的 MPI 任务时会导致作业时间延长,但是通过测试发现,其访存带宽和单结点的计算能力并没有下降,而是因为网络端口有大量的错误导致通信延迟增加,从而造成网络传输时间大幅增加,使得任务完成时间延长。这些结点运行进程数少于计算结点核数的任务时,即可以由单结点完成小规模任务时,其任务完成时间并不会发生明显变化。

故障结点会对系统的产能产生比较严重的影响,如果基于系统状态信息改进任务调度算法,那么可以提升系统的产能和资源利用率。依然以规模为 384 个计算结点的超算系统统计结果为例,假设任务是均匀分布的,某结点 cn128 发生故障,运行效率为正常的 10%;那么按照每天 10 次任务,每次作业的规模为 128 个计算结点计算,每次任务正常运行时间为 1 h,则如果 cn128 不参加计算,那么每天可以完成 10 次运算;按概率 cn128 大约要参加 3 次作业运行,因为 cn128 的运行效率仅有正常的 10%,则会导致任务的完成时间大约为正常的 10 倍,即 10h,显然系统无法在 24h 内完成 10 次任务。根据调度算法不同完成的次数也会有较大差异,最少仅能完成 6 次,最多也仅能完成 8 次任务。

3 超算系统任务及资源利用率分析

通过对包含 384 个计算结点的某个超算系统中的资源利用情况进行分析统计,某时刻不同计算结点的 CPU 使用率如图 1 所示,24h 不同计算结点的网络收发带宽如图 2 所示,平均 100 h 系统不同计算结点的内存利用率如图 3 所示。

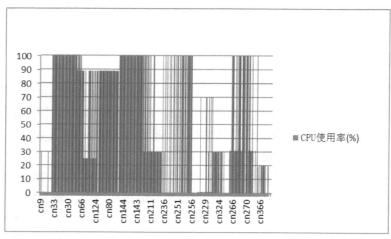

图 1　不同计算结点的 CPU 使用率

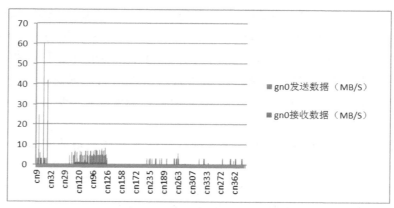

图 2　不同计算结点的网络收发带宽

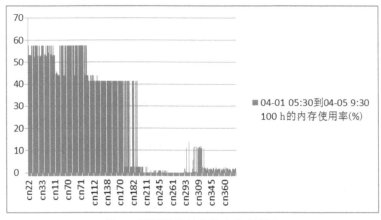

图3　不同计算结点的内存利用率

从图1至图3可以看出,任务对资源的利用并非是均衡的,但是随着样本时间的增大,任务调度系统对于资源的利用是趋向均衡的,但依然有不均衡的点,另外:

（1）在超算系统中运行的任务是具有多样性的;

（2）在超算系统中运行的任务需求的资源是不一致的,有的任务需要计算资源多一些,有的需要存储,有的需要更多的网络资源。

超级计算机的任务负载具有一定的特征。超级计算机上的任务负载特征主要包括任务的计算规模、计算时间、任务等待时间以及运行时间等。根据计算规模,任务可以分为单结点任务和多结点任务。通过统计天津超算中心的"天河一号"系统的任务分布情况(图4),可以发现:从2011年9月"天河一号"升级完成后,至2016年12月,每年的作业数,消耗的机时和结点数逐年增加,到2016年达到了顶峰,年度平均资源利用率超过90%,后续随着超级计算机使用年限的增加,电子元器件等组成设备逐渐老化,此时的结点计算效率与以前的差距越来越大,从第6个年头2017年开始,任务数和消耗的机时数逐年下降。

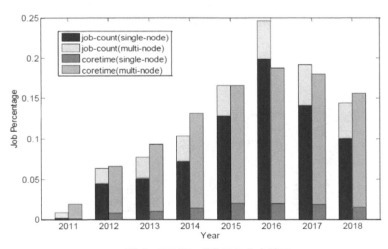

图4　"天河一号"任务分布情况

分析"天河一号"任务分布情况(图4)的同时可以发现,在超级计算系统中存在大量单结点任务(使用计算资源小于12核),在系统任务数中占有较大的比例。单结点任务多,但其运行时间相对较少。运行时间少的作业相对比较多,但消耗机时占比比较低。统计"天河一号"中运行1 h以内的短作业,数量占比大约达到了79%,而消耗机时仅占1.4%。

通过以上的分析我们可以看到,任务调度系统如果能够将结点的健康状态作为资源调度算法的考虑因素,将会大幅提高系统运行效率和产能。

4 基于系统状态的任务调度策略

超级计算机的资源管理系统负责任务调度和系统资源分配[7],主要包括处理用户的请求,按照某种方式将计算结点(资源)分配给任务;提供在分配的结点上启动和运行任务的相关资源;同时也需要解决系统故障导致的系统运行效率和产能下降问题。本文对当前作者使用的几大超算系统的故障率、任务特点及资源利用率进行了统计分析,提出了基于系统结点状态的任务调度方法,主要包括以下几个方面的技术特点。

1)结点状态分类

本文前面已经分析了,结点发生的故障种类非常多,但是大部分的故障并不会导致结点停止提供服务,而是会降低该结点的服务效率。当结点发生故障时,根据是否可以继续提供服务,将其状态分为健康、非健康和不可用三种。

2)条件触发

本文提出的任务调度方法只有在资源达到一定的利用率,并且所等待任务为单结点任务时才会触发。

本文提出的任务调度策略是在原有任务调度策略之上的扩充与改进。本文将用户提交的任务分成两部分排队,分为单节点任务队列和非单结点任务队列。在等待状态中的任务,如果其申请的资源不大于一个结点的资源,将提交至单结点任务队列。

新的条件触发是当可用的结点资源被使用到了某一个阈值,假设为 A,且降级的结点资源低于阈值 B时,则查看单任务队列,如果单任务队列中有等待资源的任务,则从降级资源池中选取相应的结点进行分配;否则从单任务队列的头部开始,且只要降级资源池的利用率低于阈值 B,就一直从单任务队列中寻找任务进行任务调度。

基于结点状态的任务调度算法如图5所示,非单结点任务队列在调度时,按照原有的任务调度策略进行调度;单节点任务调度时,首先查看系统中的资源分配情况,如果资源分配未达到设定的阈值,那么此单结点任务被正常调度,如果资源分配达到了设定的阈值,则此任务将在降级资源池中进行调度分配资源。如果降级资源池利用率也达到了上限,则此任务会重新在可用资源池中进行调度。

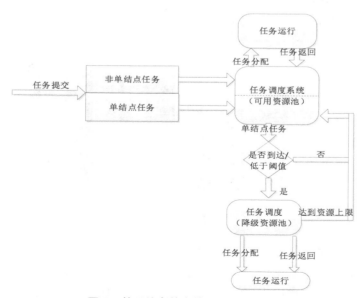

图5　基于结点状态的任务调度方法

进一步优化策略,将故障结点的状态进一步细化,不再仅为非健康资源池,而细化为计算变慢资源池、访存变慢资源池和网络变慢资源池等多个降级资源池,然后根据任务的负载特性选择资源池进行分配。但是这样做需要两个前置条件,一是需要明确结点出现故障的类型,这由自动化运维可以解决,二是需要预判需要调度的任务的负载类型[8]是计算型,访存型还是网络型,这方面当前尚不成熟。

5 实验评测

某超算系统从 2013 年运行到现在已经有 7 年时间,故障率较高。此超算系统的计算资源有 384 个计算结点,每个计算结点为双路架构,每个 CPU 包含 12 核。当前有 2 个计算结点因电源故障无法正常加电,有 18 个计算结点存在运行时网络带宽低、访存延迟高或者超温等各种问题,合计有 33 个计算结点状态为非健康状态。针对当前的系统现状进行任务调度算法实验对比、测试评估。

策略一:不考虑结点状态进行任务调度。

系统资源状态如图 6 所示:其中可调度的计算资源为 cn[0-63, 66-383],有两个计算结点处于无法工作状态,即 cn[64-65] 无法被分配。

```
[root@mn0%EP ~]# yhi
PARTITION  AVAIL  TIMELIMIT  NODES  STATE  NODELIST
all*        up    infinite      2  drain* cn[64-65]
all*        up    infinite    393  idle   cn[0-63,66-383],mds0,oss[0-1],xmds[1-2],xoss[0-5]
[root@mn0%EP ~]#
```

图 6 计算结点状态

策略二:考虑结点状态,但是只要计算结点有性能下降,则此计算结点将设为不可调度状态,并将其从资源池中屏蔽。

系统状态如图 7 所示:可正常分配的计算资源为 cn[0-15, 23-27, 30-63, …],不可分配的资源包括不能工作的故障结点 cn[64-65],也包括 31 个由于各种问题会造成一定性能损失的计算资源。

```
[root@mn0%EP ~]# yhi
PARTITION  AVAIL  TIMELIMIT  NODES  STATE  NODELIST
all*        up    infinite      2  drain* cn[64-65]
all*        up    infinite     31  drain  cn[16-22,28-29,66-68,98-99,122-123,162-163,210-211,220-221,248-249,252-253,274-275,286,318-319]
all*        up    infinite    362  idle   cn[0-15,23-27,30-63,69-97,100-121,124-161,164-209,212-219,222-247,250-251,254-273,276-285,287-317
,320-383],mds0,oss[0-1],xmds[1-2],xoss[0-5]
```

图 7 计算结点状态

策略三:基于结点状态的任务调度策略,如果计算结点存在性能下降的问题,则将其从正常的资源池中移到非健康资源池。

系统状态如图 8 所示:可正常分配的计算资源为 cn[0-15, 23-27, 30-63, …],不可分配的资源仅包括不能工作的故障结点 cn[64-65],还有一个非健康资源池,这个资源池包括 31 个由于各种问题会造成一定性能损失的计算资源,与策略二中的不可分配资源池相比少了 cn[63] 和 cn[64]。

```
[root@mn0%EP ~]# yhi
PARTITION  AVAIL  TIMELIMIT  NODES  STATE  NODELIST
all*        up    infinite    362  idle   cn[0-15,23-27,30-63,69-97,100-121,124-161,164-209,212-219,222-247,250-251,254-273,276-285,287-317
,320-383],mds0,oss[0-1],xmds[1-2],xoss[0-5]
unhealthy   up    infinite      2  drain* cn[64-65]
unhealthy   up    infinite     31  idle   cn[16-22,28-29,66-68,98-99,122-123,162-163,210-211,220-221,248-249,252-253,274-275,286,318-319]
[root@mn0%EP ~]#
```

图 8 计算结点状态

测试一:在轻负载下测试上面三种策略的产能和系统的使用情况。

每 2 h 提交 5 次任务,其中一次为 128 个结点规模的任务,正常运行时间为 80 min,4 次为单结点任务,运行时间分别为 1 min、5 min、10 min 和 15 min。如果任务运行失败会重复提交,直到任务完成为止。24 h 后统计任务完成情况,结点使用率为完成任务用的 CPU 总时间除以可用的资源。轻负载下三种任务调度策略对比测试结果如表 1 所示。

表1　轻负载下三种任务调度策略对比测试一览表

策略	可用资源(结点数)(个)	提交任务数(个)	完成任务数(个)	结点使用率
策略一	382	60(48+12)	54(48+6)	53%
策略二	351	60(48+12)	60(48+12)	26%
策略三	351+31(降级)	60(48+12)	60(48+12)	25%

从表1的实验结果可以看出,在轻负载的情况下,采用策略一不关心结点状态,只要结点可用就分配资源,虽然结点使用率非常高,但是产能最低,即系统大部分时间在进行无效的计算。策略二和策略三均完成了所有的任务,结点的占用情况相差不大。

测试二:在重负载下测试上面三种策略的产能和系统的使用情况。

每2 h提交18次任务,其中2次为128个结点规模的任务,正常运行时间为100 min左右;2次为64个结点规模的任务,正常运行时间为90 min左右;2次为16个结点规模的任务,正常运行时间为80 min左右;2次8个结点规模的任务,正常运行时间为70 min左右,10次为单结点任务,运行时间分别为两个60分钟,两个70 min,两个80 min,两个90 min和两个100 min。如果任务运行失败会重复提交,直到任务完成为止。24 h后,统计任务完成情况。重负载下三种任务调度策略对比测试结果如表2所示。

表2　重负载下三种任务调度策略对比测试一览表

策略	可用资源(结点数)(个)	提交任务数(个)	完成任务数(个)	结点使用率(个)
策略一	382	216	87	86%
策略二	351	216	198(84+114)	80%
策略三	351+31(降级)	216(96+120)	210(84+120)	81%

从表2的实验结果可以看出,采用策略一不关心结点状态,只要结点可用就分配资源,虽然结点使用率非常高,但是产能很低, 216个任务只完成了87个。采用策略二考虑到结点的状态,这些降级的结点不参与任务调度,那么24 h内可以完成任务198个,还有一个任务只用10几秒就可以完成。产能几乎为策略一的227%。策略三进一步将降级的结点单独组成一个分区,仅在系统负载重时向单结点任务提供服务,这种调度策略又可以进一步提高产能,大约为策略一的242%。

进一步分析结果可见,基于结点状态的任务调度策略可以更好地提升系统的产能和系统运行效率,另外在任务压力较大时,可以将部分单结点的任务交由降级结点处理,一般不超过降级结点的一半,可以进一步提升系统的产能。因此作为超算系统的任务调度算法应当极度关注结点的健康状态变化,当结点有故障产生会影响到系统任务运行时,最简单的处理方式是快速地将其从资源池中剔除,或者进一步构建一个降级资源池,将一些单结点的任务,调度到这些资源中。

6　结论

当前的大部分超算系统都已经认识到局部故障对整个系统产能带来的严重影响,一般采用任务调度策略二,只要计算结点性能下降,则将其设为不可调度状态。本文在原有任务调度算法的基础上设计实现了一种基于系统运行状态的任务调度算法,提升了系统的产能和资源利用率。下一步将根据任务特性预测技术,采用为计算、存储、网络通信敏感性等不同特性的任务,分配不同的降级资源池的方法来进一步提升系统的产能和资源利用率。

参考文献

[1] UWE S, RAMIN Y. Analysis of first-come-first-serve parallel job scheduling[C]// 9th SIAM Symposium on Discrete Algorithms. 1998: 629-638.

[2] YE Q H, LIANG Y, MENG D. A simplified backfilling algorithm based on FirstFit-RB-FIFT[J]. Computer engineering and appli-

cations, 2003, 39(2), 70-74.

[3] SABIN G, KOCHHAR G, SADAYAPPAN P. Job fairness in Non-preemptive job scheduling[C]// International Conference on Parallel Processing. Montreal, Que, Canada, 2004:186-194.

[4] SABIN G, SADAYAPPAN P. Unfairness metrics for space-sharing parallel job schedulers[C]// Job Scheduling Strategies for Parallel Processing. 2005:238-256.

[5] SABIN G, SAHASRABUDHE V, SADAYAPPAN P. On fairness in distributed job scheduling across multiple sites[C]// IEEE International Conference on Cluster Computing. San Diego, CA, USA, 2004:35-44.

[6] ARABNEJAD H, BARBOSA J. Fairness resource sharing for dynamic workflow scheduling on heterogeneous systems[C]// International Symposium on Parallel and Distributed Processing with Applications. Leganes, Spain, 2012:633-639.

[7] PATHAN R, VOUDOURIS P, STENSTROM P. Scheduling parallel real-time recurrent tasks on multicore platforms [J]. IEEE transactions on parallel and distributed systems, 2018, 29(4): 915-928.

[8] CHENG D Z, ZHOU X B, DING Z J, et al. Heterogeneity aware workload management in distributed sustainable datacenters [J]. IEEE, 2019, 30(2): 375-387.

FPD 平行端口矩形区域内电阻驱动的自动布线算法

韩奥，赵振宇，刘国强，杨天豪

（国防科技大学计算机学院　长沙　410073）

摘　要：平板显示器技术已逐渐发展为主流屏幕显示技术，而自动化布线是其面板电路和触摸屏电路设计领域的重要研究任务之一。根据布线需求的不同，需要不同的布线解决方案，如定阻值布线或等电阻布线。该类布线任务通常需要在两组端口间进行指定布线区域和最大电阻值的布线。每根布线电阻限制在指定范围内，从而满足 IC 驱动负载的要求。平行端口矩形区域布线是常见且重要的布线目标，找到一种合适的空间分配方案是十分必要的。本文提出的平行端口矩形布线区域内电阻驱动的智能布线算法，在布线规划时进行端口分组，然后对每组端口进行多段式的预布线，再以自适应步长调节电阻至限定区域。我们在 3 个对比实验中成功完成了 30 个平行端口实例的布线。相比于简单三段式布线及定步长调节电阻的形式，本文算法能够有效减少约 40% 的平均布线时间和 31% 的平均内存，布线电阻达标率为 100%。

关键词：定阻值布线；平行端口；矩形边界；面板电路设计；空间分配

Automatic Routing Algorithm Driven by Resistance in Rectangular Area of FPD Parallel Ports

Han Ao， Zhao Zhenyu， Liu Guoqiang， Yang Tianhao

（ College of Computer， National University of Defense Technology， Changsha，410073 ）

Abstract：Flat panel display technology has gradually developed into mainstream screen display technology， and automated routing is one of the important research tasks in the field of panel circuit and touch screen circuit design. Different routing solutions are required according to different routing requirements， such as fixed resistance routing or equal resistance routing. This type of routing task usually requires routing with a designated routing area and maximum resistance between the two sets of ports. The resistance of each wiring is limited within the specified range， so as to meet the requirements of the IC driven load. Parallel port rectangular area routing is a common and important routing target， and it is necessary to find a suitable space allocation plan. The intelligent routing algorithm for resistance-driven in the rectangular routing area of parallel ports proposed in this paper is to group ports during rout planning， and then performs multi-segment pre-routing for each group of ports， and finally adjusts the resistance to a limited area with an adaptive step. We successfully complete the routing of 30 parallel ports in 3 comparison experiments. Compared with simple three-segment routing and fixed-step adjustment resistance， the algorithm in this paper can effectively reduce the average routing time by about 40% and the average memory by 31%， and the routing resistance compliance rate is 100%.

Key words：fixed resistance routing， parallel port， rectangle border， panel circuit design， space allocation

收稿日期：2020-08-20；修回日期：2020-09-20

基金项目：超级计算机处理器研制（2017ZX01028103）

通信作者：赵振宇（zyzhao@nudt.edu.cn）

　　随着电子和通信产业的快速发展,平板显示器设计(FPD)技术已经成为显示产业的主流趋势[1]。FPD
领域的传统布线方式从设计师手工布线到设计者与布线工具协同布线,再到如今的全自动化智能布线,EDA
工具广泛应用于 IC 设计和 FPD 等领域[2-3],大大节省了人力、物力和开发成本。 FPD 工具对自动布线有着
极大的需求,因而需要研究不同形式下的自动布线问题,如定阻值布线或等电阻布线等。 定阻值定区域布
线是平板显示器电路设计和触摸屏设计领域内一个重要的研究课题。通常需要在 FPC 端口和 IC 端口之
间,或者 IC 端口与 IC 端口之间,进行指定布线区域多边形约束和指定最大电阻约束的端到端的自动布线。
这类布线的电阻值有一定的浮动范围以增加布线的可实施性,并满足 IC 驱动芯片的负载要求。作为平面布
线的一个重要分支,定阻值定区域布线相比单纯的定阻值布线或定区域内的布线具有更多的限制条件,布线
难度也大大增加。 FPD 平行端口矩形区域内的定阻值定区域布线的难度在于,矩形空间分配需要考虑多重
因素,如最小线宽、最小间距、端口的相对位置和分布;走线时拐弯点的选择直接影响空间的利用;由于布线
电阻受到布线长度、宽度和形状的影响,往往不能一次布线就满足布线电阻要求,因此需要多次改变线宽调
节电阻至限定范围。 这类布线是平面端到端布线的重要方式之一,有着重要的应用前景和现实意义。

　　本文的主要贡献包括 3 个方面。

　　(1)我们提出了一种电阻驱动的多段式自动布线算法,通过布线规划、预布线、自适应布线电阻调节为
平行端口矩形区域内指定电阻范围的自动布线提供了一种可行的解决方案。

　　(2)布线规划在分析布线区域和布线端口特征的基础上制定布线策略,分析前后端口可能的位置关系
进行分组,端口分组有利于提高布线空间的分配效率,预布线保证了每一根线至少能以最小水平线宽布出。

　　(3)设立多个步长进行电阻的自适应调节,相比于定步长调整电阻,电阻粗调、细调和回调提高了约
40% 的布线效率;布线完成后通过布线资源二次优化,进一步提高资源利用率。

1　相关工作

　　商业 EDA 布线工具通常集成了多种布线算法,解决了设计师手工布线带来的巨大时间开销和复杂度。
华大九天在 FPD 技术和相应的 EDA 工具上有诸多发明专利,其技术也处于国内外先进水平。虽然 FPD 是
平板显示的发展趋势,但是目前针对定阻值定区域布线问题的相关文献相对较少。自动布线技术也常见于
集成电路布线[4] 和端到端的平面布线[5-6]。

　　FPD 领域中根据不同的布线需求,需要不同的布线方案和算法来支撑。FPD 布线问题有不同的布线端
口和布线区域特征,如平行端口布线、垂直端口布线和非曼哈顿端口布线,布线区域可以是规则的多边形如
矩形,也可以是不规则的多边形。平行端口布线中,张茂丰等提出了等宽三段式布线算法,特点在于每一根
布线等宽度,三段布线为端口引出的垂直线和 45°拐弯线[7],这类布线往往对布线区域资源利用的要求不
高。文献 [8] 对于 FPD 领域中等电阻布线问题,提出了一种蛇形布线方法,通过参数调节控制蛇形布线的
具体形状。对于垂直曼哈顿端口的布线,文献 [9] 提出了一种简单的直角布线方法,直接将垂直端口引出线
相交进行布线。文献 [10] 基于电阻反比例思想对复杂布线区域多边形内的拐弯线进行分配,然后预览布线
效果并实时调整连线轮廓以满足布线电阻、布线线宽和布线间距等要求,这种布线调整方式是采用拖拽布线
顶点或者边界的形式进行的。在异型手机面板等特殊的窄边框设计领域,布线端口分布不均匀且是非曼哈
顿形式的,布线区域多边形更加复杂和无规则,对布线提出了更高的要求。文献 [11] 提出了基于轨道的斜端
口布线算法,有效解决了异型版图中斜端口和正交端口之间的布线问题。文献 [12] 提出了一种可识别不同
布线区域的布线算法,将待布线区域切割成几何子串并产生初始布线,然后通过电阻等参数智能调节。

　　本文提出的平行端口矩形区域内电阻驱动的自动布线算法,一定程度上解决了矩形空间合理分配和同
时满足多个设计目标的难点。实现了一种 FPD 平行端口矩形空间区域内的自动化布线的可行方案,优先满
足设计规则,并将布线电阻调节至限定范围。

2 布线规划

在本节中,我们首先介绍平行端口矩形布线区域的基本特征和布线规则,然后基于这些布线特征和布线规则做出初步的布线规划和布线策略。

2.1 基本特征

平行曼哈顿端口布线,主要特征为每一对 Start 端口和 End 端口是平行的,Start 端口之间和 End 端口之间也是相互平行的,但可以不在同一条直线上,即高度上可以有略微的差别。这类布线的区域通常是矩形,矩形的上下边界与 Start 和 End 端口对齐,通常不会有太多的剩余空间,以节省版图面积。图 1 为平行端口矩形布线区域示例,橙点和绿点表示 Start 端口的左右端点,红点和紫点表示 End 端口的左右端点。布线的难点在于需要将矩形布线区域合理分配给每一根布线,且前后端口的布线是相互影响的,并且需要同时满足多个布线规则。由欧姆定律可知,布线的长度和宽度以及不规则的形状都是直接影响布线电阻的因素。

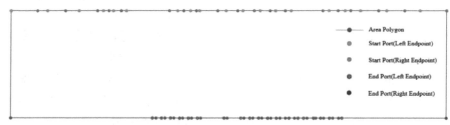

图 1 平行端口布线示例

2.2 布线规则

布线的规则和要求为任意两根布线之间满足最小间距要求,每一根布线遵守最小线宽的限制,且有固定的电阻值,阻值可以在一定范围内浮动。为了避免产生尖端放电现象,布线中不应出现锐角和直角。布线不能超过布线边界,并且要充分利用给定的布线空间资源。从这些布线规则和要求来看,平行端口的定阻值定区域问题属于一个多目标优化问题,要在一块矩形区域内合理地满足所有布线目标,不可避免地需要进行布线规划。

2.3 端口分组与布线策略

当 Start 端口在 End 端口的左边时,我们称之为向右方向布线,否则称之为向左方向布线。向右方向布线时,我们总希望是从下向上的布线方式,即优先占用矩形底部空间为后续的端口预留充足的布线空间,向左方向布线时,则采取从上向下的布线策略。我们根据前后两个相邻端口的交叠程度分析出它们存在三种位置关系,即关联、半关联和不关联设前一对 Start 和 End 端口的右端点为 start_x1、end_x1,后一对 Start 和 End 端口的左端点为 start_x2、end_x2。

定义 1:前后端口不关联(图 2)。给定相邻两对布线端口,当前后两对端口之间没有交叠时,后一对端口的布线不受前一对端口布线的影响,称之为不关联。即当 start_x1 = end_x1 或 start_x1 < end_x1 && start_x2 > end_x1 或 start_x1 > end_x1 && end_x2 > start_x1 时前后端口不关联。

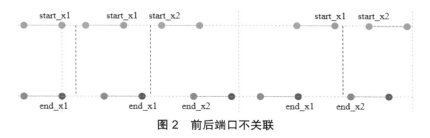

图 2　前后端口不关联

定义 2:前后端口半关联(图 3)。当前后两对端口部分交叠时,后一个端口布线左边界受前一根布线影响,称这种情况为半关联。即当 start_x1 < end_x1 && start_x2 ? end_x1 && start_x2 > end_x2 或 start_x1 > end_x1 && end_x2 ? start_x1 && end_x2 > start_x1 时前后端口半关联。

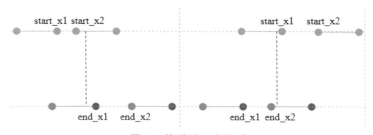

图 3　前后端口半关联

定义 3:前后端口关联(图 4)。当前后两对端口完全交叠时,后一个端口布线受前一根布线影响,称这种情况为关联。

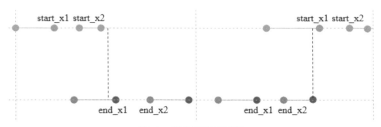

图 4　前后端口关联

我们将前后关联的端口划分为一组,前后半关联的端口划分为不同组,且将前一个端口状态标记为 1。前后不关联的端口划分到不同组中,且将前一个端口状态标记为 0。我们可以将图 1 分成三组,即 port_state = [[12, 1] , [1, 1] , [6, 0]]。第一维参数代表每组端口对数,第二个参数 flag 代表该组的最后一个端口是否半关联。 12 表示前 12 个端口为一组,flag=1 代表第 12 根线与后一根布线端口是半关联的;6 表示最后 6 个端口为一组。 布线规划有助于兼顾最小线宽和最小间距等布线规则合理分配垂直方向上的布线空间资源。

3　预布线

设 Start 端口的左右端点坐标分别为 (x_1, y_1),(x_3, y_3),End 端口的左右端点坐标为 (x_2, y_2),(x_4, y_4)。如图 5 所示,预布线前,先将右端点 x_3、x_4 扩展到后一个端口前 Min_Space 处,右端点扩展后的坐标为 (x_3', y_3),(x_4', y_4)。端口扩展的目的是实现布线空间资源最大化利用的同时满足最小间距限制。

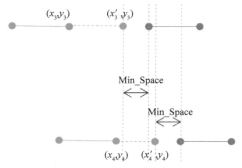

图 5　布线端口扩展

如图 6 所示,绿色线为前一根已布完的线,蓝色线为当前预布线。垂直方向走线为扩展后的端口宽度,在满足最小间距规则下充分利用布线资源。以 45° 方向进行拐弯,45° 拐弯线相当于直角的"截距",本算法中这个"截距"是动态增长和变化的,且截距超过矩形边界时进行"回调"。中间水平线高度与前一根已布完的线相距 Min_Space,且先以最小线宽布出。

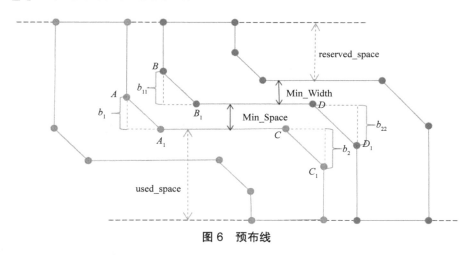

图 6　预布线

设前一根布线的右边界从上往下两段截距分别为 b_1 和 b_2,后一根布线的左边界从上往下两段截距分别为 b_{11} 和 b_{22}。由于 $AA_1 // BB_1$,计算可得 AA_1 和 BB_1 之间的间距为

$$D_1 = \sqrt{2}\text{Min\_Space} - \frac{\sqrt{2}}{2}b_1 + \frac{\sqrt{2}}{2}b_{11} \tag{1}$$

当 $b_1 \leqslant (2 - \sqrt{2})\text{Min\_Space}$ 时,b_{11} 可取任意实数。当 $b_1 \geqslant (2 - \sqrt{2})\text{Min\_Space}$ 时,只需满足 $b_{11} \geqslant b_1 - (2 - \sqrt{2})\text{Min\_Space}$,则前后两段拐弯线的间距大于 Min_Space。因此我们取 b_1 的初始值为 Min_Space,$b_{11} = b_1$。

CC_1 和 DD_1 之间间距为

$$D_2 = \frac{\sqrt{2}}{2}b_2 + \sqrt{2}\text{Min\_Space} - \frac{\sqrt{2}}{2}b_{22} \tag{2}$$

当 $b_{22} \geqslant (2 - \sqrt{2})\text{Min\_Space} + b_2$ 时,前后两段拐弯线间距大于 Min_Space。我们取 b_2 初始值为 1,且 $b_{22} = b_2 + \frac{1}{2}\text{Min\_Space}$。

预布线时的算法流程如算法 1 所示。

算法 1:预布线算法。

输入:当前布线端口 k 的 Start 端口和 end 端口坐标,前一根布线右点链坐标,前一根布线右点链截距 b_1, b_2,最小线宽 Min_Width,最小间距 Min_Space,矩形边界高度 y_h。

输出：当前端口 k 的布线左右点链坐标。

① if $k = 0$ /* 第一根布线从矩形左边界开始 */

② $b_1 \leftarrow$ Min_Space；

③ $b_2 \leftarrow 1$；/* 初始化 b_1, b_2 */

④ 第一根线沿着矩形边界布出，垂直方向宽度为端口宽度，水平宽度为 Min_Width；

⑤ else

⑥ $b_{11} \leftarrow b_1$；

⑦ $b_{22} \leftarrow b_2 + \dfrac{1}{2}$ Min_Space；

⑧ 垂直方向以端口宽度布出；

⑨ $y(B_1D) \leftarrow y(A_1C) +$ Min_Space；/* 左边相距上一根布线右边点链 Min_Space，满足最小间距要求 */

⑩ 右点链的水平高度高于左点链 Min_Width 布出；

⑪ End if

⑫ reserved_space $\leftarrow y_h -$ used_space $-$ Min_Width $-$ Min_Space；/* 为后续端口布线预留空间 */ 为防止预布线和自适应电阻调节后 b_1 过大，当 A 点距离矩形上边界 3Min_Space 时，使 b_1 回调至 0.5Min_Space。当 B 点距离矩形上边界 2Min_Space 时，使 b_{11} 回调至 0.5Min_Space。 截距过大导致水平线长度接近 0 时，A_1 与 C 重合，B_1 与 D 重合。

每一根布线完成后若检查预留空间 reserved_space 大于后续端口在垂直方向以最小线宽布出的最小空间，则对当前预布线进行自适应电阻调节，否则当前布线完成。

4　自适应电阻调节机制

电阻调整采用逐渐逼近思想，通过调整预布线的拐弯线和水平线宽实现。电阻调整时，固定预布线左边界点链不变，当预布线电阻偏大时，使右边界向上或者向下扩展以增加线宽，从而减小电阻；当预布线电阻偏小时，若检查水平线宽大于最小线宽则进行反方向"回调"，否则使右边界端口向内扩展以减小线宽，从而增大电阻。由于向右方向布线和向左方向布线具有对称性，以向右方向布线为例说明电阻偏大时的算法，如算法 2 所示。

算法 2：自适应电阻调节算法。

输入：实际布线电阻 r，布线电阻范围 [R_min，R_max]，截距 b_{11}、b_{22}，当前布线右点链自下而上的坐标 (x_1, y_1)，$i \in \{0,1,2,3,4,5\}$，步长 Step，最小线宽 Min_Width。

输出：满足布线电阻范围的点链坐标。

① While $r >$ R_max or $r <$ R_min /* 根据电阻值相对大小设立三种步长 */

② if $r >$ R_max

③ if $r > 1.5$R_max

④ Step $\leftarrow$ Min_Width；

⑤ else if $r > 1.2$R_max

⑥ Step $\leftarrow \dfrac{1}{2}$ Min_Width；

⑦ else Step $\leftarrow \dfrac{1}{5}$ Min_Width；

⑧ End if

⑨ $(x_2, y_2) \leftarrow (x_2 -$ Step，$y_2 +$ Step)；/* 向上扩展，且尽量保持 45° 角度不变 */

⑩ $(x_3, y_3) \leftarrow (x_3 +$ Step，$y_3 +$ Step)；

⑪ $(x_4, y_4) \leftarrow (x_4, y_4 + 2$Step)；

⑫ $b_{11} \leftarrow b_{11}$+Step;/* 更新截距 */

⑬ $b_{22} \leftarrow b_{22}$+Step;

⑭ End if

⑮ if r < R_min

⑯ customize Step;/* 根据电阻值相对大小定制步长 */

⑰ 右点链整体向左平移 Step；

⑱ End if

⑲ 重新计算电阻；

⑳ End While

若电阻偏大,如图 7 所示,则布线右边界沿着红色箭头方向以 Step 为步长向上扩展,保持拐弯线角度为 45°。Step 过大或者过小直接影响布线电阻的精度和布线速度,因此我们采用了自适应步长调整的方式。若电阻调节过度,从电阻范围上边界越过电阻下边界,则以更小的步长进行反方向回调,此时可以取 $\text{Step} = \dfrac{1}{10} \text{Min\_Width}$。

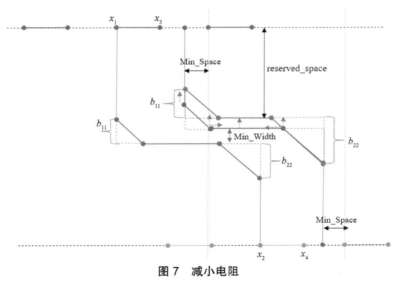

图 7　减小电阻

若预布线电阻偏小,如图 8 所示,由于水平宽度已是最小线宽,则通过压缩布线宽度将布线电阻调大至限定区域。

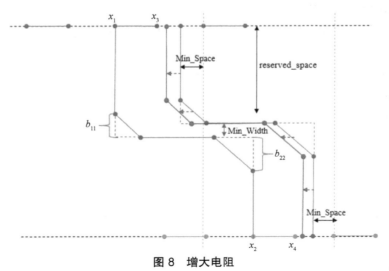

图 8　增大电阻

同一组布线完成后,检查是否存在多余预留空间,并在满足电阻范围的要求内,将剩余资源再次分配给同组中已完成的布线,进一步提高资源利用率。二次优化需要额外的时间和内存开销,算法中只对同组最后一个端口进行布线资源的分配。

5 实验与结果

本节中将上述算法用于对 30 个平行端口矩形布线区域实例进行实际布线,电阻计算采用华大九天企业电阻计算程序。算法采用 C++ 实现,在 Inter(R)Core(TM) i5-4200U CPU @ 1.60GHz 的 Linux 环境下运行。30 个实例为平行端口数目在 9~19 ,每种端口各有 3 个实例。通过 3 个对比实验且每个实验执行不同端口下的 3 个实例来说明本算法对于平行端口矩形区域布线的可行性和高效性。

实验 1:采用简单三段式方式布线,即将本文算法中的 45° 方向的布线截距设定为固定值 Min_Width,且采用固定步长调节电阻,$Step = \frac{1}{5}Min\_Width$。

实验 2:只将本文算法中的截距设为固定值 Min_Width,电阻调节方式采用自适应电阻调节。

实验 3:采取动态变化的截距和自适应电阻调节机制。

由于算法实现中已满足最小线宽和最小间距要求,且无锐角和直角,因此布线设计规则违规(DRV)主要指布线电阻违规,布线违规数目记为 DRVs。 除此之外,算法评价指标还有布线时间 time(s)和占用内存 memory(MB)。

三个实验中对不同数目端口的 3 个测试实例布线结果指标如图 9、图 10、图 11 所示。从图 9 可见实验 3 成功完成所有实例的所有端口的布线,说明算法 3 能够适应不同端口下的布线,对于平行端口布线具有可实施性和良好的适应性。 而实验 1 和 2 中的布线算法效果相同,未能对布线空间进行充分利用。

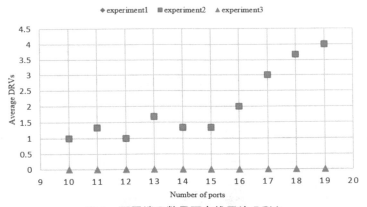

图 9 不同端口数目下布线平均 DRVs

从图 10 可以看出自适应步长的电阻调节方式能够明显减少迭代次数,更好地逼近目标电阻,有效减少布线时间。动态变化的截距也能提升布线效率。相比于实验 1 中的三段式布线,实验 2 平均减少了 28.4% 的布线时间,实验 3 平均减少了 40.5% 的布线时间。

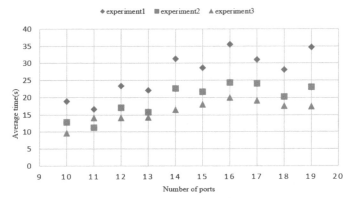

图 10　不同端口数目下布线的平均时间

图 11 为三个实验中不同端口的实例布线的平均内存。由于布线算法占用内存通常与时间成正比,可以看出对于相同的布线实例,动态变化的截距和自适应电阻调节能够在减小平均布线时间的同时减小约 31.4% 的平均内存消耗。

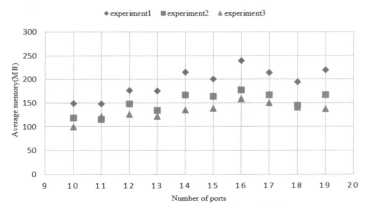

图 11　不同端口数目下布线的平均内存

实验 1 中一个典型 Case 1 的最终布线效果如图 12 所示。实验 2 和 3 对相同 Case 1 的最终布线效果如图 13 所示,19 对布线端口均布线完成且满足最小线宽, 最小间距和无锐角、直角的设计规则。

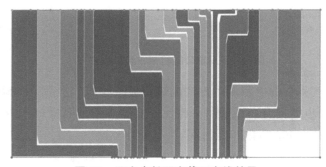

图 12　固定步长固定截距布线效果

图 13　动态布线效果

采用 3 个实验的算法对 Case 1 布线,结果如表 1 所示,对于 Case 1 布线,实验 1 只有 15 组布线端口电阻达标,4 组端口未达标,说明布线空间未合理分配给需要的端口;实验 2 布线电阻违规数未变,布线时间和内存明显减小;实验 3 中布线全部符合设计规则,且时间和内存明显减小。

表 1　Case 1 布线结果

实验	布线违规数目	布线时间(s)	占用内存(MB)
实验 1	4	35.5	220
实验 2	4	22.7	172.4
实验 3	0	17.8	133

相比于定截距定步长调节电阻,自适应电阻调节机制通过更换步长的方式更快地达到目标电阻范围,布线时间减少 36%,内存占用减少约 21.6%,动态变化截距且自适应电阻调节机制能够减少约 49% 的时间,减少 39.5% 的内存消耗,且提高了布通率。

6　结论

使用 EDA 技术进行自动化布线对于平板电路设计和液晶屏电路设计领域有着重要的工程意义。本文提出的平行端口矩形区域内电阻驱动的智能布线算法,针对实际工程领域中典型的例子,有效完成了所有端口的布线,且布线规则和电阻全部达标。布线规划阶段对端口进行分组,综合考虑最小线宽、最小间距和角度要求,有效提高矩形纵向空间的利用率。预布线阶段保证了至少能以最小水平线宽完成布线,有剩余空间资源时进行自适应电阻调节。电阻达标后进行布线资源的再次优化,考虑二次优化带来的时间消耗,本文算法实现中仅对每组最后一对端口进行空间再分配。相比于传统三段式布线方法本文中的算法具有更好的适应性,对于矩形空间的分配更加合理,平均时间减少约 40%,平均内存减小约 31%,且有效减少布线电阻违规。 因此本文提出的算法对于常规 FPD 平行端口矩形区域内的自动化布线是简单可行且高效的。 进一步的工作是处理二次优化和布线时间的权衡问题,在垂直空间剩余布线资源不足时用最小线宽步长自动调节截距以调节电阻。

参考文献

[1] 易善忠. 平板显示器产业化进展及发展趋势 [J]. 海峡科技与产业,2017(10):60-61.

[2] 代永平, 孙钟林, 陆铁军, 等. EDA 在新型硅基平板显示设计中的应用 [J]. 微电子学, 2002, 32(5):351-354.

[3] 王书江, 葛海通, 严晓浪. 超大规模集成电路无网格布线算法研究 [J]. 电路与系统学报, 2002, 7(4):13-16.

[4] 朱建强. 基于 opencascade 的平面自动布线算法 [J]. 机电技术, 2011,34(2):20-21.

[5] 杨冰清, 姜广霞, 陆涛涛, 等. 一种基于 EDA 工具的平板显示器版图生成方法:CN201911316878.5[P]. 2020-05-01.

[6] ZHANG R, WATANABE T. A parallel routing method for fixed pins using virtual boundary[C]// 2013 IEEE Tencon Spring Conference. 2013:99-103.

[7] 张茂丰, 杨祖声, 刘东. 一种等宽三段式 45 度拐弯连接布线方法: CN201510805793.9[P]. 2017-05-31.

[8] 丁斌, 王明英, 杨祖声, 等. 一种平板显示器设计中的等电阻布线实现方法 - 蛇形布线: CN201210486912.5[P]. 2014-06-04.

[9] 张亚东, 杨祖声, 陈光前. 一种版图的两组端口间进行布线的方法: CN201611216441.0[P]. 2017-05-03.

[10] 王明英, 刘东, 杨祖声, 等. 一种版图中两组垂直端口之间直角等宽度连接的布线方法: CN201310737917.5[P]. 2015-07-01.

[11] 丁斌, 杨祖声, 姜广侠, 等. 一种平板显示器设计中的定阻值布线实现方法: CN201310686150.8[P]. 2015-06-17.

[12] 杜宇. 一种尤其用于平板显示器的等电阻布线方法及装置: CN201510564487.0[P]. 2015-12-16.

基于机器学习的 PCB 走线电阻计算方法

刘国强，赵晨煜，韩奥，杨天豪，赵振宇

（国防科技大学计算机学院　长沙　410073；国防科技大学前沿交叉学科学院　长沙　410073）

摘　要：PCB 走线是指在 FPC 端口和 IC 端口之间进行布线。由于走线形状是根据布线区域确定的，所以它可能是规则形状走线，也可能是不规则形状走线。现有的电阻计算方法能够基于走线拐点坐标对任意形状走线进行电阻计算，但是该方法时间开销和空间开销很大，使得设计收敛变得困难，并且无法有效利用已有的走线数据。本文首次研究了基于机器学习的 PCB 走线电阻计算方法：首先将任意形状的 PCB 走线划分为多个连续的四边形；其次，利用建立的四边形走线电阻计算模型，对单个四边形进行电阻预测；最后将所有四边形走线的电阻值进行累加获得该 PCB 走线的电阻值。通过"划分－预测－计算"的方式对任意形状走线的电阻进行高效、准确的计算。与传统方法相比，我们的方法平均绝对误差仅约 1Ω，内存开销和时间开销分别降低了 60.9% 和 97.9%。

关键词：PCB 走线；电阻计算；机器学习；高效方法；内存开销；时间开销

Resistance Calculation Method of PCB Routing Based on Machine Learning

Liu Guoqiang, Zhao Chenyu, Han Ao, Yang Tianhao, Zhao Zhenyu

（College of Computer, National University of Defense Technology, Changsha, 410073; College of Advanced Interdisciplinary Studies, National University of Defense Technology, Changsha, 410073）

Abstract：PCB routing refers to routing between FPC ports and IC ports. Since the routing shape is determined according to the routing area, it may be a regular shape or an irregular shape. The existing resistance calculation method can calculate the resistance of any shape routing based on the coordinates of the inflection point of routing, but the time and space cost of this method is very large, which makes it difficult to design convergence and cannot effectively utilize the existing routing data. In this paper, the calculation method of PCB routing resistance based on machine learning is studied for the first time: firstly, the PCB routing with any shape is divided into several continuous quadrilateral; secondly, the resistance of a single quadrilateral is predicted by using the established quadrilateral resistance calculation model; finally, the resistance values of all quadrilateral routing are accumulated to obtain the resistance of the PCB routing. Efficient and accurate calculation of the resistance of any shape routing is carried out using the method of "division-prediction-calculation". Compared with the traditional method, the average absolute error of our method is only about 1 Ω, and the memory cost and time cost are reduced by 60.9% and 97.9% respectively.

Key words：PCB routing, resistance calculation, machine leaning, efficient method, memory cost, time cost

收稿日期：2020-08-20；修回日期：2020-08-31

基金项目：超级计算机处理器研制 (2017ZX01028103)

通信作者：赵振宇 (zyzhao@nudt.edu.cn)

1　引言

平板显示[1]（Flat Panel Display，FPD）是当今蓬勃发展的平板电脑、电视、智能手机等产业的基石。FPD面板中主要的区域是像素区域（显示区域）和边框区域（非显示区域），边框区域位于显示区域的四周与显示屏所在的玻璃边缘之间，承载着大量的外围驱动、控制芯片以及保护电路等，其上存在大量的柔性印制电路（Flexible Printed Circuit，FPC）板和集成电路（Integrated Circuit，IC）。

FPC端口和IC端口之间的布线被称为印制电路板（Printed Circuit Board，PCB）走线[2]，PCB走线是完成设计的重要步骤，它的好坏直接影响整个设计的性能。由于设计的可布线区域通常是不规则的，并且多组端口的布线受到端口大小、端口相对位置、线宽、线间距、线夹角、布线区域利用率等多种因素的影响，每组端口的走线必须沿着可布线区域的走势进行布线，并且走线宽度需要根据不同位置布线资源的大小进行实时调整，这导致走线的形状通常也是不规则的（即外轮廓线相对的两边相互平行），如图1所示。因为走线形状的不规则，此时的走线电阻计算十分冗繁，极大地增加了运行的时间开销和空间开销。本文主要研究基于机器学习的电阻计算方法，旨在通过学习大量的布线真实数据从而对任意形状走线的电阻进行精确预测，实现高效率、高精度的电阻计算。通过调查发现，这是首次将机器学习运用于PCB走线电阻计算过程，具有极大的研究价值。

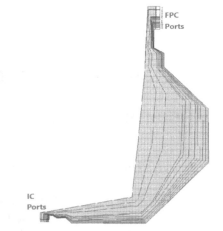

图 1　不规则布线区域内多组FPC-IC端口布线

2　传统的 PCB 走线电阻计算方式

在本节中，我们主要介绍两种已有的走线电阻计算方式并分析各自的优缺点。

2.1　等厚度规则形状走线电阻计算

图2（a）、（b）分别是两个规则形状走线模型。图中 W 为是走线的宽度，L 为走线的长度，ρ 为单位面积走线的电阻，即方块电阻率，另外走线的厚度均为固定值 d。图2（a）的宽度和长度均为单位长度1，所以是单位面积走线；图2（b）的宽度和长度是任意值，电阻无法直接计算，但是它可以看作是多个单位面积走线图（图2（a））通过串联或并联的方式组合而成，因此可以用"方块统计"方法[3]来计算任意宽度和长度的规则形状走线图（图2（b））的电阻，计算公式如下所示。

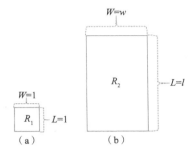

图 2　等厚度规则形状走线

（a）宽度和长度均为单位长度　　（b）任意宽度和长度

$$\rho = R_1 \times d \tag{1}$$

$$R_2 = \rho \frac{l}{w \times d} \tag{2}$$

将式（1）代入式（2），得

$$R_2 = R_1 \frac{l}{w} \tag{3}$$

当走线的材料确定的时候，它的方块电阻率也已经确定。此时，我们只要获得单位面积走线（图（a））的电阻，就可以根据公式计算任意宽度和长度的规则形状走线（图（b））的电阻。

由于计算简单，它的计算速度很快。但是，这种电阻计算的方式有很大的局限性：无法计算不规则形状走线的电阻。

2.2　等厚度任意形状走线电阻计算

图 3 是厚度固定的任意形状走线，由于需要计算等厚度不规则形状走线的电阻，所以无法使用"方块统计"的思想进行电阻计算。一种分块电阻计算方法在文献 [4] 中被提出用来计算此类走线的电阻。S 和 E 分别是该走线的起点和终点。需要确定 S 和 E 之间的最短路径（a—b—c—d），因为电流是沿最短路径传导，所以分别求得 a—b、b—c、c—d 各段的电阻，再求和即得该不规则走线的电阻。图 4 是 a—b 段的放大图，通过对 a—b 段电阻计算来解释算法。

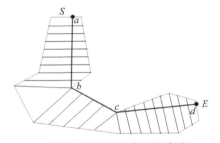

图 3　等厚度任意形状走线

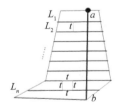

图 4　部分区域放大图

首先将 a—b 段分成 n 段，所以每等份长度 $t = \dfrac{L_{ab}}{n}$（L_{ab} 是 a—b 段的长度），t 越小计算的电阻精确度越高；然后过等分点作垂直于 a—b 线的直线，与走线外轮廓相交的部分长度分别记为 L_i（$i = 1, 2, \cdots, n$）；最后根据下式计算 a—b 段的电阻：

$$R_{ab} = \left(\sum_{i=1}^{n} \frac{1}{\left\lceil \dfrac{L_i}{t} \right\rceil} \right) \cdot \frac{\rho}{d} \tag{4}$$

其中,[] 为取整符号,按四舍五入方式取整;d 为走线的厚度;ρ 为方块电阻率;$\frac{\rho}{d}$是宽度和长度均为 t 的规则走线的电阻值。

　　该方法应用"逼近"的理念,原理简单,适用于任意形状走线的电阻计算。同时它的局限性也很明显:一是在进行电阻计算时精确度取决于每一段等分的份数 n。n 越大精确度越高,同时计算的时间开销和空间开销也会大大增加;二是无法学习历史走线数据的经验,每一次都需要从"零"开始。

　　在文献 [5] 和 [6] 专利中,华大九天基于走线拐点坐标实现了该电阻计算方法,同时在集成电路创新创业大赛中提供了他们的程序,结构如图 5 所示。

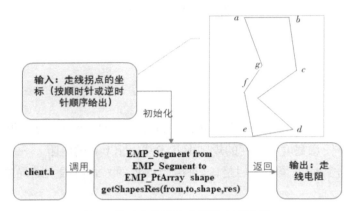

图 5　基于走线拐点坐标的电阻计算

　　图 5 右上角给出了示例的走线,$a{\sim}g$ 点是走线的拐点,ab 端和 ed 端分别是该走线的起始端和终点端;client.h 用来验证许可证,EMP_Segment 实例化的 from 和 to 分别用来存储走线的起、止端坐标,EMP_PtArray 实例化的 shape 按照顺时针或逆时针的方式存储整个走线的所有拐点坐标,然后调用 getShapesRes( )函数计算电阻。

3　基于机器学习的电阻计算模型

3.1　任意形状走线的电阻计算理论

　　建立多边形走线和电阻之间的特征工程 [7] 是十分困难的,原因是无法确定走线的特征。通过大量实验,我们发现任意给定的一个多边形走线,都可以根据拐点划分为多个首尾相接的四边形,并且该多边形走线的电阻是这多个四边形电阻的总和。所以只要我们建立任意四边形走线的电阻预测模型,就可以通过"划分－预测－计算"的方法计算任意多边形走线的电阻。图 6 是一个完整的多边形走线的电阻计算过程,图 6 (a)到(b)是将多边形走线 S 划分为五个连续的四边形,图 6(b)~(c)完成了四边形电阻预测和多边形走线电阻计算。

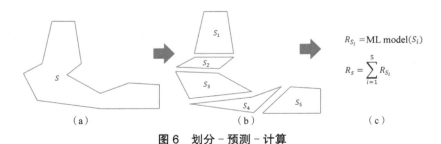

图 6　划分－预测－计算

(a)多边形走线　(b)五个连续的四边形　(c)四边形电阻预测和多边形走线电阻计算

3.2　特征工程

为了建立特征工程,我们以图 6(b)中四边形 S_3 为例进行说明,并且将其四个拐点分别定义为 a、b、c 和 d,I_1、I_2、I_3、I_4 分别是电流可能的进入方向,如图 7 所示。

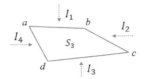

图 7　形状为四边形的走线

1)两个基本规律

电流进入方向影响四边形走线的电阻。走线的电阻取决于电流在其中流经的长度和宽度(电阻与长度成正比,与宽度成反比),由于不规则四边形电流流过的长度和宽度难以确定,所以根据电流进入四边形走线的方向来确定电阻。即电流从 I_1、I_3 进入 S_3 和从 I_2、I_4 进入时电阻不同。

四边形走线的位置不影响走线的电阻。我们以 2.2 节中基于走线拐点坐标的电阻计算来进行实验数据的收集,所以四边形走线的位置因素不可忽略。通过研究发现,同一个四边形走线在不同位置时的电阻保持一致。

2)特征及定义

综上,一个任意四边形走线的电阻只和它本身的形状和电流进入的方向有关,所以确定四边形走线的特征如表 1 所示。

表 1　特征及解释

特征	解释
length$_1$	The length of the side where the current enters(denoted by l_1)
length$_2$	The length of the side where the current neither enters nor comes out(denoted by l_2)
length$_3$	The length of the side where the current comes out(denoted by l_3)
cos θ_1	Cosine of the angle between l_1 and l_2
cos θ_2	Cosine of the angle between l_2 and l_3

3.3　机器学习模型选择

PCB 走线的电阻计算是多元回归问题,模型可以解释为 $f: \boldsymbol{x} \in \boldsymbol{R}^m \to y \in \boldsymbol{R}^m$,其中 $\boldsymbol{x}$ 是一个多维的特征向量,y 代表了走线的电阻。不同的机器学习模型有不同的优势和劣势。在本工作中,我们研究了以下两种模型。

1)线性回归——套索(Lasso)

这是一种线性回归模型,模型的表现形式是 $\boldsymbol{y}_i = \boldsymbol{x}_i^{\mathrm{T}} \boldsymbol{W}$,训练模型的目的是最小化损失函数 $\| \boldsymbol{y} - \boldsymbol{xW} \|_2^2 + \lambda \| \boldsymbol{W} \|_1$,是对 $\boldsymbol{W}$ 进行 L_1 正则化的最小二乘惩罚。该模型十分简单,但是对于复杂问题可能不太适用。

2)非线性回归——随机森林(Random Forest)

该模型是基于决策树的模型,每棵树通过给定输入特征的多个 if-then-else 决策级别生成回归结果。随机森林是由多个决策树组成,每个决策树都使用独立的训练数据随机样本构建。它的优势是泛化能力、抗过拟合能力比较强,缺点是模型解释性较差。

4 实验及结果

4.1 实验介绍及配置

实验 1 对两种模型进行性能评估,数据集来源于 2.2 节的电阻计算方法(称为传统电阻计算方法),Lasso 模型和 Random Forest 模型来源于 scikit 机器学习工具。我们选择预测性能优的作为后续实验的评估模型。实验 2 对基于机器学习的电阻计算方法的预测能力进行评估,通过对比不同训练集比例下的模型预测性能来验证方法的可靠性,数据同样来源于传统电阻计算方法。实验 3 评估了传统方法和新型方法的时间开销和空间开销,从而验证新型方法的巨大价值。

4.2 性能评估指标

为了评估我们工作的有效性,我们分别计算了如表 2 所示的性能指标。表中,y_i 为第 i 个四边形走线的真实电阻值,y_i' 为对应的预测值,N 为预测的四边形走线的数量,ε_{mae} 是平均绝对误差,ε_{rmse} 为均方根误差,ε_{mape} 为平均绝对比例误差。

表 2 评估指标

性能指标	计算公式
ε_{mae}	$\dfrac{1}{N}\sum\limits_{i=1}^{N}\lvert y_i - y_i' \rvert$
ε_{rmse}	$\sqrt{\dfrac{1}{N}\sum\limits_{i=1}^{N}\lvert y_i - y_i' \rvert^2}$
ε_{mape}	$\dfrac{1}{N}\sum\limits_{i=1}^{N}\left\lvert \dfrac{y_i - y_i'}{y_i} \right\rvert$

4.3 实验和结果分析

1)不同的机器学习模型评估

在该实验中,我们将 80% 的数据集作为训练集分别对 Lasso 模型和 Random Forest 模型进行训练,然后用剩下的 20% 的数据来评估模型的性能。为了减小随机误差,我们同时还采用了 5 折交叉验证的方法,两种模型的主要参数设置如表 3 所示,性能结果如图 8 所示。

表 3 模型主要参数配置

模型	参数	值
Lasso	alpha	1.0
	max_iter	1 000
	tol	0.000 1
Random Forest	n_estimators	10
	min_samples_split	2
	criterion	mse
	min_samples_leaf	1

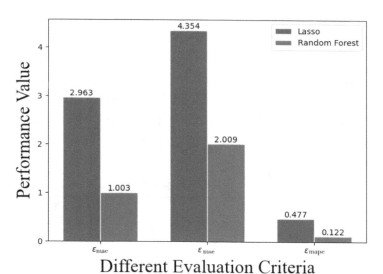

图8　不同模型的性能比较

可以明显地观察到,非线性 Random Forest 模型的三个性能指标均比线性 Lasso 模型好,性能提升百分比分别为 66.2%、53.9% 和 74.5%,这说明四边形走线和电阻是非线性关系,必须使用非线性模型才能得到更高精度的电阻预测值;另外, Random Forest 模型的预测平均绝对误差仅为 1.003,即四边形走线的真实电阻越大,预测电阻与真实电阻的误差百分比就越小,精度越高。

2)不同的训练集比例性能评估

为了验证模型的可靠性,我们通过控制训练集占总数据量的比例来计算三个性能指标。我们分别对训练集占比为 90%、70%、50%、30%、10% 和 5% 的情况进行实验,实验结果如图9所示。

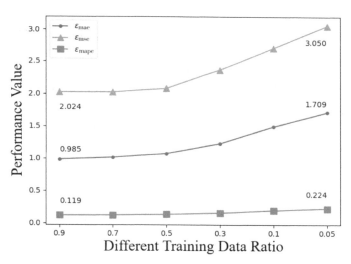

图9　不同训练集比例的性能评估

从图9中我们发现,随着训练集比例的降低,预测精确度也随之降低,当训练集比例从 90% 降至 5% 时,ε_{mae}、ε_{rmse} 和 ε_{mape} 的精度损失百分比分别为 73.4%、50.7% 和 87.9%。虽然从百分比上看精度损失很多,但是由于三个评价指标的值本身就很小,所以实质上损失并不多。这说明我们的模型有较好的预测能力,特别是对于电阻值很大的四边形走线有较好的预测性能。

3）时间开销和空间开销对比

为了评估我们模型的内存开销和时间开销,我们对 500 组四边形走线分别使用传统的电阻计算方法和基于机器学习的电阻计算方法进行电阻计算(模型训练时所用数据来源于实验 1),然后对内存和时间开销进行评估,实验结果如表 4 所示。我们的电阻计算方法分为模型训练和预测两个部分,所以将内存开销和时间开销分别按照两个阶段进行计算,然后进行累加就是我们的方法的最后结果。相比传统方法,我们的方法内存开销节省了约 60.9%,时间开销节省了约 97.9%,无论是内存还是时间开销都大幅度减小。并且,我们也对三个预测精确度指标进行了评估,ε_{mae}、ε_{rmse} 和 ε_{mape} 分别为 1.094、2.365 和 0.128。说明基于机器学习的电阻计算方法是高效且精确的。

表 4 传统方法与本文方法

	传统方法	本文方法		
		训练	预测	最后结果
内存(M)	679.9	143.3	121.9	265.2
时间(s)	170	2.91	0.56	3.47

5 结论

本文提出了一种基于机器学习的 PCB 走线电阻计算方法,根据 PCB 走线规律将任意形状的 PCB 走线拆分成多个连续的四边形走线,通过对单个四边形走线形状、大小及其对应的电阻进行建模,从而预测任意形状四边形走线的电阻值,进而计算出整个 PCB 走线的电阻。和传统的 PCB 走线电阻计算方法相比,我们建立的模型精确度高,平均绝对误差 ε_{mae} 约为 1Ω;预测是高效的,内存开销和时间开销都大幅度减小,分别降低了约 60.9% 和 97.9%。因此,本文提出的方法是高效、准确的。

参考文献

[1] 应根裕. 平板显示技术 [M]. 北京:人民邮电出版社, 2002.

[2] CONG J, MADDEN P H. Performance driven multi-layer general area routing for PCB/MCM designs[C]// Design Automation Conference. 1998: 356-361.

[3] 林燕明, 肖晨曦, 王建平. 一种优化计算液晶显示器内部导电膜层的阻值的方法: CN102004825A[P]. 2011-04-06.

[4] 吕泰添. 一种等厚度不规则形状导电材料的电阻计算方法: CN107153726B[P]. 2020-07-03.

[5] 丁斌, 杨祖声, 姜广侠, 刘伟平. 一种平板显示器设计中的定阻值布线实现方法:CN104715089A[P]. 2015-06-17.

[6] 刘东, 杨祖声, 陆涛涛. 一种通过电阻特征值控制布线的方法: CN106844797A[P]. 2017-06-13.

[7] ZHANG S Z, ZHAO Z Y, FENG C C, et al. A machine learning framework with feature selection for floorplan acceleration in IC physical design[J].Journal of computer science and technology, 2020, 35(2): 468-474.

面向高带宽 I/O 的片上网络优化

石伟,龚锐,王蕾,刘威,张剑锋,冯权友

（国防科技大学计算机学院　长沙　410073）

摘　要：在高性能处理器中，I/O 带宽需求不断增加，一方面高速接口的通道数目要求不断增加，另一方面接口传输速率也在逐渐提升。高性能处理器的片上网络必须能够匹配各种高速 I/O 的带宽需求，且必须保证 DMA 请求能够正确完成。然而各种高速接口协议与片上网络协议在通信机制上存在较大的差别，可能导致死锁等现象的产生。本文首先对匹配高性能 I/O 的片上网络存在的问题进行分析，然后提出一种高带宽 I/O 设计方法及死锁解决方法。采用解死锁方法的片上网络增强了 I/O 系统的鲁棒性，同时可以减少片上网络设计及运行时的各种限制，提升 I/O 性能。最后，将本文提出的优化方法应用到飞腾高性能服务器处理器芯片中，并进行评测。针对 16 通道 PCIe 4.0 接口，双向读写带宽分别达到 30 GB/s。在一些特殊场景导致死锁产生以后，片上网络自动检测死锁并解除死锁。

关键词：PCIe；片上网络；协议转换；高带宽；死锁检测；死锁解除

The Network-on-Chip Optimization for High Bandwidth I/O in Processors

Shi Wei , Gong Rui , Wang Lei , Liu Wei , Zhang Jianfeng , Feng Quanyou

（ College of Computer, National University of Defense and Technology, Changsha, 410073 ）

Abstract: In high-performance processors, the demand of I/O bandwidth is increasing. On the one hand, more and more lanes of high-speed interface are used, and on the other hand the transmission rate of interface is also raised gradually. The network-on-chip（ NoC ）of high-performance processors must be able to match the bandwidth requirements of various high-speed I/O interface, and must ensure that direct memory access（ DMA ）requests can be completed correctly. However, there are great differences in communication mechanism between various high-speed interface protocols and NoC protocols, which may lead to deadlock and other problems. This paper firstly analyzed existing problems of NoC matching high performance I/O, and proposes a design method of high bandwidth I/O interface and a solution of resolving deadlock. NoC with deadlock resolution technique makes the I/O system more robust, and various limitations of NoC design can be reduced. Finally, based on a server processor, the proposed optimization method is implemented and evaluated. For 16-lane PCIe Gen4 interface, the read and write bandwidths reached up to 30 GB/s respectively. In some special scenarios, deadlock was produced due to special transaction sequences, and the NoC can automatically detect the deadlock and release the deadlock.

收稿日期：2020-08-08；修回日期：2020-09-20

基金项目：核高基项目（2017ZX01028-103-002）；科技部重点研发计划（2020AAA0104602,2018YFB2202603）；国家自然科学基金项目（61832018）

This work is supported by the HGJ National Science and Technology Major Project（2017ZX01028-103-002）, the Ministry of science and technology Major Project（2020AAA0104602, 2018YFB2202603）, and the National Natural Science Foundation of China (61832018).

通信作者：石伟（shiwei@nudt.edu.cn）

Key words：PCI-Express，network on chip，protocol conversion，high bandwidth，deadlock detection，deadlock resolution

随着摩尔定率[1]的发展，单芯片上计算资源不断增加，I/O 带宽与速率相对于高性能芯片计算性能的差距不断增大。如何提升处理器的 I/O 性能一直是高性能处理器设计及高性能计算机系统面临的重要问题[2]。随着云计算、AI、大数据、数据密集型计算的发展，I/O 的性能问题更加突出[3-4]。

从功能角度，处理器的高性能 I/O 接口可以分为存储、通信、加速接口等几类。针对数据密集型的科学计算，应用程序在运行过程中需要读写的数据量达到 TB 甚至 PB 级[4]，这些数据需要通过 I/O 接口存入外部大容量磁盘等存储设备。针对超级计算机系统，各计算结点之间通常通过 InfiniBand、以太网、OPA（Omni-Path Architecture）等接口进行互连[5]。随着加速器技术的发展，AI、GPGPU 等加速模块通过 PCIe、CXL、NVlink[6] 等接口连接到处理器上。此外对于高性能服务器，服务器芯片通过直连接口进行通信，比如 CCIX、UPI（Ultra Path Interconnect）等。实际上，很多高性能处理器都实现了上述几种类型 I/O 高速接口，比如 IBM 的 POWER9[7]，华为鲲鹏 920 以及 Intel 至强处理器。

针对 I/O 的瓶颈问题，主要存在两类解决方法。第一类是从系统级进行优化。文献 [8] 通过优化系统软件或并行 I/O 库的方法提升 I/O 接口的使用效率，提升性能。文献 [3] 从应用的角度分析 I/O 行为及 I/O 效率低下的原因，进而进行针对性的优化。第二类方法是对处理器接口直接进行优化设计，如提升接口的传输速率、实现更多的通道数或优化控制器的传输延迟。以 PCIe 协议为例，随着协议不断进化，目前主流的 PCIe 3.0 传输速率达到了 8 Gbps，具有 16 Gbps 传输速率的 PCIe 4.0 已经成功应用于一些高性能处理器中[7]。PCIe 5.0 速率达到了 32 Gbps，IBM 最新发布的 Power10 处理器采用了该协议。为了提升带宽，高性能处理器通常设计实现 32~80 个 PCIe 通道，最高带宽达到了 320 GB/s。此外，高性能服务器芯片通常还可能同时实现 CCIX、以太网、USB、SATA 等高速接口。

对一个高性能处理器来说，通过提升 I/O 接口的带宽与速率能够直接提升 I/O 的性能，但是处理器设计是一个系统级的工程，并不是简单的集成。集成数量众多且带宽超高的 I/O 接口对处理器的片上网络设计提出了巨大挑战。本文对处理器内的片上网络进行优化设计，以匹配高带宽 I/O 接口。由于 I/O 接口与片上网络协议的差异性与复杂性，往往会导致死锁现象的产生，从而增加系统设计难度，甚至对系统性能产生负面影响。本文针对死锁问题，提出一种高效解决方案。该方法无须通过增加各种约束条件来防止死锁产生，而是在死锁产生以后，通过死锁检测、死锁撤销及事务恢复的方法重新激活网络中的事务。

1　背景

1.1　互连网络

图 1 为微处理器结构示意图，其中处理器簇、PCIe 接口、直连接口、DMA 设备等通过 Cache 一致性网络进行互连，通过监听等手段保证各主设备看到相同的数据视图。Cache 一致性网络同时还负责地址译码与报文路由，将请求转发到内存空间或 I/O 空间。I/O 网络则负责将 I/O 请求进一步转发到不同外设。DMA 设备可以是一些专门加速模块，比如密码引擎等。网络接口可以在处理器内部直接实现，也可以通过 PCIe 接口进行协议转换。加速器接口根据加速器的接口协议，可以采用不同的实现方式，在处理器内部实现专用加速接口，或直接连接在 PCIe 上，或复用 PCIe 部分逻辑来实现。

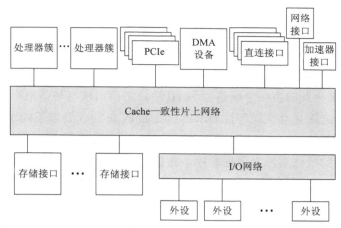

图 1　处理器互连网络结构示意图

1.2　网络协议

图 1 给出了处理器上各设备进行数据交换的基本结构,但是具体如何进行数据交换还需要网络协议支持。传统的互连协议有 IBM 公司的 CoreConnect、ARM 公司的 AMBA(Advanced Microcontroller Bus Architecture)、Silicore 的 Wishbone、OCP-IP(Open Core Protocol International Partnership)设计的 OCP 协议等。随着处理器复杂度的不断增加,互连由传统的总线向片上网络演变,片上通信由片上报文完成 [9]。不同的网络协议在具体实现方面差别较大,可以从事务类型、并发度、通道行为、维序方式、死锁防护等方面对网络协议进行比较分析。

事务类型是一个网络协议的基础,定义了 Cache 一致性事务、DMA 事务、I/O 事务等。PCIe 等外设采用的 DMA 操作主要包括 DMA 读与 DMA 写。DMA 写将数据写入内存,DMA 读从内存中读出数据传输给外设。DMA 读写通常情况会涉及 Cache 一致性处理,但本文主要侧重读写性能优化,因此不对 Cache 一致性处理进行描述。在不同处理器或架构中,事务的具体实现方式也不尽相同。图 2 给出了三种写事务的具体实现流程。在图 2(a)中,发送方首先向接收方发出请求报文;接收方如果可以接收写数据,向发送方发送报文可接收的通知;发送方接收到通知后,则向接收方发出数据;最后接收方通知发送方写操作完成。ARM 的 CHI(Coherent Hub Interface)协议与图 2(a)类似 [10]。在图 2(b)中,数据跟随请求直接发出,如 ARM 的 AXI(Advanced eXtensible Interface)协议 [11]。在图 2(c)中,请求与数据通过一个报文发送,如 UltraSPARC T2 的报文传输方式 [12]。

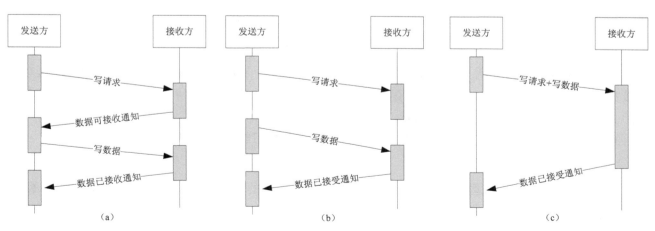

图 2　三种写操作流程图

并发度与协议的性能直接相关。并发度高的协议可以流水发出请求,然后流水接收响应,比如 ARM 的 AXI 协议。而并发度低的协议,事务是串行完成的,比如 APB(Advanced Peripheral Bus)协议。在延迟大的网络中,只有多个事务流水起来,才能达到较高性能。

一个事务通常由几个不同功能的报文组成,这些报文可以独占一个物理通道或者共享一个物理通道。AXI 协议的读请求与写请求分别独占一个通道,而 CHI 协议的读请求与写请求则共享一个请求通道。

在处理器中,很多事务之间是存在顺序性要求的。比如 PCIe 协议要求不同事务之间必须保证一定的顺序,否则无法保证协议正确性[13]。AXI 协议通过事务编号来保证事务顺序完成,而 CHI 协议通过报文域来指定顺序性,并且通过特定的硬件实现来保证顺序。在进行协议转换的时候,需要保证事务之间的顺序性同样被正确转换。

死锁也是协议经常面对的问题,每一种协议都需要设置一定的规则来避免协议产生死锁。对于很多复杂网络协议,必须保证网络通路不被堵死。一般情况下,我们可以通过重发与信用机制来保证网络不被堵死。当接收端收到发送端的报文,此时如果接收端不能处理,则可以通过重发机制通知发送端进行重发,而不是一直堵在接收端的入口阻塞其他报文的接收。信用机制则是发送端在知道接收端肯定能够接收报文的情况下将报文发出。接收端如果能够继续接收报文,则通过信用释放的方式通知发送端。

2　带宽优化设计

以 PCIe 与 DDR(Double Data Rate)存储器为例,两者之间通常需要进行多种协议转换、时钟域转换、位宽转换等,如图 3 所示。如果 PCIe 与 DDR 采用通用 IP(Intellectual Property),则其接口一般会采用标准的 AXI 接口。PCIe 控制器与 DDR 控制器需要分别将 PCIe 协议、DDR 协议与 AXI 协议进行转换。在不同架构中,NoC 网络通常也有自己的特定协议,因此需要将 AXI 协议与网络协议进行转换。图中 DCU(Directory Control Unit)为目录控制单元,负责 Cache 一致性管理。

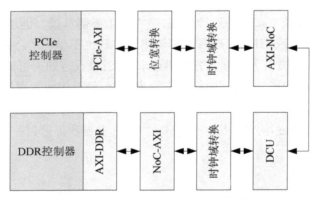

图 3　PCIe 与 DDR 交互示意图

以 16 通道 PCIe 4.0 为例,其读写峰值带宽需求均为 32 GB/s。在图 3 所示的整个通路上,我们需要以峰值带宽为设计目标,确保各部分的带宽不存在瓶颈。在 Cache 一致性网络中,每次读写的报文最大粒度是固定的,称为 Cache 行,其大小为 $B_{cacheline}$。读写带宽的计算方式如下式所示,与读写并发个数 O_t 及源结点到目的结点网络延迟 t 有关。其中在时间 t 内完成的并发读写数目越多,读写总带宽越大。

$$B = \frac{B_{cacheline} \cdot O_t}{t} \tag{1}$$

虽然通过提升读写并发能够提升带宽,但是能够设计实现的读写并发数是有限制的,如下式所示:其中,$N_{transfer}$ 为每个 Cache 行数据报文的传输拍数;O_{max} 为实现的最大并发数;f 为电路时钟频率。

$$\frac{N_{transfer} \cdot O_{max}}{f} < t \tag{2}$$

当电路中设计实现的实际并发数超过 O_{max} 以后,将有部分读写无法流水起来。如果非要提升系统的 O_{max},可以通过降低 Cache 行传输拍数来实现。另外通过减小网络传输延时 t,可以在使用更小并发数的同时获得相同的网络带宽,从而节省逻辑资源。

在图 3 中,PCIe 控制器距离内存最远,因此读写并发数要求最大。而 DDR 控制器距离内存最近,设计实现较少的并发数就能获得同等的传输带宽。对于低频率的电路,可以通过提高数据位宽来获得与高频率电路相等的带宽。

3　死锁及防死锁机制

在互连网络中,死锁是一个必须解决的问题。死锁是指两个或两个以上的网络结点在事务执行过程中,由于竞争资源或者相互通信而造成的一种阻塞的现象。为防止死锁,设计人员提出了各种死锁避免机制,比如采用信用、重发机制、防死锁路由等技术确保网络不被堵死,然而这些机制只是初级的死锁避免策略。在很多情况下,死锁与通信结点的特点、微结构设计还存在较大相关性。在进行微结构设计的时候,需要充分考虑通信结点的特点,优化设计,避免死锁。

PCIe 协议的 posted 类型的写具有强序要求[13],所有的 posted 类型的写必须顺序完成,即处理器看到这些数据的次序与 PCIe 写入的次序相同。最简单的实现方式是串行实现,但是实现效率低,事务不能流水执行。AXI 协议通过采用相同的编号来实现维序[11],CHI 协议通过顺序发送 Compack 来进行维序[10]。

在具体实现时,不同的微结构往往会导致不同的死锁场景出现。图 4 给出了一种死锁场景。图 4 实现了 AXI 协议与 NoC 报文协议的转换。AXI 发出三个 DMA 写,其中前面两个写操作被重发,第三个写地址 C 的请求先进入 DCU 流水线,并且对地址 C 的读操作先于重发的请求进入 FIFO(First Input First Output)。此时死锁依赖关系形成,Write C 依赖于 Write A 与 Write B,Write A 与 Write B 依赖于 Read C,而 Read C 因为地址冲突依赖于 Write C。对于这种死锁,我们可以通过修改微架构来解锁,比如分开处理读事务与写事务,或者保证写请求顺序进入 DCU 流水线。

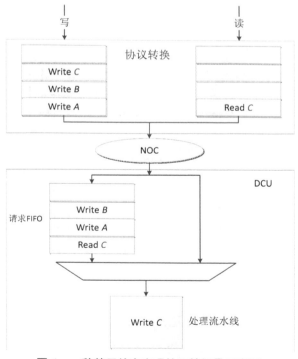

图 4　一种基于特定实现的死锁场景示意图

除了上述可以通过修改微架构避免的死锁,微处理器系统中还可能存在一些无法避免的死锁,如图5所示。多个PCIe结点向多个DCU结点发送写请求,地址分别为 A 与 B 。PCIe0 先发出写 A 地址的请求,后发出写 B 地址的请求,且要求写 A 地址先于写 B 地址完成。PCIe1 的行为则正好相反。A 地址在 DCU0 中处理,B 地址在 DCU1 中处理。在 DCU0 中,PCIe1 的请求先处理,PCIe0 的请求由于地址冲突,处于等待。在 DCU1 中,PCIe0 的请求先处理,PCIe1 的请求由于地址冲突,处于等待。经过分析,我们可以看到形成一个如图5所示的首尾相连的依赖图,死锁场景发生。对于这种死锁,我们无法通过修改微结构来避免死锁产生,但是可以通过修改事务处理机制来解决死锁,使后续操作能够恢复执行。

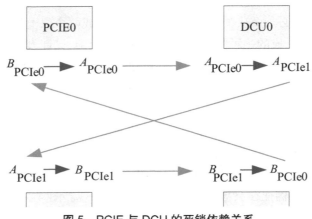

图 5　PCIE 与 DCU 的死锁依赖关系

4　一种死锁撤销设计方法

鉴于高性能处理器中存在死锁无法避免的情况,本节首先设计实现一种高性能协议转换模块,负责将 PCIe-AXI 协议转换为 NoC 网络协议,如图6所示。然后重点阐述死锁检测及死锁撤销机制的设计与实现。

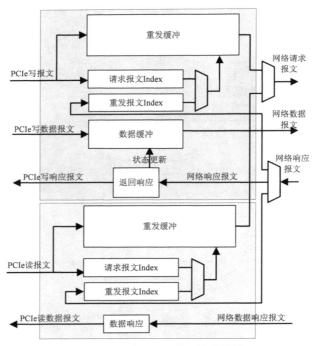

图 6　PCIe 与 NoC 协议转换模块

转换模块分为读处理模块与写处理模块,读处理模块与写处理模块相对独立,但是共享 NoC 通道。

DCU 模块需要进行配合设计,防止死锁产生。读请求通道与写请求通道都支持重发功能,报文存储在内部的重发缓冲中,事务完成后才被撤销。读写请求分别支持 128 与 64 个并发请求,以获得与 16 通道 PCIe 4.0 相匹配的带宽。

4.1 死锁处理方法

对于不可避免的死锁,我们首先检测死锁的发生;然后通过特殊方法打破死锁依赖关系,将死锁事务撤销;最后将撤销的事务重新恢复并执行。图 7 给出了死锁处理状态机。在工作 / 检测状态模式下,检测逻辑一直监听模块的接口与内部状态。如果模块中有未完成的事务,且接口及内部状态在一段时间内处于不变状态,我们认为可能发生了死锁。我们通过一个 16 位寄存器表示最大检测时间,且可通过软件配置。当检测计数器达到最大检测时间时,触发进入撤销模式。死锁撤销保存现场,以特殊方式完成目前未完成的事务,同时保证特殊完成的事务不影响系统状态,实际上是将目前的事务撤销掉。在死锁解除以后,进入恢复模式,将之前撤销掉的请求恢复进入流水线,继续执行。

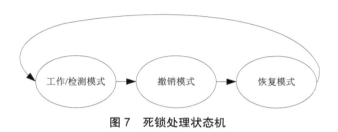

图 7 死锁处理状态机

4.2 死锁撤销

在通常情况下,写操作发出写请求给 DCU 模块,DCU 如果可以接收数据,则向 I/O 模块返回数据可接收标志,然后 I/O 模块将数据发送给 DCU 模块。为了能够对数据进行撤销,数据的发送需要依照请求发送次序进行,否则可能导致后续数据先于前面数据写入,导致前面数据无法进行撤销。

图 8 为死锁撤销处理示意图。请求发出以后,进入写数据 Index FIFO,等待数据接收通知。如果 FIFO 头部的请求接收到写数据可接收的通知,则发出该请求对应的数据。正常情况下,请求的 Index 按照先进先出方式处理,后面的请求不能超越前面的请求,这也是死锁依赖关系中的一环。进入死锁撤销阶段,写数据 Index FIFO 自动移位,接收到数据接收通知的请求移到 FIFO 头部,并发送空数据给 DCU 模块,DCU 接收到空数据操作后,不会将数据写入内存,相当于将当前的写操作撤销。FIFO 中其他请求在接收到数据接收通知后都进行写空数据操作。

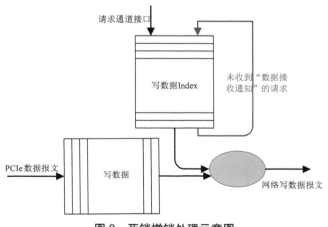

图 8 死锁撤销处理示意图

　　由于是两个 PCIe 模块的请求产生死锁,可以在一个转换模块中进行报文撤销,从而将死锁依赖环中的一个依赖关系打破,进而解除死锁。

4.3　报文恢复

　　在写操作被撤销以后,这些请求必须重新恢复并重新执行,图 9 为报文恢复处理示意图。由于存在重发机制,请求结点中的重发缓冲将所有未完成的请求信息都记录下来,我们只需要增加一个取消报文 Index FIFO。一个请求进入转换模块以后,会同时进入取消报文 Index FIFO,当请求完成以后,将对应请求的 Index 从 Index FIFO 弹出。因此取消报文 Index FIFO 中的请求实际上是当前未完成的请求,也是撤销阶段被撤销的报文。进入报文恢复阶段,我们将取消报文 Index FIFO 中的数据写入请求报文 Index FIFO;同时再次写入取消报文 Index FIFO,防止这些请求再次产生死锁。

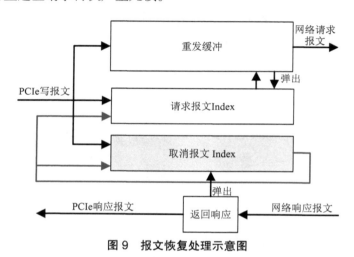

图 9　报文恢复处理示意图

5　实验与结果

　　为验证本文设计方法的有效性,我们在飞腾服务器芯片中对上述方法进行了实现,主要功能包括报文切分与协议转换。报文切分模块将 PCIe 发出的 AXI 报文切割成 Cache 行大小的报文,协议转换将基于 Cache 行的 AXI 报文转成基于 NoC 的网络报文。我们共实现了三个版本,版本 1 的读写并发个数分别为 64 与 32,版本 2 的读写并发个数分别为 128 和 64,版本 3 在版本 2 的基础上增加了死锁检测与撤销的功能。三种版本设计的频率均能达到 2.5 GHz 以上,面积比较如表 1 所示。实验结果表明,面积增加主要由读写并发数增加导致,而死锁检测及撤销对面积影响不大。

表 1　三种版本面积比较(单元数)

	版本 1	版本 2	版本 3
报文切分	31 670	32 710	33 014
协议转换	101 308	352 880	356 743

　　我们基于版本 3 对死锁检测与死锁撤销功能进行了测试,如图 10 所示。图中共出现了四次死锁及死锁处理。死锁产生以后,死锁检测计数器计数到最大值,然后进入死锁撤销状态。死锁撤销过程中,转换模块与 DCU 之间进行交互,写入无效数据。死锁撤销以后,死锁恢复操作将取消的请求恢复到流水线继续执行。

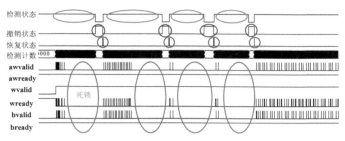

图 10　报文处理流程图

我们对版本 1 与版本 3 的性能进行测试。版本 1 的读写带宽均达到 17 GB/s 左右,而版本 3 的读写带宽均达到 30 GB/s 左右。图 11 给出了版本 3 DMA 读带宽示意图,可以看出 DMA 读数据基本处于满负荷状态传输。对性能进一步分析,在相同的环境下,读写并发个数与网络带宽成正比;此外,版本 3 的 128 个读并发数与 64 个写并发数存在稍微过剩的问题。但是在实际系统中,由于访存延迟的不确定性与访存冲突的存在,DMA 延迟可能增大,读写并发数目稍大一些有利于 DMA 性能的稳定。

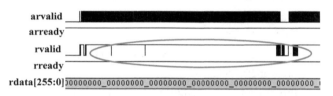

图 11　无地址冲突情况下 DMA 读带宽示意图

我们对两个 PCIe 同时进行 DMA 读写测试,在地址无冲突请求下,每个 16 通道 PCIe 4.0 的 DMA 读写带宽基本达到 28 ~ 29 GB/s,满足设计需求,同时表明整个 DMA 通路上不存在系统瓶颈。如果 PCIe 读写之间、PCIe 与 PCIe 之间、PCIe 与 CPU 之间访问相同地址,系统冲突增加,DMA 带宽将受到一定的影响。图 12 给出一种存在冲突情况下的 DMA 读写带宽示意图,总体带宽约为 21 GB/s。从图中可以看出,冲突较多请求下,数据通道的利用率较低,带宽也有所降低;在数据冲突较少的情况下,数据通道的利用率逐渐增大,带宽能够提升至 30 GB/s。

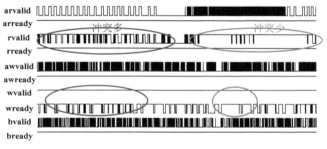

图 12　地址冲突情况下 DMA 读写带宽示意图

6　总结

本文针对高性能处理器 I/O 带宽受限问题,研究片上网络优化技术,给出一种高带宽片上网络设计指导方法,以更好地匹配不断增加的 I/O 种类及 I/O 带宽。针对复杂网络存在死锁的问题,提出一种死锁检测及死锁解除的方法,有效提升系统的鲁棒性。采用死锁解除的方法能够最大限度减少网络设计及运行时的约束,提升 I/O 性能。最后,基于飞腾高性能处理器对提出的方法进行验证,实验结果表明提出的网络优化方法能够有效提升 I/O 性能。本文的研究成果能够应用到更复杂或对 I/O 性能要求更高的其他高性能处理器中,具有较为广泛的应用前景。

参考文献

[1] MOORE G E，Cramming more components onto integrated circuits[J]. Electronics，1965，38(8)：1-4.

[2] LAWTON G. New I/O technologies seek to end bottlenecks[J]. Computer, 2001, 34(6)：15-18.

[3] PUMMA S, SI M, FENG W C, et al. Scalable deep learning via I/O analysis and optimization[J]. ACM transactions on parallel computing（TOPC）, 2019, 6(2)：1-34.

[4] CHEN C, CHEN Y, FENG K, et al. Decoupled I/O for data-intensive high performance computing[C]// Proceedings of the 7th Int'l Workshop on Parallel Programming Models and Systems Software for High-End Computing（P2S2）. 2014：312–320.

[5] AL-ALI F, GAMAGE T D, NANAYAKKARA H W, et al. Supercomputer networks in the datacenter：benchmarking the evolution of communication granularity from macroscale down to nanoscale[C]// 29th International Telecommunication Networks and Applications Conference（ITNAC）. Auckland, New Zealand, 2019：1-6.

[6] FOLEY D, DANSKIN J. Ultra-performance pascal GPU and NVLink interconnect[J]. IEEE micro, 2017, 37(2)：7-17.

[7] GONZALEZ C，FLOYD M，FLUHR E. The 24-Core POWER9 processor with adaptive clocking，25-Gb/s accelerator links，and 16-Gb/s PCIe Gen4[J]. IEEE journal of solid-state circuits, 2018, 53(1)：91-101.

[8] BEHZAD B, BYNA S, PRABHAT, et al. Optimizing I/O performance of HPC applications with autotuning[J]. ACM transactions on parallel computing, 2018, 5(4)：15.1-15.27.

[9] LEE S, LEE K, SONG S, et al. Packet-switched on-chip interconnection network for system-on-chip applications[J]. IEEE transactions on circuits & systems II：express briefs, 2005, 52(6)：308-312.

[10] ARM. AMBA 5 CHI architecture specification [EB/OL]. [2014-04-27]. https：//developer.arm.com/architectures/system-architectures/amba/amba-5.

[11] ARM. AMBA AXI and ACE protocol specification [EB/OL]. [2011-07-28]. https：//developer.arm.com/documentation/ihi0022/e/.

[12] SHAH M, BARREN J, BROOKS J, et al. UltraSPARC T2：a highly-treaded，power-efficient，SPARC SOC[C]// Asian Solid-state Circuits Conference. IEEE, 2007：22-25.

[13] PCI-SIG. PCI express base specification revision3.0 [EB/OL]. [2010-11-24]. https：//pcisig.com/specifications/pciexpress.